海军新军事变革丛书

主编◎贲可荣

电磁发射技术

肖 飞 孙兆龙 张向明 著

電子工業出版社
Publishing House of Electronics Industry
北京 · BEIJING

内容简介

电磁发射是一种全新的发射方式，电磁发射技术在军事和民用领域都有巨大的潜在优势和广阔的应用前景。按照发射长度和末速度的不同，电磁发射技术可分为电磁弹射技术、电磁轨道炮技术和电磁推射技术。这 3 种技术的基本原理相同，涉及的具体关键技术有一定差别，但总的技术可概括为脉冲功率能量存储技术、大功率变流技术、电磁发射执行机构技术和电磁发射控制技术。本书主要对这 4 种技术做了较为详细的阐述与说明，对电磁发射技术的主要应用进行了介绍，并对其应用前景进行了展望。

本书可作为电气工程，特别是电磁发射等相关专业领域的授课教材，也可作为相关领域工程技术人员、研究人员的参考用书。

图书在版编目（CIP）数据

电磁发射技术 / 肖飞，孙兆龙，张向明著 . -- 北京：电子工业出版社，2025. 6. -- (海军新军事变革丛书).
ISBN 978-7-121-49775-9

Ⅰ. O441.4

中国国家版本馆 CIP 数据核字第 2025ZR3585 号

责任编辑：王小聪
特约编辑：田学清
印　　刷：河北虎彩印刷有限公司
装　　订：河北虎彩印刷有限公司
出版发行：电子工业出版社
　　　　　北京市海淀区万寿路 173 信箱　　邮编：100036
开　　本：720 × 1000　1/16　印张：23.75　字数：413 千字
版　　次：2025 年 6 月第 1 版
印　　次：2025 年 6 月第 1 次印刷
定　　价：95.00 元

凡所购买电子工业出版社图书有缺损问题，请向购买书店调换。若书店售缺，请与本社发行部联系，联系及邮购电话：（010）88254888，88258888。

质量投诉请发邮件至 zlts@phei.com.cn，盗版侵权举报请发邮件至 dbqq@phei.com.cn。

本书咨询联系方式：（010）68161512，meidipub@phei.com.cn。

丛书编委名单

电磁发射技术

作　者　肖　飞　孙兆龙　张向明

“海军新军事变革丛书”第四批总序

进入新时代，习近平主席敏锐洞察到新一轮科技革命和军事革命发展趋势，基于现代战争信息化程度不断提高、智能化特征日益显现的机理性变化，明确提出要坚持以机械化为基础、信息化为主导、智能化为方向，推动“三化”融合发展。这一重大战略思想和战略要求，赋予国防和军队现代化新的时代内涵，指明了发展方向、发展路子、发展模式。

未来战争将呈现人机一体、自主协同、分布杀伤的组织形态。智能化军队更加强调建设能执行多样化作战任务的“全域型”部队，通过智能化作战网络体系，按照可重构、可扩充和自适应的作战要求，依据敌情动态、战场环境等态势变化，对不同武器平台进行灵活编组、无缝衔接，实现聚优杀伤。智能化战争作为高维度、高段位和高起点的对抗形态，已经超出常规冲突和低维拼杀的层级，更加注重先知先胜，更加强调智胜拙败，更加讲究战争艺术。打赢智能化战争，需要跳出单纯的军事思维，更好地发挥多域体系的有机联动、多域能量的叠加释放和多域作用的智能增效，激发“智高一筹”的奇点效应。智能化战争的体系运行也已脱离了单纯倚重战场直接作战能力的初始阶段，转而更加强调“软实力”和“硬实力”的刚柔相济。通过“智能 +”模式，根据主要对手、潜在对象和幕后推手的关切诉求，审时度势、智斗智取、精准施策，通过不同领域的同步并行或有计划地顺序衔接，来分化瓦解对方阵营，斩断拆解捆绑链条，抽空行动能力。及时组织专家开展研究，并形成理论成果出版，定会推动海军的信息化智能化建设。

着眼打赢战争，做好多域统筹，注重均衡稳定，积极蓄势累积，在动态平衡中构建更开放、更广阔、更宏大的智能对抗体系。党的十九大报告指出，要“加快军事智能化发展，提高基于网络信息体系的联合作战能力、全域作战能力”。党的二十大报告指出，要“坚持机械化信息化智能化融合发展”“研究掌握信息化智能化战争特点规律”“加快无人智能作战力量发展”。未来战争，从指挥力量编组到目标选择、行动方式、战法运用等，都将在智能化的背景下展开，作战指挥方式也将发生重大变化。现代海战军事理论研究创新，既是作战准备的急需，也是推动海军转型建设的重要牵引，更是支撑联合作战体系的关键要素，是习近平主席、中央军委赋予人民海军的神圣职责使命。我们要以发展的眼光、战略的视野、科学的角度，理性审视、正确认知智能化革命，分析智能化究竟会带来哪些根本改变，研究思考怎样做才能把握未来战争发展方向，在未来战场占据主动和先机。必须敢于破旧立新，在筹划推动海军建设发展中，把质效作为导向，勇于跳出追随模式、量变思路、传统套路，敢于颠覆、善于逆袭、勇于奇思妙想。

根据海军现代化建设的实际需求，2004 年 9 月至 2022 年，“海军新军事变革丛书”先后出版了三批，第一批集中介绍了信息技术及其应用成果，第二批主要关注作战综合运用和新一代武器装备情况，第三批在对前期跟踪研究世界海军新军事变革成果的消化、深化和转化基础上，出版了自己编著的图书。前三批以翻译出版外文图书和资料为主，自编海军军内教材与专著为辅，对推进中国特色军事变革要求和海军现代化建设具有较高的参考价值。在前期成果的基础上，丛书编委会启动了第四批丛书的编著和出版工作，邀请各领域专家学者集中撰写与海军建设密切相关的军事智能化理论和装备技术著作。相信第四批丛书定会继续深入贯彻习近平强军思想，紧盯科技前沿，积极适应战争模式质变飞跃，研判战争之变、探寻制胜之法，为迎接智能化战争的挑战，而发展智能化装备、塑造智能化组织形态、谋划智能化战略管理、设计智能化战争，为建设强大的现代化海军带来新的启迪、新的观念、新的思路。

丛书编委会
2023 年 5 月

前 言

全书共分为 6 章。第 1 章介绍了电磁发射技术的基本概念、分支、优势及发展现状，并简要概括了电磁发射技术的四大关键技术。第 2 章～第 5 章则依次介绍了这四大关键技术，具体包括脉冲功率能量存储技术、大功率变流技术、电磁发射执行机构技术、电磁发射控制技术。第 6 章对电磁发射技术的主要应用进行了介绍，包括电磁弹射系统、电磁轨道炮系统、电磁感应线圈炮系统及火箭导弹电磁发射系统。最后对电磁发射技术的应用前景进行了展望。

本书在编写过程中，得到了海军工程大学和电子工业出版社同志们的大力支持。海军工程大学电磁发射项目组为本书的编写提供了大量素材和建议，李安教授和贲可荣教授对本书的内容要点和出版安排等做了大量工作，电磁发射工程教研室全体师生也为本书的校稿等工作付出了辛苦的劳动，在此一并表示感谢。

本书可作为电气工程，特别是电磁发射等相关专业领域的授课教材，也可作为相关领域工程技术人员、研究人员的参考用书。

我们虽然对全书结构的安排、内容的选取、文字的描述等都尽了最大努力，但难免由于考虑不周而存在遗漏，恳请读者批评指正。

作者

2024 年 7 月

目　录

第 1 章
绪 论

将目标物体加速到更高的初速度是人类一直以来不懈追求的目标。20 世纪 70 年代末，澳大利亚国立大学的科研人员利用一台大型的单极发电机，成功地将一枚质量为 3 g 的聚碳酸酯弹丸加速到 5.9 km/s，完美证实了电磁发射技术在超高速发射领域所具备的无可比拟的技术优势。电磁发射是一种全新概念的发射方式，在军事和民用领域都有着巨大的潜在优势和广阔的应用前景。本章为电磁发射技术绪论，力图使读者掌握电磁发射的基本知识。本章主要介绍以下几个方面：电磁发射技术的基本概念、分支及优势，电磁发射技术国内外发展现状，电磁发射关键技术。

1.1 电磁发射技术概述

恩格斯曾有预言：“一旦技术上的进步可以用于军事目的并且已经用于军事目的，它们便立刻几乎强制地，而且往往是违反指挥官的意志而引起作战方式上的改变甚至变革。”纵观世界军事史，新概念武器的出现往往导致战争模式发生变革。同时，随着战争模式的变革，又不断促进了先进新型武器装备的发展。电磁能是继机械能、化学能之后的又一次常规武器能源革命，必将极大地改变当前以化学能发射为主的战争模式。

《孙子兵法》中讲“激水之疾，至于漂石者，势也”，武侠世界中常常讲“天下武功，唯快不破”。速度的提高总能达到出其不意的效果，火力发射速度的提高对增强毁伤有着重要作用。20 世纪以来化学式武器发展逐步达到速度极限，各军事强国的目光逐步聚焦于新型的电磁式高能武器。伯克兰第一个进行电磁炮试验，他使用直流激励的管状直线电机系列线圈，把 500 g 的电枢加速到 50 m/s。1946 年，美国的西屋电气公司建成了一台全尺寸的电磁飞机弹射器，取名“电拖”（Electopult），它是一台初级运动的直线感应电动机。虽然没有达到实用的效果，但是这些技术和装置在当时取得了部分的成功，标志着一个新时代的到来。

用于发射的能源大体可分为三大类（发射技术经历三个阶段）：机械能、化学能和电磁能。发射器所使用能源的更替变化，都意味着发射技术领域发生了质的飞跃。早期人们使用弓弩、抛石机等的机械能，代替人的肌肉发射物体，这是发射技术的一个进步；14 世纪初火药的发明，使发射物体的初速度至少提高了 2 个数量级，与冷兵器相比，火药具有更高的能量密度，常规火炮利用化学能就可将几十千克的弹丸加速到每秒千米级，这是发射技术新的里程碑，但这个速度已经接近了常规火炮的极限速度。三种发射方式的差异对比如表 1.1 所示。

表 1.1　三种发射方式的差异对比

技术指标	机械发射	火药发射	电磁发射
速度级别	几十米/秒	几千米/秒	几十千米/秒
应用方式			

电磁发射技术实质是将电磁能转换为发射载荷动能，电磁发射装置是一类利用脉冲功率发生装置产生的电磁力推动负载达到最大速度的能量变换装置。理论上，使用电磁能发射的弹丸不受外界影响的限制，只受弹丸和发射机构的限制，使用电磁发射装置可以把弹丸加速到十几千米/秒甚至几十千米/秒。因此电磁发射是一种理想的发射方式，在科学实验、武器装备、导弹防御系统、发射火箭和卫星，以及航空弹射器等许多领域中有广泛的应用前景。

20 世纪 80 年代，电磁发射受到了各国军方的极大关注，他们纷纷投入了大量的人力、物力对电磁发射进行试验研究，出现了包括电磁炮、电磁弹射器、电磁助推器等各种先进装备，涉及的国家主要包括美国、俄罗斯、英国、法国、日本、以色列、德国、荷兰及中国等，其中美国处于领先地位。

为了促进电磁发射技术理论和工程技术的发展，由美国陆军军备研究所和发展司令部（ARRADIOM），以及国防高级研究规划局主办，于 1980 年召开了第 1 届电磁发射技术讨论会，以后每隔 2 ～ 3 年召开一次，并允许其他有关国家参加，具有一定的国际性质。效仿美国，欧洲各国为推动电磁发射技术的进步，建立了“欧洲电磁发射技术讨论会”制度，第 1 届会议于 1988 年 9 月在荷兰的代尔夫特（Delft）召开。自 1997 年开始，这两个会议合并举行，电磁发射技术会议成为观察当今世界电磁发射技术发展的窗口。英国的国家计划旨在将所有电磁发射技术的研究集中于军事应用，主要验证电磁发射器在未来主战坦克中的潜在可行性。苏联很早就开始了电磁发射研究，主要集中在导轨式电磁发射器、电热化学炮及其供电电源。1996 年 4 月，在美国巴尔的摩举行的第 8 届电磁发射技术会议上，全面地介绍了苏联和俄罗斯有关电磁发射的理论研究和实验情况。2002 年 5 月，在法国圣路易斯召开的第 11 届电磁发射技术会议，更是世界电磁发射技术研究者的盛会，会上介绍了各国电磁发射技术的研究进展。

2002 年 8 月，为了促进我国电磁发射学术和技术的发展，由军械工程学院、哈尔滨工业大学、中国科学院电工研究所、中国科学院等离子体物理研究所和大连理工大学等单位牵头，成立了中国电磁发射技术学会，成员单位有 30 多家。在该学会的组织下，分别于 2002 年 8 月和 2004 年 9 月在哈尔滨工业大学和大连理工大学召开了第 1 届和第 2 届中国电磁发射技术研讨会。国内陆续召开了几次电磁发射技术研讨会，极大地促进了我国电磁发射事业的发展。

2012 年 5 月 15 日—19 日，中国电工技术学会和美国战略与创新技术研究所共同主办的第 16 届国际电磁发射技术会议在北京国家会议中心成功举办，如图 1.1 所示。

图 1.1　第 16 届国际电磁发射技术会议

这是国际电磁发射技术会议第 1 次在北京召开，也是国际电磁发射技术会议首次在欧美国家以外召开，来自中国、美国、德国、法国、俄罗斯、英国、日本、意大利、以色列、土耳其、印度、韩国、伊朗、新加坡、哥伦比亚 15 个国家的 156 名科技人员参加了会议，包括中国科学院严陆光院士、美国得克萨斯大学高技术研究所所长 Ian McNab 博士、美国海军研究办公室 Ryan Hoffman 博士、美国海军研究实验室 Robert A. Meger 博士、美国陆军实验室 SikhandaSatapathy 博士、俄罗斯科学院 LAVREN-TYEV 流体力学所 Gennady A. Shvetsov 博士、英国国防科技实验室地面战斗空间系统 David Charles Haugh 博士等专家学者。这届盛会汇集了来自世界各地的电磁发射领域的顶级专家学者，学术资源和专家资源极为丰富，会议主题涉及发射器、发射物、脉冲功率电源技术、建模与仿真、诊断、应用、定向能等。会议共收到 287 篇论文，经审查录用 177 篇，是历届国际电磁发射技术会议中论文投稿和录用数量最多的一届。会议气氛活跃，交流成果丰硕，对促进我国电磁发射技术的发展产生了积极的影响。

2016 年 10 月 24 日—28 日，第 18 届国际电磁发射技术会议在武汉大学人文科学馆召开，如图 1.2 所示。

图 1.2　第 18 届国际电磁发射技术会议

本届会议由中国电工技术学会和美国战略与创新技术研究所共同主办，武汉大学、华中科技大学、海军工程大学共同承办。会议旨在积极推动电磁发射技术在航空航天、兵器、交通、工业、海军等多领域的技术研究和应用，加强国际学术交流，促进我国电磁发射技术的发展和人才培养，进一步加强我国在世界电磁发射技术领域中的学术地位，开阔眼界和思路。会议主席由中国电工技术学会电磁发射技术专业委员会主任委员李军博士、国际电磁发射常务委员会主席（美国战略与创新技术研究所所长）H. Fair 博士、武汉大学电气工程学院刘开培教授共同担任。会议汇聚了来自 13 个国家和地区的企业、科研院所、大学等的专家、学者与工程技术人员，共 170 余名，专业领域涉及电气工程、兵器科学、航空航天科学等。会议共收到投稿论文 378 篇，经审查参会 223 篇，其中宣读论文 27 篇，张贴论文 196 篇。在为期 4 天的会议中，与会人员通过主题报告、技术研讨会、论文交流和技术参观等形式，围绕电磁发射技术在航空航天、武器、交通、工业等多领域的技术研究和应用，就发射器、发射物、脉冲功率电源技术、建模与仿真、诊断、应用技术等主题进行了交流与研讨，共享经验和成果。

2018 年 11 月，中国国家自然科学基金委员会电气科学与工程学科广发英雄帖，邀请各路专家与青年才俊云集长沙，对学科的研究方向和关键词进行了详细梳理和大幅修订。经过本次修订，学科的研究方向由 459 个合并为 126 个，关键词由 4735 个压缩为 1383 个。在鼓励原创、面向学术前沿与国家需求、学科交叉这一基本方针指引下，修改后的研究方向和关键词更能体现时代性和包容性，学科资助范围也更加条理和更加广泛。同时，经过本次修订，各学科的研究方向中均突出了人工智能、大数据等新兴热点，以及与其他学科交叉的内容。其中涉及电磁发射技术的主要关键词包括：电磁发射与电磁悬浮、电磁炮、电磁弹射、电磁推进、电磁助推、电磁悬浮、磁悬浮发射、电磁声发射、电磁加载、磁致伸缩力等。这些也是目前和后续电磁发射的重点研究方向，电磁发射正以其独特的技术优势蓬勃发展，必将拥有更加广泛的应用前景。

令人振奋的是，海军工程大学马伟明院士团队在国内外首创电磁发射工程学科专业，为进一步提升理论水平，建立发射理论体系，培养电磁发射人才，以及促进电磁发射技术的军民融合应用奠定了坚实基础。

1.1.1　电磁发射技术基本概念

1. 电磁发射技术的定义

发射一般指利用装置将负载射出，如卫星发射，指运载火箭运送人造卫星起飞、加速、进入预定轨道或利用航天飞机将人造卫星投放到预定轨道上的过程。1822 年，法国科学家安培（Ampere）发现了通电导体在磁场中受力的现象并导出了定量公式，揭示了电和磁之间能够产生机械力的规律。电磁场所具有的能量就是电磁能，它可以与热能、机械能等相互转化。于是科学家开始研究将这种规律用于发射物体达到较高速度，以替代普通机械和火药式的发射机构。弓弩发射利用的是机械能，火箭发射利用的是热能，而电磁发射利用的是电磁能。

电磁发射技术是指利用电磁能驱动发射体以获得动能的发射技术，是在储能技术、脉冲功率调节技术（大功率开关器件技术）、直线电机技术及其闭环运控技术不断取得突破的推动作用下，快速发展起来的新型高效能发射技术。

2. 工作原理

电磁发射的工作原理是电磁感应。以电磁轨道炮为例，其基本结构由两根平行布置的导轨和连接两根导轨的电枢组成。装置本质上可以认为是一台单匝的直流直线电动机。强电流由一根导轨流入，流经电枢后从另一根导轨流出，这期间在两根导轨间会产生强大的磁场，电枢受洛伦兹力作用沿导轨滑动，进而推动炮弹运动，如图 1.3 所示。如果轨道间所加的匀强磁场的磁感应强度为 B，导轨的长度为 L，流经电枢的电流为 I，则弹丸所受到的洛伦兹力为 $F=BIL$。

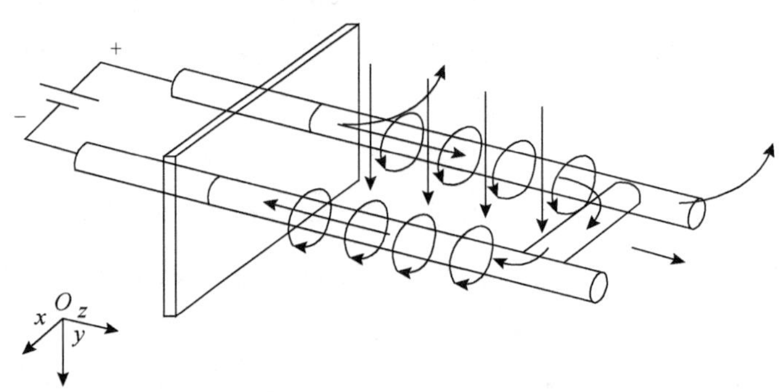

图 1.3　电磁轨道炮发射原理

3. 典型系统组成

电磁发射装置主要包括储能系统、脉冲功率变流系统、发射执行机构和闭环运动控制系统等，如图 1.4 所示。电磁发射装置的工作过程是：发射前通过储能系统将能量在较长时间内蓄积起来，发射时通过将脉冲功率变流系统调节的瞬时超大输出功率传输给发射执行机构，产生电磁力推动负载至预定速度，闭环运动控制系统实时地控制发射体的运行轨迹，实现信息流对能量流的精准控制。

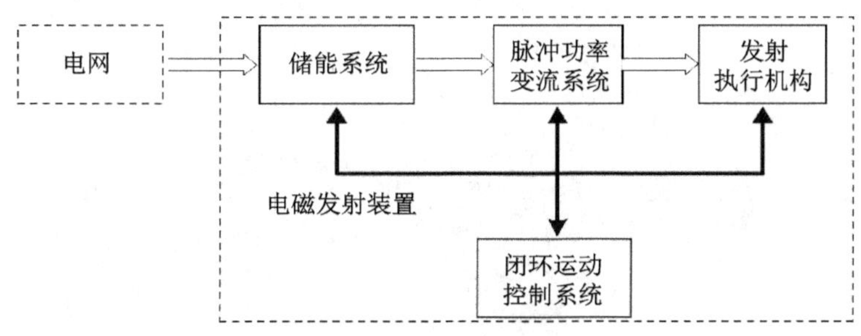

图 1.4　电磁发射系统组成

1.1.2　电磁发射技术分支

电磁发射技术种类较多，按照发射长度和末速度的不同，电磁发射技术可分为电磁炮技术（发射长度十米级，末速度可达 3 km/s）、电磁弹射技术（发射长度百米级，末速度可达 100 m/s）、电磁推射技术（发射长度千米级，末速度可达 8 km/s），主要技术差异如表 1.2 所示。

表 1.2　电磁发射技术差异对比

技术指标	电磁炮技术	电磁弹射技术	电磁推射技术
典型装置	电磁轨道炮、 电磁线圈炮等	航母飞机电磁弹射、 无人机电磁弹射	卫星、火箭助推等 航天电磁推射
主要应用			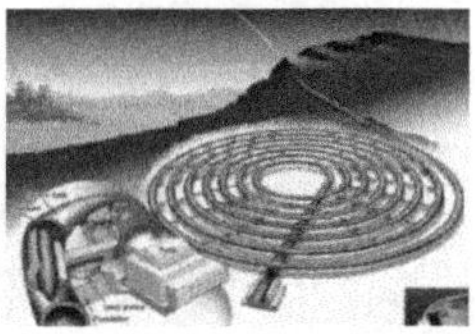
发射长度级别	十米级	百米级	千米级
发射质量级别	几毫克至几十千克	几十千克至几十吨	几十千克至几吨
速度级别	3 km/s 以上	100 m/s 以上	8 km/s 以上

1. 电磁炮技术

电磁炮技术是电磁发射技术的典型应用之一。电磁炮种类较多，根据结构不同，主要分为电磁轨道炮、同轴线圈炮、磁力线重接炮，以及轨道-线圈复合型电磁炮等。图 1.5 所示为美国通用原子公司的 32 MJ“闪电”电磁轨道炮。

图 1.5 美国通用原子公司的 32 MJ“闪电”电磁轨道炮

电磁炮装置的大功率脉冲功率电源通常存储几十兆到几百兆焦耳能量，并能在几毫秒之内把兆安级电流引入电枢以适应负载的要求。图 1.6 展示了美国海军 2008 年电磁轨道炮试射瞬间及毁伤效果。

图 1.6 美国海军 2008 年电磁轨道炮试射瞬间及毁伤效果

导轨应由耐烧蚀、耐磨损的良导电材料制成。电枢可以是高电导率的固体金属，也可以是等离子体或者二者的混合体。被发射的载荷是放在电枢前面的待加速物体，可以是绝缘体或被绝缘体包裹的导体。电枢和导轨要有良好的电接触，电枢起滑动开关和电短路作用。有时电枢可以单独作为发射载荷使用，为了减少摩擦，在超高速的时候一般采用等离子体作为电枢。

2. 电磁弹射技术

航空母舰舰载机的弹射起飞方式有两种：蒸汽弹射起飞和电磁弹射起飞。电磁弹射装置是一种利用直线电动机的电磁力将舰载机推到起飞速度的装置，适用于短行程发射大载荷，是近年来世界各海军大国研究的重点和热点。相对于传统的蒸汽发射装置，电磁弹射装置具有其他发射装置无法比拟的优点。它既可以弹射小型的无人机，也可以弹射大型预警机，拓展了未来航母的作战能力。航母电磁弹射概念图如图 1.7 所示。

图 1.7　航母电磁弹射概念图

电磁弹射系统利用直线感应电动机的直线运动，带动舰载机加速到起飞速度，其工作原理是：直线感应电动机的固定部分输入交流电后，产生交变磁场，磁场在直线感应电动机的运动部分产生感应电流，使运动部分变为有感应电流的导体，该部分在电磁场作用下就会产生电磁驱动力向前运动。电磁驱动力和电流的平方成正比，只要能够保持电流输出达到足够的量，就能产生巨大的电磁驱动力，确保负载（舰载机或动能弹）达到预定的末速度。

美国海军建造的福特级航母是美国航母发展历程上的一个里程碑，从飞行甲板、舰体、舰岛、动力单元到航空设施的设计配置，都异于以往的航母，它引进了众多突破性新技术，打破了延续半个世纪之久的航母设计惯例，全面采用电磁弹射系统取代蒸汽弹射系统就是其重要标志之一。图 1.8 展示了美国福特级航母弹射器与飞机链接装置滑梭。

图 1.8　美国福特级航母弹射器与飞机链接装置滑梭

3. 电磁推射技术

电磁推射技术方案与电磁弹射技术方案相似，但发射距离更长、速度更快，适用于航天发射。采用电磁推射的方式取代第一级火箭，可大幅降低发射质量和发射费用。从长远目标看，随着电磁推射技术的不断成熟，利用电磁加速器直接发射重型有效载荷进入外层空间也完全可能，其发射费用将比采用传统火箭方案的发射费用低一两个数量级，这将为未来建立廉价的空间站开辟新的道路。

美国航空航天局（NASA）研究了用电磁发射器从地面向太空发射的关键技术，若该电磁发射技术应用于航天领域，则将给卫星发射、空间运输等方面带来难以估量的价值。图 1.9 展示了 NASA 的电磁发射试验轨道。国内哈尔滨工业大学等单位也对电磁推射相关技术开展了研究。

图 1.9　NASA 的电磁发射试验轨道

1.1.3 电磁发射技术优势

电磁发射技术是随材料技术、电力电子器件、高性能控制等技术发展而取得重大进展的一种发射技术，具有“更高、更快、更强”三种典型特征。

更高，首先指的是发射速度快，可超越化学能发射的速度极限，速度可达 100 m/s ～ 8 km/s，而传统火药的发射速度仅在 1 km/s 以下；其次指的是发射效率高，理论效率可达 50%，而传统发射方式，如蒸汽弹射的发射效率仅为 4% ～ 6%；最后指的是有效载荷比高，推动负载的动子一般为铝制结构。

更快，首先指的是启动时间短，从冷态到发射仅需几分钟；其次指的是发射间隔短，可以在数秒内实现重复发射；最后指的是保障要求低，对辅助配套设施要求低，仅需一定充电功率和少量冷却液。

更强，首先指的是发射动能大，电磁弹射可达 120 MJ，航天推射可达千兆焦耳，电磁炮动能毁伤能力强，巨大的速度意味着巨大的动能，仅仅通过弹丸的直接撞击即可将目标彻底摧毁；其次指的是发射负载可变，可灵活调节电流，实现不同的载荷发射；最后指的是持续作战能力强，可靠性高，可维护性好，操作维护人员少。

除了上述通用的技术优势，电磁炮技术、电磁弹射技术和电磁推射技术又各有其独特的优势。

1. 电磁炮技术特点

从技术指标角度，与其他火炮比较，电磁炮具有较为明显的优势。美国海军经过多方面的分析研究得出，舰载电磁炮是未来执行对岸火力支援的最佳方式。不同火力支援方式的性能对比如表 1.3 所示。

表 1.3 不同火力支援方式的性能对比

技术指标	火力支援方式		
	常规舰炮 MK45	先进舰炮 AGS	电磁轨道炮 Naval Railgun
口径/mm	127	155	120 ～ 155
射程/km	80	117	463
飞行时间/min	60	10	6
弹丸长度/mm	152.4	224	76.2
使用弹药	ERGM	LRLAP	KE Projectile
储弹量/rds	1000 ～ 1500	1000	10000

（续表）

技术指标	火力支援方式		
	常规舰炮 MK45	先进舰炮 AGS	电磁轨道炮 Naval Railgun
毁伤方式	爆炸杀伤	爆炸杀伤	动能杀伤
毁伤动能/MJ	2.2	7.8	16.9

在一种大口径电磁迫击炮的可行性设计方案中，提出了轨道式和线圈式两种电磁发射方式，并分别对这两种发射方式进行了论证，参数对比如表 1.4 所示。这两种发射系统样机均已完成发射试验。

表 1.4　常规迫击炮和电磁迫击炮参数对比

技术指标	120 mm 常规迫击炮（线圈式）	120 mm 电磁迫击炮（轨道式）
弹丸质量/kg	13.8	16.1
初速度/（m/s）	341	450
射程/km	7.7	9
炮口动能/kJ	802	1633

从对比效果来看，电磁迫击炮可发射精确制导迫击炮弹，初速度高，射程从原来的 7.7 km 增至 9 km，身管寿命也有延长。同时，电磁迫击炮不采用易燃易爆的发射药，安全性提高，后勤补给方便，性能提高。

电磁推进武器与其他武器参数对比如表 1.5 所示。

表 1.5　电磁推进武器与其他武器参数对比

技术指标	电磁推进武器	火炮（含防空）	化学能推进的导弹
投射体速度	轨道炮：几百米/秒至 50 千米/秒 线圈炮：几百米/秒至几千米/秒	几百米/秒至 2 千米/秒	几百米/秒至 7.5 千米/秒
加速度/g	$10 \sim 10^6$	10^4	$10 \sim 10^2$
加速时间/s	$10^{-1} \sim 10^{-4}$	$10^{-2} \sim 10^{-3}$	几至几百
投射体质量	轨道炮：0.1 g 至几十千克 线圈炮：几百克至几百吨	几十克至几十千克	几千克至几百吨
毁伤方式	动能	动能、化学能	动能、化学能、核爆
发射率	几百发/秒	几十发/秒	若干分钟（或天）一发
设备价格	较高	较低	较高
投射体单发价格	低	很低	较高

从表 1.5 可见，电磁推进武器与其他武器相比颇具特色，优点突出。其主要优点如下。

（1）速度快。一般火炮速度为 1.5 ～ 2 km/s。以化学火箭为基础的战术导弹的速度为 0.3 ～ 3 km/s，战略导弹速度不大于 7.5 km/s。从卫星上发射的拦截导弹，其速度一般不大于 7 km/s。而电磁炮在大气中的飞行速度可达 4 ～ 6 km/s，在高空可达 50 km/s。由于电磁炮速度快，因此它可在很短的时间内追击飞机、导弹和卫星平台等高速飞行器。此外，由于电磁炮动能较大可产生较大的破坏力，而且极快的飞行速度可缩短设计的提前量，又可以减少炮弹的飞行时间，使炮弹不易受到外界环境干扰（大气、射控系统的误差），从而保证炮弹的精度。

（2）杀伤力大。由于电磁炮以动能形式直接撞击目标，一般会对目标造成严重破坏，将使目标碎裂或使其轨道发生改变，同时操作者较易判定是否击中目标。

（3）难以拦截。尤为重要的是，电磁炮体积小、速度快、强度高，在几十年时间内将是一种很难发现和几乎无法拦截的武器。

（4）隐蔽性强。电磁炮用电磁力所做的功作为发射能量，在发射时一般不产生火焰和弥漫的烟雾，也不产生冲击波。电磁炮产生的后坐力、噪声、烟雾及火焰都比火炮及导弹的小，不易暴露发射位置，操作者及阵地相对安全。由于电磁炮没有爆炸材料，因此消除了生产、运输、处理和存储炸药的危险性。

（5）易于调节控制。电磁炮加速均匀、稳定性及重复性好，加上速度快和飞行时间短等因素，因此与火炮相比，电磁炮易于达到较准确的初速度和较高的射击精度。电磁炮不存在常规火炮那种因点火过程和弹药燃烧不均匀而出现的延迟点火、突然撞击和加速度突变等现象，因此其稳定性及重复性好。化学发射器是通过改变发射药或推进剂装药量来改变射程的，而电磁发射器是通过电流变化控制发射速度和改变射程的，因此其控制精度很高。

（6）能量转换效率高。电磁炮的能量转换效率比较高，电磁轨道炮的能量转换效率可达 30% ～ 40%，电磁线圈炮的能量转换效率可达 50%。

（7）机动性更强。由于电磁发射速度快，在相同动能时弹丸可以小而轻，故可在作战平台、坦克、舰船或飞机上携带数量更多的炮弹。电磁炮的后膛可以开放，易于实现装填自动化，因此装填速度更快，反应速度更快。

（8）效费比好。电磁发射器不像液体发射药火炮和火箭那样需要优良的合成燃料和推进剂，在固定工作时仅用电厂的电力，机动工作时则用低烃类燃料发电便可，电磁发射的能源是电能，其成本仅是上述化学推进剂的 1% 左右，并且不存在处理废火药的困难和麻烦。导弹的有效载荷仅为其发射质量的数十分之一，而电磁炮几乎全部的发射质量均为有效载荷。导弹与电磁炮的地面设备总价格在同一数量级的水平，但导弹本身价格高，而电磁炮价格低。

2. 电磁弹射技术特点

美军已经列装使用电磁弹射器，并打算对蒸汽弹射航母进行换装，主要是因为电磁弹射的巨大技术优势，如表 1.6 所示。电磁弹射的性能较蒸汽弹射提升较大，其优势主要体现在以下几个方面。

表 1.6　蒸汽弹射器与电磁弹射器性能对比

序号	性能	电磁弹射器（EMALS）	蒸汽弹射器（C-13 型）	两者比较
1	最大弹射能量/MJ	122	95	电磁弹射器最大弹射能量更大
2	弹射飞机质量/t	0.2 ～ 45	20 ～ 35	电磁弹射器弹射飞机质量更大，可允许弹射的质量范围更大
3	弹射末速度范围/（m/s）	28.3 ～ 102.9	69.4 ～ 97.2	电磁弹射器弹射末速度范围更大
4	末速度误差/（m/s）	0 ～ 1.5	2.57 ～ 3.60	电磁弹射器末速度误差更小
5	加速度峰均比	1.05	1.15 ～ 1.2	电磁弹射器加速度变化更小
6	准备时间/min	15	24 × 60	电磁弹射器作战效率更高
7	能量效率	60%	4% ～ 6%	电磁弹射器能量效率更高
8	故障平均周期/周	＞ 1300	405	电磁弹射器可靠性更高
9	系统质量/t	280	538	电磁弹射器系统质量减小近 50%
10	系统体积/m^3	425	1100	电磁弹射器系统体积减小约 61.4%

与现役航母的蒸汽弹射相比，电磁弹射的效率可提高 10 倍，准备时间从 24 h 缩短为 15 min，人力成本节省 30%，弹射动能提高 28%，日耗淡水从 80 t 降为数百千克，峰均力比从 2 降为 1.1，舰载机寿命延长 30% 以上。基于以上突出的优势，采用电磁弹射的航母可搭载包括无人机和大型固定翼预警机在内的各种舰载机，大幅度提升航母编队对战场态势的感知能力和舰载机的远程作战能力，可在任意航速、航向下弹射飞机，增强航母的快速反应能力，从而可

显著地提高航母的综合作战能力。

电磁弹射技术顺应了现代航母电气化、信息化发展的趋势，是现代航母的标志性技术之一，对航母飞机弹射技术的发展和航母作战能力的提升具有重大意义。电磁弹射技术具有以下 4 个方面的优点。

1）高适应性

（1）电磁弹射系统能量可大范围连续调节，能弹射质量在 45 t 以下的包括无人机和大型固定翼预警机在内的几乎所有类型的舰载机，且弹射推力精确、平稳、可调，扩大了航母侦测范围和提高了纵深打击能力。蒸汽弹射则不能对推力进行实时调整，能量调节范围很有限，无法弹射轻型无人机等。

（2）电磁弹射启动快，从冷态到弹射状态不到 15 min，蒸汽弹射则需 24 h。

（3）电磁弹射可在任意航速、航向下弹射飞机，蒸汽弹射则不能。

（4）电磁弹射的工作温度范围为 −29 ～ 71℃，扩大了航母作战区域。

2）高效率

（1）电磁弹射系统的能量效率可达 50%，是蒸汽弹射系统的 10 倍左右。

（2）装备电磁弹射器的航母每天可出动飞机 180 架次，作战效率比美军现役先进的尼米兹级航母提升 40% 以上。

（3）由于没有高温高压的气缸和管路，电磁弹射系统的体积比蒸汽弹射系统的体积明显减小，约为 600 m^3，是蒸汽弹射系统的体积的 60% 左右，且各子系统间采用电缆柔性连接，可灵活布置。电磁弹射装置质量约是蒸汽弹射装置质量的一半。

（4）电磁弹射系统大量采用信息化技术和模块化设计，相对于蒸汽弹射系统而言，电磁弹射系统的操作人员和维修人员减少 50%。

3）高寿命

（1）故障率低，电磁弹射两次重大故障间的平均周期为 1300 个循环周期，而蒸汽弹射仅为 405 个循环周期。电磁弹射的全寿命成本比蒸汽弹射降低 20% 以上。

（2）电磁弹射器加速平稳，过渡柔和，峰均力比为 1.05，可大幅度减小对舰载机的冲击，使舰载机的机体寿命延长 30% 以上，同时可缓解飞行员的身心压力。

（3）电磁弹射采用多种冗余和容错功能，电力电子器件的开通、关断无接触和磨损，可靠性高，寿命高。

4）高技术

（1）电磁弹射系统可精确控制各型飞机起飞所需的能量，在弹射过程中进行实时闭环控制，而蒸汽弹射系统不能实现该功能。

（2）电磁弹射系统既可以装备蒸汽动力航母，也可以装备核动力航母，还能与滑跃跑道相配合。

（3）电磁弹射涉及六大学科、八大行业的交叉融合，可拓展至高能武器发射、航天发射、民用轨道交通等领域，可推动相关学科、产业的发展，具有重大的军事、经济价值。

鉴于以上优点，美国国防部航母发展总体规划提出，2011—2030 年，美军将通过建造新舰、改造旧舰的方式，逐步完成由蒸汽弹射向电磁弹射的升级换代。美军计划通过新建和改造方式，列装 5 艘电磁弹射航母：太平洋舰队将部署“福特”号、“华盛顿”号等 3 艘电磁弹射航母，以确保美军在亚太地区军事力量的绝对优势；大西洋舰队则将部署“林肯”号、“斯坦尼斯”号航母。到 2030 年前后，美军将列装 9 艘电磁弹射航母。

1.2 电磁发射技术国内外发展现状

1.2.1 电磁发射技术发展历程

电磁发射概念的提出可以追溯到 19 世纪 40 年代，发展至今主要经历了以下 4 个阶段。

1. 第一阶段：概念探索期（19 世纪 40 年代—20 世纪初）

概念探索期如表 1.7 所示。

表 1.7 概念探索期

时间	人　物	研究方向	内　容
1844 年	Colonel Dixon	电磁炮	在“Newly Invented，Electric gun”报道中首次提到了“电磁炮”的概念
1845 年	查尔斯·惠斯通（Charles Wheatstone）	直线磁阻电动机	美国物理专家查尔斯·惠斯通建造了世界上第一台直线磁阻电动机，并用它把金属棒抛射到 20 m 远的地方
1895 年	梅厄（Mayor）	直线感应电动机	梅厄获得了第一个直线感应电动机专利

1901 年，挪威奥斯陆大学的物理学教授伯克兰（Birkeland）获得了“电火炮”专利，这是电磁发射技术发展的里程碑。他第一个进行电磁炮试验，使用直流激励的管状直线电动机系列线圈，把 500 g 的电枢加速到 50 m/s。伯兰克及其电磁炮的原始设计图如图 1.10 所示。

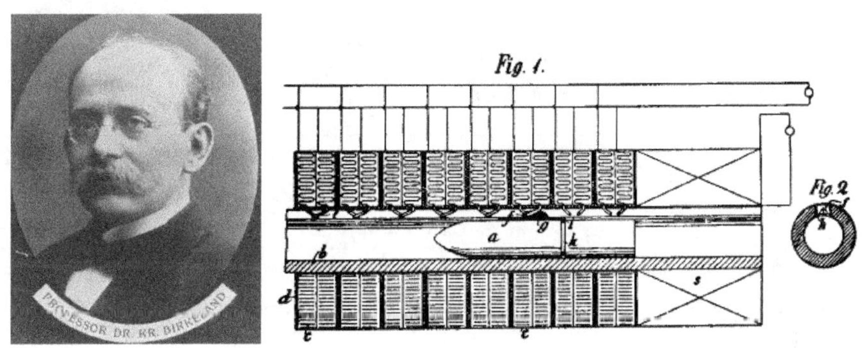

图 1.10 伯克兰及其电磁炮的原始设计图

1902 年，伯克兰又建造了两台更大的电磁炮，其口径为 6.5 cm、长约为 4 m，用于发射 10 kg 的金属发射体，至今仍陈列在位于奥斯陆的挪威技术博物馆。伯克兰建造的电磁炮如图 1.11 所示。

图 1.11 伯克兰建造的电磁炮

2. 第二阶段：缓慢发展期（20 世纪初—20 世纪 70 年代）

缓慢发展期如表 1.8 所示。

表 1.8 缓慢发展期

时间	人物	研究方向	内容
1912 年	埃米尔·巴彻特勒（Emile Bachelet）	交流激励的磁推进装置	法国的埃米尔·巴彻特勒建造了第一个交流激励的磁推进装置。它在 1914 年展出时，曾引起时任英国海军大臣丘吉尔的兴趣
1916 年	福琼·维莱普勒（FauchonVilleplee）	轨道炮	法国科学家福琼·维莱普勒等人申请了第一个轨道炮专利。该装置在 2 m 内将 50 g 的弹丸加速到 200 m/s，供电电压为 40 ～ 50 V，电流为 5 kA
1920 年	福琼·维莱普勒（FauchonVilleplee）	单极电机	福琼·维莱普勒发表了《电气火炮》一文，他所描述的电炮大部分属于单极电机类型
1944 年	汉斯勒（Hansler）	电磁炮	德国的汉斯勒曾将 10 g 的弹丸加速到 1.2 km/s
1946 年	西屋电气公司	电磁弹射器	美国的西屋电气公司建成了一台全尺寸的电磁飞机弹射器，取名“电拖”（Electopult），它是一台初级运动的直线感应电动机
1957 年	美国空军科学研究所	电磁炮	美国空军科学研究所经过反复论证，得出了“电磁发射根本行不通”的结论，使电磁炮的研究一度陷入低潮
1966 年	鲍斯达列夫	电磁线圈发射器	苏联鲍斯达列夫用 10 m 长的单级脉冲感应线圈发射器把 2 g 的铝环加速到 5 km/s
1976 年	本达列托夫和伊凡诺夫	电磁线圈发射器	苏联科学家本达列托夫和伊凡诺夫采用电容器供电的感应线圈把质量为 2 g 的金属环电枢加速到 1.2 km/s，平均加速度达到 7.0×10^7 m/s^2

3. 第三阶段：强势进驻期（20 世纪 80 年代—20 世纪 90 年代）

1978 年，澳大利亚国立大学的马歇尔等人公布了惊人的研究成果：用 550 MJ 单级发电机和等离子体电枢，在 5 m 长的导轨型电磁发射器上把 3.3 g 的聚碳酸酯弹丸加速到 5.9 km/s 的初速度，这远远超过了常规炮弹的飞行速度。这一重大成就的实现，为电磁发射器的发展做出了开拓性的贡献。可以说这是第一门现代电磁炮。从此，电磁发射器的研究工作迈入了新的阶段。马歇尔等人的划时代性成就使世界各国的科学家受到了极大鼓舞和启发，同时引起了各国军方的浓厚兴趣和关注，于是各国纷纷投入大量人力、财力对电磁炮进行试验研究。

美国国防部非常重视，在组织上专门成立了一个指导委员会和一个技术顾问小组。该小组于1978年12月召开了研讨会，评估电磁发射系统的技术现状和电磁炮的应用前景，进一步开展对电磁炮原理及技术应用的基础研究，并进行了大量投资：1979年拨款100万美元用于电磁炮的研究，1980年拨款300万美元，1984年拨款1300万美元，1985年拨款2300万美元，1986年拨款1.08亿美元，1987年拨款2亿美元。同时，电磁炮的研究又得到了美国军方的支持和投资，更促进了它的发展。例如，由美国军方组织，于1980年和1983年召开了两次电磁技术讨论会。美国政府的"防御技术研究小组"的研究报告和里根的"星球大战计划"（SDI），将电磁炮作为天基反导系统的主要备选方案。图1.12所示为美国科幻影视作品中的电磁轨道炮。

图1.12 美国科幻影视作品中的电磁轨道炮

强势进驻期如表1.9所示。

表1.9 强势进驻期

时间	单位	研究方向	内 容
1980年	西屋公司	电磁炮	1980年，美国西屋公司为"星球大战计划"建造了实验电磁炮，若将这门电磁炮放在太空，它能把质量为300 g的炮弹加速到8～10 km/s
1988年	美国海军	电磁弹射器	美国海军电磁弹射系统研究小组（卡曼电磁系统公司）制造了12英尺的小比例电磁弹射器。该电磁弹射器模型的主要指标也被确定为：在3 s内，将36 t的全载F-14战机加速到150节

（续表）

时间	单位	研究方向	内　容
1990 年	桑迪亚（Sandia）国家实验室	电磁线圈发射装置	桑迪亚（Sandia）国家实验室设计了一种线圈型电磁发射装置，由 9000 级驱动线圈组成，发射装置长为 960 m，倾角为 25°，计划将 600 kg 的电枢和 1220 kg 的飞行器加速到 6 km/s，加速度高达 2000g
1999 年	美国海军	电磁弹射器	美国海军选择诺思罗普·格鲁曼公司和通用原子公司分别开展了全尺寸、全功率、半长度的飞机电磁弹射系统样机的研制

4. 第四阶段：集中爆发期（21 世纪初至今）

集中爆发期（2001—2011）如表 1.10 所示。

表 1.10　集中爆发期 (2001—2011)

时间	单位	研究方向	内　容
2001 年	美国海军	电磁轨道炮	开始了电磁轨道炮的可行性研究，提出了 64 MJ 终极目标
2004 年	美国海军	电磁炮	成功进行了电磁炮的海上发射试验，下一步便将建造炮弹飞行速度为 2500 m/s、射程达 370 km 的电磁炮
2005 年	美国海军	电磁轨道炮	启动电磁轨道炮“创新性海军样机”（INP）项目第一阶段，重点研发炮口动能 32 MJ 的工程样机，BAE 系统公司和通用原子公司分别开展详细设计并制造
2007 年	美国海军研究局	电磁轨道炮	在弗吉尼亚州海军水面作战中心达尔格伦分部的新型电磁轨道炮样机投入使用，并以发射 1 发超高速弹丸的形式为庆典仪式剪彩。该炮样机口径为 90 mm，弹丸质量为 3.2 kg，初速度为 2146 m/s，炮口动能为 7.4 MJ
2008 年	美国海军	电磁轨道炮	在达尔格伦水面作战研究中心试验了一种电磁轨道炮，这枚号称世界上威力最大的电磁轨道炮的炮弹在试验时的出膛速度达到了 7 倍声速，发射的能量达到了 10 MJ
2008 年	通用原子公司	电磁弹射	电磁弹射系统研究团队成功通过了储能 60 MJ、功率 60 MW 的电动机/飞轮发电机的工厂验收测试
2010 年	BAE 系统公司	电磁轨道炮	进行了动能达到 33 MJ（折合为功率相当于 4.5 万马力/秒）的电磁轨道炮发射试验
2010 年	美国海军	电磁弹射	在新泽西州莱克赫斯特基地，成功弹射了 F/A-18E“大黄蜂”舰载机，标志着飞机电磁弹射技术的成熟化和实战化
2011 年	美国海军	电磁弹射	新泽西州海军基地一架 E-2D “鹰眼” 预警机首次从全尺寸模型航母甲板上设置的电磁弹射器上弹射起飞，此次试验标志着电磁弹射器应用于航母已完全进入工程化阶段

2012 年，BAE 系统公司和通用原子公司分别向美国海军交付了单发全尺寸电磁轨道炮工程样机，并成功进行了射击试验，炮口动能达到了 32 MJ 的阶段性技术指标，标志着第一阶段工作完成。为了降低经费和研制风险，美国海军于 2012 年 11 月决定将电磁轨道炮技术指标中的炮口动能从最初的 64 MJ 降至 20 ～ 32 MJ，射程也相应地从 370 km 降为 90 ～ 200 km。美国海军 32 MJ 高能电磁轨道炮试验型发射装置如图 1.13 所示，BAE 系统公司 32 MJ 电磁轨道炮工程样炮及“超高速射弹”样弹如图 1.14 所示。

图 1.13　美国海军 32 MJ 高能电磁轨道炮试验型发射装置

图 1.14　BAE 系统公司 32 MJ 电磁轨道炮工程样炮及“超高速射弹”样弹

集中爆发期（2013—2017）如表 1.11 所示。

表 1.11　集中爆发期 (2013—2017)

时间	单位	研究方向	内　容
2013 年	美国海军	电磁轨道炮	宣布电磁轨道炮“创新性海军样机”项目第二阶段正式启动，研发连发样炮。第二阶段工作由 BAE 系统公司负责，重点研究重复发射装置、弹药自动装填系统、热管理系统等
2014 年	BAE 系统公司	发射体	在美国海军“米利诺基特”号联合高速船上展示了工程样炮和发射用一体化弹丸

（续表）

时间	单位	研究方向	内　容
2016 年	美军	电磁炮	利用 10 m 的电导体轨道加速发射弹丸，速度高达 724 km/h，有效射程达 200 km，可瞬间穿透 7 块普通钢板，并且它能发射高速制导炮弹，执行多种任务，包括拦截反舰巡航导弹、弹道导弹，以及无人机、飞机等空中目标，对付敌方水面舰艇。该炮射速为 10 发/分，且具有多发同时弹射的能力
2016 年	俄军	电磁轨道炮	在莫斯科城郊外，首次进行了电磁轨道炮发射试验。试验取得了预期效果，弹丸初速度达到了 10 km/s，并且实现了由单发至连发跨越
2017 年	俄军	电磁轨道炮	俄罗斯正式对其新型电磁轨道炮进行了一次测试，其速度达到了 3 km/s，达到了 8 马赫以上的速度

2017 年 5 月 10 日，通用原子公司的电磁系统（GA-EMS）公司研发的“闪电”样炮，加装了增强型制导组件的高超声速炮弹，试射过程中，炮弹加速度超过 30000g，创造了新的世界纪录。通用原子公司的“闪电”小型电磁轨道炮样机如图 1.15 所示。

图 1.15　通用原子公司的“闪电”小型电磁轨道炮样机

2017 年，福特级航母服役，装备了电磁弹射系统，如图 1.16 所示。电磁弹射比蒸汽弹射具有更大的输出可调节范围，适用于各种新型飞机在航母甲板上起降。电磁弹射系统使用前的预热时间从蒸汽弹射系统的十几小时甚至 24 h，降为从关闭时的冷却状态到发射准备状态的 15 min，战斗力大幅提升。

图 1.16 美国福特级航母（CVN-78）

2018 年，美国海军开始在 DDX 驱逐舰上装备轨道炮，该炮的技术指标为：电源能量为 200 MJ，炮管长为 12 m，射速为 6 ～ 12 发/分，以 2.5 km/s 速度发射 20 kg 弹丸，飞行质量为 15 kg，最大射程为 360 km，命中精度小于 3 m（末端制导），初始动能为 63 MJ，命中目标时动能为 17 MJ。

1.2.2 国外发展现状

美国研制电磁弹射系统已 80 余年，历经方案论证、原理样机及计划定义与降低风险（PDRR）、系统开发与演示验证（SDD）等几个阶段。据不完全统计，美国用于改善相关科研单位研制条件和试验场地的费用高达 32 亿美元。20 世纪 40 年代，美国海军曾利用电磁感应电动机技术设计、制造了一套飞机电磁弹射系统，并进行了相关试验，但是由于二战结束，当时的材料、器件、控制技术均处于较低水平及系统研发费用相对较高而取消了该项目。为进一步验证电磁弹射系统弹射飞机的可行性，1982 年美国海军重新启动了电磁弹射系统研究项目，并在 1988 年开发出一台长为 3.66m 的小比例样机模型，并进行了电磁弹射、制动、回收、系统性能及电磁辐射等试验。1999 年底，美国海军研制了长为 6 m 的双定子原理样机，可将 50 kg 的负载弹射到时速 54km。2000 年初，美国海军选择通用原子公司和电船公司同时开展为期 4 年的 1 ： 2 样机研制。该阶段要求在一半长度的弹射跑道上，对一半额定弹射质量的负载以两倍于实际弹射加速度进行加速，以达到与装舰系统相当的电机输出推力和功率。2004 年 4 月，美国海军对通用原子公司和电船公司的 1 ： 2

样机进行综合评估后，选择了通用原子公司的设计方案，进行 1 ：1 样机制造。2005—2006 年，通用原子公司开始建造具备装舰条件的电磁弹射系统。2007 年初，根据美国海军公布的资料可知，电磁弹射系统的质量比原计划超重约 100 t，但美国海军决定不采用通用原子公司提交的减重备选方案，而要求“福特”号航母在设计上适应电磁弹射系统超出的质量。2007 年 11 月，美国海军对电磁弹射系统关键技术的审查结果表明电磁弹射系统研制顺利，能够满足航母技术需求。美国海军将第一套电磁弹射系统交付给美国诺思罗普 · 格鲁曼公司的纽波特纽斯造船厂，准备安装到“福特”号航母上。2008 年，美国海军开始在新泽西州赫斯特湖海军试验站安装电磁弹射系统。2008 年 9 月，美国海军与诺思罗普 · 格鲁曼公司签订 51 亿美元合同，建造“福特”号航母，计划装备电磁弹射系统。为确保电磁弹射系统满足航母建造进度要求，美国海军打破常规，采取了陆用样机试验与装舰产品生产同步进行的策略。

美国在“福特”号航母电磁弹射系统的研制过程中先后遭遇了储能装置产生弧形电场、弹射器超重 18%、超大功率周期脉冲工作逆变器的冷却和直线电机的散热等关键技术难题，但这些难题逐一得到了解决。2008 年 9 月，通用原子公司利用 0.5 Ω 的电阻作为模拟负载，成功完成了电磁弹射器储能电机 1 万次能量存储与释放的高周循环试验，验证了储能系统的额定性能，以及能量存储与释放周期率。2009 年 4 月，美国海军在对电磁弹射系统研制费用、生产进度、技术性能等进行全面评估后决定，正在建造的“福特”号航母将采用电磁弹射系统。2009 年 6 月，美国海军与通用原子公司签订 5.73 亿美元的电磁弹射系统合同。2009 年底，通用原子公司开始高周循环试验的第二阶段——全能量测试试验，要求样机能够将 23.6 t 的质量车加速到时速 330 km，从关闭状态到待用状态的时间不超过 15 min，能量利用率在 55% 左右。2009 年 11 月 12 日，通用原子公司的电磁系统公司与美国海军空战中心对电磁弹射系统进行了首次空载弹射试验，这标志着该系统的安装完成和动态测试的开始，各系统经过单独调试，解决了包括电磁兼容在内的问题。2010 年 12 月 18 日，美国利用电磁弹射系统将一架 F18 战斗机顺利弹射升空，这标志着电磁弹射系统的研制成功。

军事专家指出，美航母舰队即将进入电气化和信息化的新时代，这也意味着使用了半个多世纪的蒸汽弹射器将告别美国海军的历史舞台。

1.2.3 国内发展现状

我国的电磁发射技术起步较晚，但成果显著。早在20世纪80年代初，王莹、郭增基和王稚等学者就开始倡导电磁动能武器方面的研究。我国在“九五”期间部署了相关研究，中国工程物理研究院流体物理所和中国科学院等离子体物理研究所基于等离子体电枢研究电磁炮技术，研制了试验型发射器，该试验型发射器将质量为30 g和50 g的电枢加速到了300 m/s。

1995年，石家庄军械工程学院的王莹教授和肖峰教授出版了国内第一本电磁炮中文版专著《电炮原理》，对电磁发射技术进行了系统的总结；2004年，王莹教授又和国外著名专家马歇尔合作出版了两本电磁发射方面的英文版专著。《电炮原理》和 *RAILGUNS: their SCIENCE and TECHNOLOGY* 如图1.17所示。

图1.17 《电炮原理》和 *RAILGUNS: their SCIENCE and TECHNOLOGY*

“十一五”期间，中国科学院电工研究所与北京特种机电研究所共同研制了系列试验型发射装置，如图1.18所示。该装置采用华中科技大学研制的固体电枢，炮口动能可以达到2.2 MJ，电能转换效率可以达到30%。该试验在炮口速度为2000～2500 m/s的条件下进行，对发射器电流承载能力、轨道结构和材料进行基础数据积累。

图 1.18　4 m 试验型发射装置

武汉大学通过对并排式和层叠式增强型轨道结构的分析和试验，得出了层叠式比并排式综合结果更好的结论。并排式和层叠式增强型轨道发射装置如图 1.19 所示。

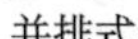

并排式

层叠式

图 1.19　并排式和层叠式增强型轨道发射装置

北京特种机电研究所和中国科学院电工研究所研制的增强型轨道发射装置如图 1.20 所示，其长为 1 m，口径为 30 mm × 60 mm，通流能力大于 500 kA，电感梯度为 1.3 μH/m，可以将质量为 534 g 的电枢加速到 290 m/s。

中国科学院电工研究所针对工程应用要求发射装置紧凑化和小型化的特点，研制了一体化发射装置，如图 1.21 所示，其通流能力大于 600 kA，完成了 2300 m/s 的速度试验验证。

图 1.20 北京特种机电研究所和中国科学院电工研究所研制的增强型轨道发射装置

图 1.21 中国科学院电工研究所研制的一体化发射装置

海军工程大学对电磁发射技术进行了大量研究，主要集中在直线感应电动机方面，对分段供电系统、矢量控制方案、端部效应等具体问题进行了深入研究，其中直线感应电动机试验装置如图 1.22 和图 1.23 所示。海军工程大学已经在电磁发射技术领域，开创了从跟跑、并跑到领跑的全新局面，在应用领域和战术性能指标方面均处于国际领先水平。

图 1.22　高速长定子直线感应电动机

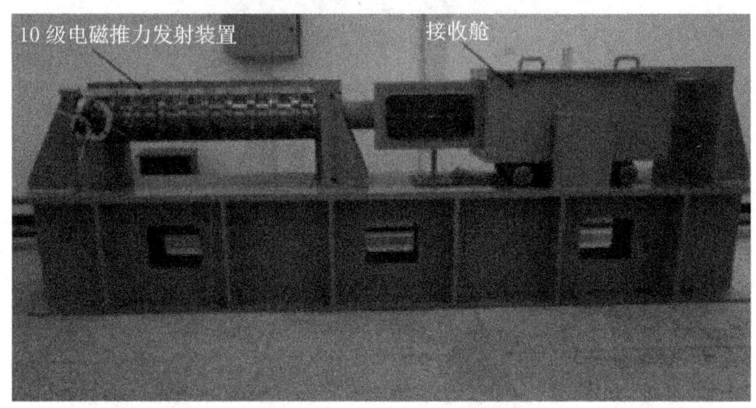

图 1.23　电磁发射装置模型

1.3　电磁发射关键技术

电磁发射技术是电磁场理论的应用技术，它利用电磁力对载荷进行加速发射。因此，电磁发射技术集中在脉冲功率能量存储技术、大功率变流技术、电磁发射控制技术、发射体技术、电磁发射执行机构技术、电磁发射系统总体技术等方向。电磁发射技术分类如图 1.24 所示。

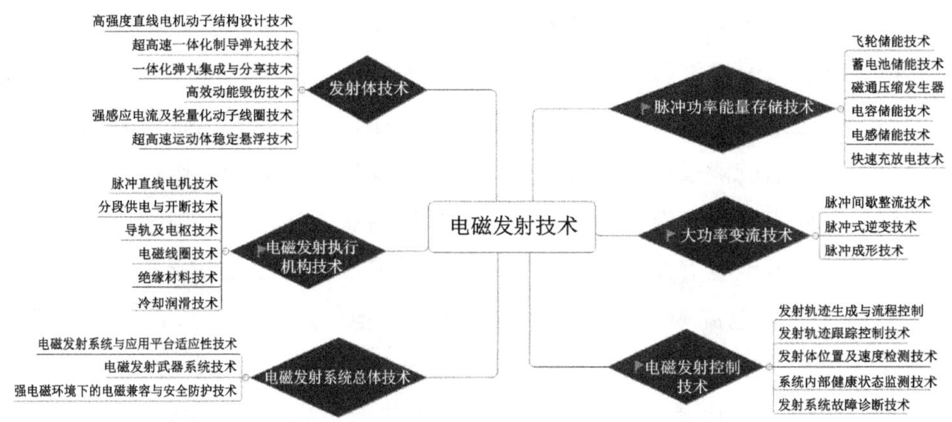

图 1.24 电磁发射技术分类

1.3.1 脉冲功率能量存储技术

脉冲储能系统可在两次发射的间隔时间内，从供电系统提取并存储下一次发射所需要的能量并将存储的能量以脉冲形式快速转化为电能。

电磁发射装置瞬时功率极大（100MW 级至 GW 级），按能量的存储形式，现有的储能方案主要有三种：①化学储能，如铅蓄电池、液流电池、钠硫电池、锂离子电池等；②惯性储能，如飞轮储能；③超导储能。超导储能具有能量密度大、效率高、响应速度快的优点，但运行环境要求苛刻，影响因素较多，体积、质量较大，工程实现难度大。惯性储能的能量密度虽不如超导储能的大，但可靠性最高，维护方便，工程化实现相对容易。

电机惯性储能是目前实现电磁发射装置小型化的重要技术途径和重要研究方向，为提高飞轮储能系统的功率和能量密度，驱动飞轮储能系统的电动机和发电机将趋向于一体化设计。

飞轮储能主要分为两个阶段：在储能准备阶段，通过拖动电动机带动飞轮高速旋转，飞轮储能装置将电能转化为机械能，存储在飞轮中；在释放能量阶段，飞轮减速，可通过发电机将机械能转化为电能并释放给用电设备。电机作为飞轮储能系统中机电能量转化接口的一部分，是实现电能与机械能相互转化的关键部件。飞轮惯性储能电机放电时，将机械能转化为电能，其放电深度范围很宽，特别适用于放电深度不规则的场合；飞轮惯性储能电机通过电力电子变换装置，可准确控制飞轮的旋转速度，从而控制飞轮惯性储能电机的充放电，非常适合作为电磁弹射系统的储能装置。

电容储能是电磁发射装置中目前最为成熟、最为实用的储能方式，广泛应用于电磁轨道炮、电磁线圈炮、电磁装甲和电磁雷弹等新型电磁动能武器中。由于目前电容器的能量密度相对较小，通常需要配置能量密度比较大的初级储能装置给储能电容器充电。单次工作的脉冲发射装置多采用常规的工频电源不控整流后为储能电容器充电，由于限流电阻的原因，这种充电方式的效率不会大于 50%。充电电源频率低、电源体积大、充电周期长，上述特性很难满足对效率、体积要求比较高的可重复发射的电磁发射装置的需求。近年来发展起来的串联谐振充电电源，特别是全桥串联谐振充电电源很好地解决了这一问题。与传统直流电源相比，全桥串联谐振充电电源具有体积小、效率高、功率密度大、适合宽范围变化的负载等优点，是较为理想的充电电源，且输出电流恒定，电容器电压随时间线性增长，极大地提高了电容器的充电速度，在重复频率实验中得到了广泛应用。

1.3.2 大功率变流技术

在电磁发射执行过程中，随着动子的速度从零逐渐达到最大值，通入直线电动机的电能频率不断升高，电压也不断增大，所以能量存储分系统输出的电能不能直接驱动直线电动机，需要通过电力调节分系统实现电能的变换，其难点在于处理的电能瞬态功率大，需要对高压大电流进行调节。随着大功率固态电力电子器件的不断升级，以及电力电子器件串并联技术的不断进步，大功率电力调节技术在民用领域早已得到了广泛应用，为解决上述问题奠定了坚实的基础，提高了驱动效率。

大功率变流系统将能量存储分系统输出的电能变换成电磁发射装置所需的脉冲电能。对于采用直线感应电动机作为发射装置的电磁弹射装置和电磁雷弹，大功率变流系统需要将储能发电机发出的工频交流电通过整流逆变变成电压和频率按特定规律变化的交流电，来驱动直线电动机，从而使电动机始终运行在高效区，以保证良好的动态性能。对于采用电容器激励的轨道炮、线圈炮或电磁装甲，大功率变流系统则采用脉冲成形技术，将电容器中存储的电能按一定指标的电流脉冲波形释放出来。脉冲成形网络作为电能向脉冲负载供电的桥梁，为电磁轨道炮的导轨和电枢或线圈炮的驱动线圈提供超大电流，并且根据实际需要调节电流脉冲宽度。在现有技术条件下，单个电源模块难以达到要求，这就需要多个脉冲功率电源模块同时放电或者时序放电，以取得理想的电流波形。

不同类型的电磁发射系统，对电能、电压、电流、功率、脉冲宽度等参数的要求也各不相同，从满足不同电磁发射系统所需要的参数要求，以及顺应脉冲功率电源模块化、小型化、大功率、重频率、全固态等重要发展趋势出发，目前最合适的方式是旋转机械能发电机和以电容器为储能方式的脉冲成形网络。在电磁发射脉冲功率电源中，电容储能脉冲功率电源系统充、放电功率大，技术成熟，脉冲电流波形的调控性较好，适应性广。以大功率半导体器件为基础的脉冲功率技术，顺应了脉冲功率电源的模块化、小型化、大功率、重复频率、全固态等重要发展趋势，得到了广泛的关注和应用。选择利用大功率可控硅晶闸管作为脉冲功率电源的放电开关，利用大功率硅堆二极管作为脉冲功率电源的短路开关构成放电的续流回路，这些都是大功率半导体器件在脉冲功率电源中的重要应用。在电容储能脉冲功率电源放电环境下，大功率半导体器件具有高电压、大电流、快的电流上升率等工作特性，工作环境十分恶劣，其工频环境下的工作特性已经不能准确反映其在该环境下的工作情况，脉冲放电环境下的特性才是需要重点研究的性能指标。

1.3.3 电磁发射执行机构技术

直线电机是弹射器的执行机构，其主要优势是定、动子间无机械接触，仅靠电磁力实现电能到直线运动的动能转换。直线电机技术的难点是尽可能提高它的功率密度和能量效率，且需要很强的环境适应能力。直线电机在物流传输、直线电梯、车床加工等领域的研究非常深入，大功率直线电机在磁悬浮列车等轨道交通领域已经得到广泛应用。不管是同步直线电机还是直线感应电机，从理论上都能满足电磁弹射的需求。脉冲直线电机是指提供可控驱动磁场，并将一定质量的物体发射到一定速度的装置。可承载电流能力：数万安至数兆安量级；出口速度：依据发射质量大小，在每秒几十米到几十千米之间。脉冲直线电机主要形式有多相行波直线电机、直线直流电机、多级脉冲线圈发射电机等类型，其关键技术主要包括：多段初级直线电机设计技术、长行程直线电机串联分段供电与开断技术、连续发射下电机冷却技术、轨道抗烧蚀技术、不同高强度金属材料复合工艺、多物理场强耦合建模技术、强磁场与应力冲击条件下的定子线圈成形技术、定子线圈同步放电技术等。

1.3.4 电磁发射控制技术

发射控制系统是电磁发射装置和操作者之间的主要对话接口，是电磁发射系统的控制中心，除实现相应功能外，还具有高可靠性、安全性、电磁兼容性。

网络控制是发射系统的顶层“大脑”，负责信息处理及指令下达，具有可靠性高、信息量大、实时性强和鲁棒性高等特点。网络控制由控制网、数据网和健康网组成，可实现对整个发射系统的监控，同时能够实现数据资源共享，及时分析、排除运行过程中出现的故障，以及实现系统的功能检查与故障诊断、系统测试与参数设定、工作状况的自动调节与监控、动静态参数的自动测量与处理、测量结果的管理与检索等功能。网络控制主要技术包括：底层的 OPC 通信技术、TCP/IP（传输控制协议/互联网协议）数据实时交互技术、全系统健康诊断与网络化监测技术、发射流程设计与网络化总体集成技术、全系统控制策略与网络化控制技术等。

举例来说，电磁弹射的控制系统需要通过实时、闭环的控制，来达到根据设定的弹射曲线精确控制弹射末速度和弹射过程中加速度的目的。弹射控制技术的难点在于对直线电机的实时反馈控制，以及对各种信息的组网、交互与处理。电磁弹射的控制技术在工业及信息领域有大量的方法可以借鉴，这些都可以推广并移植到电磁弹射系统中。

1.4 小结

本章给出了电磁发射技术的定义、工作原理及典型系统组成；按照发射长度和末速度的不同，对电磁发射技术进行了分类；同时对传统武器与电磁发射武器进行了对比，分析了电磁发射的主要优势；在分析电磁发射技术发展历程的基础上，介绍了电磁发射的国内外发展现状；对电磁发射技术进行了梳理，简要介绍了 4 项关键技术，包括脉冲功率能量存储技术、大功率变流技术、电磁发射执行机构技术和电磁发射控制技术。

第 2 章

电磁发射能量存储技术

电磁发射间隔时间短、功率需求高，能量存储扮演着不可或缺的角色。本章首先对能量存储技术进行概述，介绍其定义、分类、性能对比、发展现状及趋势，然后详细介绍 5 种典型的脉冲功率能量存储技术，分别是：惯性储能、蓄电池储能、电容储能、电感储能、混合储能。

2.1　能量存储技术概述

2.1.1　定义及分类

能量存储技术是通过装置或物理介质将能量存储起来的技术，大致可以分为物理储能、化学储能、电磁储能及相变储能等。物理储能主要包括压缩空气储能、抽水储能和惯性储能等；化学储能主要包括锂离子电池、钠硫电池、铅酸电池等；电磁储能主要包括超级电容器和超导储能；相变储能利用相变材料的储热特性来存储和释放其中的热量。相变储能目前工程应用较少，下面主要对前三种能量存储技术进行介绍。

1. 物理储能

1）压缩空气储能

顾名思义，压缩空气储能就是把空气进行压缩并存储在高压密封的空洞中。这些空洞可以是报废的地下矿井、深海中的储气罐或被封闭的山洞等。压缩空气储能本质上是一种燃气轮机发电厂，它的主要特点是节能和环保。

2）抽水储能

抽水储能是所有能量存储技术中最完善、应用最广、容量也最大的一种技术。抽水储能系统一般由上游水库、下游水库、传输和发电系统组成。当用电负荷处于低谷状态时，储能系统的电动机就会启动，将下游水库中的水抽到上游水库中并存储起来，这一动作是将电能转换为势能的过程；而当用电负荷处于高峰状态时，储能系统则将势能转换为电能，将上游水库的水放到下游水库中去。

3）飞轮储能

飞轮储能是一种基于机械运动的惯性储能方式。当系统处于储能阶段时，利用电动机驱动飞轮高速旋转，将电能转换为动能；而在用电高峰时，高速旋转的飞轮则将动能转换为电能，使电动机作为发电机运行释放能量。飞轮储能的主要优点有建造周期短、设备运行使用时间长、存储能量多、环保无污染等。

2. 化学储能

化学储能主要指蓄电池储能。蓄电池储能是所有能量存储技术中应用最广泛，也最为人所熟悉的一种技术。其本质是化学能和电能之间的能量转换。

1）锂离子电池

锂离子电池最早是在1992年由SONY公司研制出的，该电池具有储能密度高、体积小、使用寿命长、环保等特点。在所有储能电池中，锂离子电池不仅解决了充放电过程中的记忆效应，而且它的循环效率和储能密度也相比其他电池高很多。然而，锂离子电池对工作环境要求严苛、生产成本高昂。

2）铅酸电池

铅酸电池在电池储能领域中应用较早，发展至今已有150多年的历史。该电池因其成熟的技术及相对较低的生产成本成为电池储能领域中的首选。但是，其可充放电的次数及能量密度相比其他储能电池有明显的弱势。

3. 电磁储能

1）超级电容器

电容器本身就是一种储能元件，而超级电容器与普通电容器的不同在于超级电容器的电极表面积是普通电容器的几万倍，并且其电荷层之间的距离也在0.5 nm以下。超级电容器相比其他的能量存储技术有着很大的优势，原因是它不仅具有较高的功率密度，而且它的充放电次数很多，在不同温度下都可以稳定工作并且具有环保无污染的特性。但是，超级电容器也有自身的缺点，它两端的电压起伏比较大，在进行串联时很难做到均压。

2）超导储能

超导储能是一种将能量存储在以超导材料所制成的线圈中的储能方式。当需要能量供应时，线圈中的能量便可以释放出来。它的特点是具有较快的响应速度及较高的综合效率。

2.1.2 能量存储技术性能对比

能量存储技术有很多种，其原理和特性也各不相同。为了对不同能量存储技术有一个比较，这里先介绍一些表征储能特性的参数。

1. 存储容量

存储容量是指储能系统在充电后所具有的有效能量。由于在充能过程中存在能量损耗，因而其有效能量通常小于其实际充能。在使用时，由于实际使用能量通常会受到放电深度的限制，在快速充放电时储能系统的效率会下降，加上系统自身的能量耗散，因此，在实际使用时释放出的能量要低于存储能量。

2. 使用寿命（循环次数）

对于不同的储能系统，其使用寿命的计算方式也是不同的。对于抽水储能等储能方式，通常以其所能正常工作的年限作为其使用寿命。而对于其他储能系统（如电池等），除使用年限外，还应该考虑其循环次数。储能系统经历一次充电和放电的过程称为一次循环。储能系统应具有较长的使用寿命才能保证其经济、可靠地运行。

3. 存储效率

存储效率是储能系统放电时释放的能量与充电时存储的能量的比值。储能系统的存储效率直接关系到系统的实用性。只有具有较高存储效率的储能系统才能高效地运行。

4. 比能量与比功率

比能量也称为能量密度，是指储能系统单位质量或单位体积空间内所具有的最大有效存储能量，包括质量比能量（质量能量密度）和体积比能量（体积能量密度），常用的单位为 Wh/kg 和 Wh/L。

比功率也称为功率密度，是指储能系统单位质量或者单位体积空间内所含有的最大有效存储功率，分别称为质量比功率（质量功率密度）和体积比功率（体积功率密度），常用的单位为 W/kg 和 W/L。

一般情况下，比能量高的储能系统，比功率不会太高；比功率高的储能系统，比能量通常较低。

5. 典型放电时间

典型放电时间是指储能系统在最大功率状态运行时的持续时间。它的影响因素较多，包括储能系统的类型、结构、放电深度、运行条件，以及放电时是否为恒功率放电等。

6. 其他特性

除上述提到的特性外，储能系统还有其他一些特性，如技术成熟度、经济性（投资成本、运行和维护费用）、环境影响、安全性及可靠性等。

各类能量存储技术的主要参数对比如表 2.1 所示。

表 2.1 各类能量存储技术的主要参数对比

技术类型	抽水储能	压缩空气储能	惯性储能	铅酸电池	锂离子电池	钠硫电池	钒电池	超级电容器	超导储能
质量能量密度/（Wh/kg）	0.2 ～ 2	—	5 ～ 30	30 ～ 45	60 ～ 200	100～250	15 ～ 50	1 ～ 15	—
体积能量密度/（Wh/L）	0.2 ～ 2	2 ～ 6	20 ～ 80	50 ～ 80	200 ～ 400	150～300	20 ～ 70	10 ～ 20	6
体积功率密度/（W/L）	0.1 ～ 0.2	0.2 ～ 0.6	5000	90～700	1300 ～ 10 000	120～160	0.5 ～ 2	40 000 ～ 120 000	2600
能效 /%	70 ～ 80	41 ～ 75	80 ～ 90	75 ～ 90	85 ～ 98	70 ～ 85	60～75	85 ～ 98	75～80
典型放电时间	数小时～数天	数小时～数天	数秒～数分钟	数小时	数小时	数小时	数小时	数秒	数秒
使用寿命/年	>50	>25	15 ～ 20	3 ～ 15	5 ～ 15	10 ～ 15	5 ～ 20	4 ～ 12	—
循环次数 /次	>15 000	>10 000	2×10^4 ～ 2×10^7	250 ～ 1500	500 ～ 1×10^4	2500 ～ 4500	>10 000	1×10^4 ～ 1×10^5	—

2.1.3 发展现状及趋势

不同的能量存储技术在概念与原理上差异很大，因而其关键技术与技术难点也有所不同，表 2.2 给出了不同能量存储技术的关键技术和发展趋势。

表 2.2　不同能量存储技术的关键技术和发展趋势

能量存储技术	关键技术	发展趋势
抽水储能	• 大型抽水蓄能电站选址技术 • 高坝工程技术 • 高水头大容量水泵水轮机和发电电动机技术 • 智能调度与运行控制技术	• 抽水蓄能电站流体机械先进设计技术与机组整机制造技术 • 复杂地质条件下高坝、超大地下洞室群开挖与支护等关键技术 • 高效、高参数抽水蓄能机组的国产化
压缩空气储能	• 高效压缩机技术 • 膨胀机技术 • 燃烧室技术 • 储热技术 • 储气技术 • 系统集成与控制技术	• 宽负荷多级组合式压缩机技术 • 高负荷轴流膨胀机技术 • 大容量紧凑式蓄热换热器技术 • 先进压缩空气储能系统集成与控制技术
飞轮储能	• 提高能量密度的复合材料技术 • 磁悬浮轴承技术 • 大容量飞轮储能阵列技术	• 基于轴向磁通永磁电机的新型飞轮储能系统技术 • 储能阵列与大型发电机组协调运行控制技术研究 • 大容量飞轮储能系统在不同电力系统中的耦合控制技术
超导储能	• 高温超导材料技术与温区控制技术 • 低温制冷技术 • 超导限流技术 • 功率变换调节技术 • 系统动态监控技术	• 大中型超导磁体稳定化技术 • 低温高压绝缘材料设计、加工和制造技术 • 大容量功率变换器拓扑结构和控制策略 • 高效低温制冷技术 • 智能化在线监控技术
铅酸电池	• 正负极与栅板材料技术 • 活性材料的利用率技术 • 电池单体间一致性技术 • 铅替代技术 • 新一代阀控密封铅酸电池技术	• 栅板合金的制备技术 • 正负极和隔板材料及结构技术 • 电池密封与免维护技术 • 电池充电管理与温度控制技术 • 低电阻、高可靠性铅碳电池电极板制备工艺技术
锂离子电池	• 电池组可靠性与一致性技术 • 高能量密度与高功率密度锂离子电池规模生产技术 • 高性能正、负极材料及安全电解液制备技术	• 电池系统总体设计技术 • 电池系统的集成和成组技术 • 电池组测试技术 • 高容量和良好循环稳定性的电极材料合成技术 • 电化学体系优化技术 • 电源管理与热管理技术
超级电容器	• 大规模电力电子接口与高能量密度超级电容器电极材料技术 • 新体系、大功率模块化技术 • 商业化及系列化技术	• 高能量密度和高功率密度的超级电容器研发与制备技术 • 混合型超级电容器研发技术 • 高比电容量、高工作电压、大比功率密度，以及长循环寿命的复合电极材料研发与制备

将两种或两种以上能量存储技术结合起来，即所谓的混合储能研究具有极大潜力。例如，能量型储能元件具有能量密度高、响应时间长、充放电次数少，以及功率密度低等特点，其中锂离子电池的能量密度和综合循环效率最高；功率型储能元件具有功率密度高、充放电次数多、响应速度快，以及能量密度低等特点，此储能装置以超级电容器、飞轮、超导等为主。由于单一能量型和功率型储能装置难以兼顾电力负荷瞬时大功率启动（波动）和持续稳定工况用电需求，将两者相结合的蓄电池/超级电容器混合储能系统（Hybrid Energy Storage System，HESS）成为当前热门方向。

2.2 脉冲功率能量存储技术

2.2.1 脉冲功率能量存储技术概述

1. 电磁发射对能量存储技术的要求

本节分别以电磁弹射装置和电磁轨道炮为例，阐述电磁发射对能量存储技术的具体指标要求。

电磁弹射装置在工作时，瞬时功率极大。参考美国电磁弹射系统技术指标，某型航母舰载机质量为 m=20 t，其起飞速度最小为 v=70 m/s，其所需要的能量最小为 $E=mv^2/2$= 49 MW。若弹射平均时间为 2 s，假设能量转换效率为 50%，则平均功率可达 49 MW。而一般的舰船供电系统总功率才几十兆瓦，满足不了电磁弹射装置的用电需求。为了不影响舰船供电系统正常供电，需要一种大容量的储能装置，在较长时间以较小功率从供电系统获得能量，并且在弹射期间具有向直线电动机短时大功率放出能量的缓冲功能。假设电磁弹射装置的储能装置工作周期为 45 s，在 2 s 内提供给直线电动机的能量为 98 MJ，则平均功率为 49 MW；并可以在 40 s 内再次充电到额定值，则需要初级能源提供的功率为 2.45 MW，假设舰船供电系统采用三相 6.6 kV 电制，则需要提供 214 A 的相电流。

假设某电磁轨道炮的炮口动能为 32 MJ、电磁发射转化效率为 30%，为达到 12 发/分的连发目的，需充电 5 s，其储能装置需提供的平均功率为 21.3 MW。假设储能装置为脉冲电容器，其恒压充电的效率为 50%，则充电功率需求为 42.6 MW。一般的平台难以提供如此大的功率，所以电磁轨道炮的电源不同于普通的功率设备，它有以下几点特殊要求。

（1）电流。电磁轨道炮是利用电能来加速弹丸的，所以要求电源有极大的输出电流。电磁发射武器的种类很多，不同类型对电流峰值大小的要求不同，一般要求为 $10^4 \sim 10^6$ A。

（2）电压。电磁轨道炮对电压的要求极高，通常为 1 ～ 100 kV。

（3）储能密度。电源的储能密度会直接影响电源的体积、质量和移动性程度，是电源性能的重要指标，尤其在电磁轨道炮的应用中要求电源的储能密度尽量高。

（4）移动性。电磁轨道炮将来会应用到多种场合，要投入现代战场上，其能源必须具有可移动的特点。

（5）加速时间。电磁轨道炮的加速时间与脉冲持续时间有关，需要很宽的电脉冲，一般脉宽要求达到毫秒级。

2. 脉冲功率能量存储技术基本概念

电磁发射需要特殊的脉冲功率电源，要求放电电流幅值为兆安级，脉宽为毫秒级，电压为数千伏级，释放能量可达数百兆焦，这样的指标需求对现有的电源技术提出了巨大挑战。脉冲功率能量存储技术的发展促进了电磁发射能量存储技术的进步。

脉冲功率能量存储技术是把较小功率的能量以较长时间慢慢输入储能设备中，将能量进行压缩与转换，然后在极短的时间（最短可为纳秒级）以极高的功率密度向负载释放的电物理技术。

高功率脉冲功率电源又称为强脉冲功率电源，通常把在 $10^{-9} \sim 10^{-3}$ s 的时间内能产生 $10 \sim 10^9$ J 或更多能量的电脉冲装置定义为高功率脉冲功率电源。它的特点是输出功率高（达到吉瓦级），工作电压高（几千伏至几十千伏），输出脉冲电流大（几百千安至兆安）。它的发展对电磁发射技术的应用起关键作用。

脉冲功率电源主要由初级电源、储能及能量变换装置和脉冲成形网络三个部分组成，其工作过程大致为：首先来自初级电源的电能缓慢地存储于储能装置并进行形态的变换和压缩，然后在极短的时间内将能量以电脉冲的形式释放给负载。

如图 2.1 所示，脉冲功率电源系统应当包括下列全部或部分装置：①初级能源，属于慢供能能源，常见的初级能源包括电化学供能（如电池等）、电厂交直流电供能、核能供能、磁流体及励磁线圈等装置；②中间储能或脉冲发电装置，包括电容储能及电感储能、磁通压缩发生器、脉冲磁流体发电机、惯性储能（如飞轮发电机）等；③脉冲成形或能量时间压缩系统，即转换系统，包括各种断路开关、相关的脉冲变压装置等；④负载装置，即能量的受体。

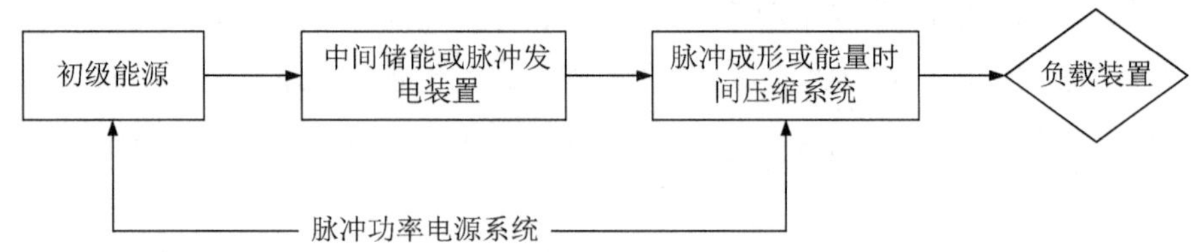

图 2.1　脉冲功率电源系统组成

电磁轨道炮对脉冲功率电源系统的特殊要求，带来了对脉冲功率电源初级能源的特殊要求。

（1）功率。脉冲功率电源要从初级能源抽取极大的电流才能满足电容器的充电要求，而且一般时间就在十几秒之内，根据能量守恒定律，要在这么短的时间内达到脉冲功率电源 10^5 的能量级，只能提高功率要求，以 100 kJ 电容器为例，功率要达到 10 kW 以上。

（2）电流。初级能源给电容器充电，具体输出电流要多大，要视电容器的储能密度而定，以 100 kJ 电容器为例，一般要求输出电流达到 30 A。

（3）系统散热功能。在高放电倍率工作状态下，系统容易发热，如果没有做好散热措施，很可能会影响系统的正常工作，一般会选择散热片或者风扇来进行散热。

2.2.2　脉冲功率能量存储方式及性能对比

电磁发射装置除对脉冲功率电源有更高的存储容量和更高的脉冲功率的需求外，还要求脉冲功率电源向实用化、小型化、集成化和模块化的方向发展，实现这些方向的一个核心问题就是要寻找高能量密度与高功率密度的能量存储技术。目前，比较有希望应用于电磁发射系统的能量存储技术包括：惯性储能、电容储能和电感储能等。它们能够将惯性能、磁能、静电能、化学能等多种形式的能量转变为脉冲负载所需要的脉冲形式的电能。

飞轮储能，其实就是借助驱动飞轮存储起来的机械能进行脉冲放电的功率技术。一般用较小功率的拖动机构，以相对较长时间慢慢加速一定质量的转子或飞轮使其转动起来，从而使其存储足够的动能，然后在励磁电流作用下，通过短时快速地降低转子转速将机械能转换为电能向负载释放。电容储能与电感储能是脉冲放电系统中的一种研究较多的储能方式。这两种储能方式分别通过闭合和断开开关将能量输送至脉冲负载。电容储能具有充放电时间短的优势，但是它的能量密度相对较低，而且存在损耗，不能长时间储能。与电容储能相比，电感储能具有更高的能量密度。电感储能以磁能的形式存储能量，普通的电感采用常规导体绕制，存在电阻损耗，它存储的能量会逐渐损耗直至耗尽。而采用零电阻的超导材料绕制成的电感线圈来储能可以避免损耗，采用这种储能方式的系统叫作超导储能（Superconducting Magnetic Energy Storage，SMES）系统。它通过直流电源为超导电感线圈励磁，在电感线圈中产生磁场进而存储能量，当线圈短路后还能形成稳定的磁场长时间存储能量，当需要时可以将能量释放。但是受限于断路开关问题和超导材料工作环境的严格要求，超导储能系统复杂，目前技术成熟度不高，还未得到广泛应用，但由于超导储能系统具有存储效率高、能量密度高、存储时间长、损耗小的优势，在未来的脉冲功率能量存储技术中展现了良好的应用前景。表 2.3 对三种典型的电磁发射能量存储技术做了性能对比。

表 2.3 三种电磁发射能量存储技术主要性能比较

性能	能量存储技术		
	电容储能	惯性储能	超导储能
存储效率	90%	90%	95%
系统功率等级	兆瓦级	百兆瓦级	兆瓦级
体积能量密度	20 MJ/m^3	10 MJ/m^3	100 MJ/m^3
可靠性	中	高	低
可维护性	低，需要定期更换	高，基本免维护	低，维护成本高
循环次数	数千次	无限制	无限制
充电时间	秒级	分钟级	小时级

从表 2.3 可知，超导储能虽然具有能量密度高、效率高、响应速度快的优点，但由于运行环境要求苛刻、影响超导带材失超的因素较多、体积和质量较大等原因，暂时还处于机理研究及实验样机研制阶段。惯性储能的能量密度不如超导储能的高，但可靠性最高，维护方便，工程化实现相对容易。

对于电磁弹射，综合考虑能量密度、放电时间、可维护性等因素，惯性储能是目前最合适的选择。针对电磁轨道炮的脉冲功率电源，电容储能最为成熟，应用最为广泛。另外，蓄电池储能具有更高的能量密度，然而它的缺点明显，其放电速度最为缓慢，难以满足大功率脉冲放电系统的技术要求，但可以作为脉冲功率电源的初级能源。蓄电池/脉冲电容器混合储能为突破电磁发射能量存储技术瓶颈提供了新的思路。

2.2.3 脉冲功率能量存储技术发展现状

1. 惯性储能

补偿脉冲发电机（Compensated Pulsed Alternator，CPA）是一种特殊的同步发电机，利用补偿原理和磁通压缩原理，极大地降低了电枢绕组的内电感，从而获得幅值极高的脉冲电流。作为一种惯性储能脉冲功率电源，CPA 在电磁炮、电热炮等领域具有很大的应用潜力。

1）快速发射轨道炮用 CPA

随着美国 20 世纪 80 年代提出的“星球大战”计划，美国陆军设立了电炮项目，开始立项研发制造轨道炮电源的 CPA，并将其命名为铁芯补偿脉冲发电机（Iron-Core CPA，ICC），也称为快速发射轨道炮用 CPA（Rapid Fire CPA），该 CPA 是第一台直接用于驱动电磁轨道炮的 CPA，如图 2.2 所示，该 CPA 于 1983 年完成设计。该 CPA 利用 30 mm 双管轨道炮，将 80 g 混合实体电枢以速度 2 km/s 发射，首次验证了 CPA 作为轨道炮电源的可行性。该 CPA 脉冲宽度为 2 ～ 3 ms，单发发射能量为 160 kJ，传输电功率为 1.2 GW，是当时存在的同步发电机所能发出的最高功率。该 CPA 为铁芯转场式、单相、六极、被动补偿式结构，转子采用实心 AISI 4340 钢，定子采用硅钢片叠装以降低涡流。电枢绕组利用玻璃纤维环氧树脂固定在定子轭内表面。7050-T74 铝制补偿筒热套于转子上，热套过程中，配合面同时涂以环氧树脂，提高配合紧度，防止高速旋转导致的铝筒与转子松脱。最难的设计和加工集中在补偿筒上，厚度的选择既要达到电磁性能要求，同时还要考虑其自身的强度，防止高速旋转时开裂变形。

图 2.2　快速发射轨道炮用 CPA

2）小口径炮用 CPA

在 ICC 成功驱动电磁轨道炮，验证了其补偿工作原理之后，美国陆军开始研制结构更紧凑、质量更小的 CPA。1988 年，美国得克萨斯大学奥斯汀机电中心（UT-CEM）设计和建造了第一台空芯 CPA，称为小口径炮用 CPA（Small Caliber CPA，SCC），如图 2.3 所示，其使用高强度密度比的复合材料代替 ICC 的铁磁材料来制造 CPA。尽管其额定的功率是 ICC 的一半，但是其质量仅为 ICC 的 8%，其功率密度比 ICC 提高了 6 倍，验证了新型复合材料的引入可大幅提高发电机的能量密度和功率密度，此后 UT-CEM 研究的脉冲发电机均为空芯机。小口径炮用 CPA 绕组拓扑结构的特点是，转子上有两套电枢绕组，一套用于自激励磁，另一套用于向电磁炮放电，两套绕组根据各自不同的工作电流和工作时间分别设计，实现了发电机的优化设计，保证了在发电机向负载放电的能力不降低的前提下，提高励磁效率。

图 2.3　小口径炮用 CPA

3）加农口径电磁炮用 CPA

20 世纪 90 年代初期，美国海军继美国陆军之后，也对电磁炮产生了浓厚兴趣，共同设立项目研制加农口径电磁炮系统。该电磁炮系统指标是根据实际军事需求设定的，同时要求该系统的尺寸、质量可以匹配两栖突击车，在此需求下，UT-CEM 研制了加农口径电磁炮用 CPA（Cannon Caliber Electro-Magnetic Gun CPA，CCEMGC），如图 2.4 所示。该 CPA 转子单次存储的惯性能可将矩形炮膛（等效于 30 mm 圆形炮膛）电磁炮内的 185 g 集成发射弹以 5 Hz 的频率 5 发连射，共发射 3 轮，轮间间隔 2.5 s，炮口速度达到 1.85 km/s。加农口径电磁炮用 CPA 为单相空芯结构，采用自激励磁，单相电枢绕组既为励磁绕组输送励磁电流，也为电磁炮提供放电电流。

图 2.4 加农口径电磁炮用 CPA

4）模型比例 CPA

20 世纪 90 年代中期，美国陆军设立脉冲功率电源“关键技术”研究计划，目的是研制下一代更紧凑、更轻巧的 CPA 功率电源，使电炮系统能够于 2015 年装备在“未来主战坦克”上。该功率源作为全电坦克的一部分，既可以为电磁炮、电磁装甲等提供瞬时高脉冲功率，也可以为机车加速、再生制动和电磁悬挂等提供持续电力。UT-CEM 承担了该项目，设计了模型比例 CPA（Model Scale CPA），如图 2.5 所示，并建立了放电系统。该 CPA 为四相、转场式、改进的内转子拓扑结构。UT-CEM 通过研究模型比例 CPA，编制了能够准确计算 CPA 性能的设计和仿真程序，以方便下一代样机的开发。

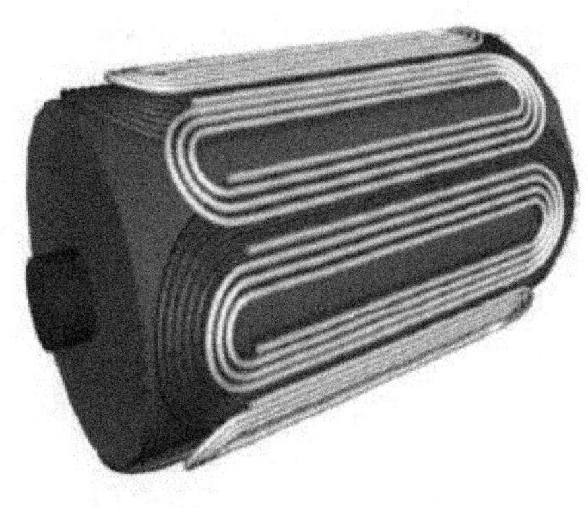

图 2.5　模型比例 CPA

UT-CEM 经过多代样机的研制和试验，不断采用新的技术和拓扑结构，使发电机的能量密度和功率密度不断提高，目前较为合理的拓扑结构选定为空芯复合转子、自激励磁、旋转磁场、多相。模型比例 CPA 的能量密度和功率密度如图 2.6 所示。

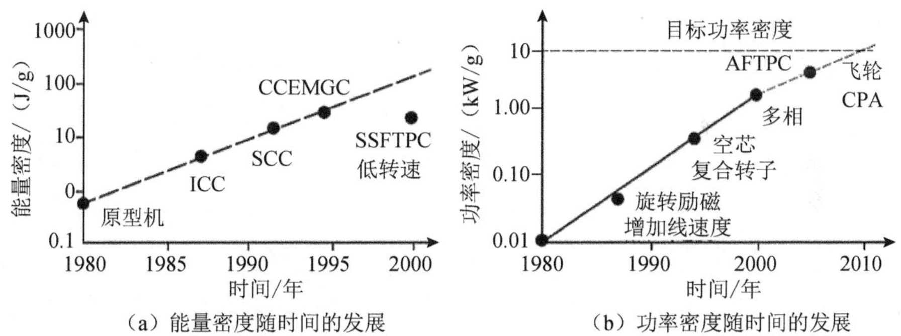

（a）能量密度随时间的发展　　（b）功率密度随时间的发展

图 2.6　模型比例 CPA 的能量密度和功率密度

5）华中科技大学研制的 CPA

“十一五”和“十二五”期间，华中科技大学和哈尔滨工业大学进行了空芯样机的研制，在空芯 CPA 的基础理论和工程应用研究方面开展了大量卓有成效的研究，对放电情况下发电机的运行行为进行了仿真计算和试验研究，为空芯 CPA 的理论研究和工程化应用奠定了基础。

课题组已经研制完成的部分样机（截至 2015 年）主要包括：铁芯被动 CPA（见图 2.7）、混合励磁被动 CPA（见图 2.8）及定子双电枢绕组空芯被动 CPA。

图 2.7　铁芯被动 CPA

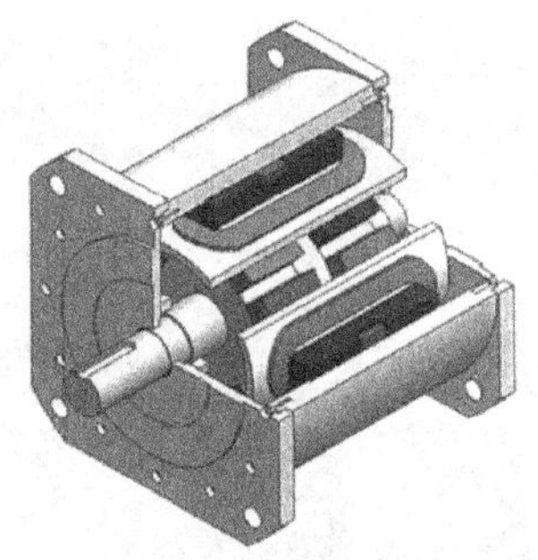

图 2.8　混合励磁被动 CPA

综合来看，对于 CPA 的研究，已经由铁芯过渡到空芯，由被动补偿和选择被动补偿过渡到直轴补偿（无补偿），由他励变为自励，由转枢变为转场，总体上向高转速、高功率、高功率密度和高能量密度的方向发展；在控制方面，控制系统具备拖动电动机控制、开关触发、故障检测与保护、数据采集等功能，主控制电路包括起励电路、自激励磁和放电整流电路，在实现系统基本功能的基础上更注重安全性和可靠性。

2. 电容储能

据通用原子公司报道，在美国国防部和能源部的支持下，通用原子公司与陆军研究实验室、海军研究办公室、美国国家航空航天局喷气推进实验室、国家原子能机构和桑迪亚国家实验室合作，使脉冲电容器技术有了长足进步，已经研制成功了电磁轨道炮、航母飞机弹射用脉冲功率有机薄膜电容器。在提高储能密度方面，1999 年达到 0.7 J/cm^3，2004 年达到 1 J/cm^3，2008 年达到 3 J/cm^3，2015 年达到 5 J/cm^3（见图 2.9）。毫秒级放电电容器发展简史如表 2.4 所示。通用原子公司的高储能密度电容器水平（CMX 型）如表 2.5 所示。

图 2.9　通用原子公司研制的储能密度为 5 J/cm^3 的高压脉冲电容器

表 2.4　毫秒级放电电容器发展简史

时间	应用	总能量 /kJ	电压 /kV	储能密度 / (J/cm^3)
1993 年	ETC 枪（聚偏二氟乙烯膜）	125	16	2.4
2000 年	海军轨道炮(聚丙烯安全膜）	130	11.3	1.12
2004 年	ETI 枪（聚丙烯安全膜）	113	6.5	2.38
2005 年	陆军电磁炮(聚丙烯安全膜）	293	6.64	2.68

表 2.5　通用原子公司的高储能密度电容器水平（CMX 型）

型号	储能密度	电容量 C/μF	电压 U/kV	峰值电流 I_{max}/kA	放电寿命
50 kJ	3 J/cm^3 2.4 J/g	2310	6.6	15	Δ C/C=−5%，1400 次 （3 s 充电，保持 1 s）
100 kJ	3 J/cm^3 2.5 J/g	4600	6.6	6	Δ C/C=−1%，1000 次 （7 s 充电，保持 0.5 s）
255 kJ	3 J/cm^3 2.7 J/g	4000	11.3	150	Δ C/C=−1%，1400 次 （180 s 充电，保持 10 s）

西安交通大学电气工程学院杨兰均等人最早研制成功储能密度为 1.3 J/cm^3 的脉冲电容器（452.8 μF、10.2 kV）。华中科技大学研制出储能密度为 2.7 J/cm^3、放电寿命大于 1000 次，以及储能密度为 2.2 J/cm^3、放电寿命大于 2000 次的脉冲电容器。上海上电电容器有限公司在 2008 年研制成功储能 50 kJ、储能密度达 2 J/cm^3 的高比能脉冲电容器（7.12 kV、1975 μF，或 10.68 kV、876 μF）；在 2015 年研制成功储能 100 kJ、电压等级为 10 kV、储能密度达 2 J/cm^3 的高比能脉冲电容器（充电 15 ～ 90 s，保持 0 ～ 10 s，放电寿命达 1000 ～ 5000 次）。成都宏明电子股份有限公司和安徽铜峰电子股份有限公司也开展了脉冲电容器的大量研制工作。国内某公司生产的自愈式金属化干式高压脉冲电容器如图 2.10 所示，自愈式高压高比能脉冲电容器如图 2.11 所示，其典型规格如表 2.6 所示。

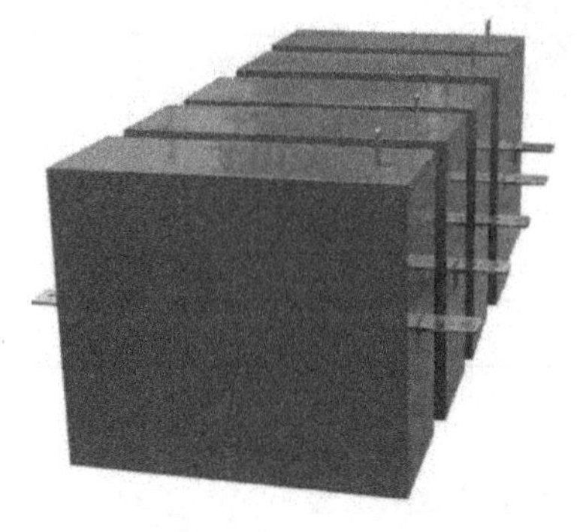

图 2.10　自愈式金属化干式高压脉冲电容器

图 2.11　自愈式高压高比能脉冲电容器

表 2.6　国内某公司生产的自愈式高压高比能脉冲电容器典型规格

序号	额定电压 /kV	额定电容 /μF	额定储能 /kJ	电流密度 /（kA/kJ）	外形尺寸 /mm			比能密度 /（J/cm³）
					L	*W*	*H*	
1	5	400	5	6.0	275	112	220	0.73
2	5	800	10	6.0	275	112	400	0.81
3	5	1200	15	6.0	275	112	602	0.81
4	10	200	10	3.0	275	218	220	0.75
5	10	400	20	3.0	275	216	330	1.00
6	10	600	30	3.0	275	216	330	1.53
7	20	100	20	1.5	390	218	320	0.73
8	20	200	40	1.5	390	218	595	0.79
9	20	400	80	1.5	570	218	780	0.82
10	25	96	30	1.2	390	218	455	0.77
11	25	128	40	1.2	390	218	600	0.78
12	25	256	80	1.2	570	218	780	0.82
13	25	320	100	1.2	570	218	970	0.83
14	30	80	36	1.0	390	218	580	0.73
15	30	100	45	1.0	390	218	705	0.75

3. 电感储能

20 世纪八九十年代，受超导材料和制备工艺的限制，能够进入工程应用的超导材料主要为低温超导材料（工作在 4.2 K 液氦温区，以 NbTi、NbSn 合金为代表）。鉴于低温超导材料的特性，1988 年，美国通用动力公司航天系统分部提出了一种利用超导储能脉冲变压器降压升流的脉冲功率电源模式。1998 年，法国研究机构基于该模式对环形结构的多模块脉冲功率电源进行了详细的理论分析，并进行了一个小型的试验，产生了一个峰值为 600 A，脉宽为 300 ms 的电流脉冲。1999 年，法国能源工程研究所研制了储能 500 J 的低温超导储能脉冲变压器，模拟导轨型电磁发射的负载参数进行放电，得到了 12.3 kA 的电流脉冲，并于 2005 年对超导绕组快速触发失超问题进行了研究。

近年来，高温超导材料的研究和制备技术发展很快，以 Bi-2223 和 YBCO 等高温超导材料为代表的液氮温区（77 K）带材已经初步商业化。与此同时，将高温超导储能用于脉冲功率技术已经成为人们研究的重点。2007 年，法国格勒诺布尔电气工程实验室研制了一个储能 800 kJ 的高温超导储能系统，进行了多项脉冲试验研究，并于 2011 年在后续的工作中采用串联充电、并联放电的模式对部分装置进行了验证性脉冲放电试验，试验中产生了一个 625 A 的电流脉冲。2013 年，日本的研究机构也提出了用高温超导电感串联充电、并联放电模式来实现脉冲功率电源。我国对高温超导储能的脉冲功率技术也有研究，如对基于高温超导脉冲变压器的脉冲功率电源模式进行研究的单位有华中科技大学和西南交通大学。华中科技大学研究的脉冲功率电源模式主要是利用超导磁体储能和脉冲变压器降压升流的模式，而西南交通大学对基于高温超导脉冲变压器储能的脉冲功率电源模式进行了研究。

2.2.4　脉冲功率能量存储技术的应用前景

电磁弹射技术所用的飞轮储能技术，在军事领域，可应用于航母、高能武器、航天航空设备、军用战斗车辆、大型水面舰艇、新型潜艇等方面；在民用领域，可以做成“绿色”的飞轮电池，运用到大型牵引机车、家用轿车、不间断电源等方面。惯性储能的关键技术应用于风电场，可以起到削峰填谷的作用，大大改善风力发电系统功率波动对电网的影响，对我国推广大功率风力发电具有重要意义。

电磁轨道炮技术所用的高比能锂离子电池储能技术可推广应用于其他民用场合，如纯电力或混合动力车辆、储能电站等；长寿命脉冲电容储能技术可用于民用 X 光机等需要瞬时超大功率等场合。超导储能技术的运用，不仅可以对电力系统负荷削峰填谷，还可以大幅提高电能质量、系统运行的可靠性和稳定性，遏制电网低频振荡，提升电网安全性。

2.3 惯性储能

惯性储能是依靠物体运动来存储能量的方法，它依靠储能电机实现能量的存储和释放。

储能电机是一种具有大轴系惯量的储能装置，其工作原理是通过拖动电动机长时低功率地将电网电能转换为机械能存储于电机高速旋转的飞轮转子中，在励磁电流作用下，通过短时快速地降低转子转速将机械能转换为电能向负载释放，从而实现机械能与电能之间的能量转换。拖动技术、励磁技术和发电技术是惯性储能系统的关键技术。储能电机具有瞬时释放能量大、能量密度高、无环境污染、寿命长、免维护等优点，其应用领域包括电力调峰、UPS 电源（不间断电源）、风力发电、电磁发射等。

飞轮储能技术是惯性储能技术的一种，在电磁发射领域被广泛应用。其核心也是使用同步发电机，飞轮储能是在转子上挂大质量飞轮增加惯性，也可以采用拖动、发电和励磁机转子一体化设计来增加惯性。

2.3.1 电磁发射飞轮储能技术

飞轮储能技术，其实就是借助驱动飞轮存储起来的机械能进行脉冲放电的功率技术。一般用较小功率的拖动机构，以相对较长的时间慢慢加速一定质量的转子或飞轮使其转动起来，从而使其存储足够的动能，然后在励磁电流作用下，通过短时快速地降低转子转速将机械能转换为电能向负载释放。

所谓飞轮，就是指将能量或动能存储在高速旋转的装置。一个绕着中心轴旋转的圆盘飞轮，飞轮质量为 m，外径为 R，其具有的动能可以表示为

$$E = \frac{1}{2}J\omega^2 = \left(0.25 \sim 0.5\right)mv^2 \tag{2-1}$$

式中，轴转动惯量 $J= (0.5 \sim 1)mR^2$（飞轮质量分布均匀时取 0.5，质量完全集中在边缘时取 1）；ω 为转动角速度；v 为飞轮外缘线速度。

要提高飞轮存储能量，就需要增加飞轮质量，或者提高飞轮外缘线速度。

但线速度的提高将使飞轮离心应力超过材料的强度极限，衡量飞轮储能性能的一个重要技术指标是储能密度，即单位质量存储的能量：

$$e_m = \frac{E}{m} = \frac{K_s K_m}{R} \cdot \frac{\sigma_B}{\rho} \tag{2-2}$$

式中，K_s 为飞轮形状系数；K_m 为飞轮材料利用系数；σ_B 为材料的许用应力；ρ 为密度。对于结构和形状一定的飞轮，储能密度正比于材料的比强度（许用应力与密度之比），因此现代飞轮一般采用强度高、密度小的纤维复合材料。金属材料飞轮外缘线速度可达到 300 ～ 500 m/s，高强度的复合材料允许线速度达到 600 ～ 1200 m/s。

为提高飞轮储能系统的功率和能量密度，特别是当飞轮储能系统的电动功率和发电功率基本相当时，驱动飞轮储能系统的电动机和发电机已趋向于一体化设计。飞轮储能电机是具有广泛应用前景的高功率密度储能装置，其一般由飞轮、电动机/发电机等组成。飞轮储能系统工作原理图如图 2.12 所示。

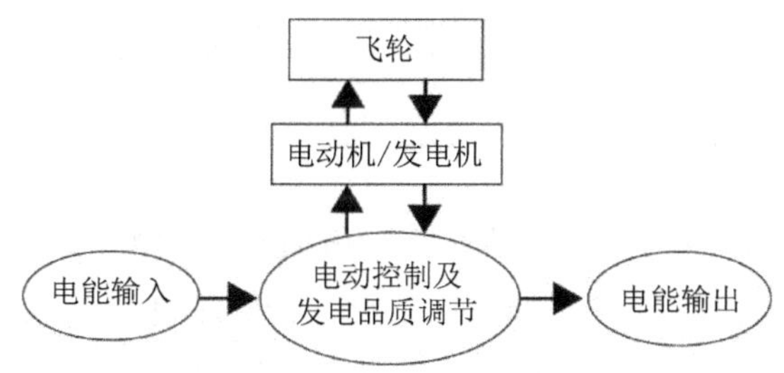

图 2.12　飞轮储能系统工作原理图

飞轮储能主要分为两个阶段：在储能准备时，通过拖动电动机带动飞轮高速旋转，飞轮储能装置将电能转化为机械能，存储在飞轮中；需要释放能量时，飞轮减速，可通过发电机将机械能量转化为电能释放给用电设备。电机作为飞轮储能系统中机电能量转化接口的一部分，是实现电能与机械能相互转化的关键部件。

飞轮储能电机放电时，将机械能转化为电能，其放电深度范围很宽，特别适用于放电深度不规则的场合；通过电力电子变换装置，可准确控制飞轮的旋转速度，从而控制飞轮储能电机的充放电，因此飞轮储能电机非常适合作为电磁弹射系统的储能装置。

与其他形式的能量存储技术相比，飞轮储能技术具有以下显著特点。

（1）能量密度高，高达数千焦耳/升。

（2）功率等级覆盖千瓦至吉瓦范围，单机或多机可灵活工作。

（3）充放电过程完全可控，放电时间覆盖毫秒至几十分钟范围。

（4）充放电次数与充放电深度无关，使用寿命长，可达 50 年。

（5）能量转换效率高，一般可达 85% ～ 95%。

（6）飞轮和储能电机的结构稳定，可靠性高，维护工作量小，费用低。

（7）对环境无特殊要求，不会污染环境等。

储能电机是飞轮储能系统中的关键部件，表 2.7 所示为脉冲功率用典型的储能电机的分类与性能。

表 2.7　脉冲功率用典型的储能电机的分类与性能

类型	能量密度/（kJ/kg）	功率密度/（kW/kg）	典型脉宽/s	典型电压/V	短路电流/kA	储能时间/s	比能密度/（MJ/m^3）
直流脉冲发电机	0.32	0.3	1	1800	1	100	20
单极发电机	8.5	70	0.1 ～ 0.5	100	2000	415	150
同步发电机	1.3	0.7	1 ～ 10	6900	6	3000	30
CPA	2.8	250	10^{-4} ～ 10^{-3}	6000	71	254	100

由表 2.7 可以看出，虽然直流脉冲发电机结构简单，但其能量密度、功率密度和比能密度都比较低，不满足电磁发射系统小型化电源的需求；单极发电机的能量密度很高，但是由于只有单匝转子，输出电压较低，导致同样功率输出时电流过大，工程应用受限；同步发电机的功率密度较低，但输出电压高，短路电流小，典型脉宽可以达到十秒级，可以应用于电磁弹射系统；CPA 的功率密度和电压都比较高，典型脉宽可达毫秒级，适合电磁炮和电热化学炮的电磁发射系统。本书主要介绍用于电磁发射储能系统中的同步发电机和 CPA。

2.3.2　电磁发射同步电机

1. 同步电机基本原理

同步电机也是交流电机的一种。普通同步电机与异步电机的根本区别是转子侧（特殊结构也可以是定子侧）装有磁极并通入直流电流励磁，因而具有确定的极性。由于定转子磁场相对静止和气隙合成磁场恒定是所有旋转电机稳定实现机电能量转换的两个前提条件，因此同步电机的运行特点是转子的旋转速度与定子磁场的旋转速度严格同步，并因此而得名。同步电机主要用作发电机，世界上的电力几乎全部都由同步发电机发出。同步电机也可作为电动机运行，其特点是可以通过调节励磁电流来改变功率因数。

1）同步电机的结构

按照结构形式，同步电机可以分为旋转电枢式和旋转磁极式两类。前者的电枢装设在转子上，主磁极装设在定子上，这种结构在小型同步电机中得到了一定的应用。对于高压、大型的同步电机，通常采用旋转磁极式结构。由于励磁部分的容量和电压常比电枢小得多，把主磁极装设在转子上，电刷和集电环的负载就大为减小。目前，旋转磁极式结构已成为中、大型同步电机的基本结构形式。

同步电机与其他旋转电机一样，主要由定子和转子两部分组成。

定子主要由定子铁芯、定子绕组、机座和端盖等构成，如图 2.13 所示。

图 2.13　同步电机的定子

根据转子结构的不同，转子可分为隐极式转子和凸极式转子两种。

（1）隐极式转子。

如图 2.14 所示，隐极式转子做成圆柱状，气隙均匀。隐极式转子主要包括转子铁芯、转轴、护环和励磁绕组等。转子铁芯是汽轮发电机最关键的部件之一，也是电机磁路的主要组成部分。它高速旋转时承受着很大的机械应力，故采用整块具有高机械强度和良好导磁性能的合金钢锻体。沿转子转轴方向，在转子铁芯表面铣一定数量的槽，以便放置励磁绕组。槽的形状有两种：一种为辐射形排列；另一种为平行排列。我国生产的发电机多采用辐射形槽。

励磁绕组用矩形的扁铜线制成同心式线圈。各匝之间及线圈与铁芯间均绝缘。

护环是一个厚壁金属圆筒，用于保护励磁绕组的端部，使其不因离心力而甩出。中心环用于支撑护环并阻止励磁绕组的端部轴向移动。护环装在转轴上，通过电刷将励磁电流引进励磁绕组。

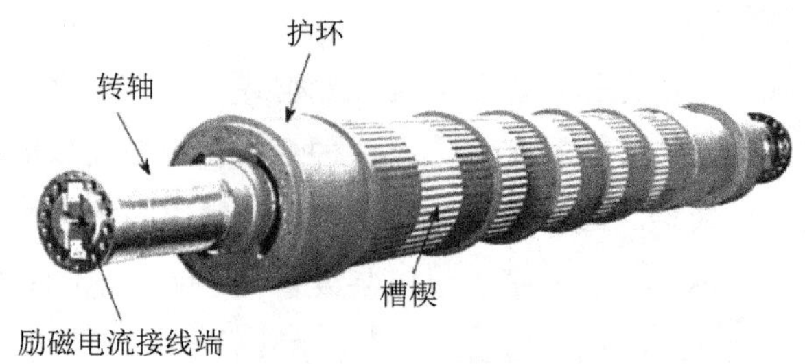

图 2.14　隐极式转子

（2）凸极式转子。

如图 2.15 所示，凸极式转子有明显凸出的磁极，气隙不均匀。凸极式转子主要由转轴、磁极、磁轭、励磁绕组、滑环和阻尼绕组等组成。由于稀土永磁材料的问世，目前中、小型同步电机倾向采用永磁式转子，它结构简单，功率因数高，高效节能。

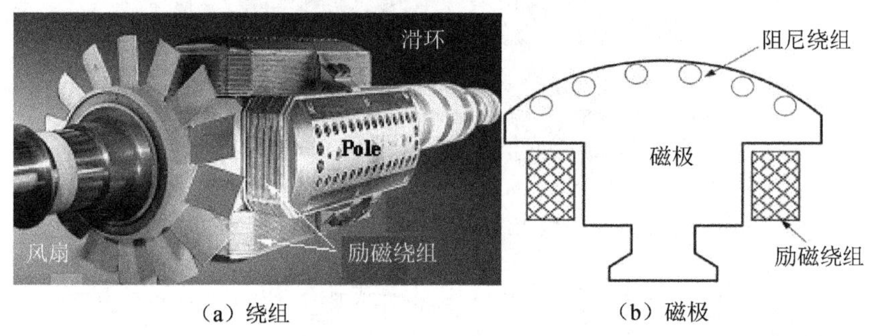

（a）绕组　　（b）磁极

图 2.15　凸极式同步电机的绕组与磁极

对于高速的同步电机（3000 r/min），从转子机械强度和妥善地固定励磁绕组考虑，采用励磁绕组分布于转子表面槽内的隐极式结构较为可靠。对于低速的同步电机（1000 r/min 及以下），转子的离心力较小，故采用制造简单、励磁绕组集中安放的凸极式结构较为合理。

大型同步发电机通常采用汽轮机或水轮机作为原动机来拖动，前者称为汽轮发电机，后者称为水轮发电机。由于汽轮机是一种高速原动机，所以汽轮发电机一般采用隐极式结构。由于水轮机是一种低速原动机，所以水轮发电机一般采用凸极式结构。同步电动机、用内燃机拖动的同步发电机，以及同步补偿机，大多采用凸极式结构，少数两极的高速同步电动机采用隐极式结构。

2）同步电机的基本工作原理

本节以同步发电机为例来说明同步电机的基本工作原理。图 2.16 展示了一台两极三相同步发电机的工作原理，它的定子三相绕组用空间互差 120° 的三个线圈 AX、BY 和 CZ 来表示，当原动机拖动转子以转速 n_1 旋转且励磁绕组中通以直流电时，转子旋转磁场将在这三个线圈中感应出交流电动势 e_A、e_B 和 e_C。由于三相线圈的匝数相等，故三相感应电动势的有效值相等。又由于它们的位置在空间互差 120° 电角度，假设转子转向为 A → B → C，当磁极旋转到 A 相轴线的位置时，如图 2.16（a）所示，A 相感应电动势为 0；经过 120° 电角度，磁极旋转到 B 相轴线的位置，B 相感应电动势为 0；再经过 120° 电角度，C 相感应电动势为 0。所以三相感应电动势在时间相位上互差 120°。此外，三相感应电动势的频率相等，皆为 $f = pn_1 / 60$。三相感应电动势的波形如图 2.16（b）所示。

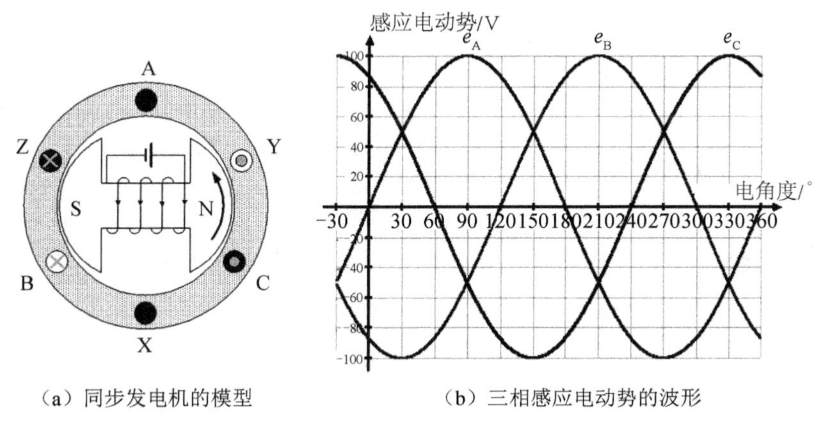

（a）同步发电机的模型　　（b）三相感应电动势的波形

图 2.16　同步发电机的工作原理

2. 双九相储能电机

大容量储能电机为突破单台电力电子变换装置容量限制，常用多套多相隐极同步发电机作主发电机。目前研究较多的多相发电机包括六相发电机、九相发电机、十二相发电机、十五相发电机、三/十二相双绕组发电机等。本书重点介绍适用于电磁发射的双九相储能电机。

双九相储能电机主要由励磁发电机（简称“励磁机”）、拖动电动机、主发电机和飞轮等部件组成，各电机与飞轮采用联轴器连接，如图 2.17 所示。

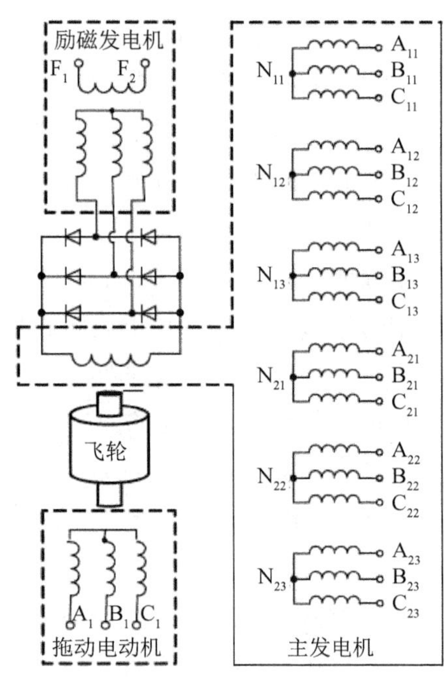

图 2.17 双九相储能电机结构示意图

根据电磁发射系统的需求、结构和工作原理，为保证负载工作模式完全对称，要求提供两套相位、幅值完全对称的九相电源，为此将主发电机的电枢绕组专门设计成双九相的结构形式。为满足高速储能的需求，主发电机转子采用隐极式结构。励磁机为转枢式三相同步发电机，通过旋转整流器为主发电机转子绕组提供励磁电流，励磁机定子与励磁电流放大器相接，受数字励磁控制器调节。拖动电动机为三相鼠笼异步电动机，定子与变频器相接，由此实现对储能电机的转速调节。双九相交流绕组主要有两种布置方案：第一种方案为连续极分布式，即两套九相绕组在圆周上依次各占 180° 机械角的半圆空间；第二种方案为交替极分布式，即第一套九相绕组沿圆周布置在所有 N 极下，第二套九相绕组布置在所有 S 极下。分析结果发现前者在短路时，会在励磁线圈上感应出较高电压，而后者相比较而言要小得多。经过深化研究，确定采用交替极移 40° 双九相绕组布置形式，两套九相绕组的标号与相位的关系如图 2.18 所示，其中 A_{11} 领先 A_{12} 轴线 40° 电角度。

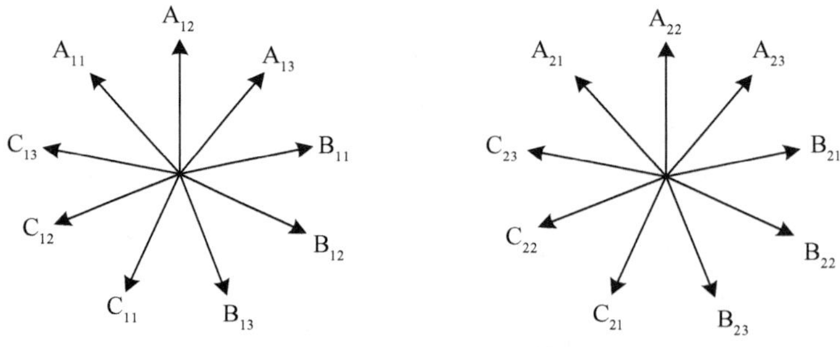

图 2.18 两套九相绕组的标号与相位的关系

3. 飞轮储能系统一体化集成技术

当飞轮储能用于舰载电磁弹射装置时，由于电磁弹射系统是装在舰船上的，飞轮储能电机作为一个复杂大系统中的一个装置，在实现主要功能的同时还必须严格控制设备的体积和质量。传统的飞轮储能电机模式采用的是独立的储能飞轮，通过联轴器与发电机/电动机连接起来，中间由多支点轴承支撑，轴系复杂，质量和体积庞大，不适用于舰船平台。因此必须研究新型的惯性储能技术，将多个部件高度集成在一起，以减小体积和质量，由此对总体设计、转子轴系计算、材料选择和冷却系统设计带来了巨大的挑战。

一体化飞轮储能系统原理图如图 2.19 所示，为提高储能电机装置的功率/能量密度，不在储能电机装置的转子上设计独立的储能飞轮，将拖动电动机转子、励磁机转子、旋转整流器、阻容保护等转动部件集成装配在主发电机转子的转轴上，同时为满足高速储能的需求，主发电机转子采用隐极式结构，转子铁芯具有更高的结构强度，更能够满足设计使用寿命的要求。将主发电机转子与飞轮设计合二为一，同时主发电机、励磁机与拖动电动机采用一体化设计。另外在设计中，为减小装置的体积和质量，将润滑油站、通风冷却系统、隔振器与发电机组本体也采用集成化设计。

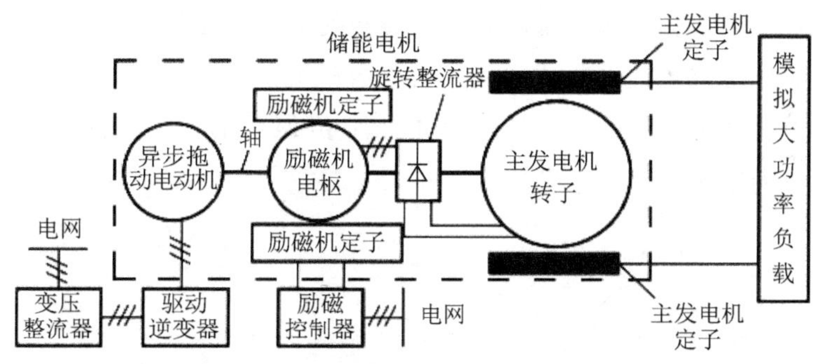

图 2.19　一体化飞轮储能系统原理图

4. 先进励磁控制技术

励磁控制装置的主要功能是给储能电机装置中的励磁机提供励磁电流，保证储能电机能够输出满足后续分系统要求的功率和能量。同步发电机运行时，必须在励磁绕组中通入直流电流，建立励磁磁场。相应地，将供给励磁电流的整个装置称为励磁系统。

1）同步发电机的不同励磁方式

励磁系统是同步发电机的重要组成部分，并且可分为两大类：一类是采用直流发电机供给励磁电流，另一类则通过整流装置将交流电流变为直流电流以满足需求。下面分别简要介绍。

（1）直流发电机励磁系统。

这是一种经典的励磁系统，如图 2.20 所示，称该系统中的直流发电机为直流励磁机。直流励磁机多采用他励或永磁励磁方式，且与同步发电机同轴旋转，输出的直流电流经电刷、滑环输入同步发电机转子励磁绕组。

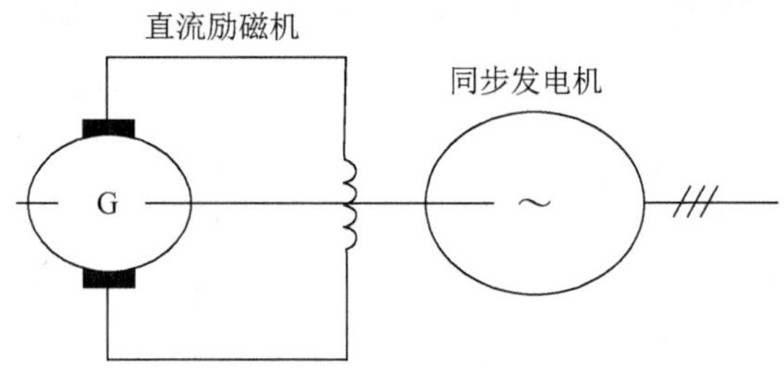

图 2.20　直流发电机励磁系统

（2）静止式交流整流励磁系统。

静止式交流整流励磁系统以将同轴旋转的交流励磁机的输出电流经整流后供给发电机励磁绕组的他励式的静止式交流整流励磁系统（见图 2.21）应用最普遍。与传统直流发电机励磁系统相比，其主要区别是将直流励磁机换为交流励磁机，从而解决了换向火花问题。

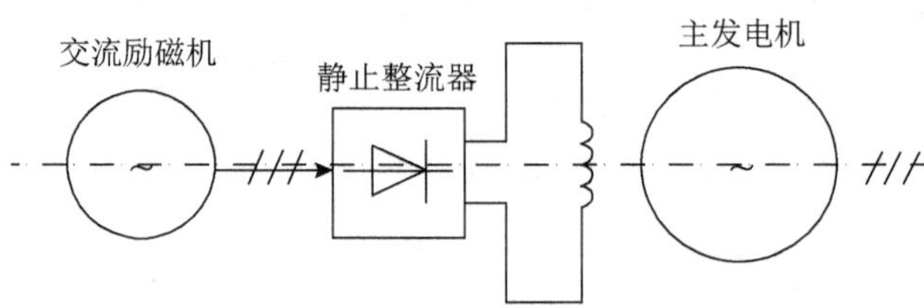

图 2.21　他励式的静止式交流整流励磁系统

除此之外，还可以利用发电机自身产生的交流电，经过静止整流器变成直流电，通入转子励磁绕组，称为自励式的静止式交流整流励磁系统，如图 2.22 所示。这种自励式的静止式交流整流励磁系统在舰船电站中应用很广泛。

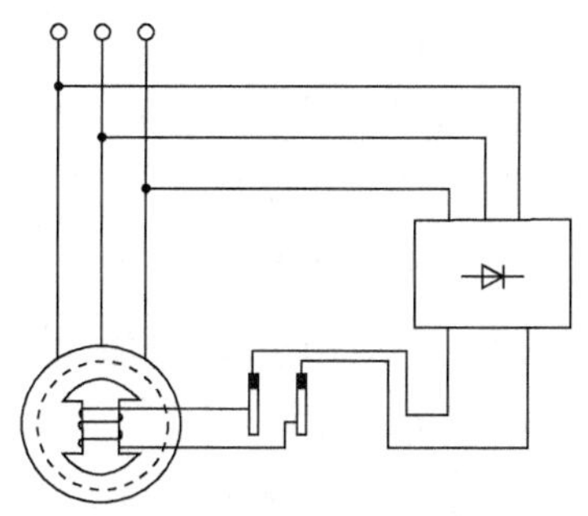

图 2.22 自励式的静止式交流整流励磁系统

（3）旋转式交流整流励磁系统（无刷励磁系统）。

静止式交流整流励磁系统去掉了直流励磁机的换向器，解决了换向火花问题，但电刷和滑环依然存在，还是有触点系统。如果把交流励磁机做成转枢式同步发电机，并将整流器固定在转轴上一同旋转，这就可以将整流输出直接供给发电机的励磁绕组，而无须电刷和滑环，构成旋转的无触点交流整流励磁系统，简称无刷励磁系统，如图 2.23 所示。无刷励磁系统运行比较可靠，这种系统大多用于大、中容量的汽轮发电机，以及在防燃、防爆等特殊环境中工作的同步发电机，也是大功率电磁发射系统首选的励磁方式。下面以无刷励磁系统为例，讲述其控制原理。

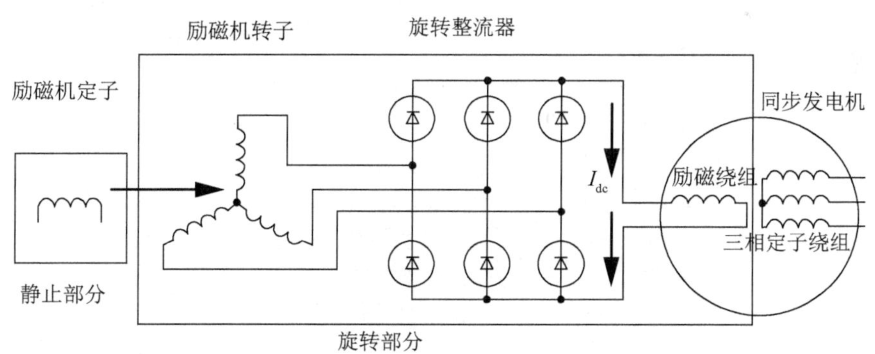

图 2.23 无刷励磁系统

2）同步发电机的前馈 + 双闭环反馈励磁控制技术

当整流发电机向脉冲负载供电时，电枢电流快速增加，导致直流侧电压跌落较大，励磁系统只有工作在强励状态，才能维持直流电压稳定，即脉冲整流发电机励磁系统应具有很高的响应速度。高起始响应励磁系统通过提供高倍数的强励电压，同时将励磁调节器输出最大电压设置很高，从而获得高起始响应比，这是从励磁系统硬件方面给出的措施。优化反馈系统控制参数，进行数字控制时延补偿，引入负载电流反馈量等软件措施也可以在一定程度上改善励磁系统响应速度。但这些做法只是对反馈控制的补充和优化，无法改善反馈控制固有的滞后特性，难以继续提高励磁系统的响应速度。根据脉冲负载变化规律，在反馈控制基础上引入了前馈控制，将前馈的快速响应与反馈控制减小调节偏差结合起来，既提高了励磁系统的响应速度，又减小了调节误差。

整流发电机励磁系统原理图如图 2.24 所示。直流励磁电源 U_g 经过励磁功率放大器（简称"励磁功放"）向励磁绕组供电。三相同步发电机经不控整流后向负载供电，滤波电容器 C_{dc} 并联在直流母线上。DSP（数字信号处理）芯片为励磁控制的核心，其主要作用是采样直流侧电压 U_{dc} 和励磁电流 I_{fc}，进行前馈和 PID 控制算法实时计算，并根据计算结果改变输出 PWM（脉宽调制）的占空比 D。双闭环控制是以直流侧电压 U_{dc} 和励磁电流 I_{fc} 为反馈信号，构成电压外环、电流内环的控制方式。前馈 + 双闭环反馈励磁控制原理图如图 2.25 所示。

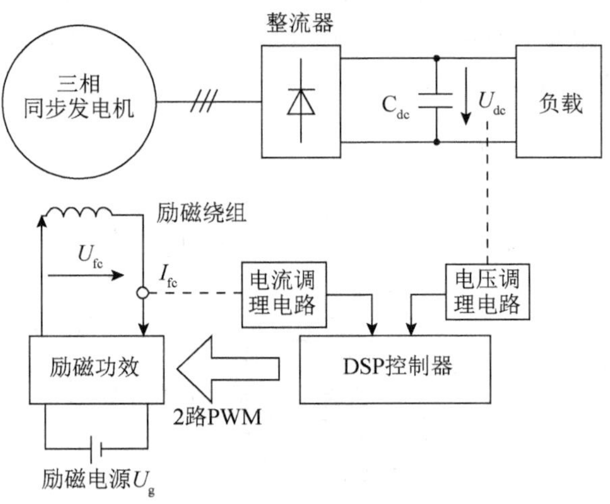

图 2.24 整流发电机励磁系统原理图

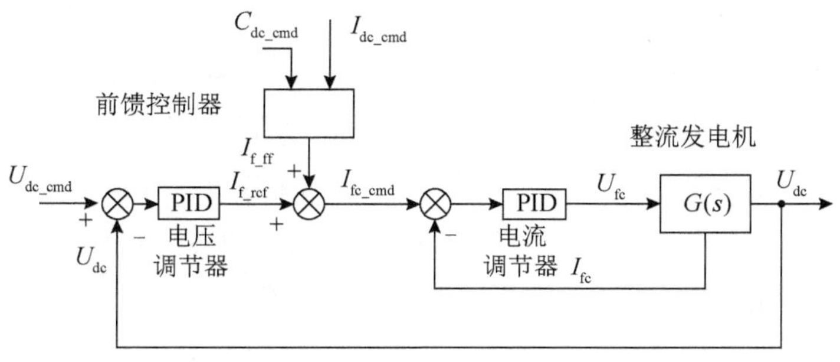

图 2.25 前馈 + 双闭环反馈励磁控制原理图

电压外环的作用是减小直流侧电压与电压指令的偏差，使输出直流侧电压跟随电压指令变化；电流内环的作用是使励磁电流按照内环电流指令 I_{fc_cmd} 变化。引入励磁电流内环可以减小发电机励磁等效时间常数，加快励磁电流响应速度，同时电流内环能够有效抑制各种外界扰动，使励磁电流不会出现较大波动，提高励磁控制系统的鲁棒性。前馈控制部分的作用是提高内环电流指令 I_{fc_cmd} 的增长速度，从而提高励磁系统的响应速度。

励磁功放的主要目的是向发电机励磁绕组提供励磁电流，它是励磁控制系统的主功率电路。由于发电机励磁电流为直流，因此采用 H 半桥式电路拓扑结构，其电路原理如图 2.26 所示。

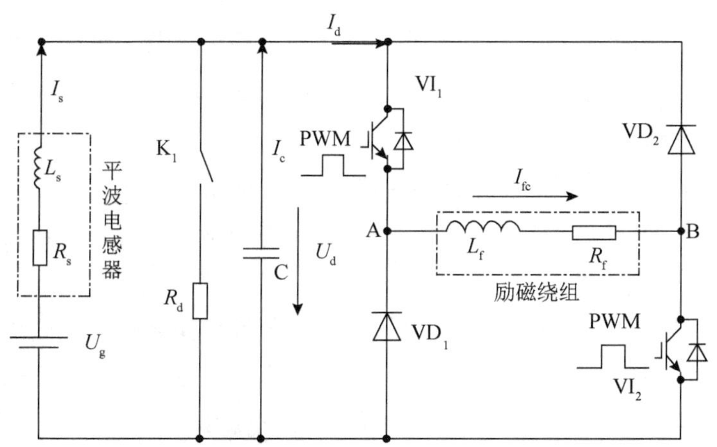

图 2.26 H 半桥式励磁功放电路

图 2.26 中，VI_1 和 VI_2 为两个 IGBT（绝缘栅双极晶体管），其门极 PWM 控制信号相同，R_d 和 K_1 组成灭磁电路，正常工作时 K_1 断开，励磁电源 U_g 为

直流电源。L_s 和 R_s 为平波电感器的电感和电阻，C 为支撑电容器。由于 VD_1 和 VD_2 的作用，励磁电流 I_{fc} 只能沿 A 到 B 方向流动。当 VI_1 和 VI_2 同时导通时，励磁绕组被充电，励磁电流增加；当 VI_1 和 VI_2 同时关断时，励磁绕组经过 VD_1、VD_2 反向放电，励磁电流减小。当发生故障时，VI_1 和 VI_2 同时断开，励磁绕组向电容器反向充电，同时闭合开关 K_1，励磁绕组存储的能量被自身电阻 R_f 和 R_d 消耗掉，有利于发生故障时快速灭磁。

5. 电磁弹射飞轮储能系统

电磁弹射系统中，由主发电机、励磁机、拖动电动机、旋转整流器和阻容保护等转动部位同轴安装构成集成转子，主发电机为双九相隐极式同步发电机，拖动电动机为三相异步电动机，拖动转子旋转。由外部给励磁机定子输入励磁电流，通过励磁机感应三相电流经旋转整流器整流变成直流，从而为主发电机转子提供直流励磁电流，主发电机转子旋转形成旋转磁场，主发电机定子线棒由于受旋转磁场切割产生感应电流和电功率，从而实现从拖动电动机输入电能到主发电机转子机械能再到主发电机定子电能的转换。在上述功能的实现过程中，储能电机装置的能量存储及能量释放受拖动逆变器和励磁控制器的直接控制。

储能电机通过拖动逆变器实现存储功率控制功能，主要通过控制器的数字处理系统实现，主要包括异步电动机的恒转矩和恒功率控制、恒功率制动控制、限制大功率和功率变化率等。其主要功能是采用矢量控制算法将直流输入电变换为变压变频的交流电，以实现储能电机在某一转速范围内任意转速下的脱网、投切、待命、升速和制动。

按照实际工作任务来说，拖动逆变器有电机拖动、稳速待命、能耗制动和脱网 4 种工况。其中在脱网工况下，拖动逆变器处于空闲态，在其他工况下，拖动逆变器处于工作态。

（1）电机拖动。拖动逆变器的电机拖动工况是指储能电机从低转速升至给定转速的工作过程，主要有以下几种情况：①拖动逆变器驱动储能电机从 0 转速升速至待命转速的过程；②从待命转速升速至就绪转速的过程；③ 3s 弹射过程中拖动逆变器在网运行的情况；④储能动力在回撤过程中拖动逆变器在网运行的情况。

（2）稳速待命。当拖动逆变器拖动或制动储能电机达到待命转速后，为保证储能电机转速能够保持稳定不变，拖动逆变器需要输出一定的功率，用于抵消储能电机自身存在的轴摩和风摩所带来的损耗，此工作过程为拖动逆变器的稳速待命工况。

（3）能耗制动。当一次弹射任务完成后，储能电机需要从当前转速快速降至待命转速或 0 转速，此工作过程为拖动逆变器的能耗制动工况，它将制动过程中回馈的能量消耗在制动电阻上。

（4）脱网。一般情况下，在 3 s 弹射过程中，拖动逆变器会接收到励磁控制器转发的禁止使能指令，此时拖动逆变器会封锁驱动脉冲，不再输出驱动功率，储能电机根据需要释放的能量自由降速，弹射结束后，在未接收到使能指令前，储能电机一直处于惰转状态，此过程为拖动逆变器的脱网工况。

电磁弹射系统的瞬时输出能量可达数十兆焦，若计及系统和储能电机的能量效率，则储能电机消耗动能可达百兆焦级。由于储能驱动系统的响应较慢，所以当弹射时，可将储能电机的能量输出等效为转速突变。若储能电机的初始转速为 ω_1，则在突变后，储能电机的转速 ω_2 的值可通过一次弹射消耗的能量 E_w 进行计算，其计算公式为

$$\omega_2 = \sqrt{\frac{J_m\omega_1^2 - 2E_w}{J_m}} \tag{2-3}$$

在一次弹射之后，拖动逆变器必须将储能电机转速从 ω_2 提升为 ω_1，为高能武器下次工作做好准备。拖动逆变器的输出功率与两次弹射的时间间隔 T_w 有关，拖动逆变器的输出功率 P_t 必须满足如下关系：

$$P_t \geqslant \frac{E_w}{T_w} \tag{2-4}$$

电磁发射系统的工作间隔为几十秒。由式（2-4）可知，拖动逆变器的输出功率最大将达到数兆瓦。当工作时，储能电机转速会发生突变，一般异步电机驱动系统的响应很快，若对拖动逆变器的输出最大功率和最大功率变化率不做限制，则在储能电机转速发生突变后，拖动逆变器的输出功率会在很短时间内达到数兆瓦，这会对舰船电网造成较大冲击，从而影响舰船电网的供电质量。为降低这种冲击，必须对拖动逆变器的输出最大功率和输出最大功率变化率进行限制。

图 2.27 中，ω_1 为弹射待命时储能电机转速；ω_2 为弹射结束后储能电机转速；P_0 为储能电机转速为 ω_1 时拖动逆变器的输出功率（储能电机的摩擦损

耗）；P_1 为拖动逆变器的输出功率的最大限值；t_0 为弹射第一次工作时刻；t_3 为弹射第二次工作时刻，其中有 $t_w=t_3-t_0$；t_1-t_0 为设置最大功率变化率后，拖动逆变器的输出功率从 P_0 升为 P_1 所需的时间；t_3-t_2 为设置最小功率变化率后，拖动逆变器的输出功率从 P_1 降为 P_0 所需的时间。

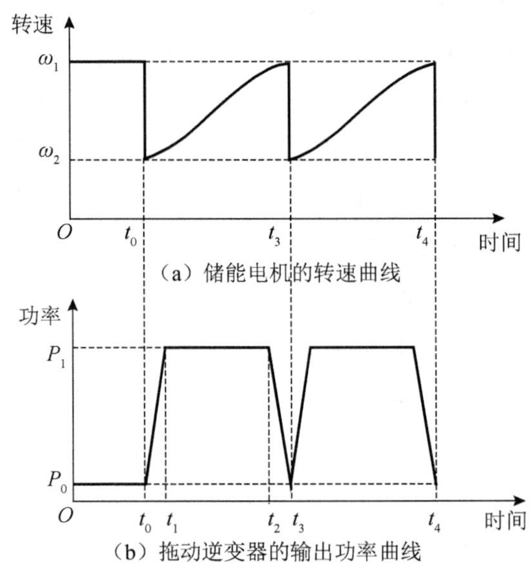

图 2.27　储能电机的转速曲线和拖动逆变器的输出功率曲线

2.3.3　电磁发射补偿脉冲发电机

补偿脉冲发电机（CPA）是一种利用磁通压缩原理的惯性储能脉冲功率电源，工作时它首先在拖动电动机的拖动下将电能转化为存储在转子中的动能，然后工作在短路状态，将动能转化为电脉冲释放给负载，这种惯性储能方式具有储能密度和功率密度都比较高的特点，在电磁炮、电热炮等领域具有很大的应用潜力。

传统发电机的内阻抗大，向电磁炮、电热炮等低阻抗负载放电时，难以获得负载所需的窄脉宽和高幅值的脉冲。1978 年，UT-CEM 的 W.F. Weldon 等人在交流发电机的基础上发明了补偿交流脉冲发电机，简称补偿脉冲发电机。他们把一个几乎和旋转线圈相同的固定线圈与旋转线圈串联，并使两个线圈同轴。当旋转线圈旋转到与两个线圈面重合时，就补偿了旋转线圈的电感，从而产生了强电脉冲。脉冲峰值过后，随着线圈的转动，电感再次增大到初始值。CPA 利用了电磁感应和磁通压缩两种原理联合工作，它把惯性储能、机电能量转换和脉冲成形三者融为一体。CPA 能输出几十千伏的高电压，产生较快的上升时间，而且不需要大电流容量的换流开关便能自动换向和产生重复脉冲。此外，它的转子细长，容易实现高速旋转。在连续脉冲运行时，因它有较大的转动惯量而不致使转速下降得过多而影响下次脉冲工作。因此，机组多半不需要用飞轮来平衡，转轴只起支承作用并不承受较大的冲击扭矩。CPA 还有结构简单、体积小、质量小、操作方便和运行可靠等优点。

1. CPA 基本原理

脉冲发电机与常规发电机的区别主要在于特殊的补偿元件的应用，因此脉冲发电机的前期研究主要指 CPA。图 2.28 所示为铁芯 CPA 结构示意图。铁芯机是指电机内部定转子铁芯材料由导磁的铁磁材料制成的一类电机，由于铁磁材料磁导率高，因此电机所需的励磁磁场小，无须采用对控制要求更高的自激励磁，缺点是由于铁磁材料的比重较大，电机的能量密度和功率密度较低。

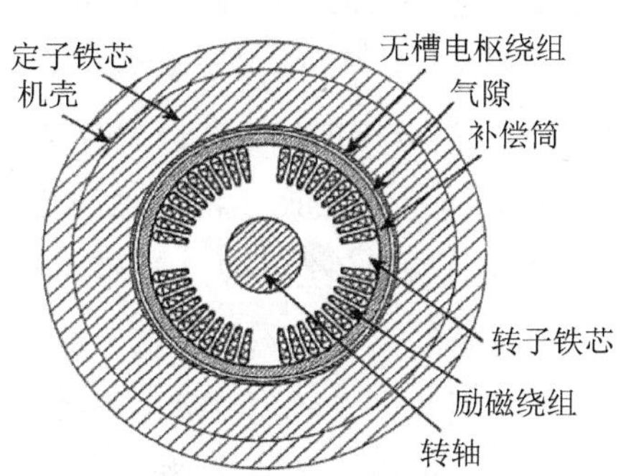

图 2.28　铁芯 CPA 结构示意图

脉冲功率电源要有很高的能量密度和功率密度，以满足负载的需求，为此脉冲发电机定转子轭材料由不导磁的材料（如纤维树脂类复合材料或者非导磁的合金等）代替传统电机的铁磁材料，制成的电机称为空芯 CPA，其结构示意图如图 2.29 所示。一方面复合材料密度小、强度高，电机可以运行在更高转速下，线速度达到 500 m/s，远超过铁磁材料 125 m/s 的极限速度，储能密度显著提高；另一方面复合材料不导磁，电机不受磁路饱和限制，气隙磁密可以设计得极高，达到 4 ～ 5 T，从而获得更高的功率密度。在铁芯机和空芯机中，电枢绕组均采用无槽绕组形式，可以降低绕组的电感。

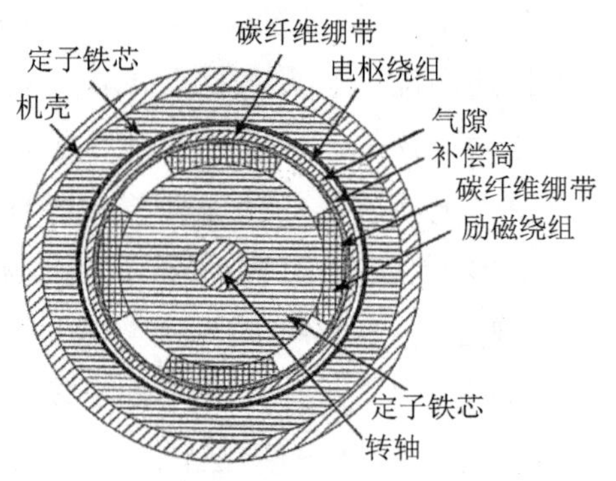

图 2.29　空芯 CPA 结构示意图

由电路定律可知，对于任何一个链着磁通的自行闭合线圈，都可以给以下方程式：

$$ri+\frac{\mathrm{d}\psi}{\mathrm{d}t}=0 \tag{2-5}$$

式中，ψ 为闭合线圈的磁链，包括自链和互链；r 为电阻；i 为电流。

如果略去电阻 r，则由式（2-5）可得出 ψ 为常数。可见，在没有电阻的闭合回路（又称为超导回路）中磁链将保持不变。如果外界磁通进入线圈，则线圈中必然立即产生一个电流，这个电流产生的磁通与外加磁通的大小相同，方向相反，以此保持线圈匝链的总磁通仍然不变。这就是超导回路磁链守恒原理。在实际的闭合回路中，由于电阻的影响，磁链会发生变化，但是在最初瞬间仍然遵循超导回路磁链不变原则。因此可以认为磁链是不会改变的，分析突然短路的基本方法是，先由磁链不变原则求出突然短路瞬间的电流，然后把电阻的作用考虑进去。在绕组电阻的作用下，瞬变时出现的电流最终将衰减为稳态短路电流。

普通同步发电机突然短路瞬间的状态如图 2.30 所示，其等效电路如图 2.31 所示。X_{d}'' 为超瞬变电抗，X_{d}' 为瞬变电抗，X_{d} 为直轴电抗，显然可见，$X_{\mathrm{d}}''<X_{\mathrm{d}}'<X_{\mathrm{d}}$。而 CPA 的补偿筒就相当于阻尼极强的阻尼绕组，CPA 在短路时，依靠它产生的涡流将电枢反应磁通压缩在补偿筒和电枢绕组间的气隙中，从而达到降低电枢绕组电感的目的。

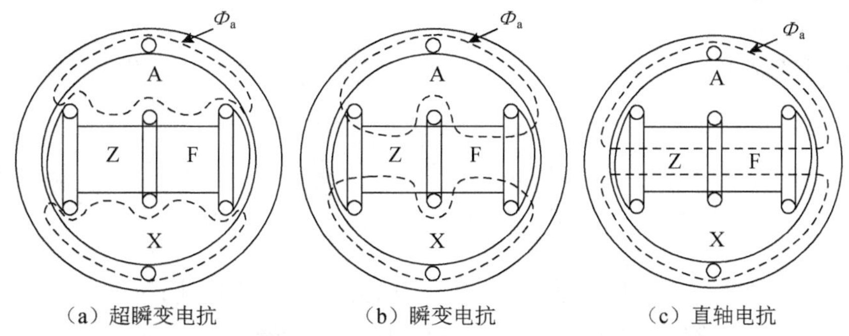

（a）超瞬变电抗　（b）瞬变电抗　（c）直轴电抗

注：AX 表示定子绕组，ZF 表示转子绕组，Φ_a 表示气隙磁通。

图 2.30　普通同步发电机突然短路瞬间的状态

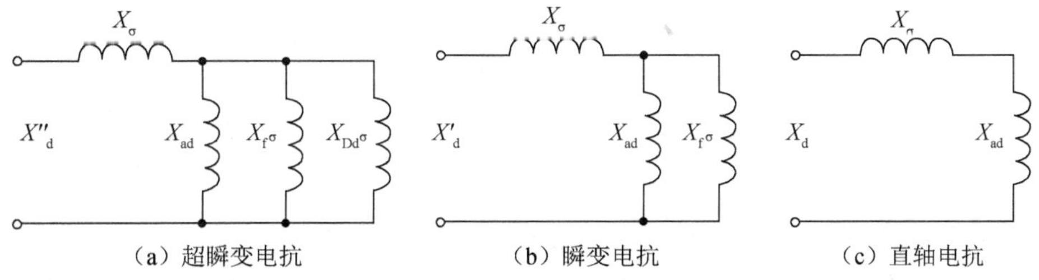

（a）超瞬变电抗　（b）瞬变电抗　（c）直轴电抗

图 2.31　普通同步发电机突然短路瞬间的超瞬变电抗、瞬变电抗和直轴电抗的等效电路

CPA 从电路上看一般均可以简化成三个相互耦合的回路：励磁回路、电枢回路和补偿回路，其中励磁回路和补偿回路总是在发电机的一侧，其简化电路如图 2.32 所示。

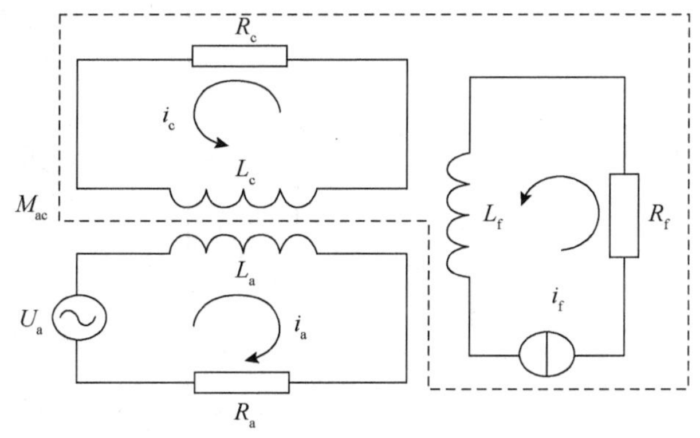

图 2.32　CPA 简化电路

当采用外部恒流源励磁时，放电瞬间励磁电流 i_f 不变，因此可以忽略励磁

回路对电枢回路和补偿回路的影响；同时，CPA 的内阻抗一般远小于感抗，分析时可忽略不计，由此可得电枢回路与补偿回路中的电压方程为

$$\begin{cases} U_a = L_a \dfrac{di_a}{dt} + M_{ac}\dfrac{di_c}{dt} \\ 0 = M_{ac}\dfrac{di_a}{dt} + L_c\dfrac{di_c}{dt} \end{cases} \tag{2-6}$$

式中，U_a 为 CPA 的输出电压；i_a 为电枢电流；i_c 为补偿电流；L_a 为电枢绕组的自感；L_c 为补偿绕组的自感；M_{ac} 为电枢绕组与补偿绕组的互感。

将式（2-6）整理成如下形式：

$$U_a = \left(L_a - \frac{M_{ac}^2}{L_c}\right)\frac{di_a}{dt} = \left(1-k_{ac}^2\right)L_a\frac{di_a}{dt} = L_{aef}\frac{di_a}{dt} \tag{2-7}$$

式中，L_{aef} 为电枢绕组的等效电感；k_{ac} 为耦合系数。

$$k_{ac} = \frac{M_{ac}}{\sqrt{L_a L_c}} \tag{2-8}$$

耦合系数 $0 < k_{ac} < 1$，用于描述 CPA 的补偿程度。

经过补偿后，电枢绕组的等效电感变为补偿前的 $1-k_{ac}^2$ 倍，因此在相同的输出电压下，可以获得更大的输出电流，且补偿绕组与电枢绕组之间的耦合作用越强，等效电感越小，输出脉冲电流峰值越大。

不同于传统同步发电机，脉冲发电机系统运行的基本步骤包括启动、自激、放电、能量回收。由于发电机采用不导磁的复合材料，建立磁场困难，因此采用自激方式建立磁场。以一台单相脉冲发电机为例，其简化电路如图 2.33 所示。

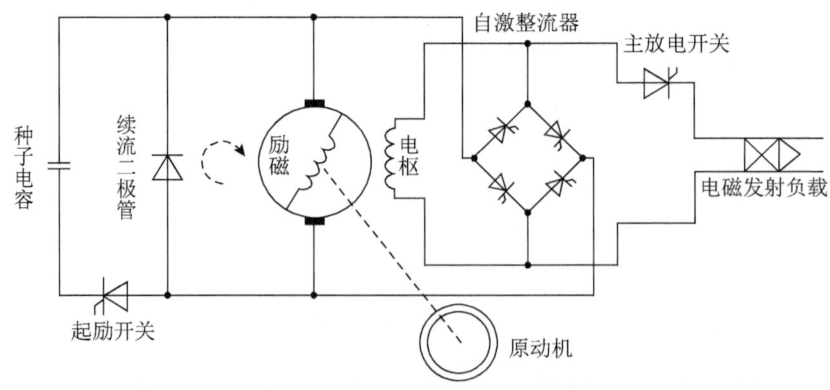

图 2.33 单相脉冲发电机简化电路

（1）启动。原动机拖动脉冲发电机至额定转速，发电机转子存储动能。

（2）自激。闭合起励开关，脉冲电容器向转子励磁绕组输入一个几千安的种子电流，产生初始旋转磁场，在定子电枢绕组中感应出反电动势，并产生电枢电流，电枢电流经过外接的自激整流器流回励磁绕组。在电路参数满足一定的条件下，励磁电流逐渐升高，形成正反馈的自激过程，转子存储的机械能转化为磁场储能。由于空芯脉冲发电机不受磁饱和的影响，理论上励磁电流可以呈指数级无限增长。

（3）放电。达到额定励磁电流时，自激整流器的触发信号停止发送，励磁绕组经续流二极管短路续流，继续提供旋转励磁磁场。根据负载需求在合适的相位触发主放电开关，电枢绕组向负载放电。

（4）能量回收。放电结束后，处于续流状态的励磁绕组中仍有电流，这部分磁场储能可通过续流或外接泄流电阻释放。励磁电流降为零后，一次放电结束，发电机依靠惯性储能自由旋转，或通过原动机补充能量，待机等待下一次发射指令。

典型的励磁绕组电流波形如图 2.34 所示。

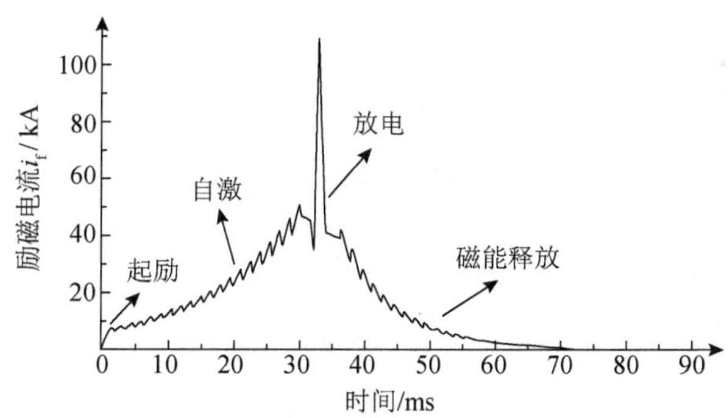

图 2.34 典型的励磁绕组电流波形

脉冲发电机的补偿元件可采用多种结构形式和绕组形式，不同的结构形式和绕组形式，使得转子旋转时产生不同的电枢绕组电感变化规律，从而输出不同的脉冲电流波形。三种补偿方式分别为：被动补偿、主动补偿和选择被动补偿。

（1）被动补偿。被动补偿是指由厚度均匀、导电性能良好的补偿筒（通常为铝筒）为电枢绕组提供均匀补偿。如图 2.35 所示，补偿筒安装在励磁绕组和电枢绕组之间且与励磁绕组保持相对静止。由于补偿筒是连续的，所以无论转子的位置如何，耦合系数 k_{ac} 始终保持较大值，从而使电枢绕组具有恒定的低电感，输出电流波形为近似正弦波，适用于电磁发射。

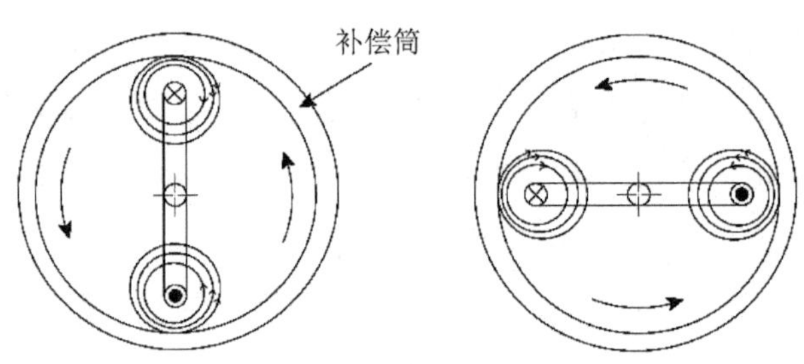

图 2.35　被动补偿原理示意图

（2）主动补偿。主动补偿专设有一套补偿绕组，并通过滑环和电刷与电枢绕组串联连接，如图 2.36 所示。负载时，电枢绕组和补偿绕组间的互感随定、转子相对运动而做周期性变化，当两个绕组的轴线反向重合时耦合系数最大，此时绕组的内电感近似等于两个绕组的漏电感之和，能够产生很窄的尖峰脉冲，适用于闪光灯负载等。

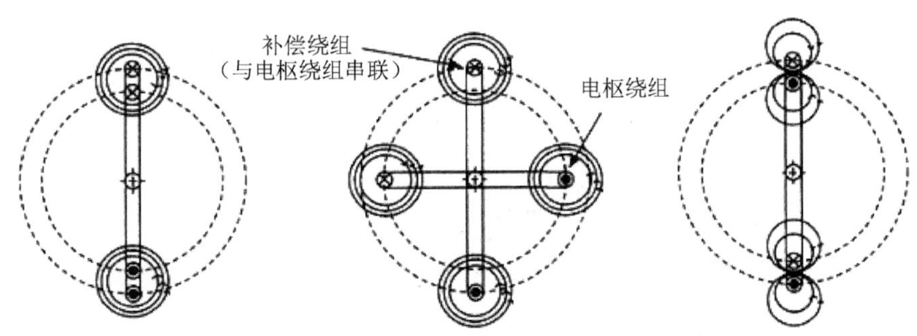

图 2.36　主动补偿原理示意图

（3）选择被动补偿。选择被动补偿利用自行短路的补偿绕组实现，如图 2.37 所示。由于补偿电流是通过感应而产生的，因此补偿绕组产生的磁场总是对电枢反应磁场起削弱作用。电枢绕组和补偿绕组的耦合系数 k_{ac} 由它们之间的相对位置关系决定，发电机的内电感是随转子位置周期性变化的，经特殊设计后能够输出近似矩形的电流脉冲，是电磁轨道炮负载所需的理想电流波形。

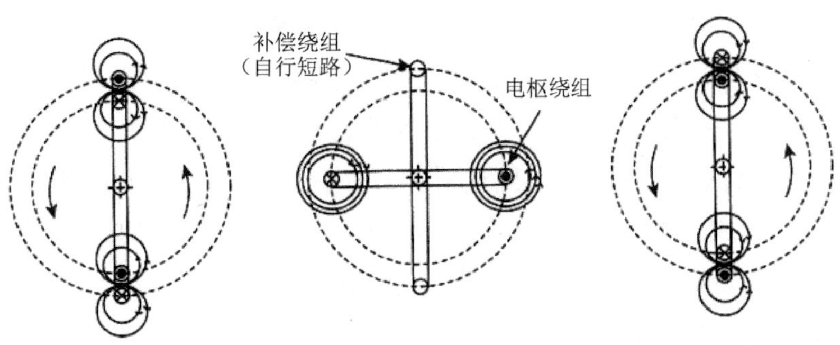

图 2.37　选择被动补偿原理示意图

三种补偿方式下的典型电流脉冲波形如图 2.38 所示。

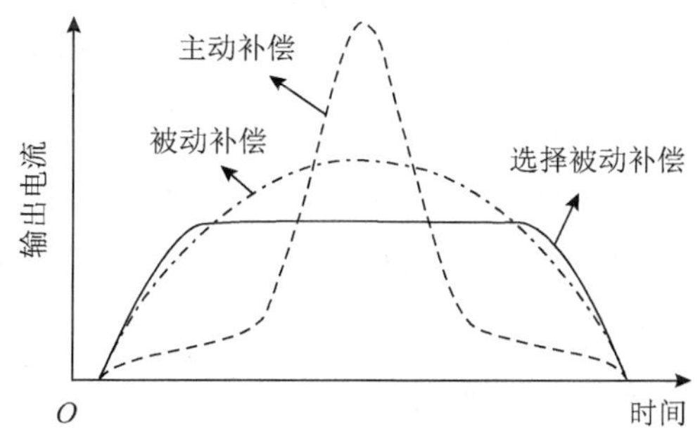

图 2.38　三种补偿方式下的典型电流脉冲波形

2. 电磁轨道炮 CPA 系统

CPA 单元是构成电磁轨道炮 CPA 系统的基本单元。CPA 单元主要由 CPA、起励及自励整流模块、放电整流模块、脉冲成形线圈、负载、监控装置及拖动电动机等部分构成，如图 2.39 所示。

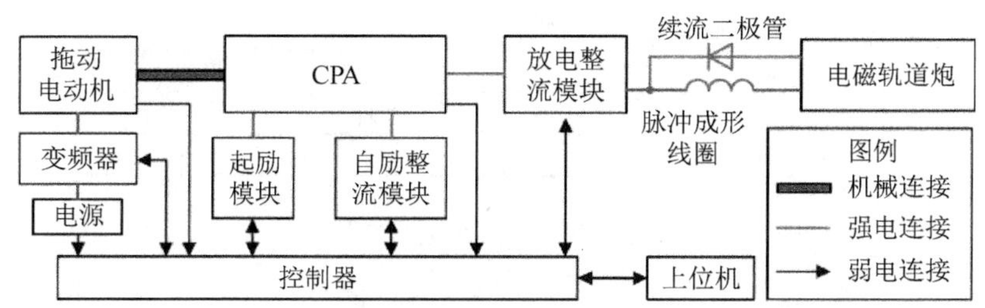

图 2.39　CPA 单元组成

CPA 一般为空芯结构，采用电枢电流回馈励磁的自激励磁方式。起励及续流电路由种子电容、晶闸管和励磁续流二极管组成。励磁整流电路和放电整流电路均采用可控器件晶闸管，之所以不采用不可控器件，是因为虽然采用不可控器件可以降低一定的成本，但是起励过程一旦开启自激励磁过程便不受控制，采用可控器件可以提高模块化脉冲功率电源控制的灵活性和系统的安全性。脉冲成形电路由脉冲成形线圈和负载续流二极管组成。与直接对负载放电相比，脉冲成形电路的引入可以改善负载电流波形，并有利于放电结束时整流桥的关断。拖动电动机可以采用永磁同步电动机（PMSM）或感应电动机，并配有控制器及电源。与感应电动机相比，PMSM具有高效节能、高功率因数、高转矩电流比、高功率密度、控制相对简单等优点。CPA单元的控制器选用数字信号处理器，晶闸管的通断通过ePWM模块产生的触发脉冲控制。系统中涉及的传感器主要为速度位置传感器、电流传感器、电压传感器、温度传感器，分别选用旋转变压器、罗氏线圈、霍尔元件及热敏电阻。

CPA单元的运行过程主要包括充电阶段、起励阶段、自激励磁阶段、放电阶段，以及能量回收或灭磁阶段。CPA单元的基本工作时序如图2.40所示。首先拖动电动机将CPA拖动到设定转速后关闭变频器，使CPA和拖动电动机一起自由旋转；然后触发起励晶闸管，种子电流注入励磁绕组并通过励磁续流二极管续流，电枢绕组中产生感应电压；同时触发励磁整流桥（为了充分利用起励电流，实际应用中应该稍微提前于起励晶闸管触发），电枢绕组电压通过全桥整流电路在励磁绕组中产生回馈电流形成正反馈，励磁电流呈指数级增长，直至设定值，封锁励磁整流桥的触发信号；检测转子位置，在适当的相位下触发放电整流桥，电枢绕组对负载放电，一定时间后，封锁放电触发信号。

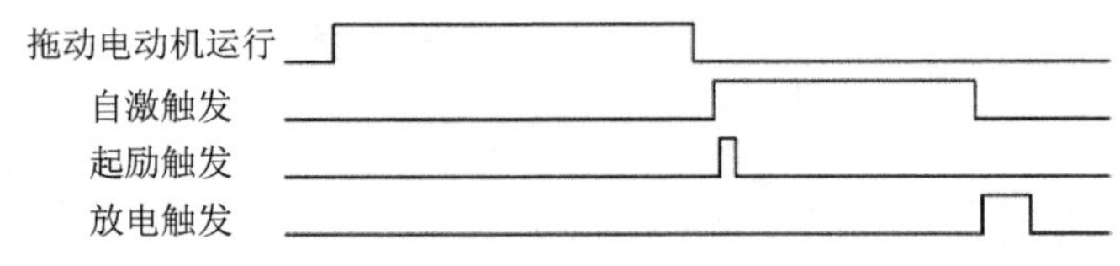

图2.40　CPA单元的基本工作时序

CPA单元工作时的转速变化过程如图2.41所示。

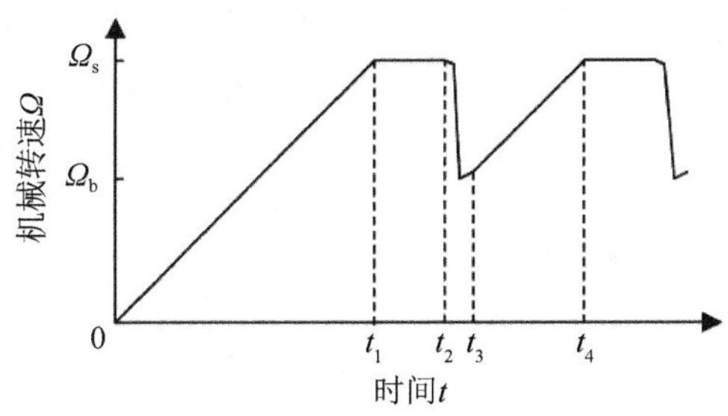

图 2.41　CPA 单元工作时的转速变化过程

图 2.41 中，Ω_s 为 CPA 的设定转速；Ω_b 为 CPA 放电结束及能量回收完成后的基本转速；0 ～ t_1 时段对应系统初次启动时的充电过程；t_1 ～ t_2 时段对应转速保持阶段；t_2 ～ t_3 时段对应 CPA 从起励到放电结束及能量回收完成的整个过程；t_3 ～ t_4 时段对应下一个放电周期的充电过程。CPA 单元运行时，拖动电动机的工作任务主要对应图 2.41 中的 0 ～ t_1 和 t_2 ～ t_3 时段，即将 CPA 从 0 转速或基本转速拖动加速到设定转速。拖动电动机选用 PMSM，并采用转速和电流双闭环的控制策略，其中电流环采用矢量控制，对应的控制框图如图 2.42 所示。

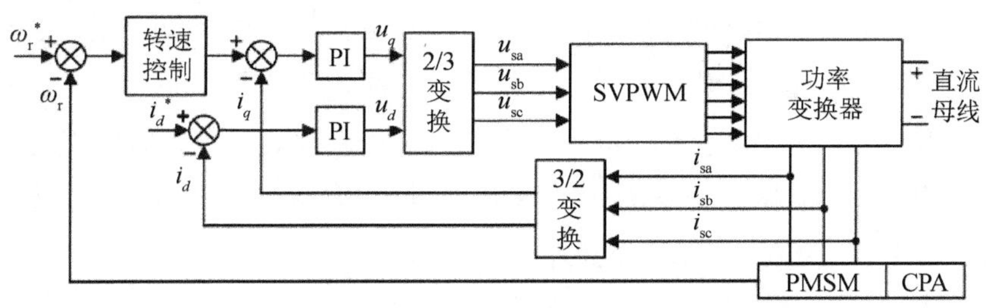

图 2.42　拖动电动机控制框图

充电拖动过程中，拖动电动机的负载惯量大，设定转速高，转速响应慢，采用单一的转速控制算法难以获得快速的动态响应性能和良好的稳定性。充电初期，电动机的转速较低，输出功率较小，此时希望转速的上升速率尽可能大，因此应采用恒转矩控制。对于基本转速低于 CPA 设定转速的拖动电动机，随着电动机转速的升高，转速的上升速率将受到额定功率的制约，此时希望电动机以额定功率拖动负载继续加速到设定转速，此时应采用恒功率控制；对于基本转速不低于 CPA 设定转速的拖动电动机，可以继续以恒转矩加速到设定转速。当转速达到设定值后，希望拖动电动机维持较小的功率，以克服摩擦阻力，从而使转速得以保持并给电动机转速及相位的微调提供条件，此时可以采用 PI 控制。按照这样的想法，转速控制应采用分段的复合控制算法，其中对于基速小于 CPA 设定转速的电动机，转速复合控制策略如图 2.43 所示。

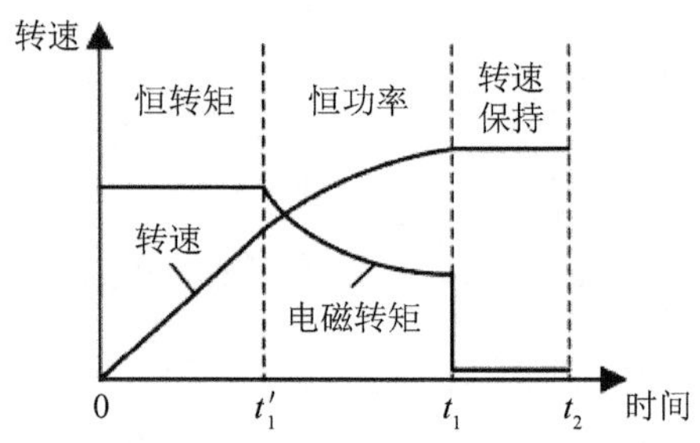

图 2.43 转速复合控制策略

为抵消在放电过程中对平台的转矩冲击并提高供电能力，可以将偶数台（典型的为两台）相同的脉冲发电机固定在一起，使它们反向同步旋转成对运行，通过母线并联对负载供电。这样不仅可以使 CPA 单机的功率等级降低，回避对制造工艺和材料性能的严苛要求，还可以使其陀螺效应的不利影响及放电过程中的转矩冲击得以抵消。在此基础上进一步出现了模块化惯性储能脉冲功率电源（Modular Inertial Energy Storage Pulse Power Supply，MIESPPS）的概念，将多组双机模块组合使用，不仅可以方便地调节脉冲功率电源的放电脉冲波形和供电能力，满足不同负载的需求，还可以提高系统的容错能力和可靠性，并且可以大幅缩短研发周期，降低研制成本。MIESPPS 的关键技术包括双机模块的同步控制和多模块的协同控制等。

2.4 蓄电池储能

蓄电池（Storage Battery）是将化学能直接转换为电能的一种装置，是按可再充电设计的电池，通过可逆的化学反应实现再充电，属于二次电池。它的工作原理是：充电时利用外部的电能使内部活性物质再生，把电能存储为化学能，需要放电时把化学能转换为电能输出。由于蓄电池具有极高的能量密度（500 MJ/m^3），已经被广泛地应用于脉冲功率领域，但由于受限于相对较低的功率密度，通常作为电磁发射装置的初级能源储能装置。

2.4.1 蓄电池概述

蓄电池能够在化学能和电能之间相互转换，且属于二次电源，能够反复使用，经济实用、灵活性强、供电可靠，在通信、航空航天、电力、电动汽车等行业有着广泛的应用。评判蓄电池的好坏也有其标准，主要有以下几方面。

（1）能量密度。能量密度是指单位体积或质量的蓄电池所提供的总能量。从脉冲功率电源小型化的角度讲，能量密度是重点考虑的因素。

（2）寿命。寿命是指蓄电池的循环使用寿命。蓄电池的使用寿命受到各种因素的影响，如温度、设计工艺、充电模式等。对使用者来说，在使用过程中对蓄电池管理模块的设计非常重要。

（3）温度效应。环境温度会影响蓄电池的容量、内阻、充放电特性，大多数电磁发射装置工作环境恶劣，温度是影响蓄电池的重要因素。

（4）价格。在实际应用中，价格是必不可少的因素，关系到使用成本。

目前市场上的二次电池主要有铅酸电池和碱性电池，镍类电池属于碱性电池，锂离子电池是三十多年前出现的高能电池。人们可根据不同的需求选择不同的蓄电池。

1. 镍镉电池

镍镉单体电池的标准电动势为 1.326 V，镍镉单体电池的开路电压为 1.2 V，放电截止电压为 1.0 V，能在 10 ～ 30 ℃范围内充放电，受温度影响很大。

优点：电池内阻小，一般只有几毫欧到十几毫欧，所以放电电压稳定，放电电流曲线也非常平坦；可承受大倍率放电，性价比相对较高。

缺点：成本太高，是同等容量铅酸电池的 4 倍。最致命的是，镍镉电池有着严重的记忆效应。此外，“镉”具有毒性，是一种致癌物，对环境有一定的污染性。

2. 锂离子电池

锂离子单体电池的工作电压高达 2.6 V，大约是镍镉电池的 2 倍，放电截止电压是 2.5 V，工作温度范围为 -20 ～ 60 ℃，是蓄电池中工作温度范围比较宽的电池，适应能力强，应用前景广阔。

优点：无记忆效应，对环境无污染，自放电率小（一个月大概 2%），可快速充电（1C 充电 30 min 即可达到额定容量的 80%），工作效率极高，体积小，是现在高性能绿色电池的代表。

缺点：电池的容量会随着温度的改变而缓慢衰减，也不耐过充和过放，可能出现爆炸和起火现象，在使用过程中需要多重保护措施，增加了应用的成本，价格昂贵。

3. 铅酸电池

铅酸单体电池的标准电动势为2.044 V，放电截止电压在1.5 V左右，容量可达5000 A•h。在实际应用中，经常把6个铅酸单体电池串联起来组成标准电压为12V的铅酸电池。铅酸电池的最佳工作温度为25 ℃，是温度特性最苛刻的蓄电池。

优点：已经有160多年的历史，种类繁多，技术相对比较成熟；维护简单，安全密封，可浮充使用10～15年，稳定性高，无记忆效应，对环境污染小，价格低廉，电池容易管理。

缺点：温度特性明显，能量密度有限。

常用蓄电池的性能指标如表2.8所示。

表2.8 常用蓄电池的性能指标

种类	能量密度/(W·h/kg)	功率密度/(W/kg)	寿命/次
镍镉电池	25～45	200～500	500～800
铅酸电池	20～80	20～4500	200～500
锂离子电池	100～280	4600～7300	600～2000

综上所述，镍镉电池充电简单，适应多种充电方法，充电时间短，但是单体电压小，有记忆效应，对环境有污染，能量密度较低，不适合电磁发射装置使用。铅酸电池历史悠久，技术成熟，虽然新型蓄电池发展迅速，但是铅酸电池以其经济适用的优点在当今还处于霸主地位。铅酸电池的能量密度虽然不是很高，但是功率密度却相对较高，属于性价比较高的储能装置，可以适合对体积和质量要求不是很高的场合使用，如电磁发射装置的实验室研究阶段。锂离子电池的能量密度和功率密度可以说是蓄电池中最高的，循环使用寿命长，充放电时间短，是电磁发射装置理想的初始能源。虽然锂离子单体电池性能优异，但也不允许其工作在严格安全区域之外，否则会产生令人不满意甚至危险的后果。在多数情况下，单体电池故障的后果也仅仅是电池使用寿命缩短或者电池损毁，不会发生安全事故。然而不恰当使用会对单体电池造成严重的物理损害（穿孔或破碎）和/或过热（由过压、过流或外部发热引起）。

2.4.2 电磁发射初级能源蓄电池系统

蓄电池通常作为电磁发射脉冲功率电源的初级储能装置。假设某一蓄电池系统，要给一个容量为 1000 μF、耐压值为 10 kV、储能为 100kJ 的电容器进行充电，要求系统连续充电不得少于 20 次，且 20 次充电后，系统储能不能低于总储能的 55%，系统电荷保持能力不小于 85%（28 天），工作温度为 -20 ～ 40℃，系统效率不低于 90%。由于蓄电池放电电流的限制，在蓄电池系统和电容器模块之间还要加上一个逆变模块来完成对电容器模块的充电。逆变模块的输出电压最高为 12 kV（可调），输入功率最高为 12 kW，要求在 30 s 内将电容器充电达到 100 kJ，充电电流最大为 30 A。

根据能量守恒定律，结合上述设计参数要求，蓄电池系统储能至少为 4.4 MJ，由于系统效率要求达到 90%，则实际储能约为 4.88 MJ。

蓄电池系统的输出功率：

$$P_0=I_0 \times U_0 \tag{2-9}$$

式中，U_0 为蓄电池系统的电压；I_0 为蓄电池系统的最大放电电流。逆变模块的最大输入功率（也就是蓄电池系统的最大输出功率）为 12 kW，逆变模块要求最大充电电流为 30 A，由式（2-9）可知，蓄电池系统的电压至少为 400 V。蓄电池放出的容量等于蓄电池放电电流与蓄电池放电时间的乘积。若要求蓄电池系统至多放电 30 s，则蓄电池的额定容量至少为 5 A•h。

蓄电池系统能量过高的话会造成系统体积过大，蓄电池系统的蓄电池组是由单体蓄电池串联而成的，能量越高，串联的蓄电池个数越多。系统体积太过庞大不仅会移动不方便，而且给蓄电池的管理带来很大的难度，如蓄电池的均压问题、大电流抽取问题等；另外，电磁发射脉冲功率电源对蓄电池的放电倍率要求很高，要尽量大，但这和蓄电池本身的性能又是矛盾的，蓄电池只能在最大放电电流承受能力范围内正常工作，如果电流过大，则会给蓄电池带来不可逆转的损坏，特别是在蓄电池深度放电的情况下。此外，蓄电池放电时存在放电误差，这与电池的放电效率有关。综上所述，在充电时间和能量固定的前提下，为了在能够满足实验要求的同时满足蓄电池的使用要求，应当在蓄电池放电电流尽量大的同时适当增大蓄电池系统的电压，为了增大电压，电池需要串联使用。选择蓄电池时要考虑蓄电池的放电电流/放电时间、电池容量、循环次数、自放电率、工作温度范围和成本等问题。

图 2.44（a）是整个初级能源的系统框图。并联式体充电机接上市电后，对蓄电池系统充电，等充电完成后，蓄电池系统加上逆变模块（DC/DC 模块）对电容器进行快速充电。加逆变模块的原因是电磁轨道炮部署在室外，温度变化较大。而蓄电池对温度的要求比较苛刻，再加上自身化学特性的约束，其放电电流有限，不能直接作为脉冲功率电源的初级能源，必须通过高压、高功率的逆变模块的转换才能对电容器充电。

图 2.44（b）是蓄电池和充电机系统的功能框图。并联式体充电机接上市电后，经过一定的降压、整流滤波后输出所需的直流电给蓄电池系统充电，当达到蓄电池的充电截止电压时，并联式体充电机就会自动停止给蓄电池系统充电。另外，蓄电池系统在上位机软件的控制下给负载供电。

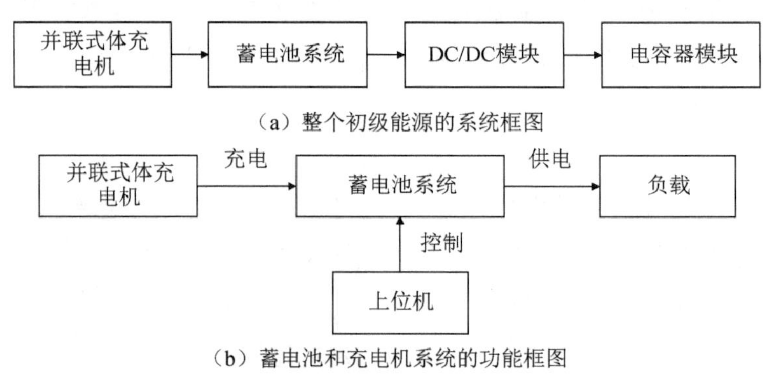

（a）整个初级能源的系统框图

（b）蓄电池和充电机系统的功能框图

图 2.44　蓄电池系统

2.4.3　电磁发射蓄电池系统关键技术

1. 蓄电池的充电技术

1）蓄电池常规充电方法

（1）恒流充电。恒流充电是在保持充电电流强度不变的情况下，调整充电装置输出电压的方法。这种方法最大的优点是控制简单。根据蓄电池马斯充电三定律可知，蓄电池的电流可接受能力是随着充电过程的进行而慢慢下降的，为了避免后期电流过大对蓄电池造成损坏，恒流充电时的电流设定得相对较小，充电时间相对较长。分段式充电法分为二段式先恒流后恒压充电法，三段式中间恒压、首尾恒流充电法和四段式充电法。图 2.45（a）所示为恒流充电时分段式充电法蓄电池的特性曲线。

（2）恒压充电。所谓恒压充电，就是以恒定的充电电压贯穿整个充电过程。这种方法最大的优点是操作简单；缺点是在充电初期，充电电流过大，容易使蓄电池的活性物质脱落，影响蓄电池的寿命。再加上充电后期充电电流过小，导致蓄电池充电不足，长期如此会损害蓄电池的性能，缩短寿命，所以恒压充电一般只用于简易充电设备或者无配电设备的特殊场合，如电动汽车用蓄电池。图 2.45（b）所示为恒压充电时蓄电池的特性曲线。

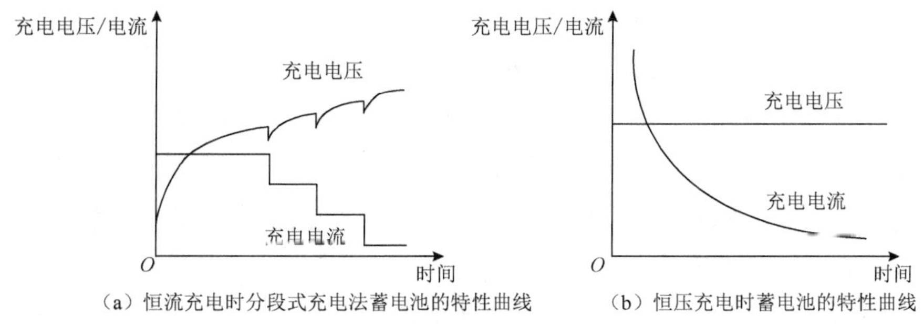

（a）恒流充电时分段式充电法蓄电池的特性曲线　（b）恒压充电时蓄电池的特性曲线

图 2.45　蓄电池的特征曲线

（3）浮充电。浮充电一般是在停电时使用的特殊蓄电池充电方法。这种充电方法的优点是减少蓄电池的析气，防止过充；缺点是要定期给蓄电池均衡充电。

2）蓄电池快速充电方法

新型充电方法不仅最大限度地缩短了蓄电池的充电时间，而且不同程度地延长了蓄电池的使用寿命，提高了效率。

（1）脉冲充电。所谓脉冲充电，就是以脉冲电流对蓄电池进行瞬间充电，然后停止充电，如此反复。这种方法的优点是减小了蓄电池的内压和减少了反应产生的析气，延长了蓄电池的使用寿命。图 2.46 所示为脉冲充电时蓄电池的电流特性曲线，图 2.46（a）所示为正脉冲，图 2.46（b）所示为正负脉冲。

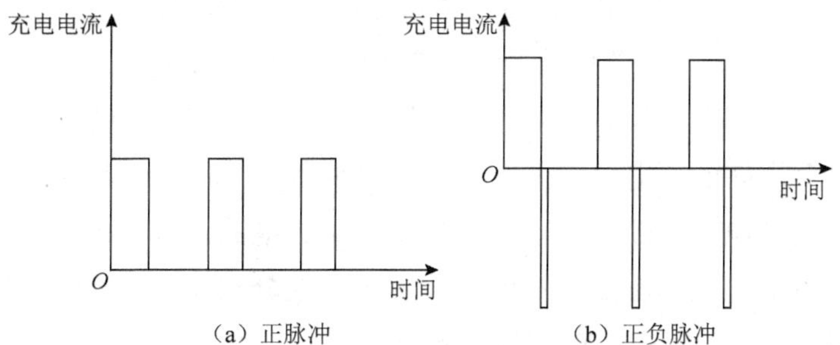

（a）正脉冲　（b）正负脉冲

图 2.46　脉冲充电时蓄电池的电流特性曲线

（2）变电流间歇充电。所谓变电流间歇充电，就是在充电初期将恒流充电变成限压变电流间歇充电，充电后期采用恒压充电。这种方法的优点是可以减小蓄电池的内压，使蓄电池存储更多的电量，延长使用寿命。

（3）变电压间歇充电。变电压间歇充电与变电流间歇充电不同的地方就是在充电初期用间歇恒压给蓄电池充电。这种方法的优点是使蓄电池的充电特性更加符合最佳充电电流可接受曲线的走势。

2. 蓄电池组的均衡控制技术

为了满足电磁发射装置高能量密度储能的需求，作为初级能源的蓄电池组由数万个单体蓄电池串并联而成；为了满足系统快速响应和高重复发射频率的需求，蓄电池组先在短时间内对中间储能装置（脉冲电容器、超导储能装置）大倍率充电，再由中间储能装置向电枢放电。整个蓄电池组储能模块由数量众多的单体蓄电池组成，在蓄电池组大倍率放电过程中，各个蓄电池的内阻、温度等差异会被逐渐放大，导致蓄电池之间的容量逐渐产生差异。这种差异会在多次充放电过程中被进一步放大，每次充电时初始容量大的蓄电池首先被充满，而初始容量小的蓄电池未能充满，如果继续充电会使初始容量大的蓄电池过充，终止充电则会加大整个蓄电池组的容量不均衡度。因此，有必要对整个蓄电池组储能模块采取相应的均衡措施，使整个储能系统保持在较好的均衡状态中。

蓄电池均衡分为充电均衡和放电均衡，其中充电均衡包括主动均衡和被动均衡，其基本原理都是借助电阻、电容器、变压器等元器件及 DC/DC 变换电路来实现不均衡能量的消耗或转移的，从而使蓄电池容量趋于一致。充电均衡需要在蓄电池模块上增加新的均衡电路和控制电路，而电磁发射储能模块中蓄电池数量众多，仅仅依靠充电均衡会提高整个系统的复杂度。放电均衡是依靠均衡电路在放电过程中进行类似于充电均衡的能量传递，由于电磁发射用蓄电池组放电方式为时序放电，以达到给脉冲电容器恒流充电的效果，每组蓄电池的放电时间并不相同，基于此可以采用以蓄电池放电电路为基础的时序放电均衡策略，通过控制放电开关器件实现对脉冲电容器放电，同时达到蓄电池组均衡的效果。

电磁发射用储能蓄电池放电电路是通过控制开关器件的导通实现蓄电池组分时段串联到放电主回路，从而对脉冲电容器放电的。以 4 个蓄电池为例予以说明，其放电电路图如图 2.47 所示。4 个蓄电池分别通过 4 个晶闸管按顺序对脉冲电容器放电。首先，打开晶闸管 VS_1，蓄电池 E_1 开始放电，电容器电压逐渐增大；然后，导通晶闸管 VS_2，此时由于蓄电池 E_2 的旁通支路的反向电

压使晶闸管 VS_1 断路，从而蓄电池 E_1、E_2 串联在一起，并通过晶闸管 VS_2 向脉冲电容器放电。以此类推，最终实现 4 个蓄电池逐步向脉冲电容器放电。放电过程中蓄电池 E_1 始终处于放电状态，且放电时间最长，这会导致蓄电池 E_1 的容量下降最快，多次重复放电后蓄电池间的容量差异会逐步累加，不均衡状况加剧。尽管充电均衡能够减小各个蓄电池间的差异，在充电过程中补充蓄电池 E_1 所损耗的能量，但电磁发射用混合储能系统存在连续上百次的周期性放电工况，如果仅仅依靠充电均衡将无法及时使各个蓄电池模块恢复到均衡状态。有学者提出了一种改进的时序放电均衡电路图，如图 2.48 所示。

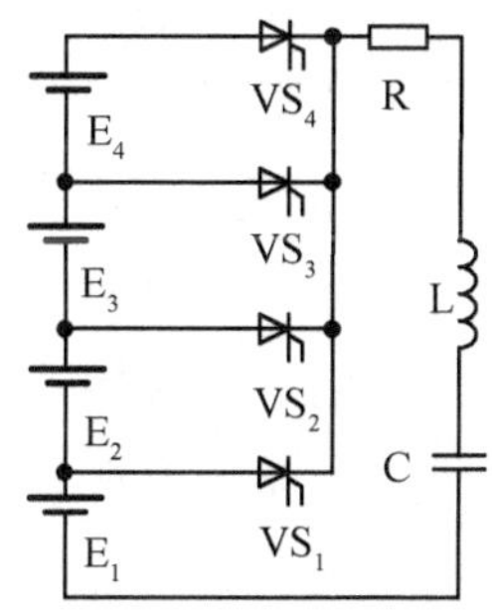

图 2.47　蓄电池模块放电电路图

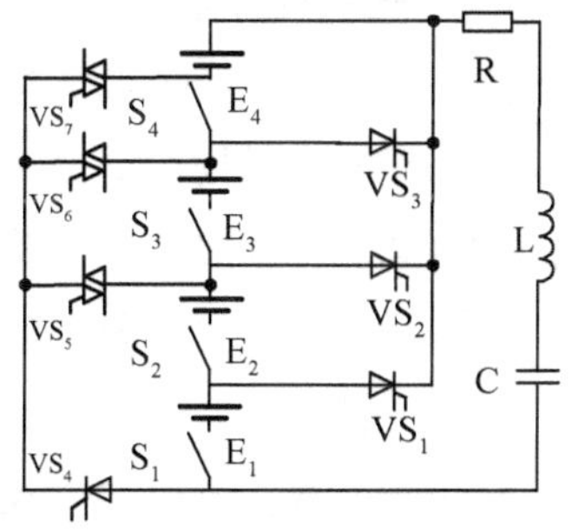

图 2.48　改进的时序放电均衡电路图

改进结构增加了双向晶闸管组成的旁通支路，该放电结构能够按任意顺序排列组合蓄电池的放电顺序。每次放电前根据蓄电池的容量确定蓄电池的放电顺序，容量大的蓄电池首先导通放电。例如，蓄电池的容量由大到小依次为 E_3、E_1、E_2 和 E_4，则与之相对应的放电顺序为 E_3、E_1、E_2 和 E_4。同时，与放电顺序一一对应的开关器件导通顺序也相应确定，分别为 $VS_4 \rightarrow VS_6 \rightarrow VS_3 \rightarrow S_1 \rightarrow S_2 \rightarrow VS_5 \rightarrow S_3 \rightarrow S_4$。首先，电流通过 $VS_4 \rightarrow VS_6 \rightarrow VS_3$ 使蓄电池 E_3 放电，然后，导通 $S_1 \rightarrow S_2 \rightarrow VS_5$，此时晶闸管 VS_4 由于蓄电池 E_1 的反向电压而关断，则蓄电池 E_1、E_3 串联在一起，再通过 $S_1 \rightarrow S_2 \rightarrow VS_5 \rightarrow VS_6 \rightarrow VS_3$ 进行放电。同理，导通 S_3 后，VS_5、VS_6 关断，进而使蓄电池 E_1、E_2、E_3 串联在一起，并通过 VS_3 放电，导通 S_4 后，晶闸管 VS_3 由于蓄电池 E_4 的反向电压而关断，因此蓄电池 E_1、E_2、E_3、E_4 串联放电。这样就形成了蓄电池的容量大小先对应蓄电池的放电顺序，再对应开关顺序的均衡放电固定对应关系。

常用的均衡指标有电池荷电状态（SOC）、开路电压、放电电流、电池内阻等。均衡指标选取的合理性决定了均衡效果的优劣。SOC是一个反映蓄电池可放电容量的重要参数，其测量方法主要有安培时间计量法、内阻法、开路电压法、卡尔曼滤波法、放电实验法、模糊神经网络法等，其中开路电压法是指利用单体蓄电池开路电压与充放电时SOC呈线性关系的规律估算SOC的方法。电磁发射装置允许蓄电池组存在一定的静置时间，这为单体蓄电池开路电压的测量提供了条件，因此以开路电压作为基准参数估算SOC。

3. 电池管理系统

虽然锂离子单体电池性能优异，是电磁发射装置的理想初始能源，但也不允许使其工作在严格安全区域之外，否则会产生令人不满意甚至危险的后果。

锂离子单体电池安全运行区域由电流、温度和电压确定。若超过电压阈值过充，则电池将会迅速被损毁，严重时会发生爆炸。大部分锂离子单体电池在低于电压阈值时继续放电将被损毁。若锂离子单体电池在某个特定的温度范围外放电，又或者在一个相比之下更小的温度范围外充电，都会导致锂离子电池的寿命严重受损。长期工作于允许温度范围外的锂离子单体电池容易产生热失控和自燃现象，即使是不易产生热失控现象的单体电池，其含有的有机电解质也会助燃。锂离子单体电池寿命会因大电流放电或快速充电而受损。锂离子单体电池在高脉冲电流下工作几秒就会损毁。

锂离子电池使用不当将会导致其寿命缩短，造成损毁，严重情况下甚至会引发安全问题。电池管理系统（Battery Management System，BMS）的作用就是要保证被管理电池内部单体电池均工作在自身的安全工作区域之内，这对于大规模使用锂离子电池的电磁发射装置是非常重要的。

电池管理系统是以某种方式对电池进行管理和控制的产品或技术。电池管理系统的原理框图如图2.49所示。

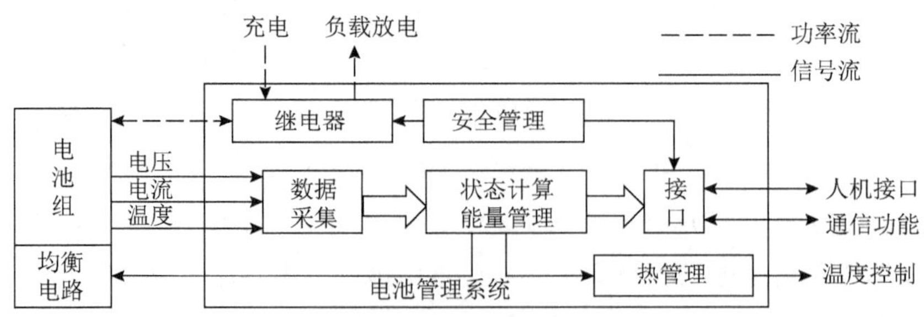

图2.49　电池管理系统的原理框图

电池管理系统一般具有如下功能。

1）自诊断功能

自诊断功能是指电池管理系统能主动检测系统内部的工作状态，又称为自检功能。电池管理系统上电后需要自检，以确保正常工作。电池管理系统在运行过程中可定时自检。

2）充放电管理功能

不合理充放电会给电池带来损害，造成过充过放，缩短电池循环寿命。电池管理系统可以根据需要选择恒流充电、恒压充电、恒压限流充电或脉冲充电，也可以根据蓄电池厂家提供的充电曲线来进行充电控制；放电管理是对截止电压、剩余容量、放电倍率、温度等因素的综合处理。

3）电池 SOC 估计功能

电池管理系统能够准确估测电池组的 SOC，即某时刻电池剩余电荷量与满充状态下可用电荷量的比值，保证 SOC 维持在合理的范围内，防止由于过充电或过放电对电池造成损伤，从而随时预报电池还剩余多少能量或者 SOC。常用的估算方法有模型法、智能算法及实验测试法等。

4）工作状态监测功能

在电池充放电过程中，电池管理系统能够实时采集每个电池的端电压和温度、充放电电流及电池包总电压，防止电池发生过充电或过放电现象，同时能够及时给出电池状况，挑选出有问题的电池，以保持整组电池运行的可靠性和高效性，使剩余电量估计模型的实现成为可能。

（1）电压检测。电池管理系统可以直接测量单体电池的电压，也可以通过测量电池组内的分接头电压，并计算两个分接头之间的电压差值作为单体电池电压。电压信号由模拟多路调制器采集得到，通过 A/D 转换器（ADC）读取数据并传输数据至处理器，如图 2.50 所示。

（2）电流检测。常用的电流检测方式有电流分流法和霍尔效应法。

电流分流传感器（见图 2.51）是一个高精度、低阻值的大功率电阻，价格便宜，不需要供电，但精度随温度变化大，由于其提供的信号是毫伏级的微小信号，因此电池管理系统必须具备放大器，布线应该避免电子噪声的干扰，一般采用屏蔽双绞线的方式。

霍尔效应传感器（见图 2.52）布置在承载电池模块电流的电缆所产生的磁场中，并产生与电流呈比例关系的电压，需要外接供电，价格较贵，精度较高。

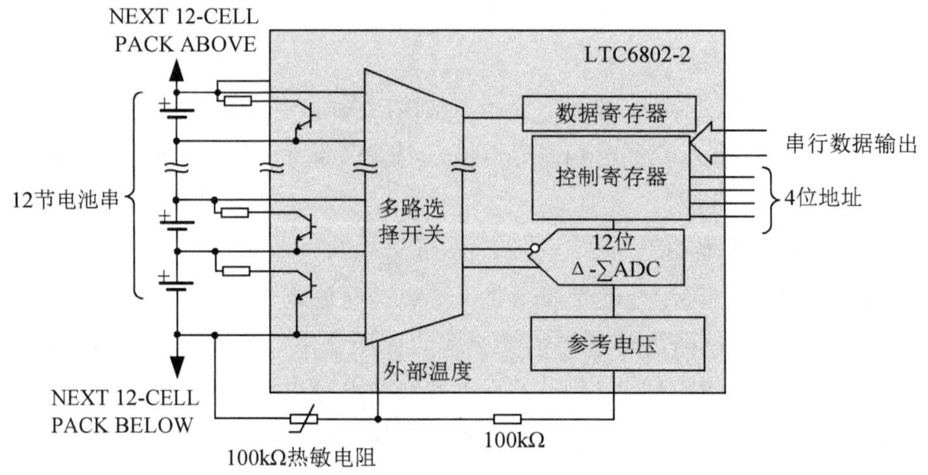

图 2.50　电压检测电路

图 2.51　电流分流传感器

图 2.52　霍尔效应传感器

（3）温度检测。电池管理系统需要对电池组、电池包或单体电池的温度进行测量。一方面，因为锂离子单体电池在某些环境温度下不能进行充放电，对于温度不可控的应用场景需要检测温度；另一方面，当由于内部或者外部问题导致单体电池过热时，应该对系统发出警告信号，而不是任其发生严重故障。可以采用温度传感器来测量每个单体电池的温度，也可以将温度传感器布置在电池模块的特定位置，如最易升温或降温的地方。

5）均衡功能

电池管理系统能够在单体电池、电池组间进行均衡，使电池组中各电池都达到均衡一致的状态。电池均衡一般分为主动均衡、被动均衡。目前已投入市场的电池管理系统，大多采用的是被动均衡，如均衡控制方法。均衡技术是目前国内外正在致力研究与开发的电池管理系统的一项关键技术。

6）电池保护功能

当单体电池出现过压、欠压、过温、低温、过流等状况时，电池管理系统可下达保护指令并进行上报和预警。具体来说包括：

（1）通过主动停止充电电流或反馈停止充电信息的方法防止单体电池电压越限。

（2）通过直接停止充电电流、反馈停止充电信息或启动冷却装置的方法防止单体电池温度越限。

（3）通过停止放电电流或反馈停止运行信息的方法防止单体电池电压过低。

（4）通过反馈减小电流、切断电流信息或直接切断电流的方法防止电池的充电电流越限。

（5）通过用与上一条相似的方法防止电池的放电电流越限。

7）数据记录功能

电池管理系统可通过上位机软件，将关键数据写入存储卡，用于分析电池运行数据，得出电池性能，验证 SOC；以及存储故障等发生的数据并分析原因。

8）与其他分系统实现通信的功能

电池管理系统可接收其他分系统的指令，并通过健康网报告电池系统的状态。

2.5　电容储能

电容储能是以电场形式实现的，是在电极板上积蓄异种电荷的结果。由于电容器具有相对较高的功率密度，因此电容器是脉冲功率储能装置中最常用的储能元件。

2.5.1　电容储能概述

脉冲功率能量存储技术要求所用的电容器应具备的品质如下。

（1）高储能密度以使其体积和质量尽可能小。

（2）短路放电电流大，因此要求其内感和内阻尽可能小。

（3）可正负极性充电。

（4）放电寿命长，常要求放电寿命达到 10^4 次。

制作电容器除要求它要有很高的储能密度外，它本身应是封装的和模块式的，有利于其排列在任何台座上；它应不怕振动，有牢固的结构，甚至适合装在机动的车船上；它无工作噪声，不污染环境；如果电路有保护措施，其中一个电容器毁坏，所产生的故障对整个功率输出影响很小。

由于每次放电以后需要给电容器充电，因此电容器充、放电系统中的初级充电电源极为重要，常用的对电容器充电的初级电源有电厂提供的交流电或机动用的交流发电机、补偿脉冲交流发电机；但它们常与变压器和整流器联合使用，以变成直流充电。有时也用蓄电池直接充电。

在电容器中，若电容量为 C，ε_0 和 ε_r 分别为真空介电常数和相对介电常数，A_c 为电极表面积，S 为极板间距离，U_c 为充电电压，E 为电场强度，则电容储能 $W_c=CU_c^2/2$，而电容量 $C=\varepsilon_0\varepsilon_r A_c/S$，所以绝缘材料的储能密度为

$$e_v=\varepsilon_0\varepsilon_r E^2/2=\varepsilon E^2/2 \quad (2\text{-}10)$$

可见，对于已确定的电容器体积和介电常数，欲想增大 C 和 e_v 值，唯一的方法是提高电场强度 E。从参量方面考虑，希望同时采用最佳的 ε_r、A_c/S 和 E。因此有两种优化方案：第一种是利用分子物理学设计出具有高值 ε_r 和 E 的介质薄膜，这样有可能把以前的电容器的储能密度水平提高一个数量级；第二种是优化电容量表示式中的 A_c/S。

众所周知，一块极板的平滑表面（即使是光学表面）总是小于拓扑学面积。所以早在 1897 年，赫姆霍尔兹（Helmholtz）就发现：液态电介质和固体之间的交界面能形成一个厚为 10^{-8} m 量级的表层。这便是现在熟知的“炭黑”和诸如“阮内”（Raney）金属之类的材料所具有 100 m^2/g 量级表面积的原因。如果这种表面积可以利用，将使 $A_c/S > 10^{12}$。这意味着对平滑表面而言，电容量能接近 1 F/cm^2。

可见，电容器的研制有两个方向。使用第一种方案研制出的电容器称为高压脉冲电容器，研制工作应当在如何提高电介质的击穿场强和 ε_r 值上下功夫。用上述第二种方案研制出的电容器称为双电层型电容器。由于它和普通的电解电容器在性能上不同，具有超常规电解电容器的性能，因此也称为超级电容器（Ultra Capacitor）。本书重点介绍适用于电磁发射的超级电容器。

超级电容器是指拥有超大容量的电容器，是一种介于电池和传统电容器之间的新型储能元件，具有容量大、体积小、充放电快等优点。它具有极大的容

量，可在瞬间释放出大电流，在脉冲功率的电容储能装置中被广泛使用。超级电容器的发明填补了化学电源和传统的静电电容器之间的空白，并以其独特的储能优势和广阔的应用前景受到了世界各国的重视。1957 年，Becker 首次在美国取得了超级电容器的专利，从此推动了超级电容器更快速的发展。1985 年，日本率先实现超级电容器产业化，推出了法拉级产品，开始了超级电容器的大规模商业应用。表 2.9 列举了近年来世界各国超级电容器的发展水平。

表 2.9 近年来世界各国超级电容器的发展水平

公司	现有技术	电容器参数	能量密度 /（W · h/kg）	功率密度 /（W/kg）
美国 Maxwell	碳微粒电极，有机电解液	3 V，800 ～ 2000 F	3 ～ 4	200 ～ 400
	铝箔附着碳布电极，有机电解液	3 V，130 F	3	500
俄罗斯 Esma	混合型（NiO/ 碳电极），KOH 电解液	1.7 V，50000 F	8 ～ 10	8 ～ 100
日本 Panasonic	碳微粒电极，有机电解液	3 V，800 ～ 2000 F	3 ～ 4	200 ～ 400
法国 Alcatel	碳微粒电极，有机电解液	2.8 V，3600 F	6	3000

超级电容器的实物图和结构图分别如图 2.53 和图 2.54 所示。超级电容器由集流体、极化电极、电解液、隔离物 4 部分组成。电解液和极化电极不同，电容器的耐压或性能也会有所不同。当电解液为水性时，单体超级电容器的电压只能达到 1 V；当电解液为有机电解液时，单体超级电容器的电压最高可达到 3 V。限制超级电容器电压等级的原因是双电层之间的间距特别小，不能承受过高的电压，如果电压过高就会使电解液发生氧化还原反应，从而使电解液变质。单体超级电容器耐压低是限制超级电容器能量密度的主要因素。

图 2.53 超级电容器实物图

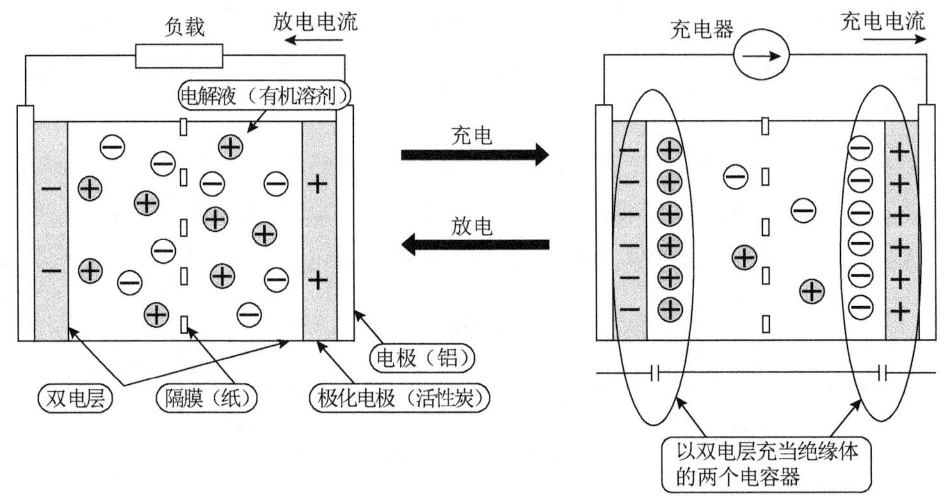

图 2.54 超级电容器结构图

碳基型超级电容器的技术成熟，应用广泛。本节以此电容器为例，介绍超级电容器的储能原理。超级电容器内部结构示意图如图 2.55 所示。

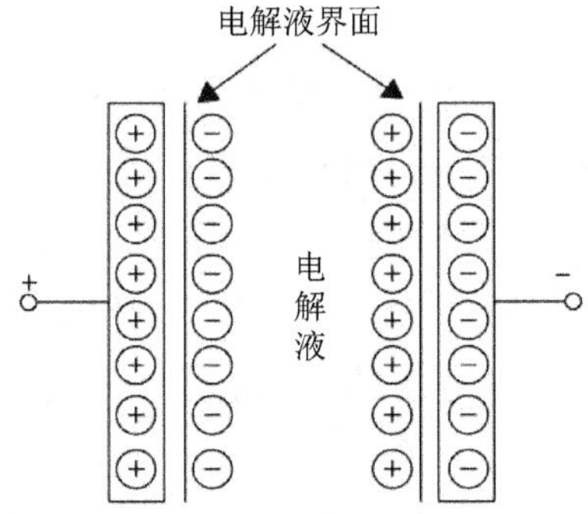

图 2.55 超级电容器内部结构示意图

碳基型电容器是通过正负离子的分离来存储电荷的。当给两块极板加一个直流电压时，两块极板会分别带正负电，这样会吸引电解质中带相反极性的电离子，形成极性相反的电荷层，此两层离子的排列，正如外加电压于一个平板电容器而分别使两块平板带正负电一样，因此称为双电层电容器。

平板电容器的电容量计算公式为

$$C = \frac{\varepsilon S}{d}$$

式中，C 为电容量；ε 为电解质介电常数；S 为电极表面积；d 为两块极板之间的距离。碳基型超级电容器一般采用活性炭作为电极，这样大大增加了电极和电解液的接触面积，电极表面与吸附离子的距离一般为纳米级别，因此超级电容器的电容量会很大。

目前超级电容器是一种先进的储能元件，相比于普通蓄电池，其主要的优点如下。

（1）电容量很大。超级电容器的电极材料比较特殊，包括活性炭的粉末和纤维状的活性炭，这使得电极与电解液的接触面积大大增加，由电容量计算公式可以知道，超级电容器的电容量随着两块极板的表面积的增加而增大。目前电容量最大的超级电容器可达 5000 F。

（2）使用寿命较长。一般情况下，普通蓄电池可以充电 1000 次左右，而超级电容器充电次数可达普通蓄电池的 500 倍之多。

（3）充电时间短，方便使用。超级电容器在数秒或数分钟内即可达到额定电压的 90%，而普通蓄电池几乎不可能实现短时间充电，即使勉强实现，对蓄电池寿命的影响也是极大的。

（4）工作温度范围较大，可达 -40 ～ 70℃。与普通蓄电池相比，超级电容器的耐超低温特性好，而普通蓄电池很难适应高温或低温工作环境。

（5）超级电容器几乎无污染，终身免维护。用来制作超级电容器的原材料是无毒害的。与超级电容器相比，普通蓄电池的原材料中具有一定量的毒性成分，废旧电池对环境污染较大。

（6）超级电容器的功率密度是普通蓄电池的 5 ～ 10 倍，所以超级电容器比较适合短时间大功率地吸收或释放能量。

虽然超级电容器优点很多，但也有不足之处。

（1）超级电容器的端电压变化较大。超级电容器的充放电特性与弹簧储能类似，它自身所存储的能量多少决定了其端电压的大小。在充电过程中，当超级电容器的端电压达到其额定电压的一半时，它只存储了额定存储能量的 1/4；同理在放电过程中，当超级电容器的端电压为其额定电压的一半时，它已经释放出了 3/4 的能量。所以如何控制超级电容器充放电电压变化的问题是使用超级电容器储能时必须考虑的问题之一。

（2）超级电容器的能量密度较低。普通蓄电池的能量密度是超级电容器的 5～10 倍，所以当存储相同的能量时，超级电容器的体积和质量较大，成本增加。

（3）串联时电压均衡问题。单体超级电容器电压仅有 1 ～ 3 V，不能满足实际需求，所以需要将其串并联后使用。但是由于材料和制作工艺的差别，各单体超级电容器之间的额定电压是不同的，如果直接将其串并联使用，则会严重影响系统的寿命及使用的安全性。

（4）超级电容器单价较高。大量使用超级电容器存在成本问题，所以需要综合考虑其经济性和合理性。

超级电容器凭借其独特的优势在多个领域得到了广泛应用，但是单体超级电容器的电压很低（<3 V），要进行串并联组合才能应用于实际。在超级电容器组中，同一型号的单体超级电容器的结构和内部参数不可能完全相同，这样超级电容器组就不能以最大效率存储和释放能量，降低了整个系统的效率。因此需要采用一定的均压策略保证各单体超级电容器的电压的均衡。目前，根据超级电容器组在均压过程中是否有能量消耗，可以将均压策略分为能量消耗型均压和能量转移型均压。

（1）能量消耗型均压。

能量消耗型均压就是将超级电容器组中电压比较高的单体超级电容器的多余能量以热能或者其他形式消耗掉，从而降低电压，起到电压均衡的作用。这类均压策略结构简单，容易实现，成本较低。下面以开关电阻法和稳压管法来介绍能量消耗型均压的原理。

开关电阻法的均压电路结构图如图 2.56 所示。在每个单体超级电容器的两端都并联上一个开关和电阻的串联组合。充电过程中，当单体超级电容器的电压达到额定电压值时，开关闭合，充电电流因流过旁路电阻而减小，进而大大降低了单体超级电容器的电压的上升速度，达到了均压的目的。这种方法能灵活地控制电路，能根据充电电流的大小灵活地改变电阻值，而且均压效果好、可靠性高。但是这种方法将多余的能量通过电阻释放，造成了能量的浪费。

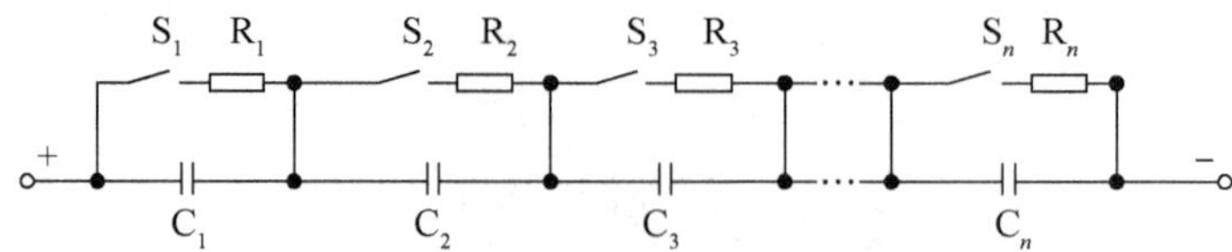

图 2.56　开关电阻法的均压电路结构图

稳压管法的均压电路结构图如图 2.57 所示。将稳压管反向并联在单体超级电容器的两端，并且将稳压管的击穿电压设成单体超级电容器的额定电压，当电压超过额定值时，稳压管反向击穿，从而使充电电流流过稳压管而不再给单体超级电容器充电，维持单体超级电容器的额定电压不变。这种均压策略会消耗很多能量，造成温度升高，从而导致稳压管的精度降低，影响均压效果。

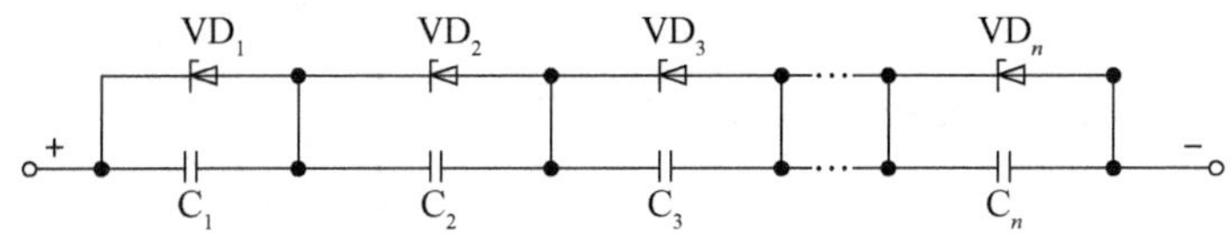

图 2.57　稳压管法的均压电路结构图

（2）能量转移型均压。

能量转移型均压技术将超级电容器间的电压偏差通过电容器或者电感器等中间元件转移，从而实现电压均衡。目前较为成熟的能量转移型均压方法有变换器法、平均值电感法。

变换器法的均压电路结构图如图 2.58 所示。在相邻的两个单体超级电容器间并联变换器，这个变换器将电压较高的单体超级电容器的能量通过传递电感转移到电压较低的单体超级电容器上，实现了能量互补和电压均衡，这种方法的优点在于损耗小，效率高；缺点是需要实时检测各个单体超级电容器的电压，控制电路相对复杂，且开关器件需求量大，成本高。

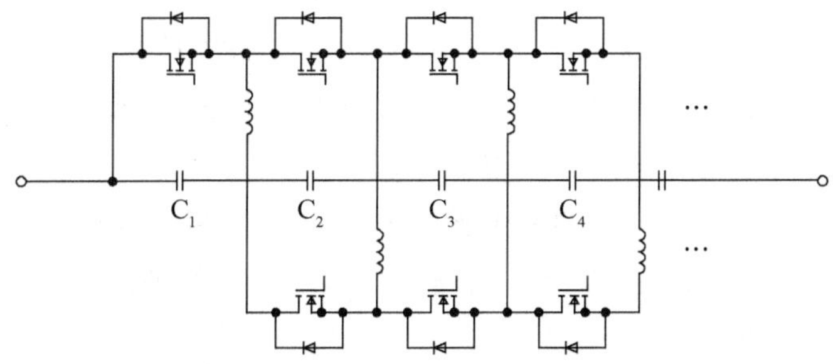

图 2.58　变换器法的均压电路结构图

超级电容器的均压策略还有很多，如多输出变压器均压法、飞渡电容器均压法等，它们各有优势和适用范围。

2.5.2　电容器充电方式

与传统的蓄电池不同，电容器的工作过程是一个物理过程，没有任何化学过程，因此电容器老化速度慢，并且没有充电储能的记忆效应。在充电过程中，超级电容器的端电压随内部电荷的增多直线上升。尽管超级电容器的充电电流范围比较大，可进行大电流充电，但是每个单体超级电容器都有最佳的工作电压，在充电过程中超过此最佳电压会造成电压过充而导致单体超级电容器损坏。因此，为了避免电压过充问题，可以根据不同的应用场合选择充电方式，目前常用的电容器充电方式有以下几种。

1. 恒压充电

电容器恒压充电电路示意图如图 2.59 所示。这种充电方式不论电阻取何值，充电效率都最多不超过 50%。充电过程中电容器端电压单调上升，回路电流单调下降。

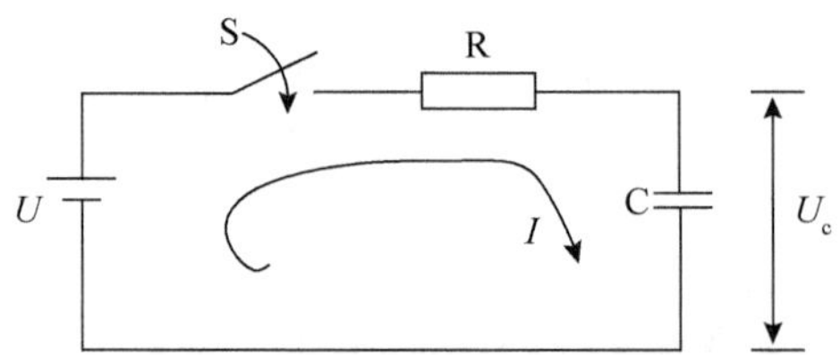

图 2.59　电容器恒压充电电路示意图

2. 恒流充电

电容器端电压随时间线性上升，理论充电效率接近 100%。恒流充电方式应用广泛，可同时满足较低电压和较高电压储能电容器的充电需求，并且在充电回路中不需要串联限流装置，能够使电压线性上升，充电速度快、效率较高，克服了恒压充电效率低、充电速度慢等缺点，而且其抗负载短路能力较强，工作可靠性高，对电网的冲击比恒压充电小得多，有利于保护储能电容器，延长电容器使用寿命，因此恒流充电方式获得了快速的发展，被广泛应用于储能电容器充电中。

脉冲电容器恒流充电方案目前主要以装置小型化的高频 PWM 电容器恒流充电方案，以及在此基础上为了降低开关损耗的高频串联谐振电容器恒流充电方案为代表。高频 PWM 电容器恒流充电方案如图 2.60 所示。

该方案采用电流闭环控制实现充电电流恒定，其特点是输入电压的变化不会影响充电电流，开关频率固定，充电电流纹波小，充电电流可调范围大，在电容器充电电压全程范围内其充电电流可由零至最大电流连续任意可调。由于开关频率固定，变压器工作在固定高频状态下，易于优化设计，体积相对较小。

但在该方案中，由于高压整流输出端与储能电容器之间需要平波电感器，工作时变压器高压侧一直处于脉冲高压工作状态，平波电感器也会工作在高压状

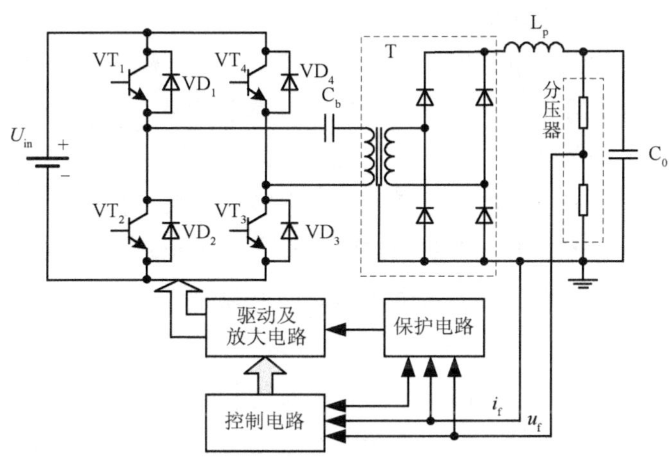

图 2.60　高频 PWM 电容器恒流充电方案

态，这对高频高压器件提出了更高的绝缘要求，变压器和滤波器的可靠性问题就变得十分突出，且成本较高；开关管工作在硬开关状态，高压整流二极管存在强迫换流，因而电磁干扰较大；此外，由于负载短路较为频繁，系统对负载短路保护的适时性和可靠性要求较高，虽然能够通过输出电流检测来实现负载短路保护，但相对于本身具有强抗短路能力的谐振方案而言，其可靠性相对就低得多，因而该方案的整体可靠性是其最突出的问题。高频串联谐振电容器恒流充电方案如图 2.61 所示。

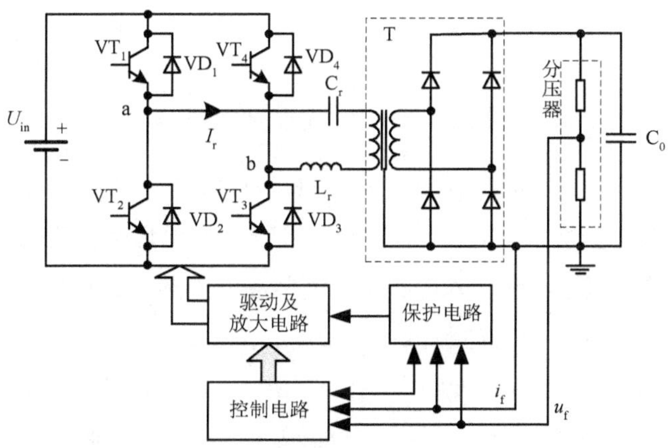

图 2.61　高频串联谐振电容器恒流充电方案

当输入电压不变时，开关频率固定，平均充电电流恒定，电路工作在软开关状态，高压整流二极管处于自然换流状态，无须高压侧平波电感，因而电磁干扰小，具有抗负载短路能力强的优点。变压器的电压随输出电压的升高而升高，其最大电压为储能电容器端电压。在整个充电过程中，变压器所承受的高电压只有在储能电容器端电压达到高电压时才会出现，因此降低了对变压器的绝缘要求。由于采用高频工作方式，变压器体积也较小。开关频率越高，相同恒定电流充电时，充电精度就越高；负载电容量越大，充电精度就越高，由于高频串联谐振电容器具有抗负载短路能力强、对各元器件要求较低、可靠性较高等优点，成为目前高压大容量电容器充电电源的首选电路。

3. 台阶式充电

当初级能源采用蓄电池时，采用逐级台阶升压的方式，将多组蓄电池串联起来，通过在不同时刻控制开关逐步将蓄电池组接入电路中，蓄电池组逐级升压给电容器充电。台阶式充电拓扑结构图如图 2.62 所示，电路中串入电感器起限流的作用。

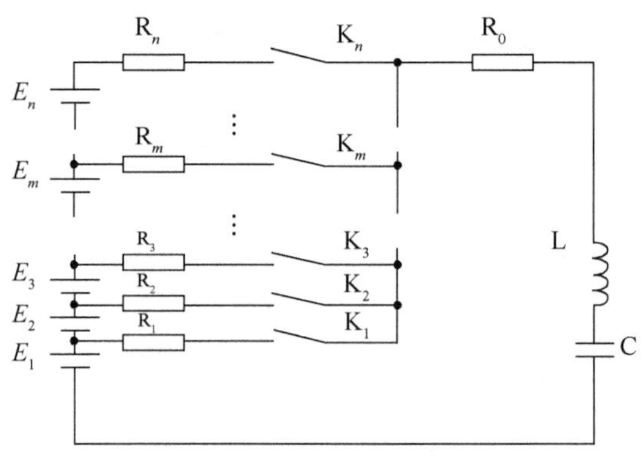

图 2.62 台阶式充电拓扑结构图

图 2.62 中，E_1 ～ E_n 为蓄电池组 E_1 ～ E_n 的电动势，R_1 ～ R_n 为主回路线路电阻，L 为限流电感器，C 为脉冲电容器。系统工作原理为：闭合第一组蓄电池的开关 K_1，将第一组蓄电池接入电路中，当脉冲电容器 C 的电压增大到第一组蓄电池 E_1 的输出电压时，充电电流减小，此时，另一组蓄电池 E_2 切换进电路。由于蓄电池组输出电压的增大，充电电流再次增大，直至电容器 C 的充电电压再次和两组触发了的蓄电池的总电压相等，此时触发下一组蓄电池，以此类推。

以恰当的时序触发放电开关可以使电流实现近似恒流。如果太早触发蓄电池组，则峰值电流将越过所要求的电流最大值；反之，如果太迟触发蓄电池组，则电流将达不到所需的值，时序串联工作原理如图 2.63 所示。第 n 组蓄电池的触发时刻可以在给定电路参数下由基本电路理论得出，由充电电流 I、脉冲电容器电压 U_c 和串联的 n 个蓄电池组的输出电压决定。

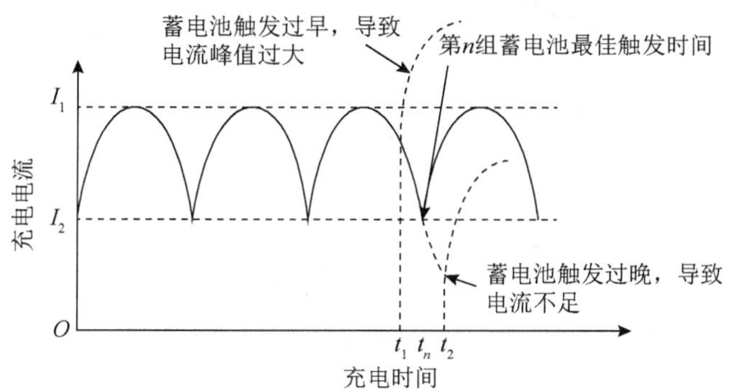

图 2.63　时序串联工作原理

取 n=5，R_1=R_2=⋯=R_5=500 mΩ，L=5 mH，C=2.3 mF。每个蓄电池组由 10 个 12 V 的蓄电池组成，5 组蓄电池组串联给电容器充电。根据以上电路参数进行计算，得到各蓄电池组的控制时序，如表 2.10 所示。按照该时序逐步将 5 个蓄电池组接入电路，则可以分别得到充电电流和电容器电压的波形，如图 2.64 和图 2.65 所示。从仿真波形和试验波形可以看出，试验结果与理论计算结果及仿真结果基本一致，充电电流峰值为 60 A，虽然每个波峰的电流值不完全相等，但相差不大，基本实现了近似恒流充电。

表 2.10　试验时的控制时序

模块	1	2	3	4	5
时序 t_n/ms	0	7	10	14	18

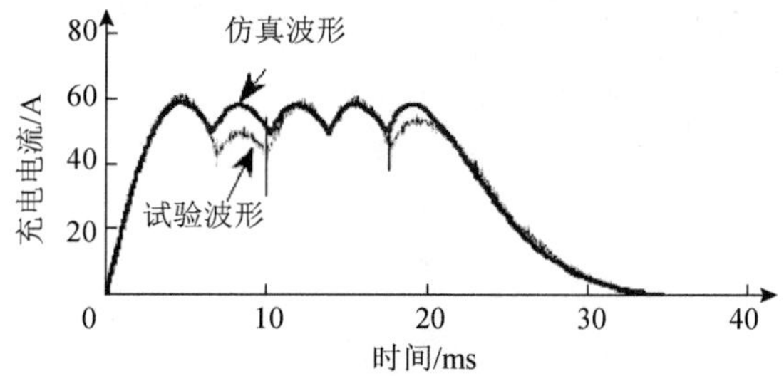

图 2.64　仿真与试验的充电电流波形对比

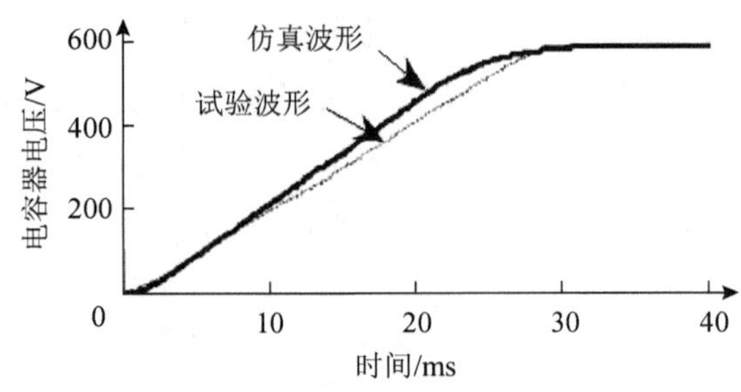

图 2.65　仿真与试验的电容器电压波形对比

2.5.3　电容储能型电磁发射脉冲功率电源系统

本节以南京理工大学研制的一套 13 MJ 电容储能型高功率脉冲功率电源为例，介绍电磁发射脉冲功率电源系统的组成及关键技术。

电容储能型高功率脉冲功率电源从功能上可以分为脉冲成形网络系统、充电系统、控制系统、测量系统等部分。脉冲成形网络系统庞大、结构复杂、储能密度要求高，这对系统的小型化、紧凑化设计方面提出了较高的要求；充电系统应采用高效率、快速充电技术并设计防护装置；控制系统应对放电开关进行精确控制，确保触发一致性；测量系统需要准确测量实验数据，还应具备诊断功能，以便及时查找故障模块。同时，电源系统应考虑在强电磁环境下运行可靠。

13 MJ 电容储能型高功率脉冲功率电源的系统结构框图如图 2.66 所示，其采用了多模块并联结构，将脉冲成形网络系统分为 13 个 1 MJ 的脉冲成形子系统（PFS），每个子系统由 20 个脉冲功率电源模块组成。充电系统由 13 台高压充电机组成，每台可为 1 个 PFS 进行充电。控制系统由 1 台远程控制计算机、13 个 PFS 控制器、13 个充电控制器、260 个晶闸管触发器、控制软件组成。测量系统由 1 台远程测试计算机、13 个 PFS 测试器、测量软件，以及分布在系统中的电流/电压传感器等组成。

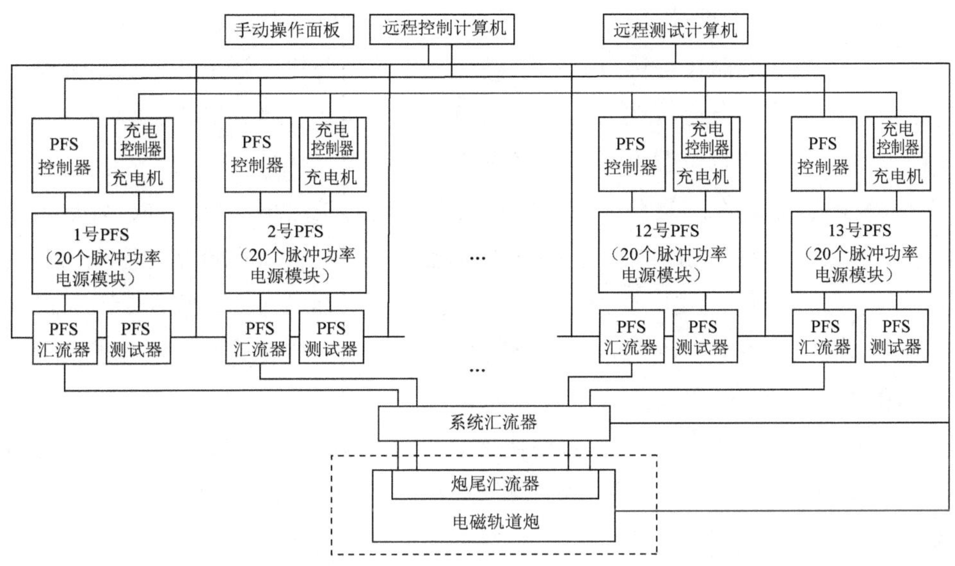

图 2.66　13 MJ 电容储能型高功率脉冲功率电源的系统结构框图

PFS 由 20 个 50 kJ 脉冲功率电源模块（PPM）组成，它们先以并联形式连接到 PFS 汇流器，再向外输出脉冲电流。PPM 电路原理图如图 2.67 所示，主要元件包括脉冲电容器 C、调波电感器 L、放电开关 SCR、续流开关 VD、安全泄放电阻 R_d、充电隔离开关 K_c、安全泄放开关 K_d、电流互感器 MI_i（i=1,2）等。所有 PPM 均采用了相同的拓扑结构与技术参数，具有良好的兼容性。为使电源系统结构紧凑，采取的设计方法有：①对放电开关 SCR 与续流开关 VD 进行一体化封装设计；②根据半导体开关的外形结构，优化调整脉冲电容器、调波电感器、安全泄放电阻等元件的外形结构；③对充电隔离开关与安全泄放开关进行一体化设计。

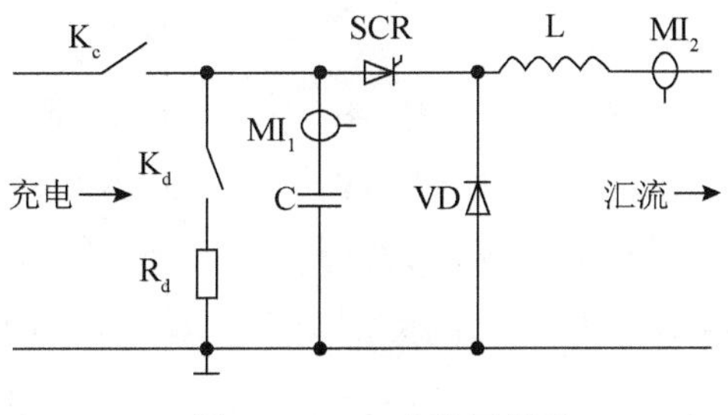

图 2.67　PPM 电路原理图

脉冲电容器选用了 1 个 1 mF/10 kV，储能密度为 1.3 MJ/m^3，使用寿命可达 3000 次的干式金属化膜电容器。这种电容器具有比能高、固有电感小、能量释放效率高、寿命长等优点，利于实现电源的小型化、轻量化和高可靠性。同时金属化膜具有自愈特性，提高了系统的安全性，可通过监测电容量、介质损耗等电气参数随时掌握电容器的绝缘状况。

调波电感器的作用是调节输出电流波形，同时是能量输出元件，要求其具有很高的通流与耐冲击能力。为此人们研制了一款 20 μH/15 kV、环氧树脂浇铸、空心柱形结构箔式电感器，其可承受峰值为 100 kA、脉宽为 20 ms 的脉冲电流。该电感器具有磁场集中、比能高、内阻小、热容性好、通流能力强、耐电动力冲击能力强等特点。

放电开关由 5 个 4 英寸大功率快速晶闸管串联组成（图 2.67 中的可控硅只是示意图，具体的工程是 5 个串联）。单个晶闸管断态重复电压 U_{DRM} 为 4 kV，可承受浪涌电流 I_{TSM} > 70 kA，通态电流临界上升率 di/dt > 1 kA/μs。晶闸管具有结构紧凑、固有电感和电阻小、开通迅速、触发功率小、控制方式灵活、抗电磁干扰能力强、抗振动冲击性能好等优点。采用串联方式应用晶闸管，需要考虑元件开通一致性、静态均压、动态均压和浪涌电压的防护。为此设计了电流幅值大于 4 A 的晶闸管触发器，采用门极同步强脉冲触发电路，确保晶闸管开通特性一致；同时晶闸管均并联 500 kΩ 均压电阻和 30Ω/0.33μF 阻容元件，以满足元件静态均压、动态均压和浪涌电压的防护要求。晶闸管触发器采用不锈铁材料屏蔽盒，使用光纤触发控制的方式以避免电磁干扰。

续流开关由 5 个 4 英寸大功率快速二极管串联组成，用于限制脉冲电容器反向存储能量、提高电能的转换效率。二极管反向工作电压 U_{RM} 为 4 kV，可承受浪涌电流 I_{TSM} > 100 kA，耐受电流平方时间积最大值 max（I^2t）> 20 000 $kA^2 \cdot s$，同时并联了 500 kΩ 均压电阻和 30Ω/0.33μF 阻容元件，以保护元件的安全。

安全泄放电阻采用了 200 kJ/10 kV 复合陶瓷电阻，静态阻值约为 100Ω，具有无电感、抗冲击、耐高压的优良特性。充电隔离开关与安全泄放开关均采用 20 kV 空气接触器，设计充电隔离为常开触点、安全泄放为动开触点的一体化开关。电流互感器采用柔性结构的无源罗氏（Rogowski）线圈。

充电机采用了恒流充电方式，与恒压充电方式相比，恒流充电方式具有体积小、效率高、功率密度高、适合宽范围变化负载等优点。充电机由工频交流电供电，输出电压为 0 ～ 12 kV，输出电流为 5 A。充电电路选择了串联谐振充电电路，开关频率 f_s 为 18 kHz，谐振频率 f_r 为 40 kHz，满足 $f_s < f_r/2$，可确保电路在零电流关断不连续充电模式下工作。在整个工作周期内，开关管既能获得零电流开通，也能获得零电流关断，充电效率可达 90%。当负载短路时，谐振电流的正半周可以在负半周全部返回电源，平均充电电流较小，回路电流波形正弦化使电磁干扰极小。同时可利用输出变压器的漏感作为谐振电感的一部分参与谐振，这种工作方式具有自动抵抗负载短路的优点。此外，在充电机输出端设计了保护电路和隔离硅堆，能有效防护因充电断路和外部电路失效造成的过电压对充电机内部元器件的冲击，提高了系统可靠性。

控制系统主要功能包括参数设置、充电控制、放电控制、急停控制和数据采集控制。电源系统采用两级控制结构，远程控制装置是第 1 级控制设备，包括一体化设计的远程控制计算机和操作面板。操作面板与主控计算机采用 RS-485 通信方式交换控制信息，通过光纤通信方式管理 13 个 PFS 控制器与充电控制器，在发出放电指令同时通过光纤通信启动测量设备进行脉冲放电数据采集，PFS 控制器是本地分控装置，为第 2 级控制设备。通过光纤与 20 个 PPM 晶闸管触发器连接，采用屏蔽电缆实现对 PPM 充电隔离开关与安全泄放开关的控制，通过远程控制计算机可查看晶闸管触发器、充电隔离开关、安全泄放开关的状态。

电源的时序控制由远程控制计算机采用光纤通信方式同步向各 PFS 控制器发送脉冲放电时钟起点信号，选用一致性高的通信模块，确保传输距离相等、参数相同，从而实现对时序放电的精确控制。时钟起点信号为编码信号，只有满足编码的信号才能被控制器识别，控制器接收到时钟起点信号后以该信号为时间基准，根据设定的时间顺序依次触发各 PPM 晶闸管触发器，确保脉冲放电具有较高的时间一致性和较强的抗干扰能力。

测量系统采用 PXI 总线数据采集系统，主从式网络结构，通过光纤网络通信方式组网连接。该系统包括 1 台远程测试计算机、13 个 PFS 测试器，以及光电隔离仪、电流/电压传感器等。主要测量参量有：脉冲电容器充电与放电电压、脉冲电容器输出电流、PFS 汇流器输出电流、系统汇流器输出电流、负载电压、负载电流等。电压采用纳秒级上升时间、高阻率高压探针进行测量，电流采用 Rogowski 电流互感器进行测量。测量系统软件由图形化编程语言 LabVIEW 实现，主要包括数据分析软件、主机测量软件和子机测量软件。主机测量软件负责 PFS 及负载数据的处理，具有采样通道选择、采样设置、子系统电压与电流采集、负载电压与电流采集等功能；子机测量软件负责单个PFS数据的管理，具有采样通道选择、采样设置、模块电压电流采集等功能。测量系统同时兼备故障诊断功能，可以通过测量软件快速找到故障模块。

2.6 电感储能

为获得电磁发射所需要的幅值为兆安级、持续数毫秒的高功率脉冲电流，目前多用电容器组作为中间储能的脉冲功率电源。电容储能的缺点是储能密度相对较低，体积较大，而且存在漏电流，不适合用于长期的储能。与电容储能相比，电感储能的储能密度要高得多。随着超导技术与开关技术的持续发展，具有高储能密度、小体积、小质量、长储能时间等优势的超导储能系统成为电容储能的良好替代者。

2.6.1 电感储能概述

最早应用电感储能作为高功率脉冲功率电源始于脉冲变压器的研究。20世纪50年代后期，人们开始在超音速风洞、固体激光脉冲氖灯、托卡马克磁场等慢放电装置系统中使用电感储能电源。20世纪60年代初，超导体的研究和应用使电感储能技术发展得较快。1963年，*Early* 载文说：“存储磁能最适合几毫秒脉冲的应用；如果快速断路开关技术有所突破，电感储能可以经济地产生微秒级高功率脉冲。”但当时受到相关的断路开关技术和电感负载效率低（最大25%）的限制，曾使人们对电感储能感到失望。1975年，S.A.Nasar和H.H.Woodson研究了脉冲功率的储能方式，得出电感储能在脉冲功率能量存储技术中有重大应用潜力的结论。后来由于断路开关技术的发展，使得人们再度对电感储能技术产生兴趣。电感储能技术之所以对人们有强烈的吸引力并在几十年中有了重大进展，是因为它的储能密度和传输功率高，从而使得电感储能装置体积小、成本低。

电感是闭合回路的一个属性，分为自感和互感。自感是指线圈中电流发生变化时，线圈周围的磁场也发生变化，变化的磁场使线圈自身产生感应电动势，抑制电流的变化；互感是指两个互相靠近的电感线圈，当一个电感线圈的电流发生变化时，会导致磁场变化，影响另一个电感线圈的磁场，从而产生感应电动势。线圈的自感是感应电动势和电流变化率之间的比值，如式（2-11）所示。

$$L = -E_L\left(\frac{\mathrm{d}I}{\mathrm{d}t}\right)^{-1} \tag{2-11}$$

式中，L 为线圈的自感系数，单位为 H；I 为通过线圈的电流，单位为 A；E_L 为感应电动势，单位为 V。

电感器是将电能转化为磁能的元件，最常见的电感器是螺线管，其自感系数可以由下式计算：

$$L = \frac{\mu N^2 \pi r^2}{l} \tag{2-12}$$

式中，μ 为介质磁导率，单位为 H/m；r 为线圈半径，单位为 m；l 为线圈长度，单位为 m。

利用电和磁之间的相互关系，可以将电能以磁场的形式存储起来，这就是电感储能。电感储能过程是电流从零增加到稳定值的过程。假设电路中存在自感系数为 L 的电感器，通过电感器的电流大小为 $I(t)$，由于电流的改变，电路中会产生与外电源方向相反的感应电动势 E_L，则瞬时功率 P 为

$$P = -E_L I(t) = LI(t)\frac{\mathrm{d}I(t)}{\mathrm{d}t} \tag{2-13}$$

将功率 P 对时间进行积分，得到在电流从 I_0 增加到 I_1 变化过程中的存储能量 W：

$$W = \int_{I_0}^{I_1} LI\mathrm{d}I = \frac{1}{2}LI_1^2 - \frac{1}{2}LI_0^2 \tag{2-14}$$

由式（2-14）可知，电感器所存储的能量只与电感器的初始电流和最终电流大小有关，而与电流变化的过程无关。

在电感储能系统中，对断路开关的整体要求主要为：开关应具有较长的使用寿命，传导千安级以上的电流值，元件的体积小，开关损耗应尽可能低，能承受千伏至兆伏级的恢复电压，成本低，可靠性高，能以高重复率工作，还可以快速复原。在实际应用中，各种开关特性并不需要同时满足上述要求，而且各指标的重要性也不相同。因此，需要谨慎选择断路开关，还应对其进行重点保护，也可以在其电流为零时刻断开，抑制过电压，提高断路开关的可靠性。

2.6.2 超导储能系统

电感储能虽然储能密度较高，但是由于电感器存在感抗和直流电阻，在储能过程中会有能量损耗，不利于电感储能的发展。而采用零电阻的超导材料绕制成的电感线圈来储能可以避免损耗，采用这种储能方式的系统叫作超导储能系统（SMES）。它通过直流电源为超导电感线圈励磁，在电感线圈中产生磁场进而存储能量，当线圈短路后还能形成稳定的磁场，从而长时间存储能量，当需要时可以将能量释放。超导电感储能具有其他储能方式没有独特的储能优势。超导电感储能作为一种电感储能方式，不仅具有储能密度高、传输功率高、体积小和质量小的优势，由于其在超导态时电阻为零，还可以大大降低输入级的输入功率，并且能够利用超导开关闭环运行来长期储能。

目前可用于超导电工技术的实用超导材料主要有 NbTi、Nb_3Sn 低温超导体，BiSrCaCuO（BSCCO）、YBaCuO（YBCO）高温超导体，以及 2001 年发现的 MgB_2 超导体。BiSrCaCuO 高温超导体有 Bi2212 和 Bi2223 两种相结构，可以制成实用材料，统称为 Bi 系导体。YBaCuO 高温超导体一般称为 Y 系导体。

超导储能系统主要由超导磁体、失超保护、冷却和励磁 4 部分组成。

1. 超导磁体

储能用超导磁体可分为螺管形和环形两种形式。单螺管形线圈结构简单，但周围杂散磁场较大，一般可以应用在对漏磁场要求不高的场合中。环形线圈周围杂散磁场小，但结构较为复杂。环形结构的超导磁体是由多个螺管形磁体或者多个 D 形线圈围绕一圈组成的，如图 2.68（a）所示，它具有很低的漏磁场，但是它的储能效率较低。组合螺管形超导磁体是由多个单螺管组合而成的，如图 2.68（b）所示，它与环形结构的超导磁体存在同样的问题，适用于大容量及超大容量储能场合。

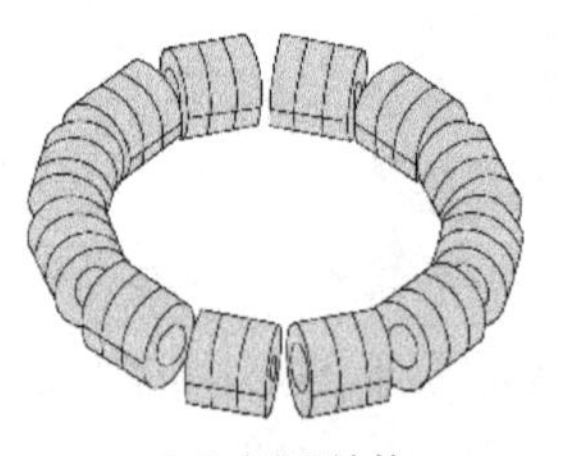

（a）环形结构

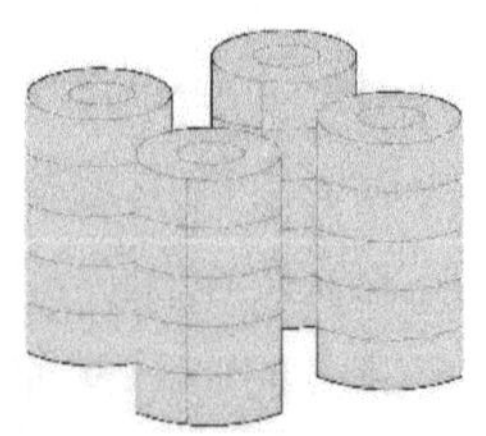

（b）组合螺管形结构

图 2.68　超导磁体示意图

1993 年，德国在超导储能应用于脉冲功率能量存储技术方面进行了深入细致的研究和试验，构建了平行式六螺管超导储能模块（见图 2.69），其储能为 0.5 MJ，并对储能模块的充电及快速放电功能进行了仿真和试验。

（a）平行式六螺管简示图

（b）平行式六螺管超导储能磁体装置

图 2.69　平行式六螺管超导储能模块

2. 失超保护

失超是指超导磁体发生由超导态转变为正常态的现象，其原因主要是超导磁体运行参数超过临界值。失超保护的目的就在于当磁体失超时能够在对磁体造成永久损坏前将磁体内的能量转移出来。针对超导磁体的工作特性，选择合适的失超检测和保护方法，可为超导磁体的稳定运行提供可靠的保障。

由于超导磁体失超现象的发生是随机的，需要采取某种检测方法来及时发现这种随机现象，并采取有效的措施对磁体进行保护。基于测量不同的失超信号可构成不同的失超检测方法，目前所用到的失超检测方法主要有温升检测方法、压力检测方法、超声波检测方法、流速检测方法及电压检测方法。由于电压信号可以直接被电路处理并作为其他器件的控制信号，因此国内外最常用的失超检测方法为电压检测方法。在检测电路检测到磁体失超后，应及时采取有效的保护措施，以便迅速释放出磁体内的能量，从而避免烧毁磁体。超导磁体的失超保护方法主要有主动保护方法和被动保护方法两种。被动保护方法一般应用于储能较小的超导磁体的保护，这种方法实现起来比较简单，不需要失超检测电路，但是由于磁体储能全部消耗在线圈内，这种方法必然导致低温恒温器内的冷却剂大量挥发。主动保护方法的保护电路稍微复杂，但可靠性比较高，且能够将磁体的能量释放到杜瓦容器以外的释能负载上，不会造成液氦的大量挥发，一般应用于中大型磁体的保护。

3. 冷却

低温技术是维持超导磁体正常运行的必要条件，在应用技术中还直接关系到超导装置的技术性能、安全可靠性及经济成本。设计好低温容器和电流引线并采用合适的冷却方式，对超导磁体是很关键的。系统消耗的制冷功率，包括冷却和正常运行时所需的制冷功率，应尽可能小，以减少运行费用和维护工作量。

超导装置可以直接用冷却剂如液氦（4.2K，用于低温超导材料）或液氮（77K，用于高温超导材料）来冷却，也可以采用制冷机传导冷却。目前大型液氦制冷机的制冷量已达数千瓦，可提供足够的液氦以满足大型超导装置冷却的需要。为了保持磁体的稳定性，大多采用浸泡式的冷却方式来冷却超导磁体。但是，采用液氦或液氮浸泡冷却时，不可避免地会产生热损耗（电流引线和低温容器等的热损耗），在运行过程中需要补充液氦和液氮，因此在实际应用中，应按照实验要求确定杜瓦容器的容量，保证磁体的稳定运行。

4. 励磁

目前，有两种基本方法来实现超导磁体的储能。第一，直接通过外电源励磁，利用超导开关实现超导线圈的闭环运行。第二，通过感应法给超导线圈励磁。直接励磁就是用室温电源通过电流引线向超导磁体供电。超导磁体的供电电源是低压（一般在 10 V 以下）大电流稳压或稳流电源。为了保证超导磁体稳定地工作，不致发生磁通跳跃，要求电源的纹波系数小于 0.1%。因为纹波会使磁体产生交流损耗而发热，进而使液氦（液氮）气化速度加快，严重时甚至会引起磁体失超。另外，纹波还会使超导开关加热，从而妨碍超导开关的闭合，影响磁体的闭路运行。在励磁和退磁过程中，要缓慢且均匀地调节，尤其是不应有明显的抖动，以保证电流的平滑变化。所谓用感应法给超导磁体励磁，就是把超导磁体看成一个空心变压器的次级线圈，当初级线圈通电流时，次级回路断开，如果将这个感应电流用超导开关闭环，那么磁场就被冻结在次级线圈，也就是超导磁体中，在把初级线圈灭磁以后，磁体中仍然维持永久电流及其磁场。

2.6.3 电感储能型脉冲功率电源的拓扑结构及断路开关关断技术

电感储能具有一个典型缺点，即在关断大电感电流时，由于电流的突变和充电回路中的漏磁场能量，在断路开关两端产生很大的电压，可能会超出半导体开关所能承受的范围，因此断路开关和断路开关关断技术是电感储能型脉冲功率电源的关键技术。

目前，XRAM 电路、Meat Grinder 电路和超导脉冲变压器是用于电感储能的主要电流脉冲压缩拓扑。国内外学者和研究机构都是基于这三种基本拓扑或基本思路开展电感储能型脉冲功率电源相关研究的。

1. XRAM 电路

XRAM 电路的基本拓扑图如图 2.70 所示，电感器通过将电流源串联充电转换为并联放电，产生幅值约为各电感器电流之和的输出电流，当开关 S_1 闭合、S_2 打开时，电感器 $L_1, L_2, \cdots, L_n$ 组成串联电路，并通过电源 U_s 充电。当电感器电流达到预定值时，断开 S_1、闭合 S_2，电感器 $L_1, L_2, \cdots, L_n$ 组成并联电路放电，负载电流为各电感器电流之和，是急剧上升的脉冲电流。很显然，在换路过程中，开关 S_1 断开则等效于一个较大的电阻，将会在断路开关两端产生一个高峰值的脉冲电压。XRAM 电路工作的基本要求是需要合适的断路开关，要重点考虑断路开关 S_1 的要求，即其关断电流和耐受电压。

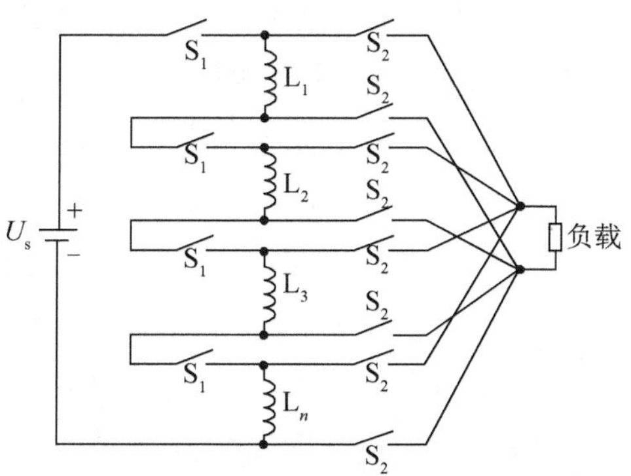

图 2.70　XRAM 电路的基本拓扑图

将 ICCOS（Inverse Current Commutation Of Semiconductor）换流原理应用于多级电感储能 XRAM 电路拓扑中，其拓扑结构如图 2.71 所示，可以在一定程度上限制电压，保护断路开关。工作过程主要分为以下三个阶段：

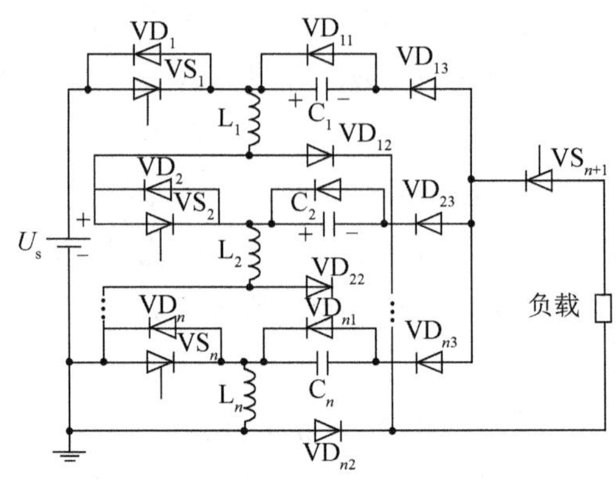

图 2.71　改进型 XRAM 电路拓扑图

（1）在电路工作前，令晶闸管 VS_1 ～ VS_n 触发，电源给电感器 L_1 ～ L_n 充电，当电感器电流上升至指定大小后，触发晶闸管 VS_{n+1}。

（2）C_1、VS_{n+1}、负载、$VD_{(n-1)2}$、电源、VS_1 构成换流回路，C_k、VS_k、$VD_{(k-1)2}$（k=2 ～ n）、负载、VS_{n+1} 构成换流回路。通过电容器的电流 i_{ck} 从零开始上升，直至与晶闸管 VS_k 电流相同，此时 VS_k 关断。C_k 仍然有残压，将继续放电，VD_k 导通，并对 VS_k 施加反压。在这个过程中，需要保持经历时间大于晶闸管的关断时间，使晶闸管可靠关闭。当 VD_k 关断后，L_k、C_k、VS_{n+1}、负载、VD_{k2} 形成二阶的欠阻尼系统，电容器 C_k 电压逐渐下降至零。

（3）并联的二极管 VD_{k1} 导通，使电感器 L_k 并联放电。

法德圣路易斯研究所（ISL）以 ICCOS 换流作为 XRAM 电路拓扑中的关断开关，分别研制了八级和二十级 XRAM 电路脉冲功率电源装置给电磁枪供电。八级时可获得 32 kA 脉冲电流，而二十级时可获得 60 kA 脉冲电流。虽然它只是验证性装置，但为了使设备紧凑，获得高的能量传输效率，ISL 设计了环形结构。图 2.72 所示为二十级环形 XRAM 电路脉冲功率电源发生器的实物。

图 2.72　二十级环形 XRAM 电路脉冲功率电源发生器的实物

2. Meat Grinder 电路

Meat Grinder 电路的基本拓扑图如图 2.73 所示。Meat Grinder 电路是利用磁通压缩原理实现电流倍增的。通过开关 S_1 的闭合由 U_s 给两个耦合电感器 L_1 和 L_2 充电，当 L_1 和 L_2 中的电流达到预定值时，S_1 打开，同时 S_2 闭合。如果两个电感器是全耦合的，则 S_1 打开后，L_1 中的能量将会全部转移到 L_2 中，L_2 中的电流会急剧增大。由于 L_2 与负载相连，负载中也就会得到急剧增大的脉冲电流。但是实际的两个电感器是很难做到全耦合的。当 L_1 断开时，L_1 中的漏磁通将会试图维持 L_1 中的电流，从而在 S_1 两端产生高电压。此外，对于电磁线圈炮这样的大电流感性负载还有一个不容忽视的问题：由于负载中的感性分量，突变的电流将会在负载两端产生高电压，一般地，为了得到较大的电流倍增效果，L_1 的电感量比 L_2 大，这也同时带来了电压的倍增，倍增的反电动势会加在 S_1 两端。所以，要重点考虑关断开关 S_1 的要求，即其关断电流和耐受电压。

STRETCH Meat Grinder 电路拓扑是对 Meat Grinder 电路的基本拓扑进行改进得到的，如图 2.74 所示。为了能够主动关断充电电流，采用全控型器件 IGCT（集成门极换流晶闸管）作为关断开关。与 Meat Grinder 电路的基本拓扑相比，主要是引入一个电容器 C 用以回收漏磁通中的能量和减缓电感器 L_1 中的电流变化，从而减小关断开关 S_1 两端的电压。图 2.74 中，电容器 C 并联在 L_1 和 L_2 两端，由于二极管 VD_1 的存在，电感器充电时的 STRETCH Meat

Grinder 电路的基本拓扑与 Meat Grinder 电路的基本拓扑完全相同。在 IGCT 关断瞬间，由于 L_1 和 L_2 之间的耦合，使得 L_2 中的电流突增，产生的感应电压使二极管 VD_2 导通；而 L_1 中的电流骤减产生的感应电压使二极管 VD_1 导通，给 L_1 提供了一条导电通道，使电感器中的漏磁能量转移到电容器 C 中，从而降低了关断开关的电压。

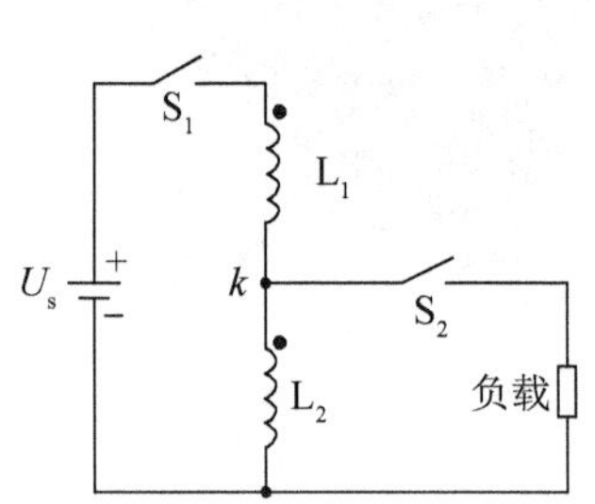

图 2.73 Meat Grinder 电路的基本拓扑图

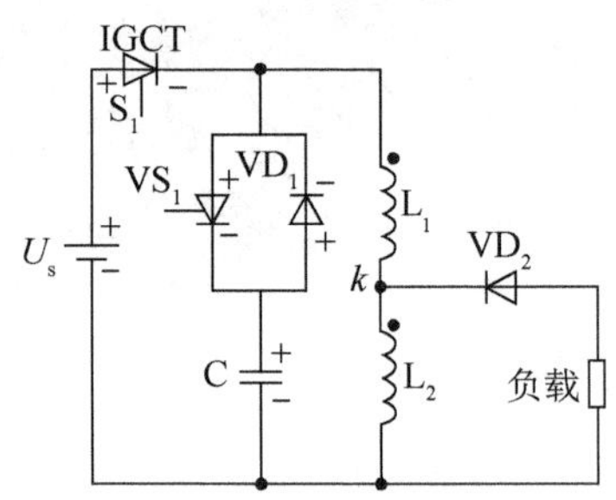

图 2.74 STRETCH Meat Grinder 电路拓扑图

3. 超导脉冲变压器

超导脉冲变压器的放电回路等效电路图和实物图分别如图 2.75 和图 2.76 所示。超导脉冲变压器一次边线圈 L_p 是由超导材料制成的，二次边线圈 L_s 是由常规材料制成的，两个线圈之间耦合形成变压器。电源向一次边线圈 L_p 充电，利用超导开关实现一次边闭环运行。设一次边线圈中通过电流 I_p，由于一次边电阻为零，能量无损耗地存储。此时，一次边电压为零，可知二次边电流 I_s 也为零。当触发一次边线圈失超时，线圈会产生失超电阻，I_p 随之减小，同时二次边感应出电流 I_s。

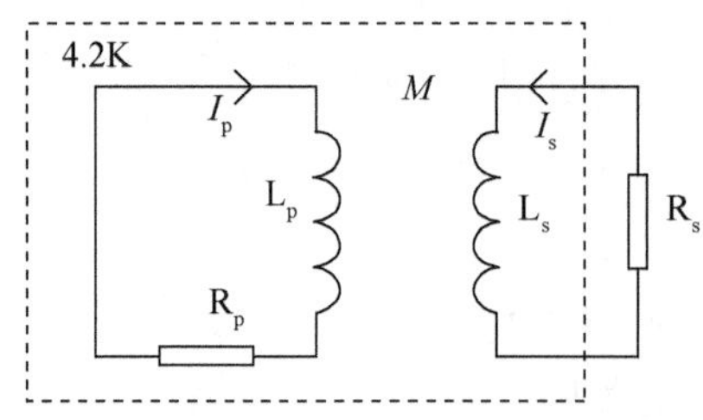

图 2.75 超导脉冲变压器的放电回路等效电路图

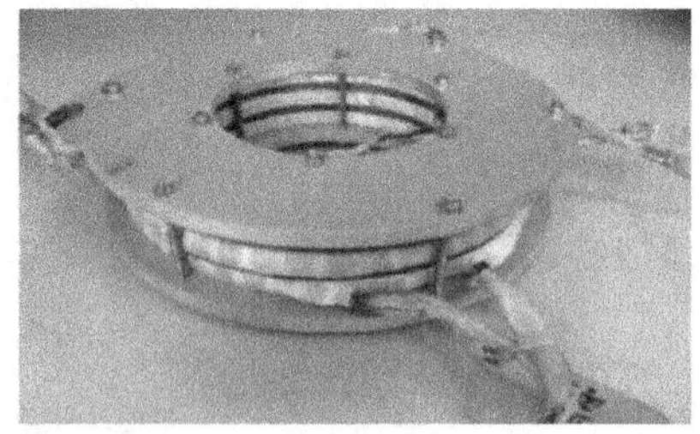

图 2.76 超导脉冲变压器的实物图

2007 年，法国总军械代表团（French General Delegation for Ordnance，FGDO）对 SMES Ⅰ（见图 2.77）进行了测试。SMES Ⅰ的升级版 SMES Ⅱ实现了 2×200kJ-1MW 的脉冲功率高温超导储能装置的设计和测试，其双饼绕组图如图 2.78 所示。

图 2.77 SMES Ⅰ饼状堆和冷却板

图 2.78 SMES Ⅱ双饼绕组图

由于基于超导脉冲变压器的失超型放电电路中 L_p 常选用低温超导材料，虽然具有较高的载流能力，但是受到冷却技术中液氦（4.2K）成本的影响，利用低温超导材料制造的脉冲功率电源很难得到大规模的应用。高温超导材料可以在液氮（77K）中保持超导状态，但是高温超导材料的失超电阻率和失超传播率远小于低温超导材料，并不能达到系统对失超的要求。因此，将高温超导材料用于制造失超型脉冲变压器并不合适，考虑通过增加限压结构的方式来改进放电模式具有很大的可行性。常用的限压结构主要有以下几种。

（1）具有线性电阻限压结构的放电模式。如图 2.79 所示，通过脉冲变压器一次边并联二极管和电阻的串联支路来增大一次边线圈失超时放电回路电阻，进而降低过电压的大小。

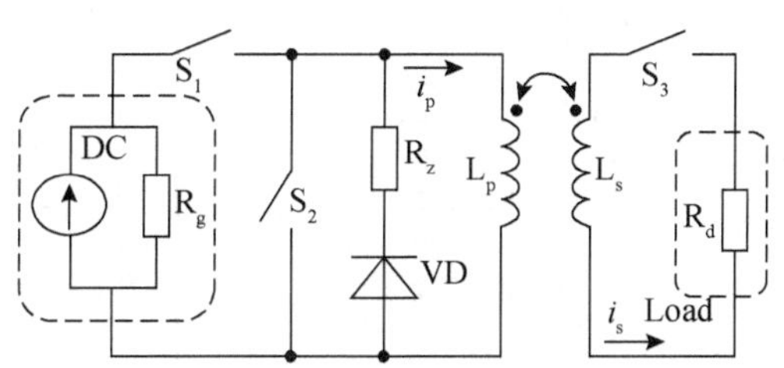

图 2.79 具有线性电阻限压结构的电源电路

（2）具有非线性电阻限压结构的放电模式。将图 2.79 所示的电路中的 R_z 替换为非线性电阻，则构成了具有非线性电阻限压结构的电源电路。非线性电阻是由氧化锌、碳化硅等陶瓷材料制作而成的，它的阻值对电压有较高的敏感度。当非线性电阻的工作电压小于转变电压时，非线性电阻的阻值极大，此支路呈现出阻断的状态；当非线性电阻的工作电压大于转变电压时，非线性电阻的阻值急剧减小，使得端电压相对保持稳定。利用非线性电阻的这种特性，能有效抑制超导线圈两端过电压的产生。非线性电阻的限压幅值越高，超导脉冲变压器一次边承受高压的时间越短；非线性电阻的限压幅值越低，超导脉冲变压器一次边承受高压的时间越长。随着一次边限制电压的增大，一次边电流衰减速度加快，负载电流脉冲峰值增加，负载脉冲的上升沿时间变短。不过，一次边限制电压较大时，随着一次边限制电压的变化，各参量的变化量较小；一次边限制电压较小时，各参量的变化量较大。

（3）电容性限压结构。电容性限压结构的电源电路如图 2.80 所示，其基本原理是引入一个电容器 C，由于耦合电感系数不能为 1，所以电容器用于回收漏磁通中的能量，减慢一次边线圈的电流变化并且降低断开主开关时的最大电压。

电容值对负载电流脉冲峰值、上升沿时间、一次边电压都有较大的影响。随着电容值的增大，一次边电流的振荡频率减小，一次边电压逐渐减小，这降低了对断路开关的功率要求，不过负载电流脉冲峰值逐渐减小，上升沿时间逐渐变长。因此，要获取高幅值、陡前沿的负载电流脉冲，电容值不宜取得过大。而在减小电容值时，也要考虑断路开关和一次边绝缘材料的耐压能力。

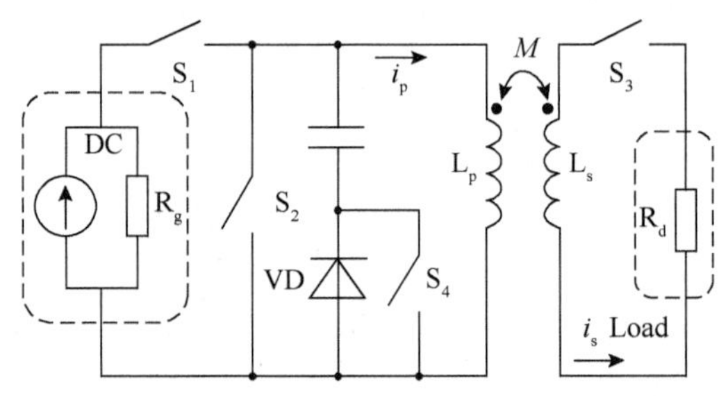

图 2.80 电容性限压结构的电源电路

2.6.4 用于电磁炮的超导脉冲功率电源设计

超导储能技术应用于电磁轨道炮的电源时，STRETCH Meat Grinder 电路以其先进性得到了广泛关注。STRETCH Meat Grinder 电路应用于轨道炮时，在发射过程中主要会产生以下的能量损耗：一是电流通过导轨电阻时产生的能量损耗；二是在电枢出膛后，导轨剩余电流引起的炮口电弧产生的能量损耗；

三是电路中漏感带来的能量损耗。在轨道炮系统中，为了减小轨道的损伤，炮口电弧应该消减，这样也能够增加炮口的红外隐身的性能。现在有一些消减炮口电弧的方案，不过其本质均是采用功率电阻来消耗多余能量，无法降低轨道炮的能量损耗。如果可以在电枢即将离开炮口时，通过能量转换将轨道电流快速减少到零，那么这样既可以实现对炮口消弧，又可以将导轨电感器中的剩余磁能回收。

国内学者提出了一种用于轨道炮的新型超导储能脉冲功率电源拓扑。该拓扑与 STRETCH Meat Grinder 电路拓扑的主要区别在于增加了一个断路开关 S_3，并且改变了原放电开关 S_1 与放电回路二极管 VD_2 的位置。该拓扑可以实现在临近发射结束的指定时刻使导轨电流快速减小，由此可以减弱甚至消除发射结束时炮口产生的电弧，同时实现导轨电感器中的剩余磁能的回收，并将系统发射后的剩余能量回馈到初级储能电源，降低系统的能量损耗。该设计对轨道炮出口速度的影响非常小。

新型超导储能脉冲功率电源拓扑如图 2.81 所示。U 为初级储能装置直流电源电压，L_1 和 L_2 分为互相耦合的初级和次级绕组电感器，互感为 M，R_L 和 L_L 分别为轨道和电枢的等效电阻和等效电感。在实际应用中，L_1 一般选取为毫亨（mH）级，作为中间储能的电感器，它使用超导带材绕制，既能提高储能密度，又能降低系统的损耗，还能降低对前级充电电源功率的需求。L_2 选取为微亨（μH）级，在电路脉冲放电时，其需要流过上百千安的脉冲电流，现在的超导材料和超导技术无法达到这样大小的临界电流。不过因为该电感器设计值较小，在目前应用中，可以考虑采用常导材料绕制，如铜带等，这种方式的电阻损耗也会很小。吸收电容器 C 在放电的不同阶段对漏感能量和回收能量进行吸收存储。该拓扑通过开关 S_1、S_2、S_3 进行控制，能够完成充电工作、放电工作、终止放电工作与能量回收工作 4 种模态。

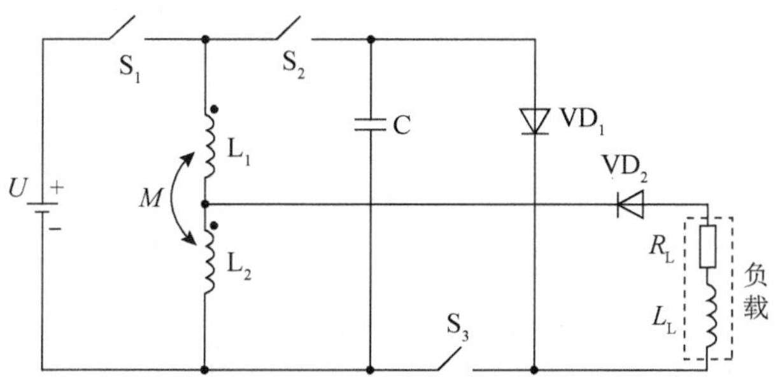

图 2.81　新型超导储能脉冲功率电源拓扑

在充电工作模态，首先闭合开关 S_1，然后断开开关 S_2 和 S_3。此时，直流电源向 L_1 与 L_2 充电，流经其电流分别为 iL_1 和 iL_2，充电过程中，L_1 与 L_2 的总储能为

$$E_{total}=\frac{1}{2}L_1 i_{L_1}^2+\frac{1}{2}L_2 i_{L_2}^2+Mi_{L_1}i_{L_2}$$

充到预定电流后，断开开关 S_1，闭合开关 S_2、S_3，进入放电工作模态。放电工作模态包括图 2.82 所示的三个阶段。

（1）第 1 阶段。一方面，L_2 与负载构成放电回路，如图 2.82（a）所示，储能电感器中存储的能量通过次级绕组释放到负载上；另一方面，L_1 与 C 构成了续流回路，一部分能量被 C 吸收。由于在初始设计中，L_1 的电感量为 L_2 的电感量的 N 倍。在实际应用中，负载的阻抗一般较小，因此当流过 L_1 的电流变小时，由于磁势平衡的原理，流过 L_2 的电流将快速增大至 N 倍，这样在负载上就通过了 1 次脉冲电流。

（2）第 2 阶段。电容器 C 中的能量向 L_1 释放，L_1 中的电流反向，如图 2.82（b）所示。此电流通路与 L_2 向负载释放电流通路重合，进一步增加了负载上脉冲电流的峰值。

（3）第 3 阶段。电容器 C 中的能量释放完全后，L_1 通过二极管 VD_1 续流。这时 L_1 和 L_2 并联，继续对负载释放能量，如图 2.82（c）所示。

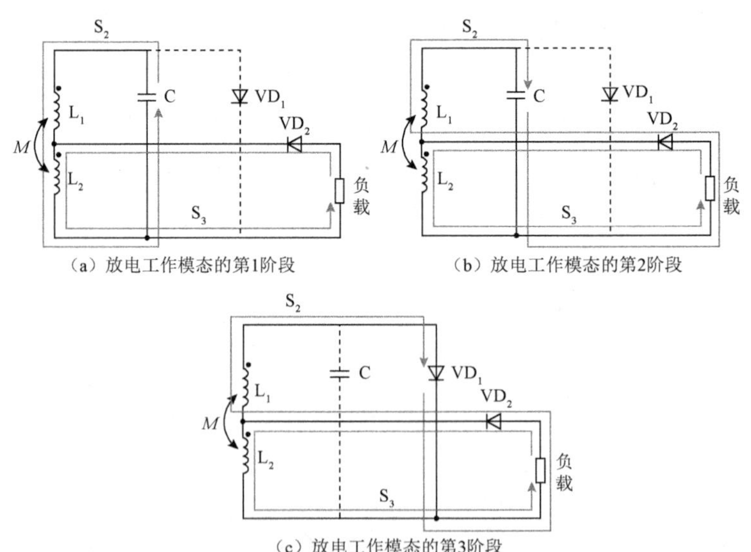

（a）放电工作模态的第1阶段

（b）放电工作模态的第2阶段

（c）放电工作模态的第3阶段

图 2.82　放电工作模态的三个阶段

随后关断开关 S_3，进入终止放电工作模态，如图 2.83（a）所示。此时由于存在电容器 C，开关 S_3 的关断属于零电压关断。关断后，L_2 电流通路发生变化，这时负载电流通过二极管 VD_1、VD_2 向电容器 C 充电。因为此通路中的电感值和电容值较小，所以该过程较迅速，这使得负载中的电流快速变小。在轨道炮作为实际负载时，该阶段相当于次级绕组与导轨电感器中存储的能量被转换到电容器 C 中。当负载电流减到 0 后，L_1、L_2 与电容器 C 构成谐振电路，如图 2.83（b）所示。然后等电容器中的能量全部转换至 L_1、L_2 中时，再次闭合 S_3，进入终止放电工作模态的第 2 阶段。此时 L_1、L_2 与二极管 VD_1 构成电流通路。这样放电剩余能量就存储在 L_1、L_2 中，同时还完成了绕组电流的换向。

最后进入能量回收工作模态，关断开关 S_2，闭合开关 S_1，就将系统中剩余的能量回馈到直流电源电压 U 中。

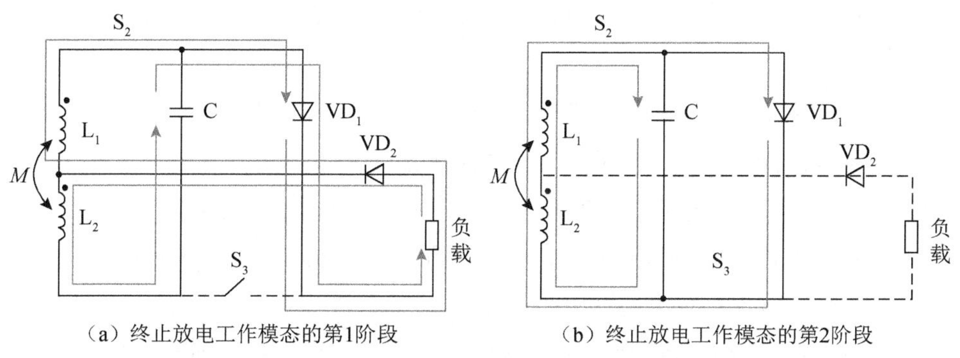

（a）终止放电工作模态的第1阶段　（b）终止放电工作模态的第2阶段

图 2.83　终止放电工作模态的两个阶段

2.7　混合储能

将两种或两种以上传统储能方式结合起来的储能技术称为混合储能技术。近年来，蓄电池-脉冲电容器混合储能的研究受到了广泛关注，将其应用于电磁发射领域，能够兼具高能量密度和高功率密度的双重优势。

2.7.1　混合储能概述

脉冲电容器的高效、可靠、安全充电是大功率电磁发射中的关键技术。国内对脉冲电容器高压充电技术的研究，普遍采用串联谐振充电方式。但上述方式充电功率小、能量密度低。也有采用蓄电池充电方式的小能级尝试，但仅局限于小能级应用。为了实现舰载大功率电磁发射装置在几秒内充电达到几兆焦甚至几百兆焦能量，马伟明院士在 2009 年率先提出可采用蓄电池与脉冲电容器混合储能的思路来降低舰船电网功率需求。这种方式（电网-蓄电池-脉冲电容器）与常规储能概念不同，第一级采用蓄电池作为能量缓冲，能在较短时间内连续存储多发能量，在需要快速发射时，可较大地降低对电网瞬时功率的需求，避免电网大幅波动。脉冲电容器作为第二级储能，可在毫秒级内释放出超大功率。因此混合储能思路是兼顾利用蓄电池的超高能量密度与脉冲电容器的超高功率密度。

混合储能实现了电能从电网到蓄电池再到脉冲电容器，最后输出至负载的能量流传递。这类似于功率放大器，在能量传递过程中功率密度逐级攀升。其核心技术问题涉及混合储能系统的拓扑架构、容量优化配置及协调控制等。

目前，蓄电池-超级电容器混合储能系统的架构方式主要分为两大类，即无源式混合储能系统和有源式混合储能系统。其主要技术实现途径是对现有的储能元件进行集成以组成混合储能系统，利用不同储能元件在性能上的互补性，来有效地提高储能技术的经济性，减少储能元件的数量并降低成本。

1. 无源式混合储能系统

无源式混合储能系统包括两种类型：一种是直接将蓄电池和超级电容器并联组成的系统；另一种是通过与无源元件（如二极管、电感器等）连接，从而组成的系统，其特点是对储能装置的充放电不需要额外环节进行控制，因而结构相对简单。

1）直接并联式

直接并联式混合储能系统是结构形式最简单的一种混合储能系统。其特点包括：功率流动不能被控制，储能装置的电压应与负电压严格匹配；储能装置的端电压波动差异大，直接并联致使超级电容器的容量利用率不高；蓄电池使用寿命较短。

2）电感并联式

电感并联式混合储能系统是指在蓄电池回路中串联了电感器后，再与超级电容器并联。其特点包括：改进后可使得电感器抑制波动，电流变化小，蓄电池工作效率高，寿命较长；但是充放电过程不能被控制，超级电容器利用率依然不高。

2. 有源式混合储能系统

为了对储能装置的充放电过程进行控制，提高系统的容量利用率，有源式混合储能系统在与直流母线的接口电路中增加了功率变换器。根据功率变换器的位置与数目的不同，其结构又可分为图 2.84 所示的三种形式。

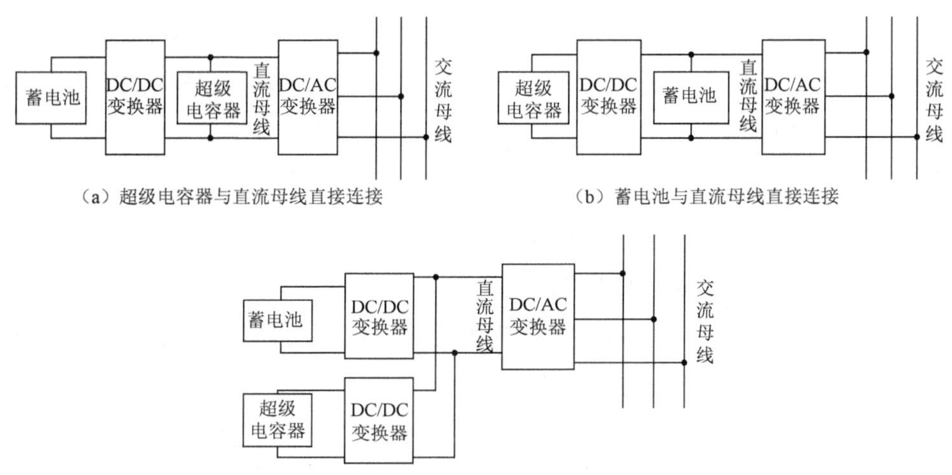

（a）超级电容器与直流母线直接连接

（b）蓄电池与直流母线直接连接

（c）两种储能装置通过功率变换器与直流母线连接

图 2.84 几种有源式混合储能系统结构

图 2.84（a）所示的混合储能系统结构中，蓄电池通过 DC/DC 变换器连接到直流母线上，而超级电容器则直接并联。此结构可调节蓄电池充放电过程，起到保护作用，延长使用寿命；但为使电压达到直流母线的要求，超级电容器的并联需求数较多。

图 2.84（b）所示的改进型混合储能系统结构与图 2.84（a）相反，超级电容器先与功率变换器连接，再与蓄电池并联接入直流母线。此结构通过 DC/DC 变换器对超级电容器输出电压进行调节，可增大其工作范围，提高容量利用率。

图 2.84（c）所示的混合储能系统结构中，蓄电池和超级电容器分别连接 DC/DC 变换器后，再并联到直流母线上，其优点是两种储能元件的容量利用率都较高，充放电的模式切换过程得到优化。但同时，结构较为复杂，应考虑

DC/DC 变换器运行损耗及投入成本。

2.7.2 电磁发射混合储能系统组成

电磁发射混合储能的核心思想是将电网能量在较长时间内以较小功率存储在初级能源中，在需要发射时，在短时间内将能量传递至电容器中，最终在毫秒级瞬时以超大功率由电容器提供给负载。混合储能利用化学储能的高能量密度和物理储能的高功率密度，实现了能量的压缩和功率的放大。

目前，常见的脉冲功率电源如图 2.85（a）所示，假设该脉冲功率电源为电磁发射提供能量，当炮口动能为 32 MJ、电磁发射转换效率为 30% 时，为达到 12 发 / 分的连发目的，即 5s 充电，瞬时功率需求为 42.6 MW，一般的平台难以提供如此大的功率。图 2.85（b）在电网与脉冲电容器间增加了可选择的几种初级能源作为缓冲，先在初级能源中存储足够的能量，若要求 1 h 内存储 100 发的能量，则对电网的瞬时功率需求为 5.92 MW，相比于图 2.85（a）的模式降低了 86% 左右。可见，将初级能源与脉冲电容器进行混合储能，可大大降低对电网瞬时功率的需求。

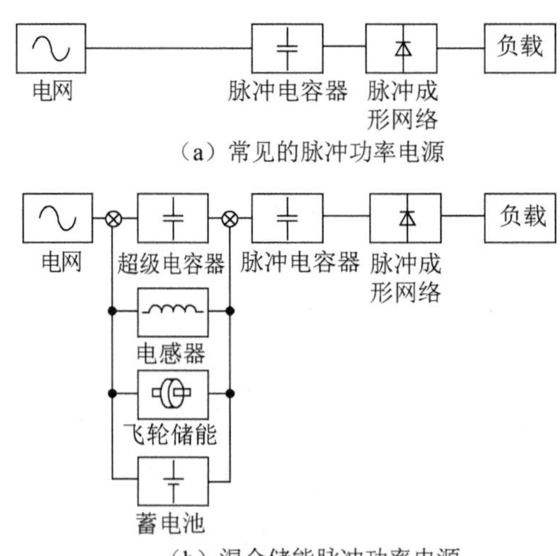

图 2.85 常见的脉冲功率电源与混合储能脉冲功率电源的对比

脉冲功率电源的初级能源形式有很多，不同能量和功率的脉冲电容器对初级能源的要求也不一样。超级电容器功率密度高，但储能密度很低，存储足够的能量需要很大的体积，很难满足小型化的要求。电感储能方式对断路开关的要求特别苛刻，且目前超导技术成本很高。利用惯性储能，难以瞬间将全部能量取出，无法实现高功率密度要求。相对来说，蓄电池储能密度很高，功率密度也较高，能满足目前大部分电磁发射装置的功率需求。

电磁发射混合储能系统结构如图 2.86 所示。首先由电网以较小功率缓慢地对蓄电池充电，在需要时由电池以数十兆瓦级功率对脉冲电容器充电，脉冲电容器最后通过脉冲成形网络以吉瓦级功率输出到负载。因蓄电池的蓄能作用，系统可短时间内连续实现多次大功率电磁发射。

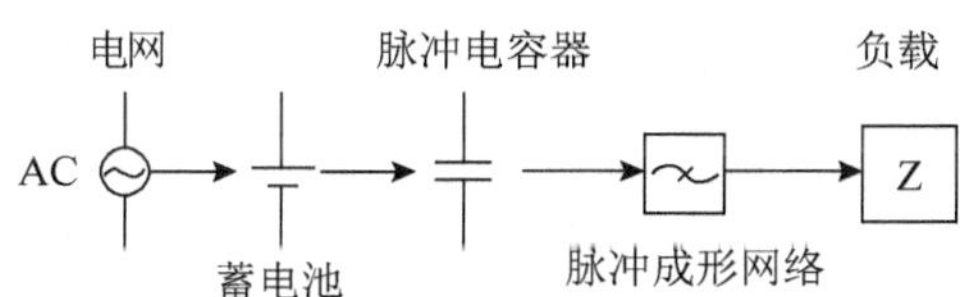

图 2.86　电磁发射混合储能系统结构

2.7.3　电磁发射混合储能系统关键技术

1. 混合储能充电策略

海军工程大学提出蓄电池时序串联入网充电方式，该方式已通过实验验证，具有充电电流恒定、电容器电压线性升高、控制简单、效率高等优势，目前最适合于混合储能的能量流传递。

时序串联能量流传递原理如图 2.87 所示。图 2.87 中，蓄电池系统电压为 $E_n=nE_0$，n 表示由 n 组电池串联入网，E_0 为单组电池电压。电力电子开关 S_{C1} ～ S_{C4} 用于控制电路导通与关断，导通开关 S_{F1} ～ $S_{F(n-1)}$ 用于开通某一组电池放电。L 为限流电感器，C 为脉冲电容器，二极管 VD 用于续流，R_n 为蓄电池系统内阻，$R_n=nR_e$，R_0 为电路等效内阻。

时序串联充电的具体过程：首先闭合 S_{C1}、S_{C3}、S_{F1}，1 号电池组串联入网对脉冲电容器 C 充电，此时为第 1 阶段。t_1 时断开 S_{F1}，闭合 S_{F2}，电路进入第 2 阶段，2 号电池组与 1 号电池组串联，一起对脉冲电容器 C 充电。以此类推，直到时间 t_{n-1}，电路进入第 n 阶段，断开 $S_{F(n-1)}$、S_{C3}，闭合 S_{C4}，使 n 号电池组串联入网，至此所有电池全部串联对电容器充电。待电容器达到所需电压时断开所有开关，充电过程结束。若将各开关动作顺序由上至下颠倒，则图 2.87 所示的电路还可实现电池触发顺序变换，从而实现各电池组均衡放电。

图 2.88 展示了采用图 2.87 结构实现的蓄电池对脉冲电容器时序串联充电方式的电流波形。在 t_n 时刻将 n 号电池组串联入网，使电流在一定范围内实现近似恒定，触发时刻过早或过晚都将使电流 $I(t)$ 超出此范围。只要电流接近于恒定，电容器电压就可实现近似直线上升。

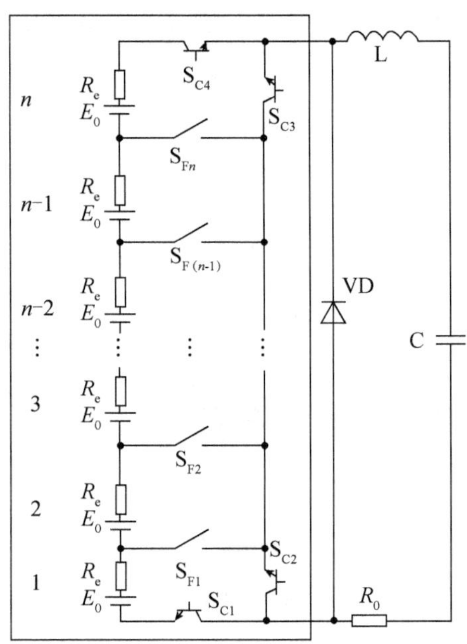

图 2.87 时序串联能量流传递原理

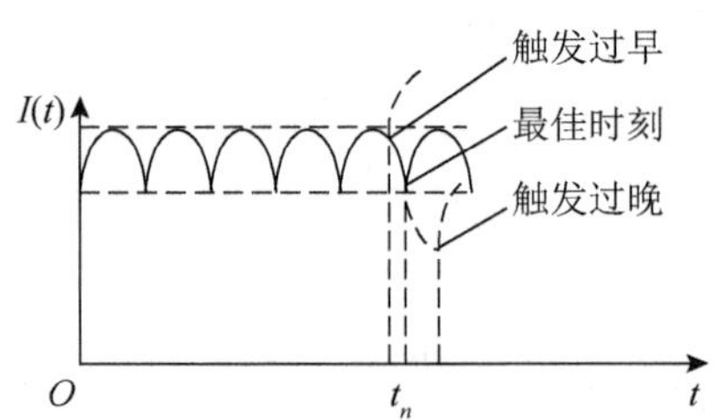

图 2.88 时序串联充电方式的电流波形

目前有 C=600 mF 脉冲电容器需要在 3 s 内充至 3200 V，以现有的 30 A•h/3.2 V 锂电池进行混合储能实验，单体电池内阻为 1 mΩ。初步方案为 2 个电池并联作为最小单元，100 个单元串联形成单个电池组（单组电压

E_0=320 V），共 10 组对电容器充电。蓄电池系统输出最高电压为 E_{10}=3200 V，输出最大电流为 I_{max}=600 A。若以峰值 600 A 对电容器充电，由仿真计算结果可知，将电容器充至 3200 V 需要 3.57 s，采用两组电池并联的方式不能满足时间要求。若采用 3 个电池并联作为最小单元，100 个单元串联形成单个电池组，仍然为 10 组，蓄电池系统输出最高电压仍为 3200 V，输出最大电流为 I_{max}=900 A，由仿真计算结果可知，电池能在 2.87 s 内将电容器充满。系统共使用电池数量 N=3000 个。

2. 时序串联充电策略优化方案

为进一步减小混合储能系统体积，采用图 2.89 所示的时序串联充电策略优化方案。原方案采用 3 个电池并联作为最小单元，100 个单元串联后为 1 组，共 10 组时序串联入网对电容器充电，电池的使用数量为 3000 个。优化方案采用 2 个电池并联作为最小单元，100 个单元串联后为 1 组，也采用 10 组电池。但充电时分为 2 个阶段，如图 2.90 所示：①以 2 组并联的形式同时入网，每 2 组为 1 个大组，则 10 组电池分为 5 个大组，以大组为单位时序串联入网对电容器充电；②当 5 个大组全部入网后，电路电流降为 0 时，通过电路结构变换将右侧 6 ～ 10 号电池组从电路中切除，将 6 ～ 10 号电池组串联到 5 号后端，重新采用单组串联的方式时序入网对电容器充电。优化方案的阶段①相当于 4 个电池并联，蓄电池系统输出最大电流可达到 1200 A，从而弥补了在阶段②只能输出 600 A 的不足。

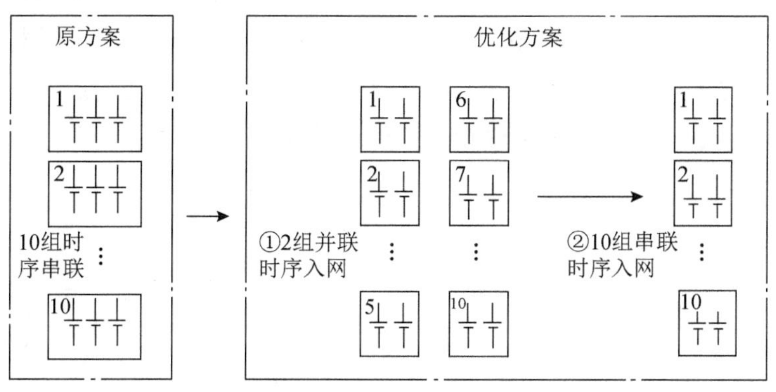

图 2.89　原方案与优化方案的对比

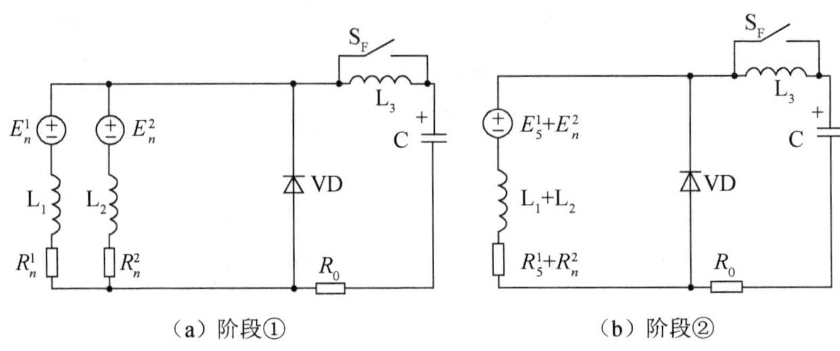

（a）阶段①　　（b）阶段②

图 2.90　优化方案原理示意图

仿真实验发现优化方案能够满足 3 s 内将电容器充满的指标，而使用电池数量 N=2000 个，比原方案的使用电池数量减少了 1/3。由此可见，通过电路结构的变化，实现蓄电池先并联后串联对电容器充电，在相同时间与能级要求下，减少了电池并联数量，从而有效减小了混合储能系统的体积和质量，降低了资金投入，为混合储能更好地应用于大功率连续电磁发射奠定了基础。

2.8　小结

本章对电磁发射能量存储技术进行了定义及分类，给出了不同能量存储技术的主要参数对比，重点分析了电磁发射系统对能量存储技术的要求。对于电磁弹射系统中的飞轮储能系统，介绍了一体化集成设计，以及能量存储、能量释放的关键技术。对于电磁炮中涉及的蓄电池及电容储能技术，进行了简要介绍。对于处于研究阶段的电感储能，介绍了超导储能系统的组成、开关技术及脉冲功率电源设计。本章最后分析了混合储能的拓扑结构及能量匹配过程。

第 3 章 大功率变流技术

前面章节介绍了能量存储技术，它解决了负载所需的能量供给问题。对于如何匹配储能系统与负载需求，必须借助大功率变流技术。在分析电磁发射系统对大功率变流需求的基础上，本章将从以下几个方面介绍大功率变流技术：首先介绍开关器件的串并联问题；然后介绍脉冲间歇整流技术、脉冲式逆变技术；最后分析脉冲成形技术。

3.1 概述

对于电磁发射系统而言，大功率变流技术扮演着一个重要的角色。它起到储能系统和直线电机（电磁发射技术用的直线电机均为电动机，一般统称为电机）系统之间的桥梁作用，如图 3.1 所示。首先，储能系统存储的电能不能直接输出到作为执行机构的直线电机，而需要通过变流技术实现大功率脉冲能量的释放。大容量开关器件及其串并联技术、脉冲能量整流和逆变技术、脉冲成形技术等共同构成了大功率变流技术的核心内容。

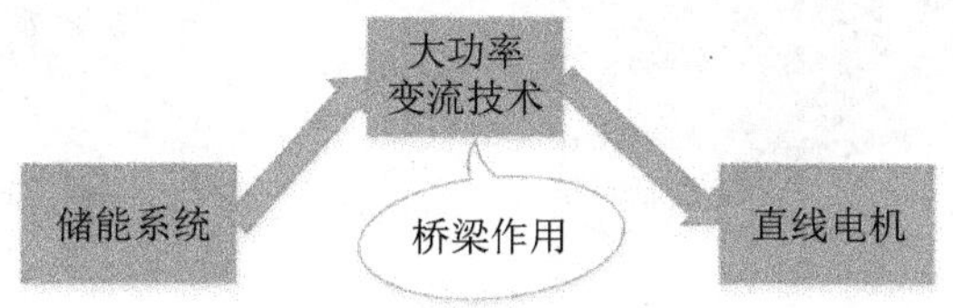

图 3.1 大功率变流技术的桥梁作用

下面以飞机电磁弹射系统为例进行说明。飞机电磁弹射系统的工作时间一般只有几秒，在这个时间内，直线电机并不是做匀速运动，而是先做加速运动，再做急剧减速运动。图 3.2 所示为某飞机电磁弹射系统的弹射曲线。

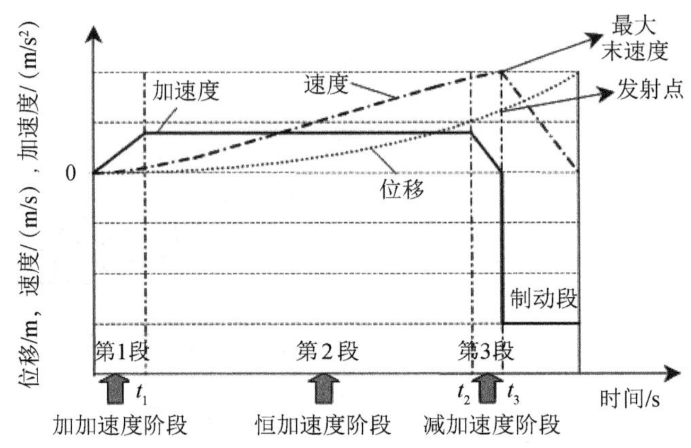

图 3.2　某飞机电磁弹射系统的弹射曲线

从图 3.2 中可以看出，直线电机的速度先从零快速增加到最大值，然后在制动段快速减小到零。直线电机的速度与供电频率的关系如下：

$$v=v_s(1-s)\,2\,\tau f(1-s)$$

式中，V_s 为直线电机的同步速度；f 为直线电机所要求的供电频率；s 为转差率，一般非常小；τ 为极距。

显然，在加速时间段，直线电机的供电频率需要从零加速到几百赫兹。同时根据直线电机调速的要求，其供电电压的幅值和频率也一起随之变化。

图 3.3 和图 3.4 所示分别为电磁弹射系统在 2.5 s 的弹射时间内，电压和电流的仿真曲线。

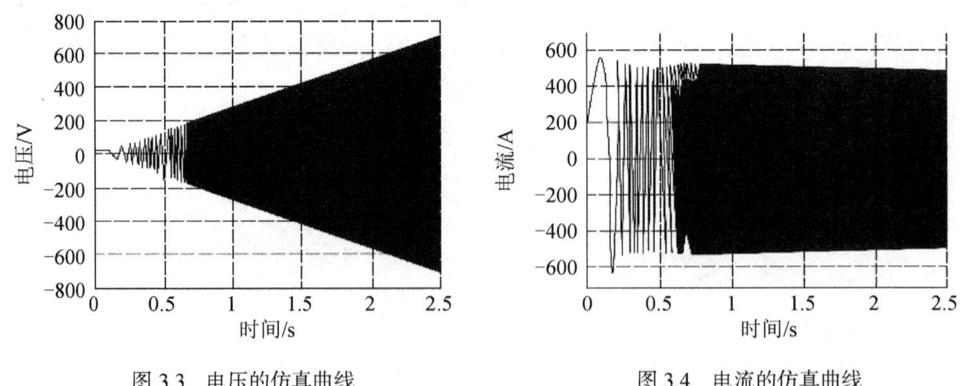

图 3.3　电压的仿真曲线　　图 3.4　电流的仿真曲线

对于飞机电磁弹射系统，在加速时间段，要求直线电机加速运行，直线电机的供电频率和供电电压都要求从零快速增大。而对于飞机电磁弹射系统的飞轮储能，同步发电机将飞轮的转动机械能转变为电能，随着电能的释放，其转速随之下降，同步发电机输出交流电的频率随着放电的进行，是一个逐步减小的过程，其频率的变化趋势刚好与直线电机加速的要求是相反的。同时根据同步发电机的励磁控制要求，同步发电机发出交流电的幅值也是相对恒定的。因此，同步发电机发出的交流电不能直接输出到直线电机的定子绕组。同样的道理也适用于飞机电磁弹射系统的制动段，其速度要快速减小到零，而飞轮具有很大的惯性，依赖同步发电机发出的交流电直接实现直线电机的快速制动也是不现实的。

更为重要的是，为了满足弹射曲线的要求，直线电机的定子绕组的电流必须进行闭环调节，同步发电机的交流电直接供给直线电机的定子绕组则无法进行实时闭环控制，因此，大功率变流是飞机电磁弹射系统必不可少的一个重要环节。

对于电磁轨道炮，弹体在大气中的飞行速度可达 4 ～ 6 km/s，在高空中的飞行速度可达 50 km/s。为了达到超高的出口速度，弹体所受的洛伦兹力或加速度非常大。理想情况下，电磁发射所需要的脉冲驱动电流的时间窗口宽度一般只有几毫秒，电流幅值可以达到千安级甚至兆安级。电磁轨道炮的储能单元一般采用储能电容器组，储能电容器组直接输出脉冲电流也有工程上的难度，同时需要大功率变流这个桥梁进行转换，通过多级触发时序控制，对负载电流波形进行控制，以满足电磁发射负载的要求。

电磁发射本质上是能量的变换，为实现这一能量变换过程，需要应用大量的电力电子装置及相适应的控制技术，这对大功率变流装置在总体设计、拓扑结构选择、控制系统设计及辅助系统设计等方面提出了很高的要求，具体体现在：①发射过程具有超大功率、脉冲式、间歇循环式的工作特点，要求电力电子装置具备大幅调节电流和电压的能力；②可靠性要求极高，系统设计时在硬件和软件上应采用冗余设计；③在主电路拓扑结构的选择和设计方面，受到单个开关器件功率等级的限制，通常需要进行器件级、单元级及装置级的串并联集成；④在发射过程中，控制对象呈现显著的非线性特征，对参数辨识和控制器的设计提出了极高的要求；⑤装置之间的信息流错综复杂，对控制系统的时序配合和同步提出了很高的要求；⑥在特定的应用场合下（如水上、水下、陆上移动平台上），对装置的体积、质量、噪声、散热等方面提出了严苛要求，要充分考虑到电磁发射系统脉冲间歇式的工作特点，进行装置设计和系统集成，以满足系统的功能及性能指标。综上，正是由于电磁发射系统对大功率变流装置强烈的应用需求，以及对性能、可靠性、适装性等方面的极高要求，促进了电力电子技术在电磁发射系统中的应用和升级，推动了电力电子学科的发展。

大功率变流的核心任务是对储能系统的电能进行变换，以满足电磁发射负载的要求。在分析典型电磁发射系统的基础上，大功率变流技术的关键点主要包括开关器件的串并联技术、脉冲间歇整流技术、脉冲式逆变技术及脉冲成形技术。图 3.5 和图 3.6 所示分别为飞机电磁弹射系统的大功率变流系统和电磁轨道炮的大功率变流系统。

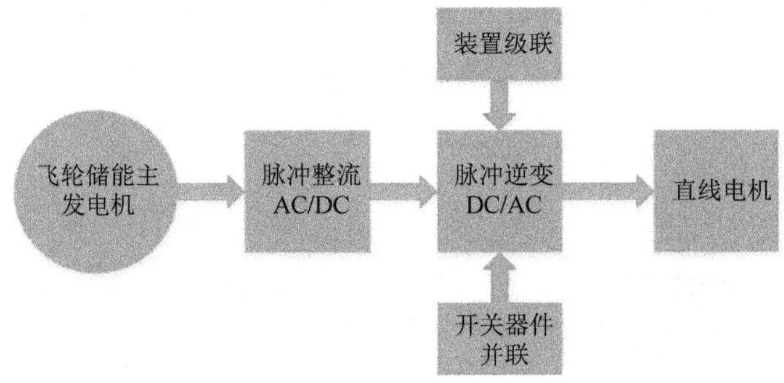

图 3.5　飞机电磁弹射系统的大功率变流系统

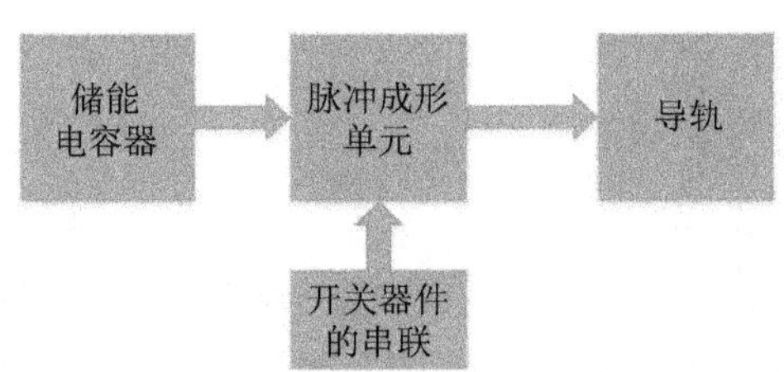

图 3.6　电磁轨道炮的大功率变流系统

3.2　大容量开关器件的串并联技术

在电力电子器件的发展过程中，功率频率乘积这个指标可以很好地反映器件水平的进展和状态，如图 3.7 所示，P_s 是功率器件的额定功率，U_M 和 I_M 分别是器件的额定电压和额定电流。目前电力电子器件的功率频率乘积基本上

稳定在 $10^9 \sim 10^{10}$ W · Hz 的水平。目前，传统的功率器件已经逼近由于寄生二极管制约而能达到的材料极限，为突破目前的器件极限，有两大技术发展方向：一是采用新的器件结构，二是采用宽禁带间隙的新材料半导体器件。

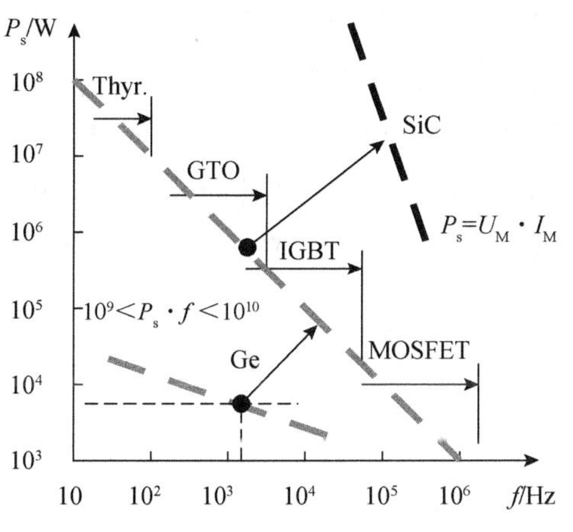

图 3.7 功率半导体器件的功率频率乘积

从目前的发展趋势来看，IGBT 和 IGCT 共同占领了高性能大功率器件的应用领域。对于功率装置的电流和电压而言，这两类器件具有很大的互补性。在实际应用中应注意：电压较低时选用 IGBT 较为合算；电压较高时选用 IGCT 较为合算。根据应用和设计的标准不同，在 1.8 ～ 3.3 kV，两类器件可交叉使用。

正是由于高压大容量电力电子器件的日趋成熟，才使得电磁发射技术的构想从原理走向工程实现。电磁发射系统中所涉及的大功率变流分系统从本质上讲属于特殊应用领域的电力电子装置。通过对电磁发射系统工作情况的分析，由于 IGBT 易于串并联且具有开关频率较高的优点，其成为电磁发射大容量变流技术应用的首选方案。考虑到电磁发射系统的短时脉冲间歇工作模式，构建满足电磁发射系统要求的大容量变流装置，必须充分利用现有功率器件 IGBT 的容量极限，将器件串并联的数目减至最少，以器件的安全可靠为设计准则，同时采用多电平的拓扑结构和优化的 PWM 控制技术，才能设计出满足装舰要求的多电平逆变装置。

以美军的电磁弹射系统为例，电磁弹射系统中的变流装置在 2 s 时间内输出功率达到 100 MW。虽然目前开关器件容量等级已经涵盖了 600 V ～ 6.5 kV 的电压范围和 1 ～ 3600 A 的电流范围，但仍然无法满足不断增长的大容量脉冲功率装置电能处理能力的需求。采用器件串联是提高装置电压等级的途径之一，而采用器件并联是提高装置输出电流等级的有效手段。以电磁轨道炮的主放电开关和 Crowbar 开关为例，由于其耐压值要求达到几十千伏，无论单体的可控硅还是二极管，耐压值都很难满足要求，因此器件的串联非常必要。对于飞机电磁弹射系统，其逆变系统工作电流可达到上万安培，而逆变系统采用的功率器件主要为 IGBT，目前单个 IGBT 的通流能力也很难满足电磁弹射系统的要求，因此 IGBT 的并联也非常重要。无论串联还是并联，其均压和均流都有工程上的难度，对均压、均流不平衡需要进行分析，并且需要关注过压吸收电路、均流检测等工程问题。

3.2.1 串联问题

由于串联的器件，以及各自驱动电路的静态特性和动态特性不可能完全一致，因此在阻断状态或开关过程中，每个器件的压降不可能相同。器件串联的主要难点在于确保在静态条件和动态条件下实现器件均压。

1. 电压不均衡原因

静态电压不均衡主要是由于串联开关器件的断态漏电流 I_{lk} 不同而导致的，该漏电流又受器件结温和工作电压影响。动态电压不均衡的原因可分为两类：①器件开关特性的不一致导致的不均衡；②门（栅）极信号在系统控制器和开关间传输延迟不同所导致的不均衡。表 3.1 总结了串联开关器件电压不均衡的主要原因，其中 Δ 表示串联开关器件间的参数差异。

表 3.1　串联开关器件电压不均衡的主要原因

<table>
<tr><th>类型</th><th colspan="2">电压不均衡的原因</th></tr>
<tr><td>静态电压不均衡</td><td colspan="2">ΔI_{lk}：器件的断态漏电流误差容限
ΔT_j：结温</td></tr>
<tr><td rowspan="2">动态电压不均衡</td><td>器件</td><td>Δt_{don}：导通延迟时间
Δt_{doff}：关断延迟时间
Δt_s：存储时间
ΔQ_{rr}：反向恢复电荷
ΔT_j：结温</td></tr>
<tr><td>门（栅）极
驱动电路</td><td>Δt_{Gdon}：门（栅）极驱动电路导通延迟时间
Δt_{Gdoff}：门（栅）极驱动电路关断延迟时间
ΔL_{wire}：门（栅）极驱动电路输出与器件门（栅）极间的引线电感</td></tr>
</table>

2. 电压平衡方法

下面以 IGBT 为例来讨论电压平衡方法。

1）静态电压平衡

图 3.8（a）给出了一种静态电压均衡的常用方法，其中每个开关器件由一个并联电阻 R_P 进行均压保护。R_P 的阻值可由下述经验公式计算得到：

$$R_P = \frac{\Delta U_T}{\Delta I_{1k}} \tag{3-1}$$

式中，ΔU_T 为串联开关器件间允许的最大电压差；ΔI_{lk} 为断态漏电流的误差容限。

2）动态电压均衡

为了确保动态过程中的电压均匀分配，可以采用以下技术：

（1）采用相同批次生产的器件，以减小 Δt_{don}、Δt_s、ΔQ_{rr}；

（2）实测器件的开关特性并匹配使用，以减小 Δt_{don}、Δt_s、ΔQ_{rr}；

（3）器件采用相同的散热条件，以减小 ΔT_j；

（4）设计对称的门极驱动电路，以减小 Δt_{Gdon} 和 Δt_{Gdoff}；

（5）使门极驱动电路尽可能对称分布，以减小线路电感量的差别 ΔL_{wire}。

采用上述技术有助于减小器件在瞬态过程中的电压不均衡，但是并不能确保得到满意的结果。为了保护串联开关器件，经常采用 RC 吸收电路，如图 3.8（b）所示。

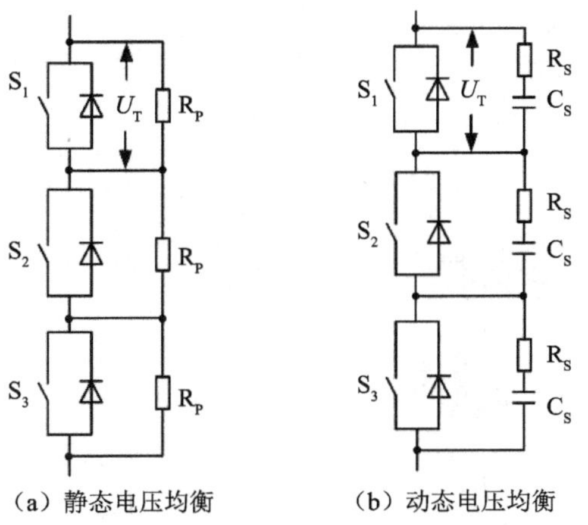

（a）静态电压均衡　　（b）动态电压均衡

图 3.8　器件串联时的电压无源均衡技术

为了尽量减小 IGBT 电压均衡中延迟时间不一致带来的影响，应合理选择

吸收电容器 C_S，C_S 的电容值可以由下述经验公式求得：

$$C_S = \frac{\Delta t_{delay} I_{Tmax}}{\Delta U_{Tmax}} \tag{3-2}$$

式中，Δt_{delay} 为总关断延迟时间（包括 t_s 和门极驱动电路延迟时间）的最大误差；I_{Tmax} 为阳极换相最大电流值；ΔU_{Tmax} 为串联开关器件间的最大允许电压差。

吸收电阻 R_S 的阻值的取值应满足下列条件：① R_S 的阻值不宜过大，以实现 PWM 工作模式下较短脉宽时吸收电容器可快速充放电；② R_S 的阻值也不宜过小，以限制导通时通过 IGBT 的放电电流。因此，R_S 的阻值应折中取值，以满足上述两个条件。

一种过电压有源箝位方案可用于限制开关暂态过程中的集电极-发射极电压 U_{CE}。图 3.9 给出了过电压有源箝位方案的原理框图。每个 IGBT 的 U_{CE} 需要被检测，并与参考电压 U^*_{max} 进行比较（U^*_{max} 为器件的最大允许电压），将比较得到的差值 ΔU 送至比较器。如果关断时检测得到的 U_{CE} 低于 U^*_{max}，$|\Delta U|$ 被叠加到门极信号 U_G 上，则会强制将 U_{CE} 拉至低电位。通过采用这种 IGBT 有源放大区内的反馈控制，暂态过程中 U_{CE} 会被箝位到限制值 U^*_{max}，有效地避免了器件过电压。不过，这种方案也会增加器件的开关损耗。

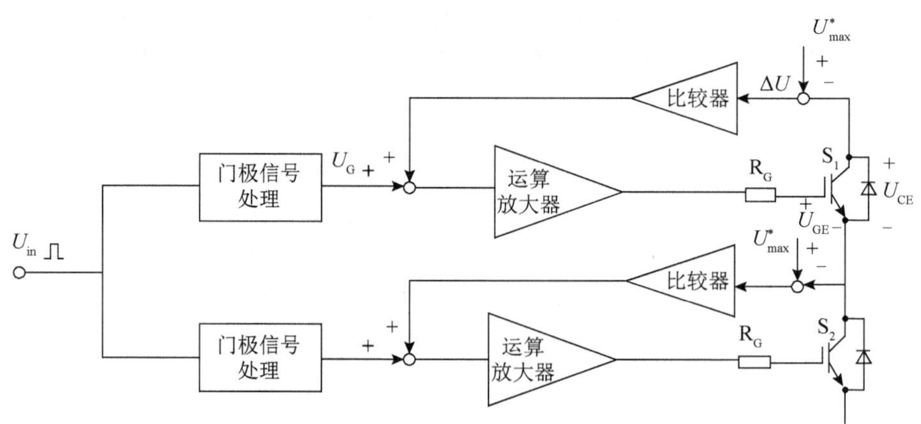

图 3.9　过电压有源箝位方案的原理框图

3.2.2　并联问题

采用器件并联是提高装置输出电流等级的有效手段，其带来的问题是并联器件的电流均衡问题，即导通过程中的静态均流和开关暂态过程中的动态均流。IGBT 模块并联运行时的电流不均将导致模块负荷分配的不均，使得器件寿命大大缩短，降低系统的稳定性，给系统的运行带来严重的后果。

1. IGBT 并联模块均流的影响因素

影响静态均流的因素主要是 IGBT 的通态饱和压降、集电极电流、结温和回路等效电阻等，其中 IGBT 的通态饱和压降是导致静态不均流的主要因素。对于动态不均流的问题，其影响因素比较复杂，如导通阈值电压、门极电容、门极电阻、结温、母排杂散电感、驱动回路等。IGBT 的动态特征参数主要包括导通延迟、上升沿时间、截止延迟和下降沿时间。其中，导通延迟和截止延迟对于应用同一触发信号的并联器件来说，是直接决定动态均流特性的参数。并且，这两个参数都与导通阈值电压和通态饱和压降有关。经过研究与对比，总结出 IGBT 并联模块均流的影响因素，如表 3.2 所示。

表 3.2　IGBT 并联模块均流的影响因素

特性	影响因素	项目	
		静态均流	动态均流
IGBT 并联模块自身特性	通态饱和压降	影响大	影响小
	结温	影响小	影响大
	导通阈值电压	影响小	影响大
	导通电阻	影响大	无影响
	二极管反向恢复特性	无影响	影响大
门极驱动电路特性	门极电阻	无影响	影响大
	门极驱动信号	影响大	影响大
	门极电路连线差异	无影响	影响大
主电路	直流母线侧连线差异	无影响	影响小
	负载差异	影响大	影响大
	母排杂散电感	无影响	影响大

2. 并联均流的方法

改善 IGBT 并联模块的均流效果主要从两个方面考虑。首先是从 IGBT 并联模块自身的器件特性和电路结构方面进行设计和调整，保证并联 IGBT 模块的一致性和电路结构的对称性，以及工作环境的相同性，这是实现 IGBT 并联模块均流的基础。其次是通过外部的调整措施改善 IGBT 并联模块的均流效果，IGBT 并联模块静态不均流主要是由于 IGBT 并联模块静态输出特性差异和并联支路回路阻抗不对称，动态不均流主要是由于 IGBT 并联模块在开通过程中电流上升沿和关断过程中电流下降沿的不同步，以及电流上升率和下降率的不一致。

IGBT 在并联应用时一般采取三种方法来保证运行的可靠性，即降额使用法、阻抗平衡法和主动门极控制法。其中，主动门极控制法是一种能够综合提高 IGBT 模块并联均流度的方法，主要通过控制门极驱动信号的延时和幅值实现。该方法首先需要测量开关时刻流过各路 IGBT 模块的集电极电流大小，求得电流平均值，再通过动态均流控制器将各支路电流与平均电流值的差异转换成延迟或者需要提前的时间差，并在 IGBT 模块的下个开关时刻，利用该时间差对触发信号予以补偿，从而改善动态均流，动态均流控制框图如图 3.10 所示。

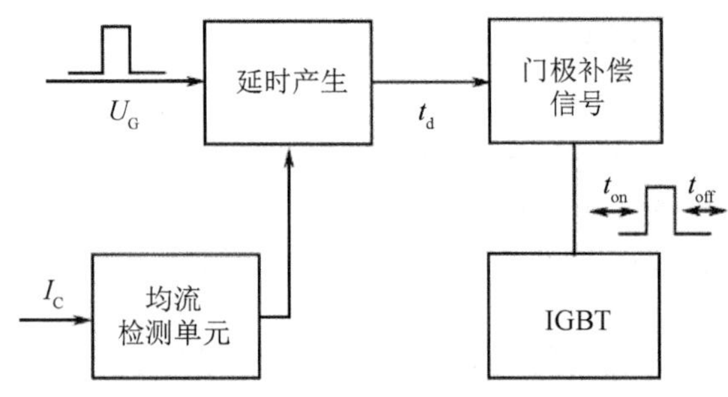

图 3.10　动态均流控制框图

3. 并联均流的检测方法

实现这一控制策略的关键环节在于需要测量开关时刻流过每路 IGBT 模块电流的大小。在 IGBT 并联模块中，器件之间的连接导线和螺丝接线端子等都可能存在寄生电感，这些寄生电感会降低开关动作速度，但是如果将发射极分为两个分支，一个分支连接功率回路，另一个分支连接门极驱动单元，那么这些寄生电感就可以被用来检测集电极电流，其测量原理图如图 3.11 所示。这就是一种间接的测量方法，在并不需要精确测量辅助发射极-功率发射极电感 L_E 的情况下，通过检测的电压 $U_{AE\text{-}E}$ 来计算相应集电极电流波形的上升、下降时间及速率。

图 3.11 中，C 为集电极，G 为门极，E 为功率发射极，AE 为辅助发射极，VD_f 为反并联二极管。该方法的优势是不需要准确检测出 IGBT 并联模块集电极电流值，而是通过检测 $U_{AE\text{-}E}$ 的电压信号变化趋势来判断 IGBT 并联模块集电极电流 I_C 的变化情况，进而反映出 IGBT 并联模块的不均流情况。通过对该信号进行隔离、放大、比较等处理，得出 IGBT 并联模块中各器件导通与关

断的延时 t_d。这一延时可通过门极信号 U_G 在下一个开关周期进行补偿，从而在多次迭代后，实现 IGBT 并联模块集电极电流上升、下降时刻的同步，如图 3.12 所示。

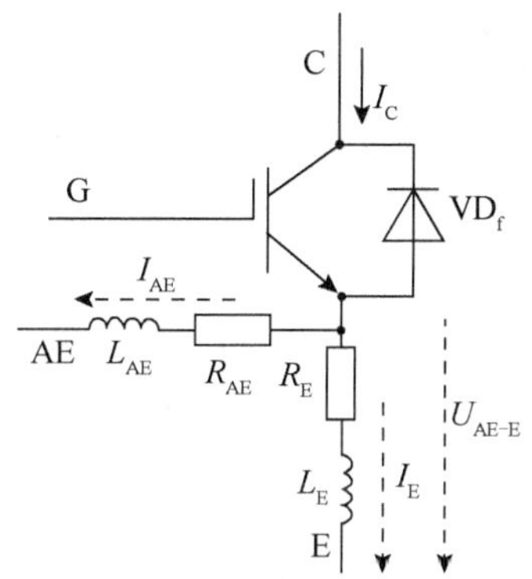

图 3.11　集电极电流测量原理图

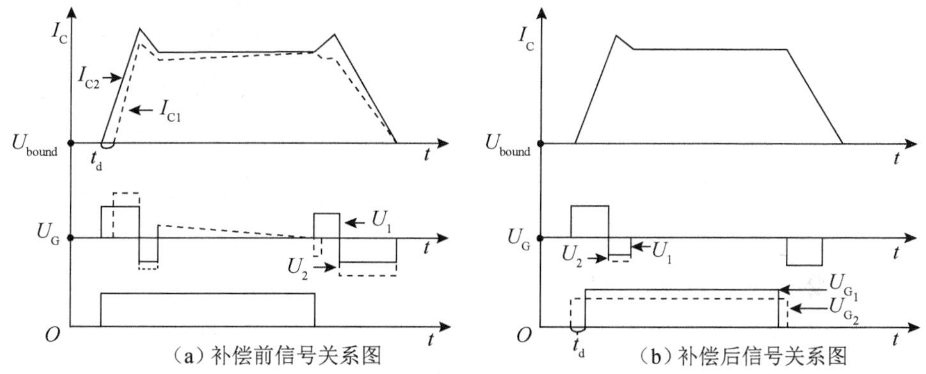

（a）补偿前信号关系图　（b）补偿后信号关系图

图 3.12　IGBT 并联模块补偿示意图

在上述检测原理的基础上，方案设计过程主要围绕如何获得稳定的 U_{AE-E} 电压信号和如何对 U_{AE-E} 电压信号做数字化处理两个问题，因此，将检测电路分为测量电路和比较电路两个部分进行设计。IGBT 测量电路和比较电路如图 3.13 所示。

IGBT 的发射极分为两个部分，功率发射极 E 和辅助发射极 AE。IGBT 的辅助发射极-功率发射极电压信号 U_{AE-E}，先经过滤波分压电路，消除电路中的振荡，再经过 A_2 的阻抗隔离电路，对电压信号做降噪抗干扰处理，最后经过多级运算放大器 A_3 将电压信号 U_{AE-E} 放大，从而得到更为稳定的参考电压信号 U_{Ee}，为后续的比较电路提供参考信号。

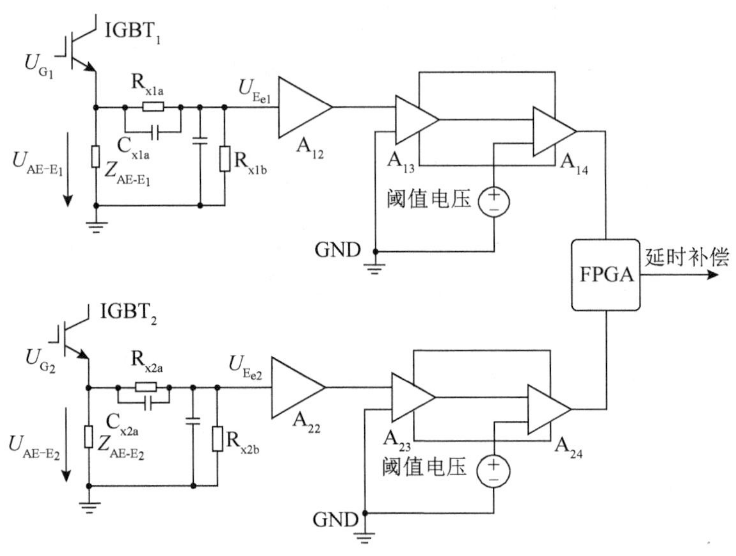

图 3.13 IGBT 测量电路和比较电路

在测量电路的基础上，比较电路是对运算放大器的输出参考电压信号进行数字处理的电路。通过 1 个双向比较器 A_4，使运算放大器的输出参考电压信号与预设的阈值电压进行比较，当参考电压幅值高于阈值电压幅值时，比较器输出高电平“1”，相反则保持“0”。由于 IGBT 并联模块集电极电流在出现动态不均的情况时，辅助发射极-功率发射极电压信号 $U_{\text{AE-E}}$ 也会呈现相同趋势的变化，因此 IGBT 并联模块不同线路上 $U_{\text{AE-E}}$ 的上升时间、尖峰电压、下降时间等参数都会因为动态不均流而呈现出差异，只要适当调整预设的阈值电压，就可以通过比较器得到所需的时序波形，该时序波形更为稳定、直观地展示出 IGBT 并联模块集电极电流的不均度，可以为后续的补偿算法设计及门极补偿信号的产生提供重要的参考依据。

3.3 脉冲间歇整流技术

脉冲间歇整流装置应用在电磁发射等大功率脉冲应用场合，通过对交流电能进行整流，快速为脉冲负载的直流储能元件补充能量，从而满足脉冲负载对直流供电的要求。采用晶闸管作为功率整流器件，通过对晶闸管的触发导通控制向直流侧脉冲负载的能量输送。由于直流侧脉冲负载的容量通常达到数十兆伏甚至更大，其瞬时功率由小到大变化迅速，且以脉冲间歇的特殊模式运行，因此为了避免脉冲负载对电网电能质量及挂网负载的影响，脉冲间歇整流装置通常采用大容量储能装置提供交流电能。当使用直流电容器作为直流储能元件时，由于交流电源和直流电容器容量有限，在直流侧负载和脉冲间歇整流装置同时工作时，交流电压频率会出现大范围的变化，交流电压波形将发生严重畸变，而直流电容器电压也将因电容器与大容量脉冲负载的无功交换而发生波动，所以，脉冲间歇整流装置将在交直流侧复杂变化的工况下，频繁承受在常规应用中很少出现的短时高电压、大电流脉冲的冲击。综合上述分析，传统的相控整流技术在电磁发射领域不太适合，其脉冲触发逻辑需要针对脉冲应用场合进行设计，并且为了提高脉冲间歇整流装置的可靠性，需要增加触发故障诊断系统。

3.3.1　脉冲间歇整流电路拓扑

脉冲间歇整流一般采用三相可控桥式整流拓扑，负载一般为脉冲负载，与通用整流电路相比，该电路电流大、工作时间短暂，对晶闸管的触发脉冲有特别的要求。图 3.14 给出了 6 脉波晶闸管脉冲间歇整流器的简化电路图，图中没有画出晶闸管的阻容（RC）吸收电路。

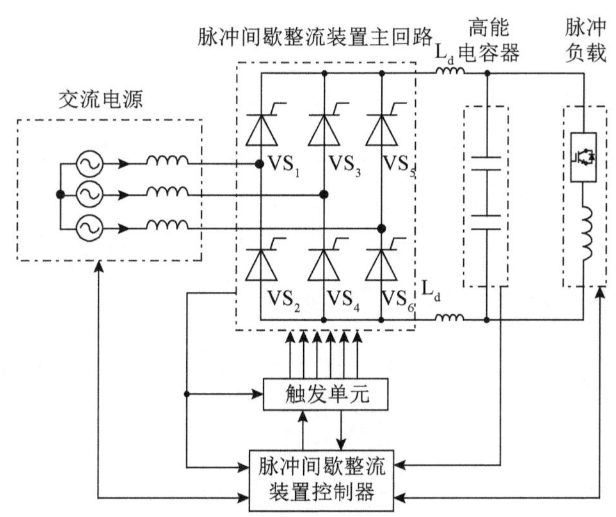

图 3.14　6 脉波晶闸管脉冲间歇整流器的简化电路图

L 为供电电源和整流器之间的线路总电感，包括供电电源的内部等效电感，以及为了降低网侧电流 THD（总谐波失真）而额外存在的滤波电感。如果在供电电源和整流器之间有隔离变压器，则 L 还包括变压器的漏电感。整流器直流侧的直流电感器 L_d 用于平滑直流电流，L_d 通常由一个铁芯和两个绕组组成，一个绕组串接在正直流母线上，而另一个绕组则串接在负直流母线上。由于这种连接方式在不增加电感器制造成本的同时能够减小电机上的共模电压，故其常应用于中压传动系统。

考虑理想的 6 脉波晶闸管脉冲间歇整流器，此时假设网侧电感为零。图 3.15 给出了整流器的典型波形，其中 u_a、u_b 和 u_c 为电网的相电压，i_{g1} ～ i_{g6} 为晶闸管 VS_1 ～ VS_6 的门极驱动信号，α 为晶闸管的触发角。

在时间段 I（$\frac{\pi}{6}+\alpha \leqslant \omega t < \frac{\pi}{2}+\alpha$）内，$u_a$ 高于其他两相电压 u_b 和 u_c，使得 VS_1 承受正向电压。在 $\omega t=\pi/6+\alpha$ 时，驱动信号 i_{g1} 触发 VS_1 使其导通，则正直流母线对地 G 点电压 u_P 等于 u_a。假设 VS_6 在 VS_1 导通之前就已导通，并将继续保持导通状态直到时间段 I 结束，在此期间负直流母线电压 u_N 等于 u_b。根据上面的分析可以得到，直流输出电压为 $u_d=u_P-u_N=u_{ab}$。直流电流 I_d 通过 VS_1、负载和 VS_6 从 u_a 流到 u_b，这一时间段内的三相电流 $i_a=I_d$、$i_b=-I_d$ 和 $i_c=0$。

在时间段 Ⅱ（$\frac{\pi}{2}+\alpha \leqslant \omega t < \frac{5\pi}{6}+\alpha$）内，$u_c$ 小于其他两相电压 u_a 和 u_b，使得 VS_2 承受正向电压。当驱动信号 i_{g2} 出现时 VS_2 立即导通。VS_2 的导通使 VS_6 承受反向电压而被迫关断。直流电流 I_d 从 VS_6 换相到 VS_2，从而有 $i_b=0$ 及 $i_c=-I_d$。由于没有网侧电感存在，换相过程可瞬间完成。在这个时间段内，直流输出电压为 $u_d=u_P-u_N=u_{ac}$。以此类推，可以得到其他时间段的电压和电流波形。直流输出平均电压可由式（3-3）得到

$$U_d=\frac{A_1}{\pi/3}=\frac{1}{\pi/3}\int_{\pi/6+\alpha}^{\pi/2+\alpha}u_{ab}\mathrm{d}(\omega t)=\frac{3\sqrt{2}}{\pi}U_{LL}\cos\alpha=1.35U_{LL}\cos\alpha \tag{3-3}$$

式中，

$$u_{ab}=\sqrt{2}U_{LL}\sin(\omega t+\pi/6)$$

式（3-3）表明，当触发角 α 小于 $\pi/2$ 时，直流输出平均电压 U_d 为正，而当触发角 α 大于 $\pi/2$ 时，直流输出平均电压 U_d 为负。直流电流 I_d 总是为正，和直流输出平均电压的极性无关。

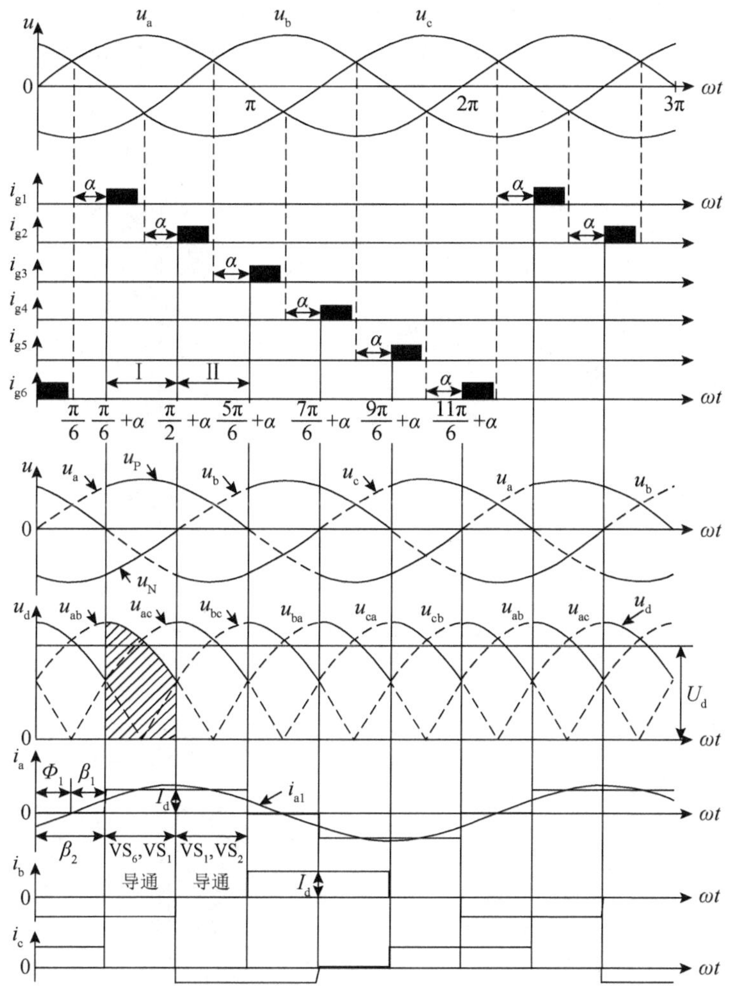

注：Φ、β_1、β_2 分别表示过零触发角、换向延迟角、总延迟角。

图 3.15　理想 6 脉波晶闸管脉冲间歇整流器在 α=30° 的波形

当整流器输出正的直流电压时，功率从电源流向负载。当整流器输出负的直流电压时，整流器运行在有源逆变模式下，功率从负载回馈到电源。这种情况通常发生在 CSI 传动系统运行在回馈制动过程中。在此过程中，逆变器将电机转子和机械负载的动能转化为电能并通过整流器回馈到电源，以达到快速回馈制动的目的。整流器的双向功率流动能力，使得 CSI 传动系统具备了四象限运行的能力。

不同触发角下理想 6 脉波晶闸管脉冲间歇整流器的电压波形如图 3.16 所

示。直流输出平均电压 U_d 在 α=45° 时为正；在 α=90° 时为零；在 α=180° 时达到负的最大值。由于实际整流器网侧电感 L_S 不为零，因此触发角 α 应该小于 180° ，以防晶闸管换相失败。

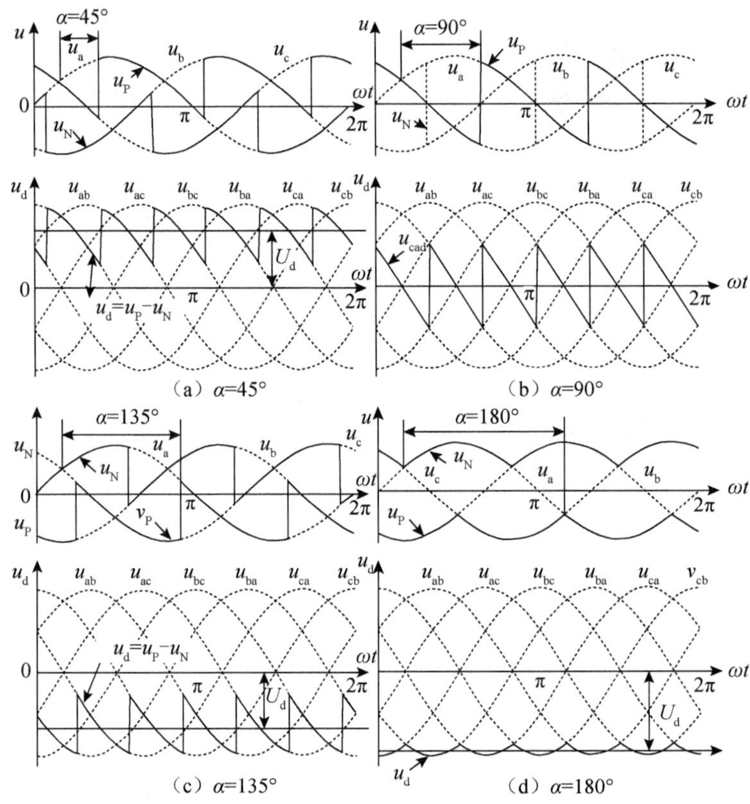

图 3.16　不同触发角下理想 6 脉波晶闸管脉冲间歇整流器的电压波形

3.3.2　脉冲触发逻辑设计

触发系统的基本功能是确定晶闸管的触发时刻并发送触发脉冲触发晶闸管导通。可以将脉冲间歇整流装置中晶闸管的触发角设计为零，因为这样在最大限度地利用器件容量的同时，能有效避免晶闸管在高阻断电压下被触发导通时因过度的电流集中而引起器件局部过热失效。直流侧负载以脉冲间歇的特殊模式工作，脉冲间歇整流装置的输入/输出变化迅速，触发系统需要快速识别晶闸管的工作状态并执行触发或停止触发的动作。在直流侧负载和脉冲间歇整流装置同时工作时，交流电压频率会出现大范围的变化，交流电压波形将发生严重畸变，触发系统需要在这种恶劣的工作条件下准确地确定并辨别出触发时刻。除此之外，考虑到脉冲间歇整流装置应用背景对可靠性、安全性和故障保护的要求，以及装置本身高压大容量的运行要求，脉冲间歇整流装置对其触发系统的要求可以概括为以下几点。

（1）当且仅当触发系统使能时发送触发脉冲，禁止误触发。

（2）限制控制延时及触发脉冲的执行延时。

（3）在交流输入和直流输出复杂变化的工况下，在晶闸管端电压过零时保证晶闸管可靠触发导通。

（4）在装置运行的全过程中提供实时准确的晶闸管触发状态诊断信息。

（5）在电流断续的情况下保持晶闸管正常运行。

（6）在晶闸管承受反压时禁止触发脉冲。

（7）隔离触发板和控制系统之间的高电位差。

（8）高抗电磁干扰能力。

相控触发是在工程实际中应用最广泛的，也是研究最深入的晶闸管触发策略。为了降低因波形畸变而引入的过零检测误差，出现了低通及带通滤波、零点线性化预测、数字滤波、交流电压重构等方法，但是其处理的效果都会受到输入或输出电流变化速度的影响，同时，由于需要复杂的软硬件处理，会在相当的延时后才能获得过零信号，又由于相控触发的固有结构，过零检测的延时将导致后续的频率同步、相位同步和脉冲执行都滞后于实际电压变化。此延时可适用于输入/输出变化较为平缓的传统工况，但是对于输入/输出快速变化的脉冲间歇应用则不容忽视；而且在脉冲间歇应用中，要想在输入严重畸变的工况下实现触发功能，复杂的软硬件结构也会使检测的效果和可靠性受到更多因素的影响，无论是从可靠性还是从成本上考虑，这些都是在实际应用中不希望发生的。

区别于传统的工频整流，在脉冲间歇整流装置工作过程中，供电频率会在 100 ～ 300 Hz 迅速变化，相控触发几乎无法做到同步，在这种情况下，相控触发出现触发失败，或者在器件承受高阻断电压时被触发导通的可能性将大大增加。考虑到在实际运行中波形畸变和供电频率变化是同时发生的，两个影响因素叠加将使相控触发更加难以满足应用要求。

针对脉冲式整流的工作特性，可以采用基于晶闸管端电压（U_{SCR}）来决定其触发、禁止的新型晶闸管触发策略。策略中设置正触发阈值电压（U_{PTH}）和负触发阈值电压（U_{NTH}）两个阈值点，根据晶闸管端电压，可将晶闸管的工作划分为晶闸管端电压低于负触发阈值电压、晶闸管端电压在正负触发阈值电压之间、晶闸管端电压高于正触发阈值电压三个区间，如图 3.17 所示。在不同的区间及区间边界上，根据晶闸管端电压的变化，触发单元中的触发逻辑控制单元以不同的控制逻辑调整施加到晶闸管的触发脉冲。

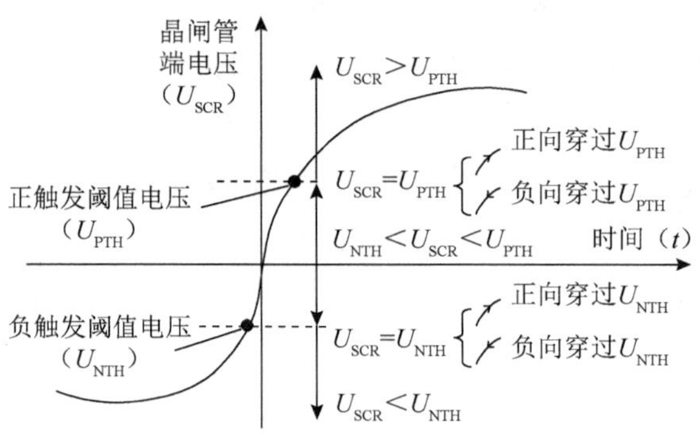

图 3.17　晶闸管触发策略

触发的目标是在供电频率大范围变化及交流波形畸变的条件下保证晶闸管在电压过零点触发导通，实际工作中负载或电源突变等原因会导致晶闸管在应该导通的区间出现电流过零关断，对此，触发逻辑中也应该考虑根据器件的工作状态对其进行脉冲的补发，这种补发的脉冲必须满足可控的要求，以防在禁止触发晶闸管的时刻对其进行补发。

图 3.18 展示了在脉冲间歇整流装置运行中截取的一个晶闸管端电压、晶闸

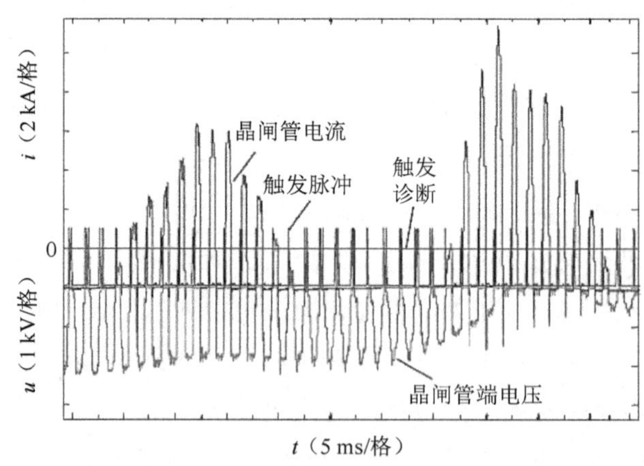

图 3.18　小电流断续工作时刻的局部放大图

管电流和相应的触发逻辑控制单元的输出信号波形。图 3.19 为通过负载突变引起的峰值电流工作时刻的局部放大图。图 3.20 为晶闸管电流、晶闸管端电压对比图。

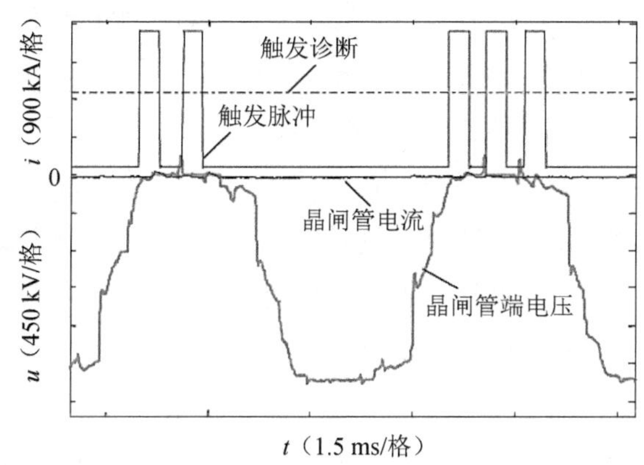

图 3.19　通过负载突变引起的峰值电流工作时刻的局部放大图

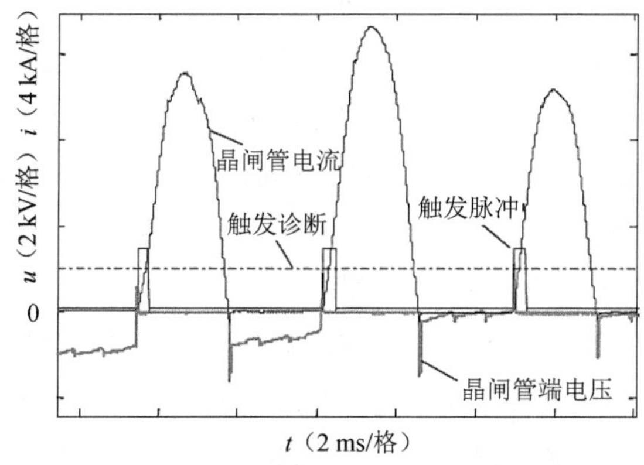

图 3.20　晶闸管电流、晶闸管端电压对比图

结合器件本身工作参数与试验测试，将 U_{PTH} 设置为 10 V（比晶闸管的通态压降稍高）以保证器件在低承压水平被触发；将 U_{NTH} 设置为 −15 V 以检测器件是否关断和确定预触发时刻。触发逻辑控制单元的执行逻辑如下。

（1）当 $U_{SCR}=U_{NTH}$ 且 U_{SCR} 负向穿过 U_{NTH} 时，立即撤除并禁止晶闸管触发脉冲，避免因在器件承受反压时发送触发脉冲而引起反向漏电流增大，器件损耗增加，寿命缩短。

（2）当 $U_{SCR}<U_{NTH}$ 时，立即撤除并禁止晶闸管触发脉冲。

（3）当 $U_{SCR}=U_{NTH}$ 且 U_{SCR} 正向穿过 U_{NTH} 时，使能一个 300 μs 的预触发脉冲。

（4）当 $U_{NTH}<U_{SCR}<U_{PTH}$ 时，如果进入本区间时有尚未结束的触发脉冲，则在本区间内，触发脉冲按照既定的长度执行；如果触发脉冲在本区间内停止或进入本区间时无正在发送的触发脉冲，则在本区间内不再使能新的触发脉冲，直至进入下一个工作区间。

（5）当 $U_{SCR}=U_{PTH}$ 且 U_{SCR} 正向穿过 U_{PTH} 时，如果到达本点时无触发脉冲或原有触发脉冲在此点正常结束，则使能一个 300 μs 的触发脉冲（连续输出的触发脉冲会被视为一个触发脉冲，持续时间为其中各个触发脉冲的持续时间之和）；除此之外，不改变原有的触发执行状态。

（6）当 $U_{SCR}>U_{PTH}$ 时，如果进入本区间时无触发脉冲，则使能一个 300 μs 的触发脉冲；如果在本区间内或本区间外使能的触发脉冲在本区间内结束，则在原脉冲结束时刻继续使能一个 300 μs 的触发脉冲，以实现补发功能。

（7）当 $U_{SCR}=U_{PTH}$ 且 U_{SCR} 负向穿过 U_{PTH} 时，如果到达本点时有正在发送的触发脉冲，且触发脉冲已持续时间长于 300 μs，则撤除触发脉冲；如果到达本点时有正在发送的触发脉冲，但触发脉冲已持续时间短于 300 μs，则触发脉冲继续发送，直至其持续时间达到 300 μs 时停止，以保证可靠触发［如果此触发脉冲尚未维持到 300 μs，U_{SCR} 就负向穿过 U_{NTH} 进入 $U_{SCR}<U_{NTH}$，则触发脉冲会按照（1）（2）中的逻辑被马上撤除］。

触发逻辑的设计涵盖了器件可能的各个运行点，同时执行此触发逻辑的触发逻辑控制单元完全由硬件电路搭建，响应迅速。所以，此触发逻辑控制单元可以适应脉冲运行时设备工况的快速变化。

3.3.3 触发故障诊断策略设计

前面所设计的触发策略中，底层的触发逻辑控制单元根据晶闸管端电压变化确定触发晶闸管的触发点和触发脉冲，而对于脉冲间歇整流装置而言，晶闸管触发还取决于处于顶层的脉冲。

间歇整流装置控制器（PIRC）的使能信号，是触发逻辑控制单元根据设计的触发逻辑输出的信号级的触发脉冲。只有在 PIRC 触发使能信号的情况下，底层的触发逻辑控制单元的输出信号才会被放大为功率级的电流脉冲来触发晶闸管导通；在 PIRC 没有触发使能信号的情况下，底层的触发逻辑控制单元虽然仍旧会按照触发逻辑输出触发脉冲信号，但是此信号不会被放大，不会有实际的触发脉冲施加到晶闸管。

触发诊断的基本思路是将触发逻辑控制单元的输出信号引至 FPGA（现场可编程门阵列）芯片，FPGA 根据触发逻辑控制单元的触发逻辑和装置的工作状态，解析出反馈的触发信号所对应的电路工作状态，判断是否出现触发故障。触发故障的诊断根据装置工况的变化分别采取不同的逻辑执行，具体实施过程如下。

（1）当脉冲间歇整流装置主回路没有上电，晶闸管端电压一直为零时，不应向晶闸管发送触发脉冲。如果检测到触发逻辑控制单元有输出触发脉冲，则视为故障。

（2）当脉冲间歇整流装置主回路上电，但 PIRC 没有触发使能信号时，晶闸管不会触发导通，其将承受施加在主回路上的交流电压。在其承受交流正半波时，U_{SCR} 将一直高于 U_{PTH}，触发逻辑控制单元应当输出持续的触发脉冲直至 U_{SCR} 低于 U_{PTH}。所以，如果检测到以下情况应该视为故障：① 5 ms（最低供电频率 100 Hz 对应的正半波时间）内没有检测到触发脉冲；②检测到触发脉冲长于 5 ms。

（3）当脉冲间歇整流装置主回路上电，且 PIRC 触发使能信号，按照设计，触发逻辑控制单元应当在晶闸管承受正压时将其触发导通，所以晶闸管不应出现 U_{SCR} 持续高于 U_{PTH} 的情况。如果 U_{SCR} 持续高于 U_{PTH}，则触发逻辑控制单元会输出持续的触发脉冲。此时，如果检测到以下情况应该视为故障：① 5 ms 内没有检测到触发脉冲；②检测到触发脉冲长于 1.6 ms（最高供电频率 300 Hz 对应的半个周期时间）。

为在脉冲间歇整流装置运行的全过程中实时地诊断触发系统的工作状态，需要触发逻辑控制单元在装置运行的全过程中不间断地反馈其输出信号以涵盖所有可能的故障时刻。所以，触发逻辑控制单元需要有持续、稳定的供电。本设计中采用了高隔离电压等级的独立直流电源来为触发逻辑控制单元供电，较好地保证了二次回路与主功率回路之间的电气隔离，降低了主功率回路对二次回路的干扰，且由于采用了此独立隔离电源，触发逻辑控制单元省去了传统触发电路中采用的脉冲变压器，降低了触发电路设计的复杂程度，缩减了装置硬件实现的体积，方便了触发逻辑控制单元的就近布置和系统集成，避免了在强触发下或强电磁干扰下脉冲变压器铁芯饱和的问题。

3.4 脉冲式逆变技术

电磁发射系统的核心是直线电机的推力控制，为了对直线电机的推力进行精确的控制，离不开高性能的矢量控制。矢量控制的执行依赖逆变技术，通过对直线电机的定子电流的解耦计算，分别对定子电流的励磁分量和推力分量进行闭环调节，然后输出对应的 PWM 信号控制逆变器的开关器件，对脉冲整流后的直流电能进行变换，产生直线电机所要求的变频变压的交流电能。

与普通的逆变相比，脉冲功率设备对逆变器在总体设计、拓扑结构选择、控制系统设计，以及辅助系统设计等方面提出了很高的要求，由于发射过程具有超大功率、脉冲式、间歇循环式的工作特点，要求电力电子装置具备大幅调节电流和电压的能力。为此，在主电路拓扑结构的选择和设计方面，逆变电路一般采用三电平逆变器拓扑结构。

3.4.1 三电平逆变器拓扑结构及分析

在脉冲功率系统中，直流母线电压偏高，采用传统的两电平方案，对开关器件的耐压值提出了很高的要求，而且两电平逆变器输出的电压谐波较大。由于以上几个原因，脉冲功率系统中大量使用了三电平逆变器的方案。

三电平是相对于通用变频器中最常用的两电平方案而言的。两电平方案中，每个桥臂的输出电位相对于直流中点（中性点）而言只有两种可能，即输出正电平（P）或输出负电平（N），而三电平电路由于其特殊的电路结构，除 P、N 两种电平输出外，还可以实现零电平（0）输出。

相对于两电平电路结构而言，三电平电路可以使主开关器件的电压降低一半，由于其输出多了一个电平，可以使 du/dt 降低一半，从而使输出电压谐波减小，电机的轴电压和输出电流大大减小，所有这些优点，使其非常适用于高压变频调速技术。但是它同时带来了诸如中点电压平衡等问题，由于电平数的增加，其控制算法也相应较为复杂。事物往往是具有两面性的，控制算法复杂的同时使得控制算法更加灵活，这又是三电平电路的一个优点。

到目前为止所见到的多电平逆变器，按主电路拓扑结构来分，主要分为三种类型：①二极管箝位型多电平逆变器；②电容箝位型多电平逆变器；③级联型多电平逆变器。二极管箝位的三电平电路工作原理如图 3.21 所示。图 3.21 中，每相逆变桥由 4 个开关管（及其续流二极管）和 2 个箝位二极管组成，三相桥臂共用了12个电力电子开关（及其续流二极管）和6个箝位二极管，所有这些管子的耐压要求相同。三相桥臂的输出（u、v、w）接负载，图3.21中负载采用Y联结，也可以采用△联结。各组箝位二极管的中间抽头均连到直流侧两个电容器的中间抽头（O）。

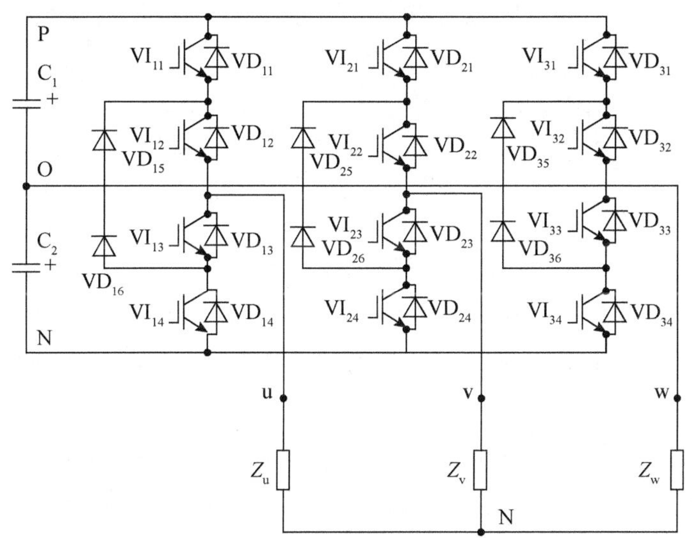

图3.21 二极管箝位的三电平电路工作原理

下面以u相为例，说明三电平电路的相电压输出的三种（P、O、N）状态及各状态间的切换。

1. 相电压输出的三种状态

（1）输出为正（P），如图3.22所示，当VI_{11}和VI_{12}导通，VI_{13}和VI_{14}关断时，u相输出端接到直流母线的正端P（电容器C_1的正极）。当定义O点为参考地时，u相输出电压为$U_u=U_d=U_{c1}$，称为输出正电压（P状态），此时又分为两种情况。

图3.22（a）中，电流由P端流入，此时电流由u端流出，经VI_{11}、VI_{12}到u端，再经过其他两相流回N端或O端或P端。此时VI_{11}、VI_{12}导通，其余管子不导通。

图3.22（b）中，电流由u端流入，此时电流从u相负载由u端流入，经VD_{12}、VD_{11}到P端。此时VD_{11}、VD_{12}导通，VI_{11}、VI_{12}承受由VD_{11}、VD_{12}导通引起的反向电压，尽管门极有开通信号，但实际上不导通。

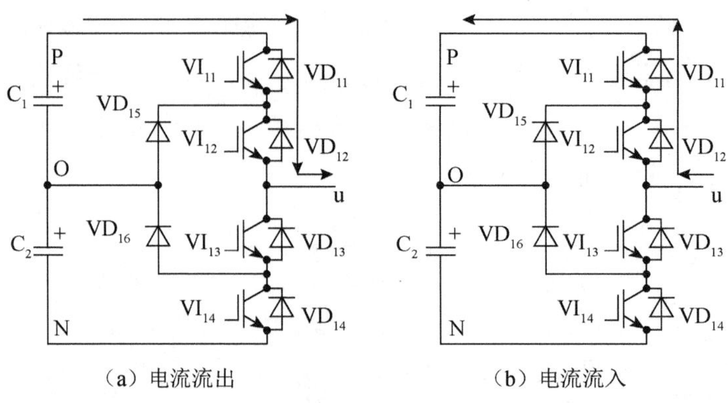

（a）电流流出　　（b）电流流入

图 3.22　三电平电路 P 状态输出

（2）输出为零（O），如图 3.23 所示，当 VI_{12} 和 VI_{13} 导通，VI_{11}、VI_{14} 关断时，u 相输出端接到直流母线的中点 O（电容器 C_1 的负极）。当定义 O 点为参考地时，u 相输出电压为 U_u=0，称为输出零电压（O 状态），此时又分为两种情况。

图 3.23（a）中，电流由 u 端流出，此时电流由 O 端流入，经 VD_{15}、VD_{12} 到 u 端，再经其他两相流回 N 端或 O 端或 P 端。此时 VD_{15}、VI_{12} 导通，VI_{13}、VD_{13}、VD_{12} 不导通。

图 3.23（b）中，电流由 u 端流入，此时电流从 u 相负载由 u 端流入，经 VI_{13}、VD_{16} 到 O 端。此时 VI_{13}、VD_{16} 导通，其余管子均不导通。

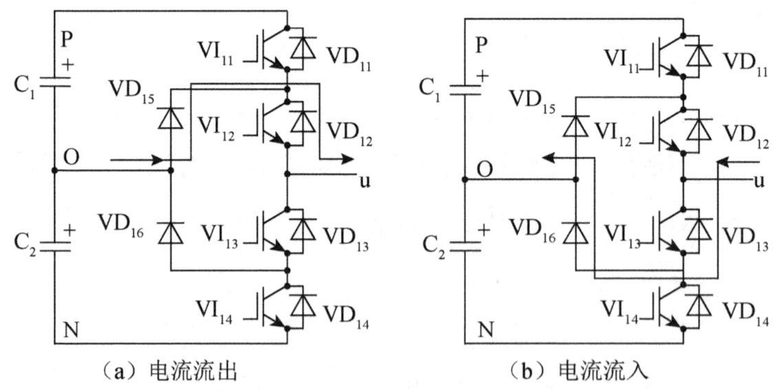

（a）电流流出　　（b）电流流入

图 3.23　三电平电路 O 状态输出

（3）输出为负（N），如图 3.24 所示，当 VI_{11} 和 VI_{12} 关断，VI_{13} 和 VI_{14} 导通时，u 相输出端接到直流母线的负端 N（电容器 C_2 的负极）。当定义 O 点为参考地时，u 相输出电压为 $U_u=-U_d=-U_{c2}$，称为输出负电压（N 状态），此时又分为两种情况。

图 3.24（a）中，电流由 N 端流出，经 VD_{14}、VD_{13} 到 u 端，再经其他两相流回 N 端或 O 端或 P 端。此时 VD_{14}、VD_{13} 导通，其余管子均不导通。

图 3.24（b）中，电流由 u 端流入，经 VI_{13} 和 VI_{14} 到 N 端。此时 VI_{13} 和 VI_{14} 导通，其余管子均不导通。

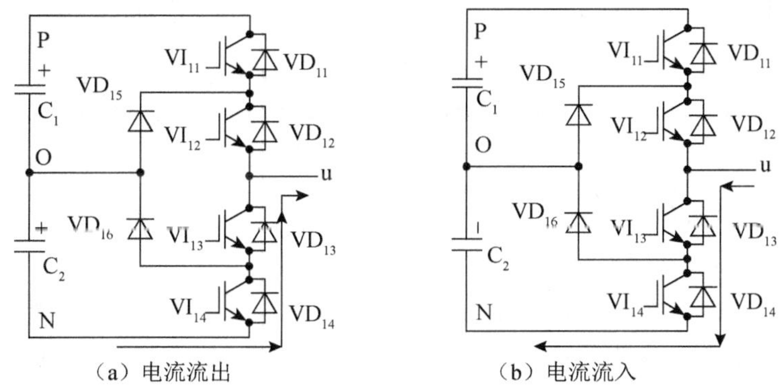

（a）电流流出　　（b）电流流入

图 3.24　三电平电路 N 状态输出

以此类推，图 3.24 所示的电路的每相均可以实现 P、O、N 三种电平的输出，比普通的两电平电路的相电压输出多了一个状态，故称其为三电平电路。该三电平电路之所以能够实现三个电平的输出，主要是因为每相有一个箝位二极管，可以实现两电容器的中点（O）电压的输出，故此也常称其为中点箝位（NPC）的三电平电路。

2. 工作状态的切换

三电平每相逆变桥中 P 状态时是 VI_{11}、VI_{12} 导通，O 状态是 VI_{12}、VI_{13} 导通，N 状态是 VI_{13}、VI_{14} 导通。P-O 和 O-N 之间切换时，各有一个电力电子器件开和关，P-N 两个状态直接切换时，则各有两个电力电子器件开和关，逆变桥中的电力电子器件的工作状态均发生变化，这实际上就相当于两电平的工作方式，同时，进行这种切换时还要考虑到贯穿（4 个电力电子器件均未关断导致直通短路）问题，相应死区时间也需增加，电力电子器件的开关频率较其他两种切换方式提高了一倍，所以 P-N 之间切换一般极少使用，在三电平的算法设计中应注意避免在 P-N 之间直接切换。

（1）P-O 状态间的切换。P-O 状态间的切换又可分为 4 种情况。

①由 P 状态切换到 O 状态，电流由 u 端流出。

此时相当于从图 3.22（a）的状态切换到图 3.23（a）的状态。切换前，VI_{11}、VI_{12} 导通，电流路径为 P—VI_{11}—VI_{12}—u。切换时将 VI_{11} 关断、VI_{13} 开通。

与两电平电路的状态切换相同，在从 VI_{11} 开通转到 VI_{13} 开通时，同样需要考虑贯穿问题，所以同样需要留有死区。如果 VI_{11} 关断与 VI_{13} 的开通同时进行，则有可能由于 VI_{11} 还没有彻底关断，VI_{13} 已开通，形成 P—VI_{11}—VI_{12}—VI_{13}— VD_{16}—O 的电流路径，导致贯穿。

在图 3.22（a）的状态，电路路径为 P—VI_{11}—VI_{12}—u，此时关断 VI_{11}，电流换流到 O—VD_{15}—VI_{12}—u，待 VI_{11} 彻底关断后，再将 VI_{13} 开通，完成切换，此状态电流并不流经 VI_{13}。

②由 P 状态切换到 O 状态，电流由 u 端流入。

此时相当于从图 3.22（b）的状态切换到图 3.23（b）的状态。切换前，VI_{11}、VI_{12} 导通，电流路径为 u—VD_{12}—VD_{11}—P。切换时将 VI_{11} 关断，此时由于电流流经 VD_{11}，并不流经 VI_{11}，事实上 VI_{11} 由于承受的是 VD_{11} 导通造成的反压，本身就未开通，所谓的关断就是将其开通的门极信号变成关断的门极信号，之后将 VI_{13} 开通，电流由原来的路径切换到 u—VI_{13}—VD_{16}—O，完成切换。

③由 O 状态切换到 P 状态，电流由 u 端流出。

此时相当于从图 3.23（a）的状态切换到图 3.22（a）的状态。切换前，VI_{13}、VI_{12} 导通，电流路径为 O—VD_{15}—VI_{12}—u，此时关断 VI_{13}，由于原来电流就不流经 VI_{13}，所以 VI_{13} 的关断对原来的电流路径并未产生影响，之后将 VI_{11} 开通，将形成新的电流路径 P—VI_{12}—VI_{11}—u，由于新的路径比原来的路径增加了一个电容电压，所以电流很快从原来的路径转移到新的路径中，完成切换。

④由 O 状态切换到 P 状态，电流由 u 端流入。

此时相当于从图 3.23（b）的状态切换到图 3.22（b）的状态。切换前，VI_{13}、VI_{12} 导通，电流路径为 u—VI_{13}—VD_{16}—O，此时关断 VI_{13}，VI_{13} 的关断将迫使电流由原来的电流路径转移到新的路径 u—VD_{12}—VD_{11}—P，之后再将 VI_{11} 开通，完成切换。

（2）O-N 状态间的切换。O-N 状态间的切换又可分为 4 种情况。

①由 O 状态切换到 N 状态，电流由 u 端流出。

此时相当于从图 3.23（a）的状态切换到图 3.24（a）的状态。切换前，VI_{13}、VI_{12} 导通，电流路径为 O—VD_{15}—VI_{12}—u。此时关断 VI_{12}，强迫电流换相到 N—VD_{14}—VD_{13}—u，待 VI_{12} 彻底关断后，再将 VI_{14} 开通，完成切换。

②由 O 状态切换到 N 状态，电流由 u 端流入。

此时相当于从图 3.23（b）的状态切换到图 3.24（b）的状态。切换前，VI_{13}、VI_{12} 导通，电流路径为 u—VI_{13}—VD_{16}—O，切换时将 VI_{12} 关断，之后将 VI_{14} 开通，电流由原来的路径切换到 u—VI_{13}—VI_{14}—N，由于新的路径比原来的路径增加了一个电容电压，所以电流很快从原来的路径转移到新的路径中，完成切换。

③由 N 状态切换到 O 状态，电流由 u 端流出。

此时相当于从图 3.24（a）的状态切换到图 3.23（a）的状态。切换前，VI_{13}、VI_{14} 导通，电流路径为 N—VD_{14}—VD_{13}—u，此时关断 VI_{14}，由于原来的电流就不流经 VI_{14}，所以 VI_{14} 的关断对原来的电流路径并未产生影响，之后将 VI_{12} 开通，将形成新的电流路径 O—VD_{15}—VI_{12}—u，由于新的路径比原来的路径增加了一个电容电压，所以电流很快从原来的路径转移到新的路径中，完成切换。

④由 N 状态切换到 O 状态，电流由 u 端流入。

此时相当于从图 3.24（b）的状态切换到图 3.23（b）的状态。切换前，VI_{13}、VI_{14} 导通，电流路径为 u—VI_{13}—VI_{14}—N，此时关断 VI_{14}，VI_{14} 的关断将迫使电流由原来的电流路径转移到新的路径 u—VI_{13}—VD_{16}—O，之后将 VI_{12} 开通，完成切换。

其他两相的工作状态，以及状态间的切换与此相似。

两电平电路由于相电压只能有两种状态输出，无法实现零电压输出，如果采用 PWM 算法，则只能采用双极性的调制方式；如果采用方波输出，则只能采用 180° 导通这一种方式。

3. 三电平逆变器的工作波形分析

三电平方式的相电压可以实现零电压输出，其输出有三种状态。图 3.25 所示为 u 相相电压输出波形，图 3.25（a）所示为采用方波输出的波形，图 3.25（b）所示为采用 PWM 输出的波形。

图 3.25（a）中 α 为触发延迟角，当 α=30° 时，正好就是 120° 导通型。

相电压输出采用 PWM 调制且取载波比 N=6、调制系数 m_d=1 时，三相输出相电压 u_{u0}、u_{v0}、u_{w0}，以及输出线电压 u_{uv} 的波形，如图 3.26（a）~ 图 3.26（d）所示。

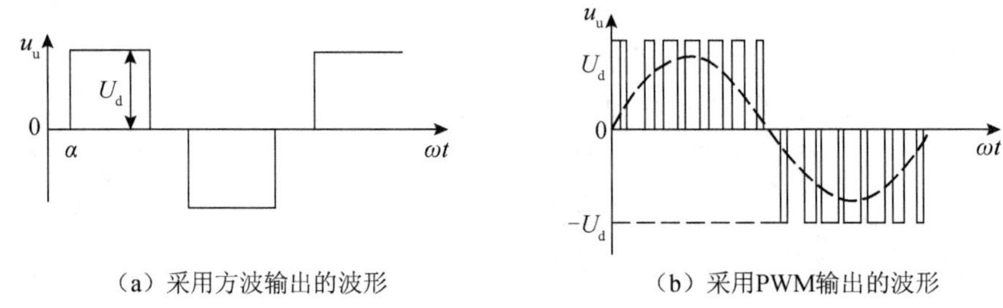

（a）采用方波输出的波形　　（b）采用PWM输出的波形

图 3.25　u 相相电压输出波形

逆变器侧的中点 O 与负载的中点两者未相连，两者间的电压平均值为 0，但两者间的电压瞬时值并不为 0。

由图 3.21 可知

$$\begin{cases} u_{uN}=u_{u0}-u_{N0} \\ u_{vN}=u_{v0}-u_{N0} \\ u_{wN}=u_{w0}-u_{N0} \end{cases} \tag{3-4}$$

将上面三式相加可以得到

$$u_{uN}+u_{vN}+u_{wN}=u_{u0}+u_{v0}+u_{w0}-3u_{N0} \tag{3-5}$$

假设三相负载均衡（Z_u=Z_v=Z_w），则

$$u_{uN}+u_{vN}+u_{wN}=0 \tag{3-6}$$

将式（3-6）代入式（3-5）中，整理后可得

$$u_{N0}=\frac{1}{3}(u_{u0}+u_{v0}+u_{w0}) \tag{3-7}$$

由式（3-7）可以绘制出负载及电源中点间的电压波形，如图 3.26（e）所示。

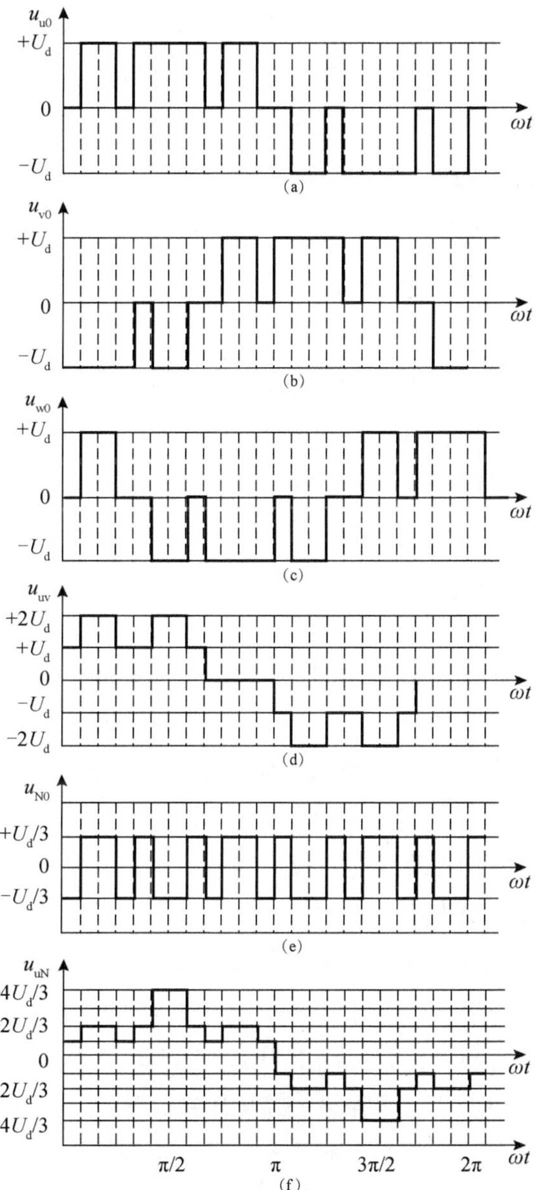

图 3.26　三电平三相输出电压及负载电压波形

在绝大多数应用场合中，由于逆变器的工作特点，两者间的电压平均值为 0，但瞬时值并不为 0，而是按照一定的频率波动的，其波动的角频率为

$$\omega'=\frac{1}{2}N\omega=\frac{1}{2}\omega_K \tag{3-8}$$

式中，N 为载波比；ω 为调制波的角频率；ω_K 为载波的角频率。

由式（3-4），在已知输出 u 相电压及中点间的电压情况下，可以得到 u 相负载的相电压波形，如图 3.26（f）所示。由图 3.26（f）可以看出，负载的相电压波形比较丰富，输出电平有 $\pm 4U_d/3$、$\pm 2U_d/3$，由于所选取的载波比 N 较小，还有几个电平没有呈现出来，正常做 PWM 控制时，除以上 4 种电平外，还会有 $\pm U_d$、0 三种电平。总的来讲，逆变器在三电平工作时负载的相电压波形还是比较好的。

对二极管箝位的三电平逆变器的特点可归纳如下。

（1）由于每个桥臂采用了 4 个开关器件，并引入箝位二极管，每个开关器件所承受的直流电压较两电平而言减少了一半，这样有利于采用低压电力电子器件实现较高电压的输出，并且各开关器件间没有均压问题的存在，简化了产品设计，提高了设备可靠性。

（2）相对于两电平而言，三电平比较适合于高压变频器的应用，但由于现有的电力电子器件耐压仍然不够（常用的 IGBT 为 3300 V，IGCT 为 4500 V），而国内的高压电机的电压等级大多是 6000 V 和 10 kV，采用三电平电路直接实现上述电压输出还是有一定难度的，有些厂家将图 3.21 中每个电力电子器件由两个以上的高压 IGBT 或 IGCT 串联实现，以提高耐压，或者推荐用户将电机由星形连接改成为三角形连接，以降低电机线电压，或者干脆在输出侧再加一级升压变压器。

（3）采用三电平逆变电路，如果直流电压由输入交流电压直接整流得到，则是一种 6 脉波的取电方式，输入侧对电网的干扰比较大，5 次和 7 次谐波严重，为减少对输入侧的干扰，可以采用 12 脉波或 24 脉波等多脉波的多重化整流方案，则输入侧必须加一级隔离移相变压器，这增加了系统的造价和体积，整机效率也将降低。另一种办法就是采用可控整流的方式，整流侧也采用三电平的方式，也可称其是一种背靠背的方式，但这种方式在高压直接输出的情况下，同样存在电压过高和电力电子器件耐压不足的矛盾，而且产品在实现上难度很大。

（4）输出的电压、电流谐波比两电平电路要好得多，但还是比较大，尤其是在高压电机的应用场合，需用专用电机或加配输出滤波器。

（5）输出的 du/dt 在幅值上比两电平电路减小了一半，有利于系统设计和可靠性的提高。

（6）存在中点电压平衡的问题，需要在算法中弥补，增加了系统控制的复杂程度，或者可以采用其他方法，如多脉波取电方式等方法，让两组电容器分别供电，这样会增加系统成本，同时对输入侧会造成谐波干扰。

（7）输出电平数量明显增加，尤其是负载相电压电平丰富。

（8）电源侧和负载侧两个中点间电压存在波动，应用于高压电机时，波动的电压幅值较大，严重时会引起较大的电机轴电压和轴电流。

（9）每相桥臂可以有 3 个电平输出，整机可以实现 27 种电平的组合，增加了控制的自由度，有利于一些算法的实现。

（10）与两电平电路相比，要达到同样的输出谐波指标，三电平电路的每个电力电子器件的开关频率可以适当降低，这样可以提高系统的可靠性，减少开关损耗。

3.4.2　三电平逆变电路的 SVPWM 控制

由于逆变器的负载为直线电机，为了获得高性能的电机控制特性，主要包括直线电机的推力的快速响应，采用空间电压矢量算法是优先考虑的方案。由于三电平逆变电路本身与两电平电路相比有很大的不同，所以三电平 SVPWM 算法与两电平 SVPWM 算法相比也有诸多不同。由于三电平电路本身电平数比两电平电路有所增加，三电平 SVPWM 算法中的空间电压矢量的数量也由原来的 8 个增加到 27 个，三电平 SVPWM 算法的灵活性大大增强，但同时三电平 SVPWM 存在算法复杂、中点电压波动等不利因素。本节将重点讨论三电平 SVPWM 算法及实现方法。

1. 三电平空间电压矢量的合成

两电平电路中常用的空间电压矢量算法可以移植到三电平电路中。两电平电路中，每相桥臂均可以有两种工作状态，这样三相逆变桥共可合成 2^3=8 种工作状态，其中幅值大于 0 的有 6 种，其余两种空间电压矢量的模等于 0，称其为零矢量。

三电平电路中，每相桥臂均可以有 3 种工作状态，这样三相逆变桥共可以合成 3^3=27 种工作状态，其中同样存在一些重叠的空间电压矢量。实际的空间电压矢量共有 19 种，其中一种为零矢量。三电平 SVPWM 空间电压矢量示意图如图 3.27 所示。图 3.27 中，**PON** 表示 u 相输出为正（P），v 相输出为 0（O），w 相输出为负（N），其他以此类推。

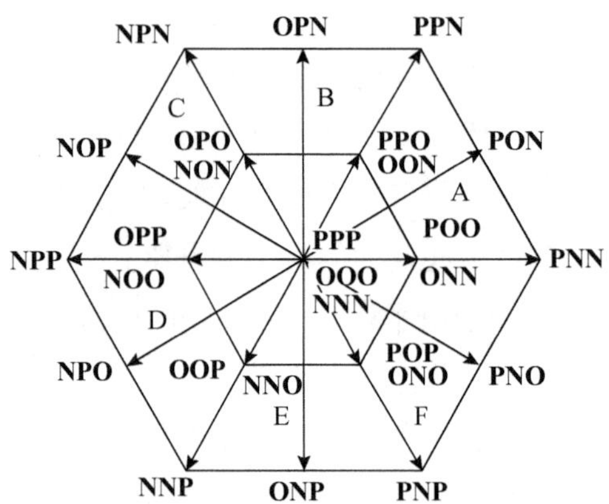

图 3.27　三电平 SVPWM 空间电压矢量示意图

下面推导 **PNN**、**POO**（**ONN**）、**PON** 三个矢量的合成过程，其他矢量读者可以自行推导。大家知道，三相电机的三相绕组在空间布置上互差 120°，由此可以画出三相电机三组绕组的空间电压矢量的正方向的空间位置，如图 3.28（a）所示。

当三相电机采用三相三电平式逆变器供电时，逆变器每相的输出电压只可能有三种工作状态：当输出为正（P）时，其输出电压的方向为正方向，幅值为 U_d；当输出为 0（O）时，其输出电压的幅值为 0，位于原点；当输出为负（N）时，其输出电压的方向为正方向的反方向，幅值为 U_d。由此可以得到输出状态为 **PNN** 时的三相的三个空间电压矢量的示意图，如图 3.28（b）所示。

图 3.28（b）中，三个空间电压矢量 $\boldsymbol{U}_u$、$\boldsymbol{U}_v$、$\boldsymbol{U}_w$ 共同作用的效果与一个等效的空间电压矢量 $\boldsymbol{U}_{eq}$ 的作用效果相同，其中

$$\boldsymbol{U}_{eq}=\boldsymbol{U}_u+\boldsymbol{U}_v+\boldsymbol{U}_w \tag{3-9}$$

同理，可以得到其他三种空间电压矢量 **POO**、**ONN**、**PON** 的合成结果，如图 3.28（c）～图 3.28（e）所示。

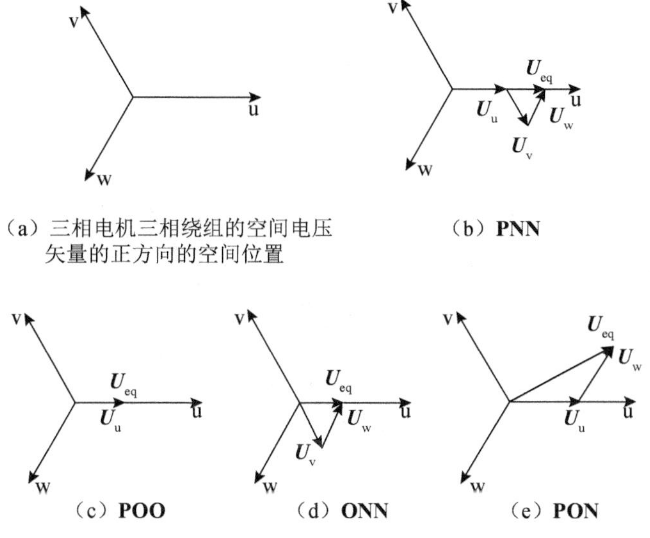

（a）三相电机三相绕组的空间电压矢量的正方向的空间位置　（b）PNN

（c）POO　（d）ONN　（e）PON

图 3.28　空间电压矢量的合成

从图 3.28（c）和图 3.28（d）中可以看到，其中两种空间电压矢量 **POO** 和 **ONN** 合成后所得到的等效的电压矢量 $\boldsymbol{U}_{eq}$ 完全相同，这两种空间电压矢量作用到电机上得到的作用效果完全相同，所以这两种空间电压矢量是两个重叠的电压矢量，在 **PPO** 和 **OON**、**OPO** 和 **NON**、**OPP** 和 **NOO**、**OPP** 和 **NNO**、**POP** 和 **ONO** 这 5 对空间电压矢量的合成中同样存在此类情况。以上 6 对空间电压矢量在电机的作用效果上完全相同，但是从逆变器的角度讲，它们对中点电压的影响，以及对电力电子器件的开关时刻、平均工作时间、开关次数等方面的影响是不同的，尤其对中点电压的影响不同，在使用中应特别注意。

由式（3-9）可以得到：

逆变器输出状态为 **PNN** 时，$\boldsymbol{U}_{eq}=2\boldsymbol{U}_d$；

逆变器输出状态为 **POO**（**ONN**）时，$\boldsymbol{U}_{eq}=\boldsymbol{U}_d$；

逆变器输出状态为 **PON** 时，$\boldsymbol{U}_{eq}=\sqrt{3\boldsymbol{U}_d}$。

因此，也常要根据等效空间电压矢量的幅值将上述三个矢量分别称为大矢量、小矢量和中矢量，同时将矢量幅值为 0 的三个矢量（**PPP**、**OOO**、**NNN**）称为零矢量 $\boldsymbol{U}_0$。

为论述方便起见，在此将 19 个空间电压矢量分别表示为 $\boldsymbol{U}_0$ ～ $\boldsymbol{U}_{18}$，如

图 3.29 所示。每个电压矢量与图 3.29 的对应关系如表 3.3 所示。

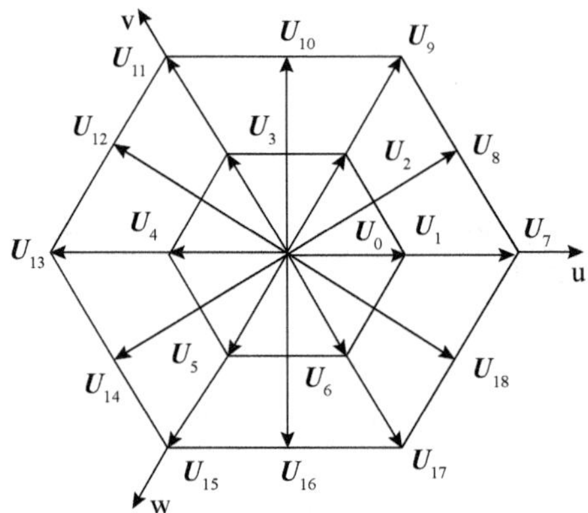

图 3.29　三电平空间电压矢量图

表 3.3　三电平空间电压矢量与电力电子器件开关状态对照表

空间电压矢量	uvw 三相输出	各个电力电子器件开关状态（0 表示关断，1 表示开通）												矢量类别
		VI_{11}	VI_{12}	VI_{13}	VI_{14}	VI_{21}	VI_{22}	VI_{23}	VI_{24}	VI_{31}	VI_{32}	VI_{33}	VI_{34}	
U_0	PPP	1	1	0	0	1	1	0	0	1	1	0	0	零矢量
U_0	OOO	0	1	1	0	0	1	1	0	0	1	1	0	零矢量
U_0	NNN	0	0	1	1	0	0	1	1	0	0	1	1	零矢量
U_1	POO	1	1	0	0	0	1	1	0	0	1	1	0	小矢量
U_1	ONN	0	1	1	0	0	0	1	1	0	0	1	1	小矢量
U_2	PPO	1	1	0	0	1	1	0	0	0	1	1	0	小矢量
U_2	OON	0	1	1	0	0	1	1	0	0	0	1	1	小矢量
U_3	OPO	0	1	1	0	1	1	0	0	0	1	1	0	小矢量
U_3	NON	0	0	1	1	0	1	1	0	0	0	1	1	小矢量
U_4	OPP	0	1	1	0	1	1	0	0	1	1	0	0	小矢量
U_4	NOO	0	0	1	1	0	1	1	0	0	1	1	0	小矢量
U_5	OOP	0	1	1	0	0	1	1	0	1	1	0	0	小矢量
U_5	NNO	0	0	1	1	0	0	1	1	0	1	1	0	小矢量
U_6	POP	1	1	0	0	0	1	1	0	1	1	0	0	小矢量
U_6	ONO	0	1	0	0	0	0	1	1	0	1	1	0	小矢量
U_7	PNN	1	1	0	0	0	0	1	1	0	0	1	1	大矢量
U_8	PON	1	1	0	0	0	1	1	0	0	0	1	1	中矢量

续表

空间电压矢量	uvw 三相输出	各个电力电子器件开关状态（0 表示关断，1 表示开通）												矢量类别
		VI_{11}	VI_{12}	VI_{13}	VI_{14}	VI_{21}	VI_{22}	VI_{23}	VI_{24}	VI_{31}	VI_{32}	VI_{33}	VI_{34}	
$\boldsymbol{U}_9$	**PPN**	1	1	0	0	1	1	0	0	0	0	1	1	大矢量
$\boldsymbol{U}_{10}$	**OPN**	0	1	1	0	1	1	0	0	0	0	1	1	中矢量
$\boldsymbol{U}_{11}$	**NPN**	0	0	1	1	1	1	0	0	0	0	1	1	大矢量
$\boldsymbol{U}_{12}$	**NPO**	0	0	1	1	1	1	0	0	0	1	1	0	中矢量
$\boldsymbol{U}_{13}$	**NPP**	0	0	1	1	1	1	0	0	1	1	0	0	大矢量
$\boldsymbol{U}_{14}$	**NOP**	0	0	1	1	0	1	1	0	1	1	0	0	中矢量
$\boldsymbol{U}_{15}$	**NNP**	0	0	1	1	0	0	1	1	1	1	0	0	大矢量
$\boldsymbol{U}_{16}$	**ONP**	0	1	1	0	0	0	1	1	1	1	0	0	中矢量
$\boldsymbol{U}_{17}$	**PNP**	1	1	0	0	0	0	1	1	1	1	0	0	大矢量
$\boldsymbol{U}_{18}$	**PNO**	1	1	0	0	0	0	1	1	0	1	1	0	中矢量

2. 三电平 SVPWM 的控制算法

与两电平 SVPWM 相比，三电平 SVPWM 的空间电压矢量增加到 27 个，这为控制算法的优选提供了很大的选择空间，为设计人员提供了很大的自由度，同时增加了设计的复杂程度，在此对一些常见的算法做简单介绍。

所谓的控制算法，核心问题就是空间电压矢量的选择，也就是当等效矢量运行到哪个区间时采用哪几个空间电压矢量来合成的问题。仿照两电平 SVPWM 的做法，可以以 6 个大矢量 **PNN**、**PPN**、**NPN**、**NPP**、**NNP**、**PNP** 为边界，将整个六边形分为 6 个等边三角形（A、B、C、D、E、F 称为 6 个扇区），如图 3.27 所示。这 6 个扇区除了其所包含的空间电压矢量不同，其形状及组成等均具有一定的对称性，只需要研究其中一个扇区，所得到的结论具有一定普遍性，稍做改动就可推广到其他三角形中。下面以 A 扇区为例展开。

三电平逆变器的 SVPWM 算法主要包括参考空间电压矢量所在扇区号的判断及工作模式判断，开关矢量的选择优化，开关矢量作用时间计算，以及所选矢量作用顺序的确定。

为了减小谐波和开关次数，原则上，参考空间电压矢量在哪个扇区，就用哪个扇区的空间电压矢量来合成。例如当参考空间电压矢量位于 A 扇区内部时，则采用 A 扇区的几个空间电压矢量来合成，当假定电机 u 相正方向为坐标系 x 轴的正方向时，这几个空间电压矢量的数学表达式可以表示为

$$\boldsymbol{U}_0=\mathbf{0}\ ;\ \boldsymbol{U}_1=\boldsymbol{U}_\mathrm{d}\mathrm{e}^{\mathrm{j}0}\ ;\ \boldsymbol{U}_7=2\boldsymbol{U}_\mathrm{d}\mathrm{e}^{\mathrm{j}0}$$
$$\boldsymbol{U}_8=\sqrt{3}\boldsymbol{U}_\mathrm{d}\ \mathrm{e}^{\mathrm{j}\pi/3}\ ;\ \boldsymbol{U}_9=2\boldsymbol{U}_\mathrm{d}\mathrm{e}^{\mathrm{j}\pi/3} \qquad (3\text{-}10)$$

至于利用扇区内的几个空间电压矢量及各空间电压矢量的作用时间的计算，则各有各的算法，但总的来说，采用空间电压矢量算法来计算三电平逆变电路要遵循以下几个步骤。

（1）根据当前需要输出的电压的幅值 $\boldsymbol{U}$，以及初始相位角和当前运行的时刻，确定当前的参考空间电压矢量所在的位置，从而得到参考空间电压矢量 $\boldsymbol{U}_\mathrm{r}=\boldsymbol{U}\mathrm{e}^{\mathrm{j}\theta}$。

（2）确定 $\boldsymbol{U}_\mathrm{r}$ 落在哪一个扇区，进而根据各自算法的不同确定其落在哪个小区间。

（3）确定用哪几个空间电压矢量来合成 $\boldsymbol{U}_\mathrm{r}$。

（4）根据 $\boldsymbol{U}_\mathrm{r}$ 的表达式，计算相应空间电压矢量的作用顺序，以及各自的作用时间。

（5）考虑窄脉冲、开关次数等各种因素，最终确定各空间电压矢量所对应的开关组合，以及相应组合的作用时间和次序。

首先按照传统算法进行分析。

在 A 扇区中，将 $\boldsymbol{U}_2$、$\boldsymbol{U}_8$ 及 $\boldsymbol{U}_1$ 连接起来，则可以进一步将 A 扇区分为 4 个小区间，如图 3.30 所示。

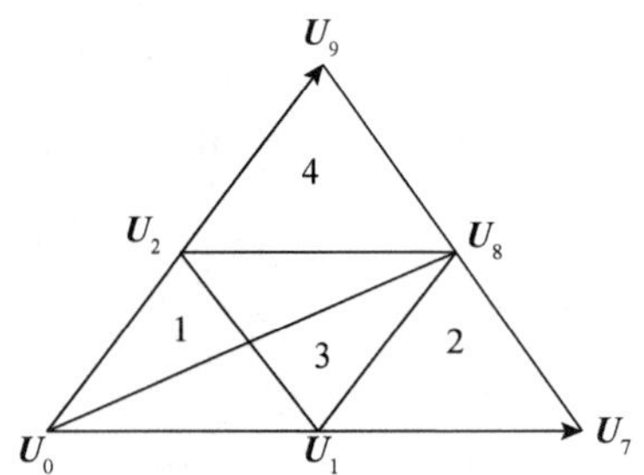

图 3.30　传统算法 A 扇区区间划分示意图

若参考空间电压矢量 $\boldsymbol{U}_\mathrm{r}=\boldsymbol{U}\mathrm{e}^{\mathrm{j}\theta}$ 包含在小区间 1 中，则 $\boldsymbol{U}_\mathrm{r}$ 就用 $\boldsymbol{U}_0$、$\boldsymbol{U}_1$、$\boldsymbol{U}_2$ 的时间线性组合来近似等效，$\boldsymbol{U}_0$、$\boldsymbol{U}_1$、$\boldsymbol{U}_2$ 的作用时间可由下式来求解：

$$\begin{cases}\boldsymbol{U}_\mathrm{r}T_\mathrm{s}=\boldsymbol{U}_0T_0+\boldsymbol{U}_1T_1+\boldsymbol{U}_2T_2\\ T_\mathrm{s}=T_0+T_1+T_2\end{cases} \qquad (3\text{-}11)$$

式中，采样周期 $T_s = T_N / 2$，T_N 为开关周期。

将式（3-10）代入式（3-11）中可以得到

$$\begin{cases} \boldsymbol{U}(\cos\theta + \mathrm{j}\sin\theta)\ T_s = 0T_0 + \boldsymbol{U}_d T_1 + \boldsymbol{U}_d \left(\dfrac{1}{2} + \mathrm{j}\dfrac{\sqrt{3}}{2}\right) T_2 \\ T_s = T_0 + T_1 + T_2 \end{cases} \tag{3-12}$$

解得

$$\begin{cases} T_1 = \dfrac{2\boldsymbol{U}}{\sqrt{3}\boldsymbol{U}_d} T_s \sin\theta \\ T_2 = \dfrac{2\boldsymbol{U}}{\sqrt{3}\boldsymbol{U}_d} T_s \sin\left(\dfrac{\pi}{3} - \theta\right) \\ T_0 = T_s - T_1 - T_2 \end{cases} \tag{3-13}$$

当参考空间电压矢量 $\boldsymbol{U}_r$ 位于小区间 2 时，用 $\boldsymbol{U}_1$、$\boldsymbol{U}_7$ 和 $\boldsymbol{U}_8$ 来合成：

$$\begin{cases} \boldsymbol{U}_r T_s = \boldsymbol{U}_1 T_1 + \boldsymbol{U}_7 T_7 + \boldsymbol{U}_8 T_8 \\ T_s = T_1 - T_7 - T_8 \end{cases} \tag{3-14}$$

当参考空间电压矢量 $\boldsymbol{U}_r$ 位于小区间 3 时，用 $\boldsymbol{U}_1$、$\boldsymbol{U}_2$和$\boldsymbol{U}_8$ 来合成：

$$\begin{cases} \boldsymbol{U}_r T_s = \boldsymbol{U}_1 T_1 + \boldsymbol{U}_2 T_2 + \boldsymbol{U}_8 T_8 \\ T_s = T_1 - T_2 - T_8 \end{cases} \tag{3-15}$$

当参考空间电压矢量 $\boldsymbol{U}_r$ 位于小区间 4 时，用 $\boldsymbol{U}_2$、$\boldsymbol{U}_8$和$\boldsymbol{U}_9$ 来合成：

$$\begin{cases} \boldsymbol{U}_r T_s = \boldsymbol{U}_2 T_2 + \boldsymbol{U}_8 T_8 + \boldsymbol{U}_9 T_9 \\ T_s = T_2 - T_8 - T_9 \end{cases} \tag{3-16}$$

然后由式（3-10）及式（3-14）或式（3-15）或式（3-16）将各个电压的作用时间计算出来，由表 3.3 查得各空间电压矢量所对应的开关组合，用程序实现即可。

事实上，按照上述方法计算完成后，还要考虑用哪种开关组合。例如，按照式（3-13）的结果，在实现时，对应于 $\boldsymbol{U}_0$ 有 **PPP**、**OOO**、**NNN** 三种组合可以选择；对应于 $\boldsymbol{U}_1$ 有 **POO**、**ONN** 两种组合可以选择，这两种组合都能实现同样的功能；对应于 $\boldsymbol{U}_2$ 有 **PPO** 和 **OON** 两种组合可以选择。在具体选择开关组合时还要综合考虑如下一些因素。

（1）所有组合作用时间和顺序呈对称分布，从而保证最终的 PWM 波形对载波中心轴是对称的。

（2）在进行组合切换时，尽量保证每次只变化一对电力电子器件的状态，从而保证开关次数最少。例如，由 $\boldsymbol{U}_0$（**OOO**）状态向 $\boldsymbol{U}_1$ 状态切换时，尽管 $\boldsymbol{U}_1$ 有 **POO** 和 **ONN** 两种组合都可以实现，但从减少开关次数的角度讲，变换为 **POO** 状态时，只需要关断 VI_{13}，开通 VI_{11} 即可，从而保证了只有一对电力电子器件的状态发生了变化。

（3）为实现上述功能，零矢量或者小矢量可以切分成几段，插入相应位置。例如，根据上述原则，对于式（3-13）可以按照下述次序实现：**PPP**（作用时间为 $T_0/2$）—**PPO**（作用时间为 T_2）—**POO**（作用时间为 T_1）—**OOO**（作用时间为 $T_0/2$）—**POO**（作用时间为 T_1）—**PPO**（作用时间为 T）—**PPP**（作用时间为 $T_0/2$）。如此就完成了一个载波周期 T_N=（$2T_s$）的所有状态的输出。

3. 将三电平 SVPWM 分解为两电平 SVPWM 的简化算法

三电平 SVPWM 的空间电压矢量数量多，计算复杂，选择判断也多，程序实现起来也很麻烦，本方法是将图 3.29 所示的三电平空间电压矢量图分解为图 3.31 所示的 6 个小四边形，每个四边形就是一个直流母线电压为 $\boldsymbol{U}_\mathrm{d}$ 的两电平空间电压矢量图的原点，此时就可以用两电平 SVPWM 算法来处理三电平 SVPWM 的问题，使计算得到简化。

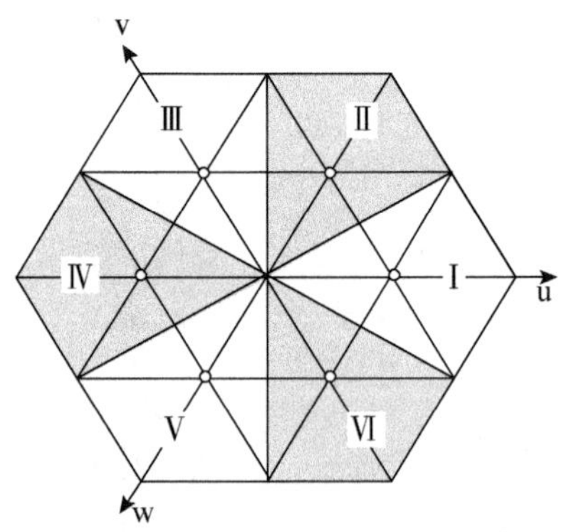

图 3.31　三电平空间电压矢量区间分解为两电平空间电压矢量示意图

以图 3.31 所示的小四边形 I 为例，如图 3.32 所示，设在三电平下的参考空间电压矢量为 $\boldsymbol{U}_\mathrm{ref}$，当它落在小区间 I 时，先将其减去一个偏移矢量 $\boldsymbol{U}_1$ 就得到了新的空间电压矢量 $\boldsymbol{U}=\boldsymbol{U}_{ref}-\boldsymbol{U}_1=\boldsymbol{U}_{ref}-\boldsymbol{U}_d-\boldsymbol{U}_d<0°$ ，再通过两电平空间电压矢量的计算方法就可以得到 $\boldsymbol{U}_0$（$\boldsymbol{U}_7$）、$\boldsymbol{U}_1$、$\boldsymbol{U}_2$ 的作用时间 T_1、T_7、T_8，事实上它们就是原有的三电平空间电压矢量 $\boldsymbol{U}_1$、$\boldsymbol{U}_7$、$\boldsymbol{U}_8$ 的作用时间。通过这种算法，只需要先确定参考空间电压矢量落在哪个区间，再减去相应区间的偏移矢量，就可以采用两电平空间电压矢量的计算方法得到相应的三电平空间电压矢量的作用时间，从而使计算得到简化。

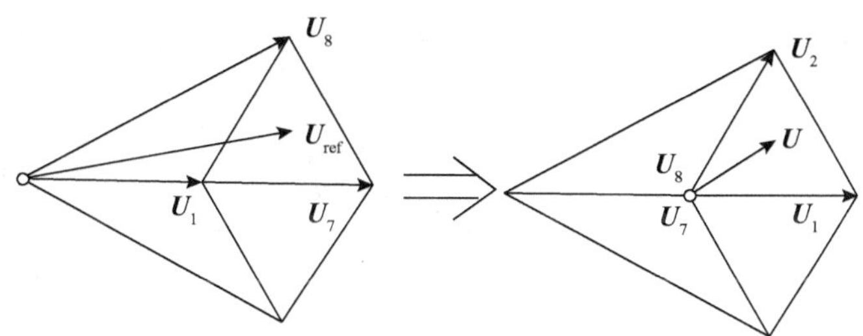

图 3.32　三电平空间电压矢量转换为两电平空间电压矢量

4. 三电平 SVPWM 控制中的一些问题

在三电平 SVPWM 算法设计中，还有几个方面的问题需要特别关注，如谐波问题、减少开关次数的问题、中点电压的波动问题、窄脉冲问题等，其中最关键的是中点电压的波动问题和窄脉冲问题。

当逆变器输出频率接近最大或最小频率时，其输出电压的幅值较大或较小，导致零矢量或非零矢量的作用时间非常短，会出现很严重的窄脉冲问题。尽管当前的电力电子器件的开关时间比原来的 GTO 晶闸管或第一代的 IGBT 大为缩短，但是考虑到各种因素的影响，现今的高压变频器的整体开关频率一般都设计在 7 kHz 以下，另外由于信号传输上的延迟及死区等因素的影响，如果按上述计算方法计算出来的各空间电压矢量的作用持续时间较短，则会出现输出信号的窄脉冲。窄脉冲的出现，一方面会因信号传输上的延迟及死区的影响导致信号无法在主电路中得到实现，从而增加了输出波形的失真和系统的输出谐波；另一方面，即使信号能够在主电路中得到实现，也会增加电力电子器件的开关损耗，导致系统发热增加，系统效率下降，可靠性降低。算法设计中必须考虑消除窄脉冲。

三电平逆变器的 4 类空间电压矢量中，当 3 个零矢量工作时，直流母线电容器并不向负载供应电流，所以不存在中点电压的波动问题。当 6 个大矢量工作时，直流母线的两组串联电容器同时向负载放电，充电也是同时进行的，所以在上述两种情况下，其直流母线电容器的工作状态均与两电平逆变器类似，两组电容器的电压不会因逆变桥工作状态的组合不同而造成其电压出现大的偏差，但当6个小矢量的12个开关组合，以及6个中矢量工作时，情况则不然，如表3.4所示。

表3.4 各矢量对电容器中点电压的影响

矢量类别	开关组合	对中点电压的影响
零矢量	**PPP，OOO，NNN**	无影响
小矢量（上组电容器工作）	**POO，PPO，OPO OPP，OOP，POP**	有影响
小矢量（下组电容器工作）	**ONN，OON，NON NOO，NNO，ONO**	有影响
中矢量	**PON，OPN，NPO NOP，ONP，PNO**	有影响
大矢量	**PNN，PPN，NPN NPP，NNP，PNP**	无影响

在三电平SVPWM算法的实现中，不同空间电压矢量、不同开关状态的组合会对直流母线的两组串联电容器的电压造成不同的影响，中点电压会发生变化，又由于控制算法的对称性，这种变化会呈现周期性，放电多的电容器在各个调制波的输出周期中一直放电多，这样几个周期累积下来，会造成一组电容器无电压，所以直流母线电压全部由另外一组电容器来承担，从而造成电容器的过电压击穿，所以必须对中点电压进行控制。

3.4.3 H桥级联多电平逆变器

对于电磁发射系统，直线电机的额定功率一般比较大，达到百兆瓦级，对应的逆变器的设计功率也是百兆瓦级，针对这种大功率的逆变系统，选择级联多电平方案也是非常有必要的措施。其中H桥级联多电平拓扑结构是在高压大容量逆变器中最具有实用价值的拓扑方案。本节首先对两电平级联逆变器的工作原理进行分析，然后扩展到三电平级联。

1. 级联多电平逆变器的基本原理

采用低压变频的两电平拓扑结构实现高压变频时，由于逆变侧的电力电子器件耐压不足，采用器件串联的方式在较高开关频率下，解决电力电子器件的静态和动态均压问题难度太大。功率单元串联式多电平方案是将直-交低压变频后，在逆变侧串联叠加成 VVVF 的高压交流电输出。

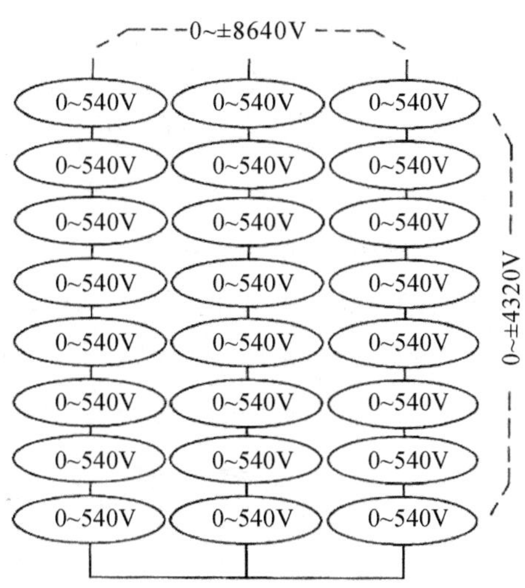

图 3.33　功率单元串联式多电平原理示意图

功率单元串联式多电平原理示意图如图 3.33 所示，各功率模块可独立产生 0 ～ 540 V 的电压输出，通过适当方式的叠加可在每相产生 0 ～ ±4320 V 的电压输出；如果采用 SVPWM 的变换方式，可以在线间产生 0 ～ ±7500 V（峰值）的电压，可变换为有效值为 5300 V 的交流电压；如果采用波形连续变换方法或其他的全电压 PWM 技术，可在线间产生 0 ～ ±8640 V（峰值）的电压，即有效值为 0 ～ 6100 V 的可连续调节的正弦波电压。

功率单元串联式多电平高压变频器的主电路结构如图 3.34 所示。

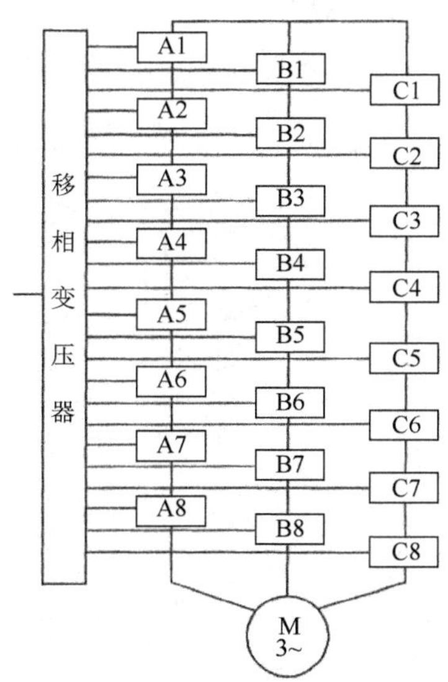

图 3.34　功率单元串联式多电平高压变频器的主电路结构

三相高压交流电接到输入隔离变压器的一次侧，变压器的二次侧分为 24 个低压的中间交流电压输出，各路输出又各自经过各功率单元的整流和滤波成为中间直流信号，再加到各功率单元的逆变桥上。整个电路由 A、B、C 三相组成，每相由功能结构相同的 8 个功率单元叠加而成，各功率单元的逆变桥有三种工作状态：输出正电压、负电压、零电压。每相的 8 个单相逆变桥的两个输出端顺次相连，从而构成串联叠加的方式，控制每个功率单元的输出情况（控制各逆变桥输出的电压是正、负还是零，以及相应功率单元输出的时间的长短），经叠加后就可得到一个接近正弦的多阶梯波，如图 3.35 所示。

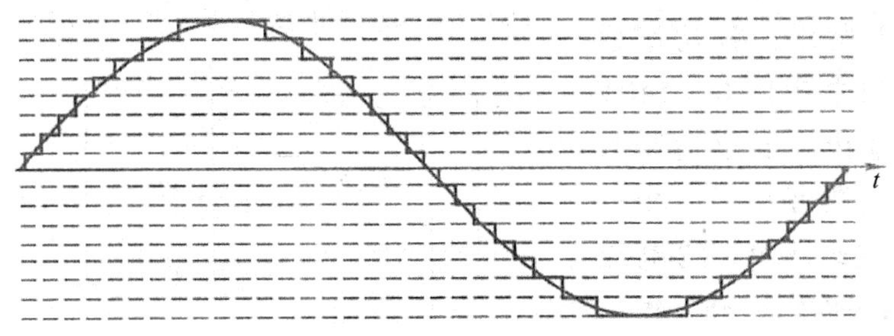

图 3.35 叠加后输出相电压示意图

功率单元原理图如图 3.36 所示。该逆变电路由 8 个 IGBT 组成，构成 H 桥结构。适当控制 8 个 IGBT 的开关次序，即可在每个单元的输出得到 0V、$\pm U_d$（U_d 为一个功率单元直流电压的幅值）共 3 个电压电平，U_a 为 a 相串联后总的输出电压。将变频器输出的每相的 8 个功率单元依次串联，即可在每

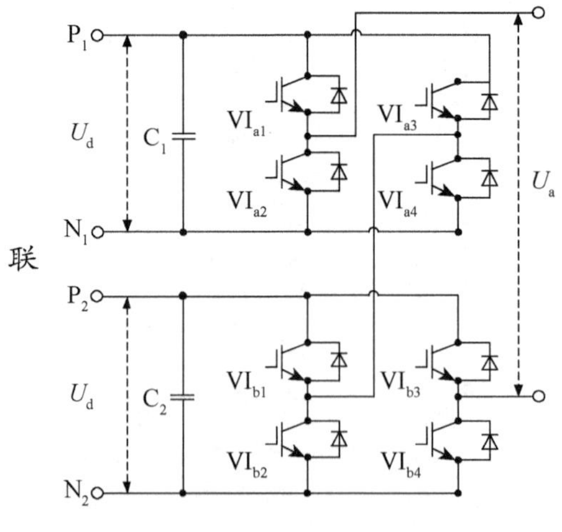

图 3.36 功率单元原理图

相的输出得到 17 个电压电平，各相组合则可得到由 33 个电压电平组成的三相正弦交流输入。在整流电路的输入端接有过电流保护元件（快速熔断器）。

如果每个功率单元的输入直流电压为 566 V，单元逆变桥的 4 个 IGBT 可分为两组，其中，VI_1、VI_2 互锁，VI_3、VI_4 互锁。当 VI_1 和 VI_4 导通时，在 u_1、u_2（两个全桥逆变器的输出交流电压）两端间的输出电压为 566 V；当 VI_2 和 VI_3 导通时，在 u_1、u_2 两端间的输出电压为 −566 V；当 VI_1 和 VI_3 导通或 VI_2 和 VI_4 导通时，在 u_1、u_2 两端间的输出电压为 0 V，此时由于每个 IGBT 均并联有续流二极管，正反向电流均可自由流通，故此时相当于 u_1、u_2 两个输出端短路。8 个功率单元串联成一相后，相电压峰值最大可以达到 4500 V。由于带三相电机负载，一般均采用三相三线制，电机的定子绕组的中点与变频器的中点不相连，所以可以采用一些电压利用率高的 PWM 算法，则相电压峰值最大可以达到 9000 V，折合成有效值为 6400 V，从而实现 6000 V 变频。每个功率单元的输入电压为交流 400 V，所以功率单元中所有元器件的选配均与 380V 的低压变频器相同，整流桥、IGBT 均可采用 1200 V 级的，电容器可以采用 400 V 级的两组串联。为减小输出谐波，对功率单元的输出还需要进行 PWM 控制，具体控制方法可以参阅 PWM 相关文献。输出相电压 PWM 波形示意图如图 3.37 所示。

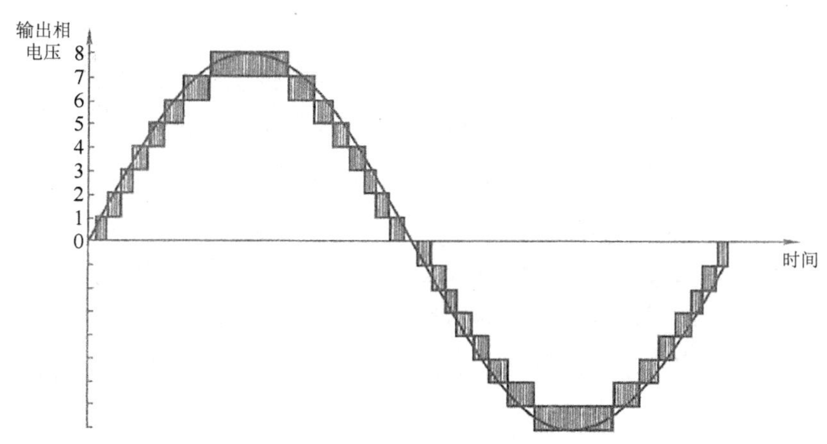

图 3.37 输出相电压 PWM 波形示意图

2. 级联多电平逆变器输出谐波及转矩脉动

当采用 PWM 控制时，变频器的输出谐波分析相当复杂，一般是采用贝塞尔（Bessel）函数推导出 PWM 波的傅里叶级数表达式。单相桥式 PWM 逆变电路在双极性调制方式下，其输出所包含的谐波的角频率为

$$n\omega_c \pm k\omega_r \tag{3-17}$$

式中，当 n=1,3,5,⋯时，k=0,2,4,⋯，当 n=2,4,6,⋯时，k=1,3,5,⋯；ω_c 为载波的角频率；ω_r 为调制波的角频率。

可见 PWM 波中不含低次谐波，只含 ω_c 及其附近的谐波，以及 $2\omega_c$、$3\omega_c$ 等及其附近的谐波。

关于功率单元串联式多电平多重化 PWM 逆变器的输出电压的谐波分析和推导更为复杂，所以相当多的论文中谈到多电平的输出谐波时，大多以方波来代替 PWM 波，进而说明多电平逆变多重化对消除输出谐波的作用。

当采用载波移相的 PWM 方法时，各功率单元同时都在进行 PWM 控制，设所有功率单元的载波比均为 $N=\omega_c/\omega_r$，调制深度（调制波的峰值与载波的峰值的比值）$M=U_{rm}/U_c$，所有单元的直流母线电压均为 U_d，则当两个功率单元相叠加时多电平逆变器的相电压表达式为

$$\begin{aligned} u &= 2MU_d\sin\omega_r t + \frac{4U_d}{\pi}\sum_{m=2,4}^{\infty}\sum_{n=\pm1,\pm3}^{\pm\infty}\frac{J_n(mM\pi)}{m}\sin\left[\left(mN+n\right)\omega_r t\right] \\ &= 2MU_d\sin\omega_r t + \frac{4U_d}{\pi}\sum_{m=2,4}^{\infty}\sum_{n=\pm1,\pm3}^{\pm\infty}\frac{J_n(mM\pi)}{m}\sin\left(m\omega_c t + n\omega_r t\right) \end{aligned} \tag{3-18}$$

由式（3-18）可知，在相电压中，同样不含有低次谐波，并且也不含有 ω_c 及其附近的谐波，以及 $3\omega_c$、$5\omega_c$ 等及其附近的谐波，而只含有 $2\omega_c$、$4\omega_c$ 等及其附近的谐波，最低次谐波的频率比不采用多重化时高了一倍。

输出电压中的最低次谐波的次数越高，其中的低次谐波的含量越少，谐波的频率也越高，同时谐波的幅值也就越小，其引起的负面效应也就越少，同时如果采用输出滤波器，则滤波器的体积也就越小，成本也就越低。输出谐波会引起电机的发热增加、转矩脉动、机械噪声、机械振动等，严重时还会引起系统的共振。

当变频器输出中含有 5、7 等各次谐波时，可以将其输出相电压的表达式写成如下形式：

$$\begin{aligned} U_u &= U_{1m}\sin\omega t + U_{5m}\sin5\omega t + U_{7m}\sin7\omega t \\ &\quad + U_{11m}\sin11\omega t + U_{13m}\sin13\omega t + \cdots \end{aligned} \tag{3-19}$$

$$U_{\mathrm{v}}=U_{1\mathrm{m}}\sin\left(\omega t-\frac{2\pi}{3}\right)+U_{5\mathrm{m}}\sin5\left(\omega t-\frac{2\pi}{3}\right)+U_{7\mathrm{m}}\sin7\left(\omega t-\frac{2\pi}{3}\right)$$

$$+U_{11\mathrm{m}}\sin11\left(\omega t-\frac{2\pi}{3}\right)+U_{13\mathrm{m}}\sin13\left(\omega t-\frac{2\pi}{3}\right)+\ldots \tag{3-20}$$

$$U_{\mathrm{w}}=U_{1\mathrm{m}}\sin\left(\omega t+\frac{2\pi}{3}\right)+U_{5\mathrm{m}}\sin5\left(\omega t+\frac{2\pi}{3}\right)+U_{7\mathrm{m}}\sin7\left(\omega t+\frac{2\pi}{3}\right)$$

$$+U_{11\mathrm{m}}\sin11\left(\omega t+\frac{2\pi}{3}\right)+U_{13\mathrm{m}}\sin13\left(\omega t+\frac{2\pi}{3}\right)+\ldots \tag{3-21}$$

式（3-20）、式（3-21）也可以整理成如下形式：

$$U_{\mathrm{v}}=U_{1\mathrm{m}}\sin\left(\omega t-\frac{2\pi}{3}\right)+U_{5\mathrm{m}}\sin\left(5\omega t+\frac{2\pi}{3}\right)+U_{7\mathrm{m}}\sin\left(7\omega t-\frac{2\pi}{3}\right)$$

$$+U_{11\mathrm{m}}\sin\left(11\omega t+\frac{2\pi}{3}\right)+U_{13\mathrm{m}}\sin\left(13\omega t-\frac{2\pi}{3}\right)+\ldots \tag{3-22}$$

$$U_{\mathrm{w}}=U_{1\mathrm{m}}\sin\left(\omega t+\frac{2\pi}{3}\right)+U_{5\mathrm{m}}\sin\left(5\omega t-\frac{2\pi}{3}\right)+U_{7\mathrm{m}}\sin\left(7\omega t+\frac{2\pi}{3}\right)+$$

$$U_{11\mathrm{m}}\sin\left(11\omega t-\frac{2\pi}{3}\right)+U_{13\mathrm{m}}\sin\left(13\omega t+\frac{2\pi}{3}\right)+\ldots \tag{3-23}$$

对照式（3-19）、式（3-22）和式（3-23）可以看到，相对于基波的相序而言，5 次和 11 次谐波的相序正好与之相反，而 7 次和 13 次谐波的相序则与之相同。当定义基波在电机定子中引起的磁场的旋转方向为正方向时，则 5 次和 11 次谐波磁场的旋转方向为反方向，7 次和 13 次谐波磁场的旋转方向为正方向。

由于电机的旋转方向和转速主要是由基波的同步旋转方向和转速决定的，所以可以选定子中基波引起的旋转磁动势为运动的参照物，并设其角速度为 ω，则 5 次谐波磁动势以 6ω 角速度反向旋转，7 次谐波磁动势以 6ω 角速度正向旋转。同理，11 次谐波磁动势以 12ω 角速度反向旋转，13 次谐波磁动势以 12ω 角速度正向旋转。以此类推，所有 $2k-1$ 次谐波以 $2k\omega$ 角速度反向旋转，所有 $2k+1$ 次谐波以 $2k\omega$ 角速度正向旋转。

以 5 次和 7 次谐波为例，两者在电机轴上引起的转矩方向相反，由于电机是以基波速度旋转的，各次谐波在电机中均不做功，其能量全部转化为热量消耗在电机定子中，会引起电机定子铜损增加。

5 次和 7 次谐波在电机中产生的电磁转矩为

$$T_{e6} = K[\psi_{1m}\left(I_{7r} - I_{5r}\right)\sin6\omega t + I_{1r}\left(\psi_{7m} + \psi_{5m}\right)\cos6\omega t] \tag{3-24}$$

式中，K 为转矩常数；I_{1r}、I_{5r}、I_{7r} 分别为转子电流中的基波、5 次和 7 次谐波分量；ψ_{1m}、ψ_{5m}、ψ_{7m} 分别为气隙磁链中的基波、5 次和 7 次谐波分量。

式（3-24）中，第一项是由气隙中基波磁链与转子电流中的 5 次和 7 次谐波电流作用产生的，第二项则是由气隙中 5 次和 7 次磁链与转子基波电流作用产生的，由于 ψ_{5m}、ψ_{7m} 比较小，式（3-24）中第二项也较小，可以忽略不计，则式（3-24）可以简化为

$$T_{e6} = K\psi_{1m}\left(I_{7r} - I_{5r}\right)\sin6\omega t \tag{3-25}$$

式（3-25）所示的转矩就是由 5 次和 7 次谐波引起的 6 倍转矩脉动分量，其他各次谐波同样也存在各自的 $2k$ 倍转矩脉动分量。

6 倍转矩脉动分量引起的电机转速的变化量可由下式求出：

$$J\frac{\mathrm{d}\omega_m}{\mathrm{d}t} = T_{e6} = K\psi_{1m}\left(I_{7r} - I_{5r}\right)\sin6\omega t \tag{3-26}$$

式中，J 为电机的转动惯量。

由式（3-26）可以解出 6 倍转矩脉动分量引起的电机转速的变化量为

$$\omega_m = \frac{K\psi_{1m}\left(I_{7r} - I_{5r}\right)}{6\omega J}\cos6\omega t \tag{3-27}$$

由式（3-27）可知，高次谐波引起的电机转速的波动大小与 J 成反比，与谐波的次数成反比，所以电机的惯性越大，谐波的次数越大，电机转速的波动值就会越小。对于多电平多重化 PWM 逆变器，其输出中不存在低次谐波分量，所以其转矩脉动很小，引起的转速的变化量也非常小，完全可以忽略不计。

3. 三电平结构的级联多电平逆变器

经典的功率单元串联多电平的技术方案中，H 桥一般采用普通的两电平逆变结构。如果将 H 桥换为三电平功率单元逆变结构，就是三电平结构的级联多电平逆变器，如图 3.38 所示。

逆变器半桥功率单元主电路为二极管中点箝位（NPC）三电平电路，包含 A、B、C、D 共 4 个半桥功率单元，这里我们称 A、C 两个功率单元为上 H

桥电路，B、D 两个功率单元为下 H 桥电路。假设逆变器的上下两级直流电容器的中点 O 为零电位点，那么上下两级直流电压分别为 $+U_d$ 和 $-U_d$，连接到中点的二极管为箝位二极管。

对于上半桥的 A 半桥功率单元桥臂来说，当 VI_{a1} 和 VI_{a3} 导通时，A 桥臂输出端通过一对箝位二极管连接到中点零位。其有源开关的工作状态可由表 3.5 中定义的开关状态表示。开关状态 [P] 表示桥臂上端的两对 IGBT 导通，输出端相对于中点 O 的电压 U_{AO} 为 $+E$；开关状态 [N] 表示桥臂下端的两对 IGBT 导通，此时 U_{AO} 为 $-E$；开关状态 [O] 表示中间两对 IGBT 导通，此时 U_{AO} 为零。

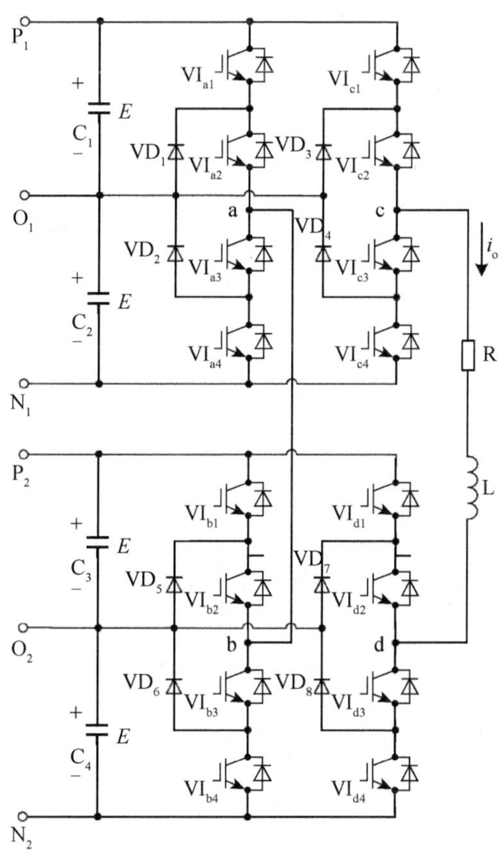

图 3.38 三电平结构的级联多电平逆变器

表 3.5　开关状态定义

开关状态	器件开关状态（A 半桥功率单元）				逆变器端电压 U_{AO}
	VI_{a1}	VI_{a2}	VI_{a3}	VI_{a4}	
[P]	通	通	断	断	$+E$
[O]	断	通	通	断	0
[N]	断	断	通	通	$-E$

由上所述可知，A 桥臂输出端电压 U_{AO} 有 3 个电平 $+E$、0、$-E$，如图 3.39 所示。同样，B、C、D 桥臂输出端各有 3 个电平，这样上半桥 A、C 两个单元输出电压包括了 5 个电平（$+2E$、$+E$、0、$-E$、$-2E$）；同理，下半桥 B、D 两个单元输出电压也包括了 5 个电平（$+2E$、$+E$、0、$-E$、$-2E$）；总的来说，单个逆变器输出电压有 9 个电平（$+4E$、$+3E$、$+2E$、$+E$、0、$-E$、$-2E$、$-3E$、$-4E$）。

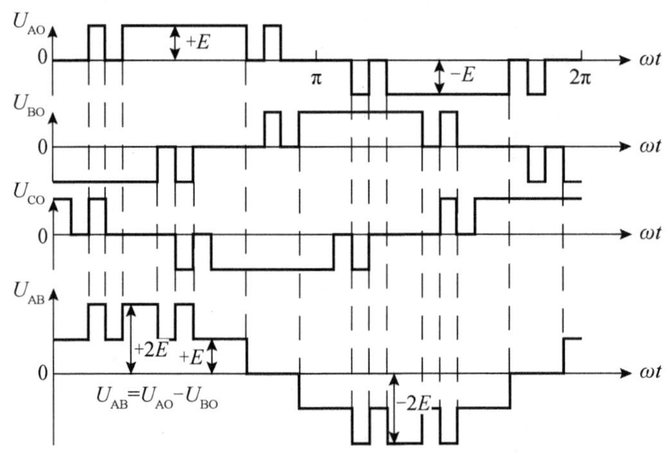

图 3.39　三电平逆变器相电压和线电压波形

两个三电平 H 桥级联得到的输出电平如图 3.40 所示。

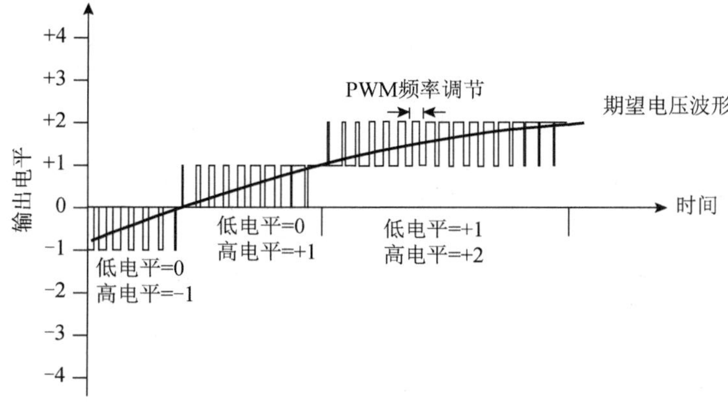

图 3.40　两个三电平 H 桥级联得到的输出电平

3.5　脉冲成形技术

电磁轨道炮发射过程需要吉瓦级的功率供应，普通的电源难以提供如此大的瞬态功率，所以应用在电磁轨道炮发射上的电源，一般使用脉冲成形网络（Pulse Forming Network，PFN）组成的脉冲功率电源。利用脉冲成形技术，先将电能存储到储能元件中，经过快速压缩和转换，把所存储的能量通过有效的方式提供给发射器，实质上放大了系统的输入功率，从而可以获得较大的输出功率。

3.5.1　脉冲成形技术概述

电磁发射技术的主要依据是洛伦兹定律，当电流通过磁场时，产生与电流和磁场方向垂直的力。该力可以使带电物体推动发射体加速前进。理想情况下电磁发射所需要的脉冲驱动电流波形如图 3.41 所示。在现有技术条件下，只能获得与理想情况近似的脉冲电流，如图 3.42 所示。

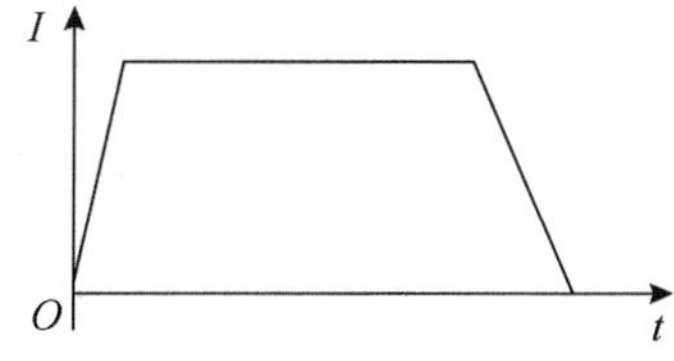

图 3.41　理想情况下电磁发射所需要的脉冲驱动电流波形

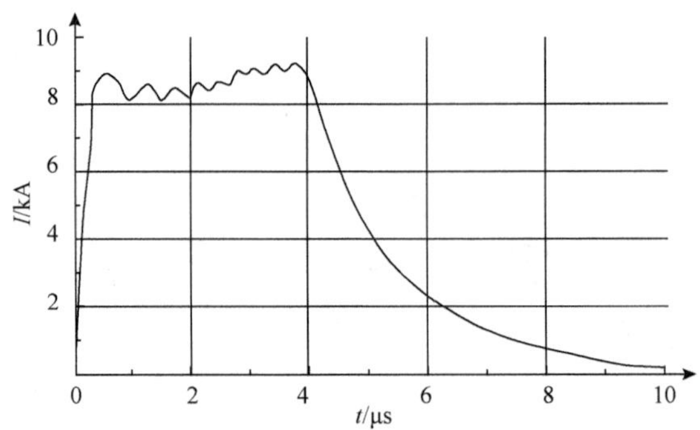

图 3.42 脉冲功率电源实际放电电流波形

从图 3.42 中可以看出，脉冲电流的上升时间短（微秒级），幅值可以达到千安级甚至兆安级，而且维持时间长。单个脉冲功率电源模块难以达到要求，这就需要多个脉冲功率电源模块同时或者时序放电，以取得近似的电流波形。这样，多个脉冲功率电源模块组成了一个庞大的时序放电系统。为了取得理想波形，就需要对整个脉冲功率电源系统的放电过程及特性进行分析，找出放电电流的变化规律及影响电流波形的因素，最大限度地掌握网络特征，从而优化网络结构，提高脉冲功率电源系统的性能。

由于脉冲功率电源必须根据负载的要求提供给电磁发射系统所需的电能，调节范围较宽，因此 PFN 是脉冲功率电源的核心。PFN 是由若干电容器和电感器按一定方式连接起来，并能产生具有较大脉宽的电流和电压波形输出的集中参数回路。它的工作过程如下：首先用市电或者电池为网络储能系统充电，使其先存储一定的能量，然后网络对负载放电并在负载上获得所需的波形。

3.5.2 单模块 PFN 放电回路分析

脉冲功率设备通常采用的 PFN 的基本原理图如图 3.43 所示。

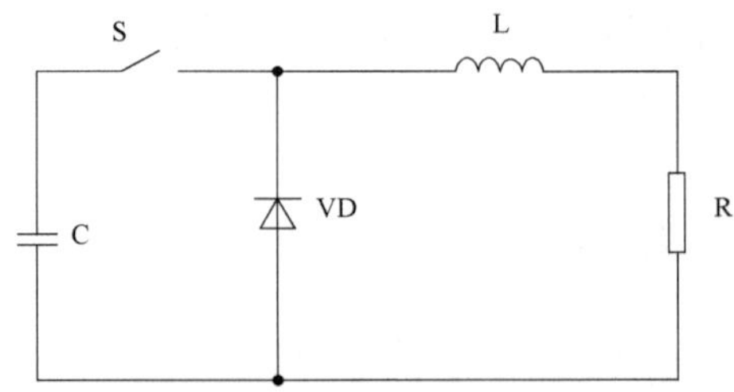

图 3.43 脉冲功率设备通常采用的 PFN 的基本原理图

图 3.43 中，C 是储能电容器，L 是脉冲成形电感器，R 是负载，S 是高压开关，VD 是续流硅堆。首先，高压开关 S 闭合，电容器 C 的能量通过电感器 L、开关 S 对负载 R 放电，续流硅堆 VD 不导通。这时，设定适当的电感参数就可以将电流峰值和带宽限制在一定的范围内，达到限流和调整带宽的目的。当电容器放电完毕，能量以磁能形式存储到电感器 L 中。同时，电感器、续流硅堆和负载构成回路，电感器中的能量释放给负载。

令储能电容器电容值为 C，其充电电压为 U_0，负载阻值为 R，电感器电感值为 L，仿真所用参数设置如表 3.6 所示。

表 3.6　单个 PFN 拓扑电路参数

电容值 C/mF	充电电压 U_0/kV	电感值 L/ μH	负载阻值 R/mΩ
2	8	40	50

令其他参数不变，分别改变电容器充电电压、电容值和电感值，得到对应的脉冲电流波形，如图 3.44 所示。可以看出，电容器充电电压大小只对脉冲

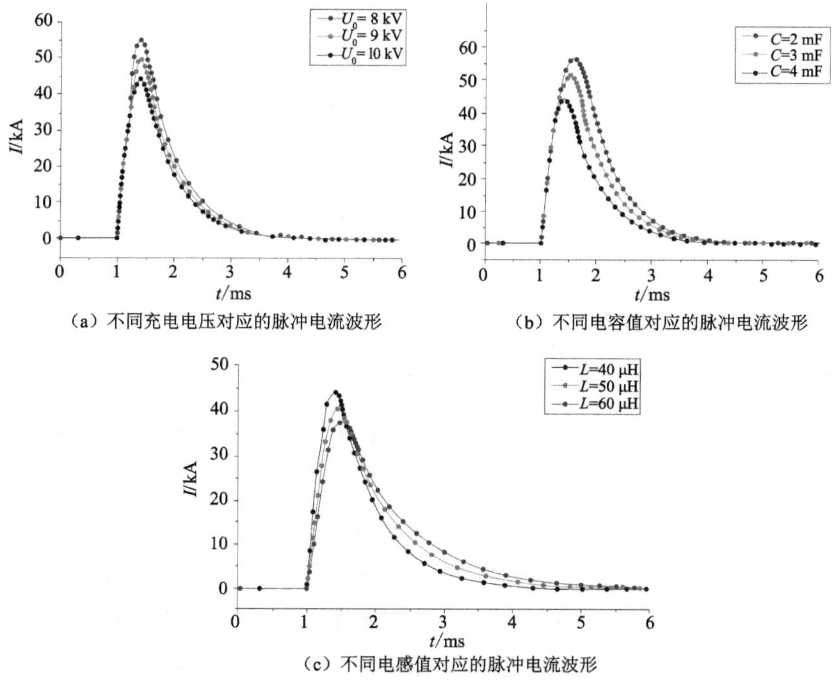

图 3.44　不同参数值对应的脉冲电流波形

电流峰值产生影响，对脉冲电流脉宽没有影响，脉冲电流达到峰值的时刻不变，且充电电压越大，脉冲电流峰值越大。电容值不仅对脉冲电流峰值产生影响，也对脉冲电流脉宽产生影响，电容值越大，脉冲电流峰值越大，脉冲电流脉宽越宽。电感值的大小对脉冲电流的影响较大，电感值越大，脉冲电流峰值越小，脉冲电流脉宽越宽。增大电容器充电电压和电容值，降低电感值均可以提高脉冲电流峰值，进而提高弹丸炮口初速度，但是会提高对储能电容器耐压的要求和电容器模块数量的要求，同时脉冲电流峰值的大小受限于导轨的烧蚀问题。

3.5.3 多模块 PFN 放电回路分析

在脉冲电磁武器中，对不同类型的发射系统，要求的参数也不一样。为满足不同系统的发射要求及脉冲功率电源小型化、高储能密度、高功率的特点，常常将多个脉冲功率电源模块组合使用，如图 3.45 所示。

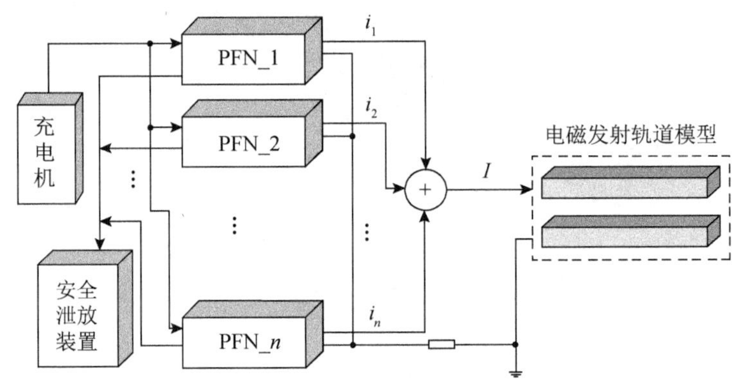

图 3.45 多模块 PFN

多模块组成的 PFN 的放电过程一般有两种方式：同步放电或时序放电。同步放电时，各放电模块的脉冲晶闸管同时触发，各模块同时放电；时序放电会使每个放电模块的放电时间与其前一个模块之间有一个短暂的延时，这样，各模块便会按预先设定的时序依次完成放电工作。同步放电的方式可以等效为单模块电路参数的并联，当网络中有 n 个模块时，效果等效于储能电容器的电容值变为原来的 n 倍，电路中不同支路的杂散参数变为原来的 $1/n$，存储的能量变为原来的 n 倍，多模块同步放电等效电路如图 3.46 所示。

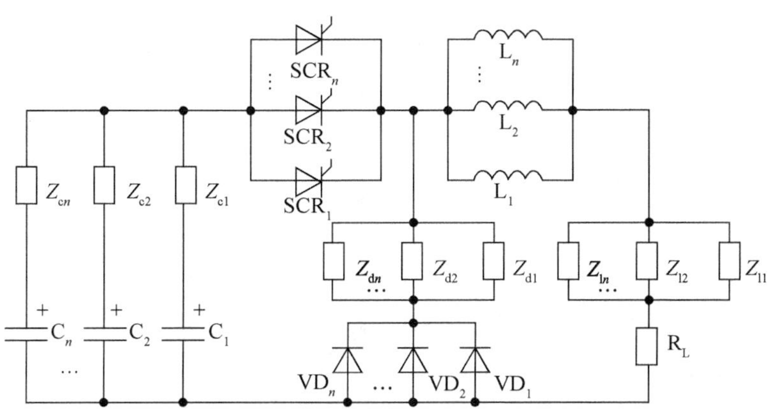

图 3.46　多模块同步放电等效电路

所以，当 n 个模块同步放电时，在总负载不变的情况下，其效果可以用一个储能更大的等效模块来代替。这样，可以认为其放电过程与单模块相似，在此不再赘述。

在这里主要做多模块时序放电过程的分析。在电磁发射脉冲功率电源系统中，多模块并联放电的主要形式是时序放电。在时序放电的过程中，由于多个模块连接于同一负载，相互之间存在电气连接和能量的交换，进而会影响到每个模块各自的放电状态。因此，多模块时序放电并不能简单地看作模块的并联，其放电描述方程与前面所述的单模块的有所不同，其放电过程极其复杂。因此，对多模块时序放电的特性分析，要根据各个模块所处的不同状态区别对待、分开讨论。

通过分析知道，每个模块的放电过程有两个阶段：一是脉冲晶闸管触发，电容器放电的过程；二是脉冲晶闸管关断，续流支路导通的过程。在时序触发放电的电路中，会出现三个不同的阶段：一是所有模块都处在电容器放电过程中；二是有部分模块处在电容器放电过程中，而另一部分模块处在二极管续流过程中；三是所有模块均进入二极管续流过程，其中第二阶段等效电路如图 3.47 所示。

在放电过程中需要关注的主要参数有电流峰值大小、达到峰值所需的时间和峰值的持续时间。由于这部分计算比较复杂，并且在后边的仿真模型搭建中用途不大，在此不再赘述，仅对相关电路过程中对所关注的关键参数的影响进行简单阐述。

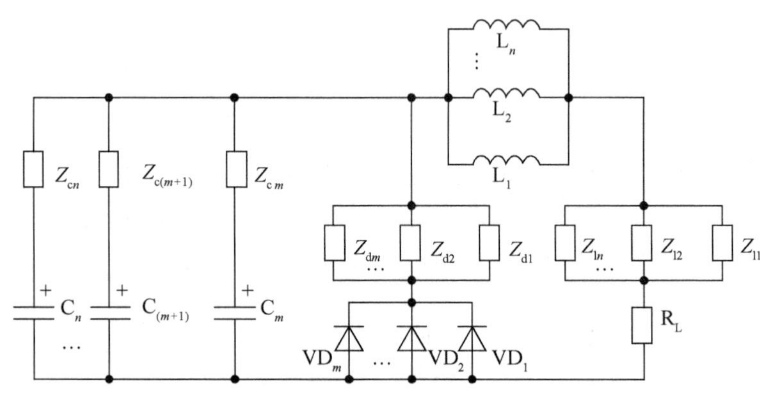

图 3.47　第二阶段等效电路

在电容器放电过程结束之后，续流回路导通，此时多出一条支路和一个节点，由电路原理易得，在该支路上的模块的自导纳和互导纳将会受到影响，除对电路干路有一定影响外，对未进入此阶段的模块放电过程也会有影响，使该放电过程与单独放电过程相比有一定改变。总的来说，干路电流波形会随着每个模块工作状态的变化而变化。在电路过程转换中，对大功率半导体器件寿命影响最大的是其承受电流变化率的能力。与单模块放电过程相比，多个脉冲功率电源模块在系统中放电，其电流幅值会减小，换路时间几乎保持不变，电流变化率更小。所以在 PFN 系统中，每个模块单独放电，其达到电流峰值的时间提前，峰值减小，换路过程中电流变化率减小。换路后，电流下降速度变快，放电电流脉宽变窄。由于时序控制的诸多优点，在实际应用中，往往采用时序控制方式来完成 PFN 的脉冲成形工作。

因此，在由多个脉冲功率电源模块组成的多模块 PFN 中，为满足不同负载要求，采用合理的时序控制就显得至关重要。图 3.45 中，充电机将电能传输到各个 PFN 模块中，每个模块并联后都由同轴电缆连接到轨道上，将轨道模型看作脉冲功率电源的负载，为降低安全隐患，把所有模块都连接到安全泄放装置上。

在电磁发射系统中，需要通过放电控制装置来调控电容器储能脉冲功率电源的时序放电，达到任意设置的各个脉冲的延时时间。虽然改变不同的时序控制可调整脉冲电流的波形，但对弹丸炮口初速度会产生一定影响。

这里同步放电的触发时刻均设为 0 ms，8 个模块时序放电的触发时刻分别设为 0 ms、0 ms、0.1 ms、0.3 ms、0.5 ms、0.5 ms、1 ms、1 ms。图 3.48（a）

所示为脉冲功率电源系统同步放电与时序放电时对应的脉冲电流波形，从图中可以看出：同步放电对应的脉冲电流峰值较大，脉宽较窄；时序放电对应的脉冲电流峰值较小，脉宽较宽。图 3.48（b）所示为脉冲功率电源系统同步放电与时序放电时对应的弹丸速度及位移，从图中可以看出：在弹丸运动 2 ms 内，同步放电时弹丸速度比时序放电时弹丸速度高；2 ms 后，时序放电对应的弹丸速度比同步放电对应的弹丸速度高。对于轨道长度为 5m 的发射系统，同步放电时，弹丸运动至炮口的时间是 4.5 ms，此时弹丸炮口初速度约为 850 m/s；时序放电时，弹丸运动至炮口的时间是 5 ms，此时弹丸炮口初速度约为 1100 m/s。

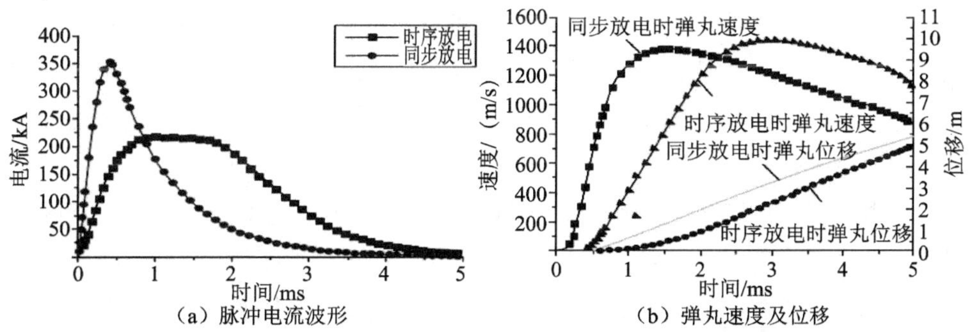

图 3.48　脉冲功率电源系统同步放电与时序放电时对应的脉冲电流波形、弹丸速度及位移

电磁发射中理想的电流波形是一个“平顶”电流波形，实现这种波形的方法就是采用时序放电，而在 PFN 的时序放电的各种情形中，大致可以将其分为两类：一是等间隔的时序放电，二是非等间隔的时序放电。针对第一类等间隔的情形，在储能电容器电压为 3600 V 下，分别应用所建立的模型对 8 组 PFN 进行等间隔的时序放电，针对时间间隔为 5 μs、10 μs、20 μs、30 μs、40 μs、50 μs、100 μs、150 μs、200 μs、250 μs 的情况，进行仿真分析，得到图 3.49 所示的仿真结果。

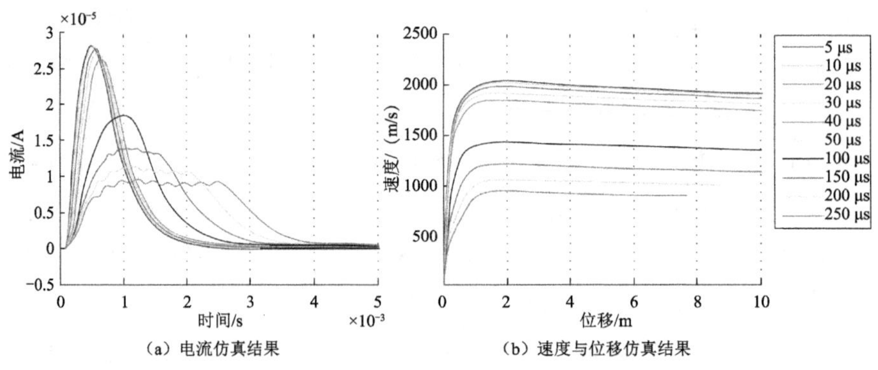

（a）电流仿真结果　　（b）速度与位移仿真结果

图 3.49　不同等间隔时序放电仿真结果

从电流仿真结果可以看出，随着时间间隔的增大，电流峰值逐渐减小，同时电流上升到峰值的时间也放缓，但是电流维持在峰值附近的时间变长；从速度与位移仿真结果可以看出，随着时间间隔的增大，电枢所能达到的最大速度逐渐下降，在加速过程中加速度明显变小，但达到最大速度的电枢的位移差别不大。

充电电压对电枢出膛速度有着直接的影响，随着充电电压的上升，相同容量的储能电容器存储的能量上升，在同一放电时序的作用下，将会直接导致作用在电枢上的电磁力的增大，相应的电枢所能达到的最大速度也会上升。

为了验证这种假设，应用所搭建的模型在充电电压为 1600 V、2000 V、2400 V、2800 V、3200 V、3600 V 的情况下，进行了仿真验证。仿真的其他条件有：放电时序为等间隔 5 μs、仿真时间为 10 ms，仿真结果如图 3.50 所示。可见，在放电时序相同的情况下，电流峰值出现时间基本相同，随着充电电压的升高，电流峰值逐渐增大，并且电枢加速距离变长，所能达到的最大速度也变大。

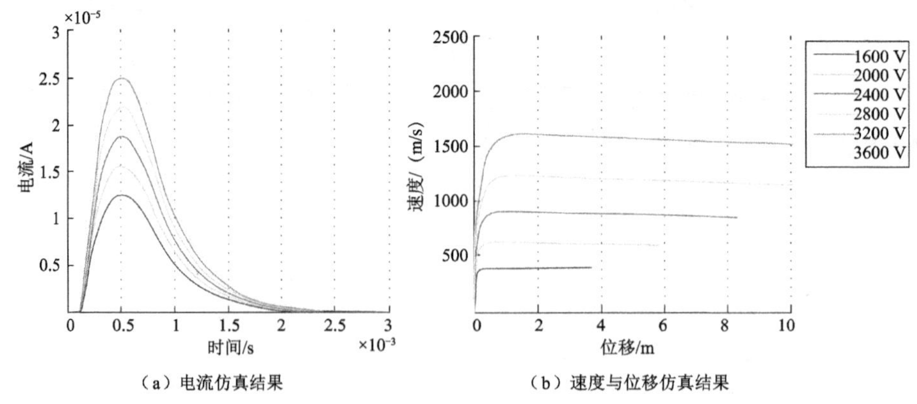

（a）电流仿真结果　　（b）速度与位移仿真结果

图 3.50　不同充电电压仿真结果

从 PFN 整个放电过程中的总电流波形可见：总电流的整体趋势是先上升到最大值，这部分由“推进组”PFN 作用产生；然后保持在最大值，出现一个“平顶”，再开始下降，这部分波形由“到达组”PFN 作用产生；最后又出现一个缓慢上升和下降阶段，由“维持组”PFN 作用产生，用来平衡阻力。

3.5.4　PFN 系统元器件选择

以电磁轨道炮发射用脉冲功率电源为例，控制目标假定为使 50 g 电枢的出膛速度达到 2000 m/s。一个实用的 PFN 系统主要包括储能电容器、续流硅堆、吸能电阻、脉冲成形电感器和放电开关。下面分别介绍各元器件的选择。

1. 储能电容器的选择

为了使 50 g 电枢的出膛速度达到 2000 m/s，此时的电枢动能 W_k 为

$$W_k = \frac{1}{2}mv^2 = 100\ \text{kJ}$$

由于一般轨道炮的能量转换效率在 25% 左右，故电容器组的存储能量应在 400 kJ 以上，且考虑到实验室脉冲电容器的老化情况，充电电压一般不会达到额定电压 5 kV，按照充电电压 4 kV 来计算，由电容储能能量 W_e 的计算公式

$$W_e = \frac{1}{2}CU^2$$

可得电容量必须大于 50 mF。

2. 续流硅堆的选择

在电磁轨道发射实验用脉冲功率电源系统中，使用了大量的脉冲电容器。与电力电容器不同，此类脉冲电容器具有良好的脉冲放电特性，内电感极小，但反向电压对其寿命影响很大，一般来说，只允许承受 10% ～ 20% 的反向电压。为防止反向电压对脉冲电容器的损害，在脉冲功率电源模块中使用了具有快速恢复特性的大功率硅堆，在将电容器组短路的同时，起到了续流的作用。由于脉冲功率电源系统的放电过程很短，脉冲电流峰值很大，要求硅堆具有快速导通性，并可以承受反向电压冲击，以及导通大幅值的电流。但现有的单个二极管很难达到要求，因此硅堆是由多个二极管串并联而组成的半导体装置，这就要求用于组成硅堆的二极管单元必须具有相近的静态、动态特性，特别是动态特性的一致性对于需要承受脉冲高电压冲击的硅堆来说尤其重要。

尽管在选择硅堆时已经进行了参数匹配，但是为了使硅堆在承受反向电压时保证安全，需要采取强迫均压的手段，其主电路图如图 3.51 所示。

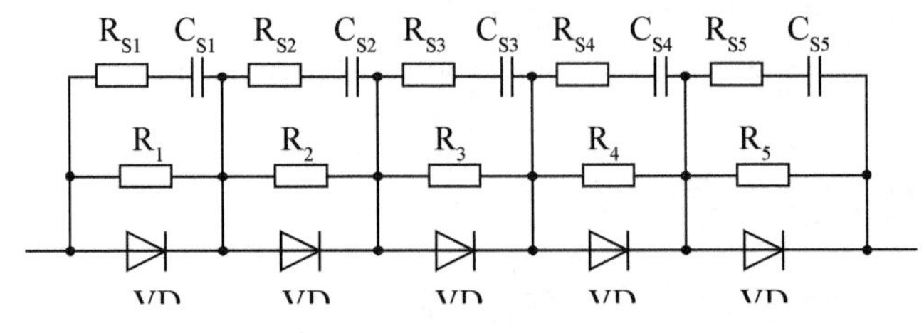

图 3.51　强迫均压主电路图

一种是静态均压，就是用大阻值的电阻与二极管单元并联，当硅堆承受反向电压时，可以使各个二极管单元上的电压均匀分布，防止二极管单元承受过高电压而导致击穿。为了获得较好的均压效果，均压电阻中的电流应比硅堆的漏电流大得多，其阻值一般可用式（3-28）计算得到的值作为参考。

$$R_{\mathrm{p}}=\left(\frac{1}{K}-1\right)\times\frac{U_{\mathrm{RM}}}{I_{\mathrm{RM}}} \tag{3-28}$$

式中，U_{RM} 为额定重复峰值电压；I_{RM} 为对应于 U_{RM} 的额定重复峰值漏电流；K 为均压系数，取 0.8 ～ 0.9。

另一种是瞬态均压，使用阻容回路与二极管单元并联，当硅堆承受电压冲击时，降低 $\mathrm{d}U/\mathrm{d}t$，避免由于各单元的反向恢复电荷量差异所造成的阻断过程瞬态电压分配不均匀，导致个别二极管承受过高电压而被击穿。由反向恢复电荷造成的过电压，与串联二极管的反向恢复电荷的差值及吸收电容器 $\mathrm{C_S}$ 的电容量有关。与电容器 $\mathrm{C_S}$ 串联的电阻 $\mathrm{R_S}$ 的作用在于抑制回路电感与电容器 $\mathrm{C_S}$ 引起的振荡，并抑制二极管导通时电容器 $\mathrm{C_S}$ 的放电电流。从抑制振荡和电容器 $\mathrm{C_S}$ 的放电电流这两个方面来说，希望电阻 $\mathrm{R_S}$ 的阻值较大些，但电阻 $\mathrm{R_S}$ 的阻值大的时候，电容器 $\mathrm{C_S}$ 的充电电流会在其上产生较高的电压，会使二极管遭受过电压，所以必须综合考虑来确定电阻 $\mathrm{R_S}$ 的阻值。

3. 吸能电阻的选择

从理论上来讲，续流支路的阻抗越小越好，可以提高能量的利用率，但由于电磁轨道炮负载为低阻抗负载，续流二极管工作时流过的电流很大，如果回路中无阻尼或阻尼偏小，续流持续的时间较长，续流硅堆的功率损耗越大，越容易损坏。为了保护续流硅堆这种较昂贵的器件，需要在续流支路上串联小阻值、高功率的吸能电阻，其阻值的选取要从两方面来考虑：阻值过小，起不到保护硅堆的作用；反之，阻值过大，流过电容器支路的电流就大，导致脉冲电容器上的反向充电电压就高，会对电容器造成损坏。

4. 脉冲成形电感器的选择

脉冲成形电感器是用于调节脉冲电流波形的重要器件，其电感值与脉冲电流峰值的大小及峰值上升时间有密切的关系，还起着中间储能的作用。脉冲电源对脉冲成形电感器的总体要求是：对外界的电磁干扰要小、能量密度高、损耗低、体积小，并具有准确的电感值。

电感器的电感值的确定要考虑两个方面：电感值过大，由 $Z=\sqrt{\frac{L}{C}}$ 可知回路阻抗就大，导致回路电流的峰值偏小，由 $f=\frac{1}{2\pi\sqrt{LC}}$ 可知，回路的振荡频率就低，脉冲电流上升陡度小；反之，电感值过小，起不到波形调节的作用，所以必须综合考虑来确定 L 的值。在每个模块电容量为 15 mF，额定电压为 5 kV 的条件下，以每个模块的脉冲电流峰值不低于 100 kA，以及电流上升到峰值时间不大于 1 ms 来计算，L 的最大值不能超过 27 μH。

5. 放电开关的选择

PFN 中的大功率器件有储能电容器、放电开关、大功率二极管、脉冲成形电感器等，它们在脉冲功率电源的工作过程中起着举足轻重的作用，尤其是开关器件。对于脉冲功率电源系统而言，它的性能主要由开关的特性决定。为了产生高压大电流脉冲，需要脉冲大电流开关。大电流开关至关重要，储能传输给负载的能力的任何进展，都是以成功地设计和研制各种各样的脉冲大电流开关为前提的。

脉冲大电流开关的种类很多，但没有统一的分类标准，对于电容储能的电源系统来讲，闭合开关主要有以下几种：触发真空开关（Triggered Vacuum Switch，TVS）、火花开关、半导体开关等。

（1）半导体开关虽然性能优势比较明显，但在目前的应用中也有很大的不足。首先，它工作时需要用复杂的电路来提供触发信号；其次，现有技术研制的单个开关器件不具备同时工作于高电压和大电流的能力，也很难兼有高 di/dt 和高频率的特性；最后，其成本昂贵，使用时还要配以复杂的保护电路。

（2）火花开关结构简单、触发可靠，但其触发和导通时延较大，且主电极烧蚀严重，很难满足对精度要求较高的脉冲功率电源系统。

（3）触发真空开关是将真空开关技术和三电极火花间隙技术相结合而发展起来的一种新型开关器件，其特点是利用真空作为主触头间的绝缘介质和灭弧介质，并采用特殊设计的触发极来控制开关进行快速关合。触发真空开关的优点主要有工作电压范围宽、库仑电量导通特性好、电弧电压低、动作迅速、介质恢复快、重复频率高、触发准确度高、寿命长、体积小、经济性好、触发系统灵活、简单可靠。触发真空开关的这些优点决定了它可以充当高压电器的过电流、过电压保护装置和大功率调速管的保护装置；可以替代可控硅、闸流管、放电管和火花间隙，用于大功率高电压的整流、变流；也可以在电容器放电回路、脉冲激光系统中用作高压、高重复频率的开关装置；还可以在高功率微波电源、核聚变装置中充当大能量精密控制开关等。这些应用领域中的高性能触发真空开关实质上是一种对高压大电流进行快速关合的脉冲功率控制开关。

3.6 小结

电磁发射系统中的大功率变流技术具有时间短、功率高的特点，本章按照从功率器件本体到整流再到逆变的思路，分析了串联均压、并联均流所采取的关键技术。对于脉冲间歇整流，在分析拓扑结构的基础上，给出了一种触发逻辑设计，以及触发故障诊断策略。对级联三电平逆变器的拓扑结构及 PWM 控制进行了探讨，最后分析了单模块及多模块 PFN 放电回路。

第 4 章
电磁发射执行机构技术

电磁发射执行机构是大功率变流的负载，它负责产生直线电磁推力，将发射体加速到指定速度。本章将介绍几种主要的电磁发射执行机构，包括直线感应电机、永磁同步直线电机、轨道炮导轨及电枢和线圈炮。

4.1 概述

电磁发射执行机构是指利用脉冲功率电源系统（储能系统 + 脉冲功率变换系统）的电能提供可控驱动磁场，并将一定质量的物体发射到特定速度的装置。电磁发射执行机构可承载数万安至数兆安级电流；依据发射质量大小，发射体出口速度在每秒几十米到十千米。电磁发射执行机构的主要形式有电磁弹射系统中的扁平型直线电机和电磁雷弹系统中的圆筒直线电机、电磁轨道炮系统中的导轨和电枢、电磁线圈炮系统中的驱动线圈和电枢线圈等。

4.1.1 脉冲直线电机技术发展现状

1. 直线电机的优缺点

直线电机近几十年来普遍受到人们的重视，在理论研究和实际应用方面都得到了迅速的发展，主要原因是它有下列优点。

（1）效率高。采用直线电机驱动的装置，不需要任何转换装置可直接产生推力，因此省去了中间转换机构，简化了整个装置或系统，保证了运行的可靠性，提高了传递效率，降低了制造成本，易于维护。

（2）速度不受限制。普通旋转电机由于受离心力的作用，其圆周速度受到限制；而直线电机运行时，它的零部件和传动装置不像旋转电机那样受到离心力的作用，因此它的直线速度可以不受限。

（3）机械损耗小。直线电机通过电能直接产生直线电磁推力，在驱动装置中，其运动可以无机械接触，使传动零部件无磨损，从而大大减少了机械损耗，直线电机驱动的磁悬浮列车就是如此。

（4）噪声小。旋转电机通过钢绳、齿条、传动带等转换机构将旋转运动转换成直线运动，这些转换机构在运行中产生噪声是不可避免的；而直线电机是靠电磁推力驱动装置运行的，故整个装置或系统的噪声很小或无噪声，运行环境好。

（5）环境适应性好。由于直线电机结构简单，且它的初级铁芯在嵌线后可以用环氧树脂等密封成整体，所以它可以在一些特殊场合中应用，如可以在潮湿甚至水中使用，还可以在有腐蚀性气体或有毒、有害气体中应用，也可以在几千摄氏度的高温下或零下几百摄氏度的低温下使用。

（6）散热快。由于直线电机结构简单，其散热效果也较好，特别是常用的扁平型短初级直线电机，初级的铁芯和绕组端部直接暴露在空气中，同时次级很长，具有很大的散热面，热量很容易散发掉，所以这类直线电机的热负荷较高而不需要附加冷却装置。

当然，任何事物都是一分为二的，直线电机也不例外，它同样存在一些不足之处，主要有以下几个方面。

（1）与同容量的旋转电机相比，直线电机的效率和功率因数要低，尤其是低速时比较明显。其原因主要有两个方面：一是直线电机的初次级气隙一般比旋转电机的气隙大，因此所需的磁化电流较大，损耗增加；二是由于直线电机初级铁芯两端开断，产生所谓的端部效应，从而引起波形畸变等问题，其结果也会导致损耗增加。但从整个装置或系统来看，由于直线电机可省去中间传动装置，因此，系统的效率有时还是比旋转电机的效率高。

（2）直线电机特别是直线感应电机的启动推力受电源电压的影响较大，故应采取有效措施保证电源的稳定或改变电机的相关特性来消除这一影响。

总之，直线电机是一种很有发展前途的电机，使用时必须充分发挥它的长处，避免它的不足，这样就能取得较好的经济效益和社会效益。

2. 电磁弹射系统对直线电机的性能要求

分析电磁弹射直线电机及其控制系统的应用环境与工作状态，与传统直线电机相比，其需求具有以下几个方面的特点。

（1）高速度、高加速度。电磁弹射系统的典型设计参数：舰载机质量为 23 000 kg，最大起飞速度为 103 m/s，最大加速行程为 94.5 m，最大减速行程为 5.8 m，两次弹射的时间间隔为 45 s。根据机械系统运动学方程可计算出，在 94.5 m 的加速行程内将舰载机加速到 103 m/s 的起飞速度，要求直线电机提供加速度和加速时间分别为 56.1 m/s^2 和 1.84 s；同理，在 5.8 m 的减速行程内将电机动子从 103 m/s 的速度减至零，需要的减速度和减速时间分别为 919.6 m/s^2 和 0.112 s。从对电机性能要求的角度看，这意味着所使用的直线电机必须覆盖非常宽的频率范围。这对电磁弹射系统的电力供应、直线电机特性、系统控制策略及电机的制造水平等都提出了十分高的要求。

（2）单向工作。虽然电磁弹射直线电机的基本原理与普通直线电机相同，但其主要工作过程是将舰载机弹出的单向加速过程，而不是往复运动。一般来说，电机的能耗主要由定子铁耗和铜耗两部分构成。定子铁耗与电机电流频率（或电机速度）有关，频率越高，损耗越大。而铜耗与电流的平方成正比，也就是说，为了降低能耗，在设计电机时，应采用随着速度增加而减少定子铁耗的策略。

（3）高可靠性。电磁弹射系统作为航母最重要的装备之一，其可靠性是极为重要的要求。如何提高电机的可靠性是电磁弹射系统研究的重要课题。采用与传统直线电机相同的集中控制方式，不仅会使电机的能耗增加，还会使电机的容错性和可靠性降低。因此有必要从电机设计和控制方法的角度出发，研究提高电机的容错性和可靠性的方法。

（4）高效率。电磁弹射系统单次发射所需的能量达到 122 MJ，由于航母长时间海上航行能源补给有限、舰上空间限制等特点，希望电磁弹射系统所用的电源设备及储能装置能耗等级尽量小，因此对直线电机的效率有很高的要求，直线电机的效率将极大影响系统的电源及储能装置的功率等级。

通过以上对电磁弹射系统应用环境及工作状态需求的分析，可以看到，电磁弹射直线电机与传统直线电机有很大的区别。为了最大限度地满足电磁弹射系统的特殊需求、减少能耗、降低制造难度，无论在电机设计、控制策略，还是在位置测量、通信等方面均有大量的研究空间和亟待解决的科学课题。

3. 电磁弹射直线电机对比分析

直线电机是电磁弹射系统的核心部件，与旋转电机一样，直线电机也分为直线感应电机（Linear Induction Motor）、直线同步电机（Linear Synchronous

Motor)、直线直流电机(Linear DC Motor)、直线永磁无刷电机(Linear Permanent Magnet Brushless Motor)、直线磁阻电机(Linear Reluctance Motor)及直线步进电机(Linear Stepping Motor)等，人们对应用于电磁弹射系统中的各种直线电机进行了广泛研究。

根据目前的研究，适用于电磁弹射系统的直线电机主要包括直线感应电机和直线同步电机两种，其中，直线同步电机又分为永磁直线同步电机和超导励磁直线同步电机，表 4.1 所示为这三种电机的优缺点比较。

表 4.1 电磁弹射系统中三种直线电机的优缺点比较

电机类别	优点	缺点
直线感应电机	次级结构坚固，在产生相同推力时的次级导电板质量小，制造和运行成本低，运行可靠，逆变器大功率开关器件开关频率较低（1 kHz）	初级电流大，功率因数低，效率低
永磁直线同步电机	功率因数和效率高，推力密度大，电力电子变换装置尺寸小，成本低	永磁体成本高、装配困难、需要对磁场屏蔽，铜耗大、永磁体存在退磁风险，逆变器大功率开关器件开关频率过高（1.8 ～ 4.2 kHz），在产生相同推力时的永磁体质量较大
超导励磁直线同步电机	功率因数最高（近似为单位功率因数），电力电子变换装置尺寸最小、成本最低	温度高于 40K 时超导线圈产生的磁通密度小，次级质量大

电磁弹射系统电机方案的选择一直存在争议。美国海军电磁弹射系统项目在 1992 年进行可行性论证伊始就确定了直线感应电机和永磁直线同步电机两种电机方案，并同时进行试验和研究。2003 年，Stumberger 等人指出了永磁直线同步电机是更好的选择，最重要的原因是其功率因数更高，达到 0.671，而直线感应电机为 0.504，采用永磁直线同步电机更有利于功率逆变器的设计。2004 年，他们进一步提出了除永磁直线同步电机和直线感应电机外的另一种电机——直线大超导磁电机(LBSCMM)。这种电机具有低电感、推力分布接近正弦等优势。但由于其相对较重的动子和磁体的磁通密度有限，至今还不能成为电磁弹射系统电机的首选。2009 年，美国海军电磁弹射系统电机故障恢复系统的负责人 Meeker 等人撰文指出，美国海军电磁弹射系统最终采用直线感应电机方案，而暂时放弃永磁直线同步电机。他们指出，在有限长度内永磁直线同步电机可以提供更高的有效加速度，达到的末端速度比直线感应电

机更高。并且，永磁直线同步电机控制方法比较简单。多段电机定子在电气特性上是相同且非耦合的，每段电机定子都可以使用基本的矢量控制方法，总推力在各定子上均匀分布。但制约采用永磁直线同步电机的主要因素有两个：大功率 IGBT 的开关频率和电机的减速性能（因永磁直线同步电机动子质量大）。

电磁弹射直线电机的关键技术主要包括：直线电机定子的模块化设计、多段初级直线电机设计技术、长行程直线电机串联分段供电与开断技术、连续发射下电机冷却技术、不同高强度金属材料复合工艺、多物理场强耦合建模技术、强磁场与应力冲击条件下的定子线圈成形技术、直线电机的电磁兼容技术等。

4.1.2 电磁轨道炮的导轨和电枢研究现状

轨道炮实际上可被看成最简单的电机，它是这样一个装置，夹在两根杆或导轨之间的导电元件通电后能沿两根杆或导轨自由滑动加速。电磁轨道炮的工作原理示意图如图 4.1 所示，它由两根平行导轨和一个能自由滑动的被称为“电枢”的导体组成。电流沿其中一根导轨流入，通过电枢，沿另一根导轨流出，两根导轨中的电流将在导轨周围产生磁场，在两根导轨之间的区域产生的磁场方向相同。导轨通常由平直的金属杆组成，因此炮膛通常为矩形。电流由后膛馈入，当电流流经电枢时，电枢内流动的电流与两根导轨之间存在的磁场作用产生洛伦兹力，推动电枢由后膛的起始位置向导轨的另一端——炮口运动。当电枢到达炮口时，电枢及其携带的弹丸将脱离电磁轨道炮，开始自由飞行。因此电磁轨道炮的执行机构就是导轨和电枢，由脉冲功率电源提供脉冲功率，电枢加速运动对弹丸产生巨大的推力。

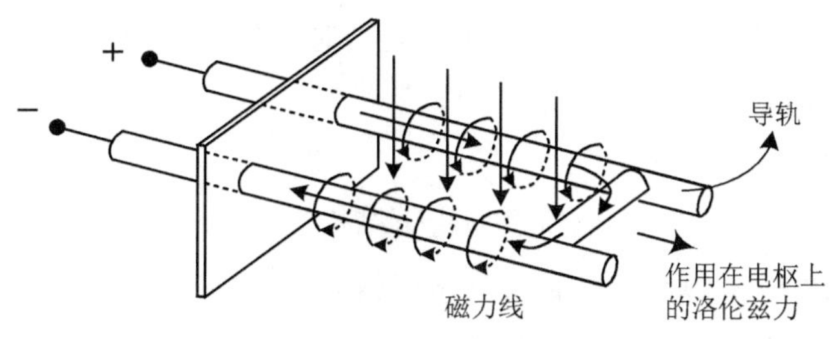

图 4.1　电磁轨道炮的工作原理示意图

电枢作为电磁轨道炮的关键组件，其功能包括传导电流、承受洛伦兹力、推动弹丸加速三个方面，它最终将电能转化为弹丸的动能并以超高速将弹丸发射出去。电磁轨道炮的电枢有以下特点。

（1）因为在发射过程中电枢处于电流回路中，因此大电流从电枢中流过，会产生升温及电枢融化等现象。

（2）枢轨接触界面属于大电流高速载流摩擦磨损机制，为了保证良好的电接触状态，枢轨接触界面需要稳定的接触力，在接触状态不良时，会出现转捩、烧蚀等现象，进一步会发生枢轨材料的机械损伤现象，即刨削现象。

（3）电枢作为发射过程中的主要受力部件，与战斗部、弹托等部件共同组成电磁轨道炮弹丸，因此在满足各项发射要求前提下，电枢质量应尽量小，以提高战斗部的终点毁伤能力。

电枢作为电磁轨道炮弹丸的一个关键部件，发挥着承载电流、推动弹丸的重要作用。由于电枢在强磁场、强电场的环境下工作，其性能的优劣将直接影响电磁轨道炮的发射性能和效率；由于电枢与轨道直接接触，枢轨接触界面间的烧蚀、刨削现象等都是要解决的难题；另外，电枢的设计还必须考虑以下技术要求：是否能达到预期速度，能否有较高的效率，能否和发射系统、弹丸协调一致等。关键技术主要包括不同材料和结构的电枢的研究、电枢弹丸一体化结构等。

电磁轨道炮是一种利用电磁能驱动带电流电枢滑动至超高速的新概念动能武器，具有初速度高、射程远、威力大、可控性强等优点，因而成为各军事强国大力发展的重点。随着电磁轨道炮逐步向战略应用发展，其服役寿命成为难以突破的技术难点。与传统火炮身管材料不同的是，电磁轨道炮导轨必须承受 3 ～ 4 MA 的强大电流，发射过程中复杂的机械、电气和热作用及巨大的侧向力，对导轨材料的耐瞬间高温、高硬度和高屈服强度提出了极为苛刻的要求。尽管现代材料科技迅猛发展，各国研究人员对其失效机理及抑制方法进行了长期的研究并取得了一系列的成果，但电磁轨道炮导轨材料失效问题依然未得到有效解决。

在选定导轨材料后，电磁轨道炮身管结构设计过程中应满足以下基本要求。

（1）一定的封装预压力，防止等离子体泄漏和弹丸发射后的导轨分离。

（2）保证加速弹丸所需的电感梯度。

（3）降低或解决炮膛烧蚀。

（4）质量合理，便于拆装整修。

为保证导轨不变形失效，试验型电磁轨道炮绝大多数采用坚固的导轨防护装置进行固定和支撑。为了便于拆装，早期实验室研究一般采用螺栓预紧，绝缘内膛由树脂复合材料包裹铜导轨构成。但这种结构很笨重，不能满足实装化需求，一般采用质量小、强度高的纤维增强包覆复合身管结构设计。

4.1.3 线圈型电磁发射器线圈技术研究现状

线圈型电磁发射器早期也被叫作行波加速器、质量驱动器或同轴发射器等。线圈型电磁发射器就是指利用交变电流或脉冲电流产生磁行波来驱动带有线圈的或磁性材料的抛体的发射器。如图 4.2 所示，最基本的线圈型电磁发射器有两个线圈，一个是固定的定子，称为驱动线圈，另一个是受驱动线圈电磁作用而运动的电枢，称为发射（电枢）线圈，其内可以放置想要发射的物体。两个线圈可以以轴线平行的平面排列，也可以以轴线重合的同轴排列。为了减少加速力的波动和延长其加速行程，上述驱动线圈和发射线圈一般都制作成多匝结构。可以通过增加驱动线圈的级数来提高弹丸的速度，适合发射大质量的弹丸。

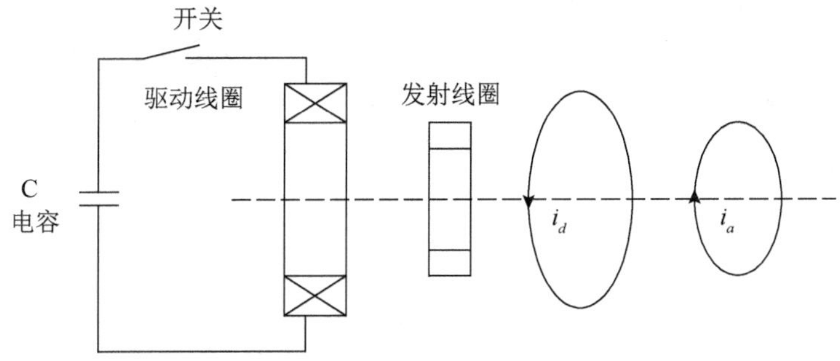

图 4.2 单级线圈型电磁发射器工作原理示意图

线圈型电磁发射器与电磁轨道发射器相比较，优势主要体现在以下方面。

（1）驱动线圈和发射线圈之间无直接接触，因此避免了摩擦的因素而影响发射体的出口速度。

（2）相同大小的电流作用下，线圈型电磁发射器比电磁轨道发射器的推进力大得多。

（3）在同样输出功率下，线圈型电磁发射器需要的电流较小，不需要兆安级的脉冲电流，可以在简化开关装置的同时降低系统中一些部件的要求。

（4）可以根据实际的发射要求，改变发射体的大小和形状，这样有利于加速不同的发射体。

（5）发射可控性好。

在相同条件下，线圈型电磁发射器具有推力大、效率高、强度高、寿命长等电磁轨道发射器无法比拟的优点，因此发展前景更为广阔，代表着电磁发射器的一个更高层次的发展方向。

多级线圈型电磁发射器是高功率电磁发射器，其模型十分复杂。由于其级数的增加，控制策略和控制方法显得更为重要。时间控制和空间控制是两种不同的控制策略。目前对多级同步感应线圈型电磁发射器触发控制系统的设计研制，普遍采用位置检测触发控制和延时触发控制两种方法。位置检测触发控制由于各级控制独立，相互影响小，一般应用于级数较多的场合，如美国于 2004 年使用 466 级驱动线圈将质量为 20 kg 的弹丸加速到 2500 m/s。但位置检测触发控制存在两个较大的缺陷：一是位置检测传感器一旦装好，电枢的触发位置就确定了，因此这种控制方法缺少灵活性；二是当电枢在高速或者超高速飞行时，位置检测传感器就有可能无法响应。延时触发控制与位置检测触发控制相比具备较好的灵活性，不存在触发控制系统失效的问题，是目前使用较多的一种方法。线圈型电磁发射器的关键技术主要有多级驱动线圈最佳触发位置的研究、驱动线圈和电枢线圈的几何尺寸设计、新型电枢材料的应用等。

4.2 直线感应电机

直线感应电机在动子制动，以及与现有大功率开关器件的匹配方面比永磁直线同步电机更有优势，美国“福特”号航母装载的电磁弹射装置采用的就是直线感应电机。

4.2.1 直线电机的基本结构与原理

直线电机可以认为是旋转电机在结构方面的一种演变，它可以看作将一台旋转电机沿径向剖开，然后将电机的圆周展成直线，如图 4.3 所示。这样就得到了由旋转电机演变而来的最原始的直线电机。由定子演变而来的一侧称为初级，由转子演变而来的一侧称为次级。

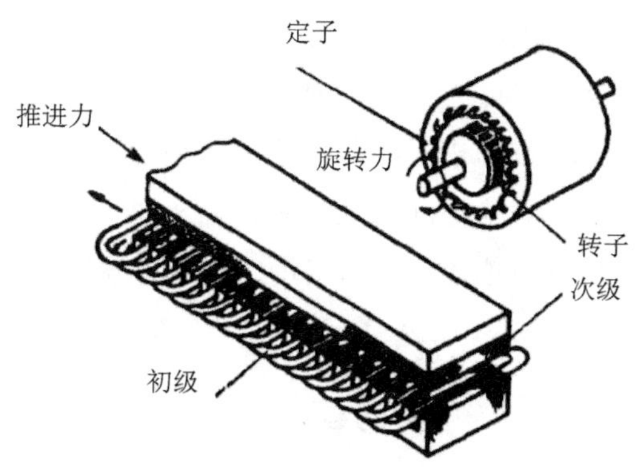

图 4.3　旋转电机和直线电机示意图

图 4.4 中将旋转电机沿径向剖开把圆周展成直线演变成了直线电机，其初级和次级长度是相等的，由于在运行时初级和次级之间要做相对运动，如果在运动开始时，初级与次级正巧对齐，那么在运动中，初级与次级之间相互耦合的部分越来越少，从而不能正常运动。

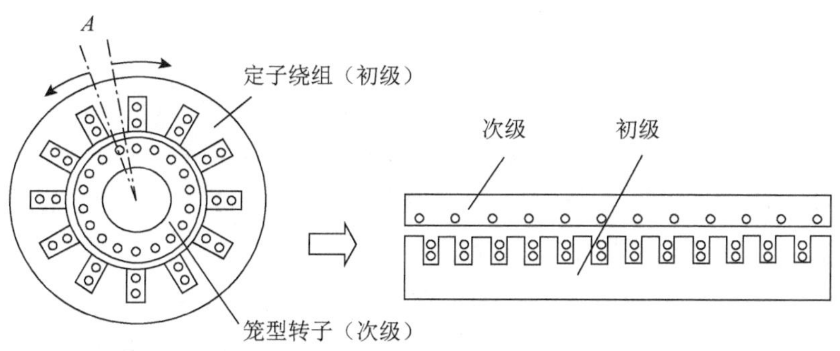

图 4.4　由旋转电机演变为直线电机的过程

在直线电机的三相绕组中通入三相对称正弦电流后，会产生气隙磁场。当不考虑因铁芯两端开断而引起的纵向端部效应时，这个气隙磁场的分布情况与旋转电机相似，即可看成气隙磁场沿展开的直线方向呈正弦分布。当三相电流随时间变化时，气隙磁场将按 A、B、C 相序沿直线移动。这个原理与旋转电机相似，二者的差异是：这个磁场是平移的，而不是旋转的，因此称为行波磁场。显然，行波磁场的移动速度与旋转磁场在定子内圆表面上的线速度是一样的，即 v_s 称为同步速度，且

$$v_s=2\tau f \tag{4-1}$$

式中，τ 为极距；f 为供电频率。

再来看行波磁场对次级的作用。假定次级为栅形次级，图 4.5 仅示意出其中的一根导条。次级导条在行波磁场切割下，将产生感应电动势并产生电流。而所有导条的电流和气隙磁场相互作用便产生电磁推力。在这个电磁推力的作用下，如果初级是固定不动的，那么次级就顺着行波磁场运动的方向做直线运动。若次级移动的速度用 v_r 表示，转差率用 s 表示，则有

$$\left.\begin{aligned} s &= \frac{v_r - v}{v_r} \\ v_r - v &= s \cdot v_r \\ v &= (1-s)v_r \end{aligned}\right\} \tag{4-2}$$

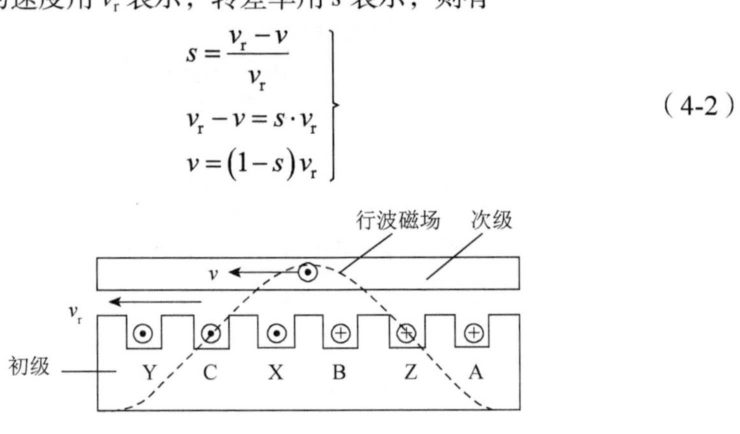

图 4.5　直线电机的基本工作原理

在动机运行状态下，$0 < s < 1$。上述就是直线电机的基本工作原理。

应该指出，直线电机的次级大多采用整块金属板或复合金属板，因此它并不存在明显的导条。但在分析时，不妨把整块金属板看成是无限多的导条并列安置的，这样仍可以应用上述原理进行讨论。在图 4.6 中，分别画出了假想导条中的感应电流及金属板内电流的分布，图中 l_δ 为初级铁芯叠片厚度，c 为次级在 l_δ 长度方向伸出初级铁芯的宽度，它用来作为次级感应电流的端部通路，c 的大小将影响次级的电阻。

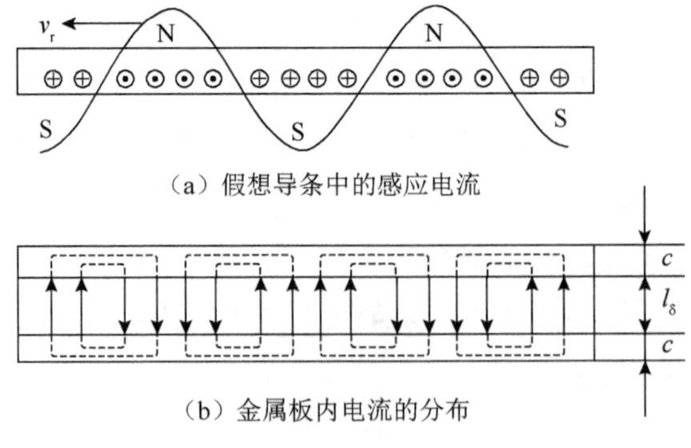

（a）假想导条中的感应电流

（b）金属板内电流的分布

图 4.6　次级导条中的电流

我们知道，通过对换旋转电机任意两相的电源连线，可以实现反向旋转。这是因为三相绕组的相序反了，旋转磁场的转向也就随之反了，使转子转向跟着反过来。同样，对换直线电机任意两相的电源连线后，运动方向也会反过来，根据这一原理，可使直线电机做往复直线运动。

为保证在所需的行程范围内，初级和次级之间耦合的部分能保持不变，因此在实际应用时，将初级和次级制造成不同的长度。在制造直线电机时，既可以是初级短、次级长，也可以是初级长、次级短。前者称为短初级长次级，后者称为长初级短次级，如图 4.7 所示。

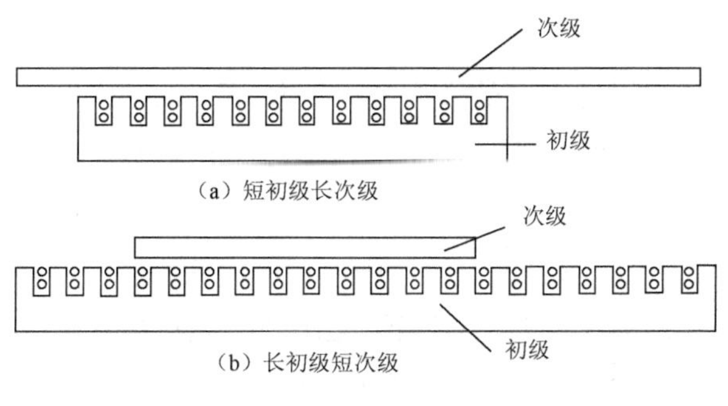

图 4.7　单边型直线电机

在图 4.7 所示的直线电机中仅在一边安放初级，称这种结构的电机为单边型直线电机。这种结构的电机，一个最大的特点是在初级与次级之间存在一个很大的法向吸力，一般在钢次级时这个法向吸力约为推力的 10 倍，在大多数的场合下，是不希望存在这种法向吸力的，如果在次级的两边都装上初级，那么这个法向吸力可以相互抵消，称这种结构的电机为双边型直线电机，如图 4.8 所示。

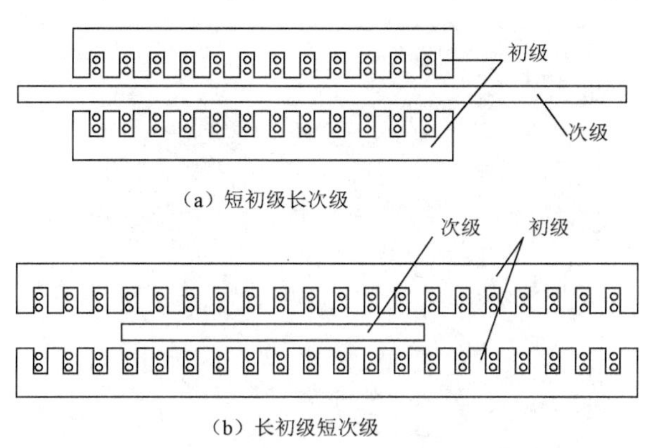

图 4.8　双边型直线电机

上述介绍的直线电机称为扁平型直线电机，是目前应用最广泛的直线电机。电磁弹射系统中一般采用图 4.8（b）所示的长初级短次级的双边型直线感应电机。

4.2.2 直线电机装置组成

直线电机装置是航母电磁弹射系统的执行机构，航母电磁弹射系统对直线电机装置的可靠性和安全性的要求极高，为此直线电机装置采用多定子直线感应电机方案，电机在结构上由上下 n 个独立的三相直线感应电机定子和一套电机动子组成。

为了便于集电，实现次级的短行程瞬时加速，减小次级的动能，直线电机装置设计为长初级短次级结构；由于电机整体结构较长，为了降低电机的输入容量，电机初级采用分段供电的结构形式；为了保证电机的高可靠性，电机采用多个模块化初级并联运行的方式。另外，为了降低电机高度，电机绕组采用无槽环形绕组结构；为了屏蔽线圈绕组无用边，电机采用屏蔽层结构。因此直线电机的基本结构形式为：整个直线电机装置由 L 段定子沿长度方向拼接构成，每段定子由 $2n$ 个线圈组成，构成上下 n 个双边型直线感应电机定子，电机定子采用模块化结构设计方案。

1. 总体结构

直线电机装置主要由定子、动子、供电母排、冷却系统（动子喷淋冷却系统、定子冷却系统），以及总装附件（横梁结构、柱销结构、动子上下导轨装置等）组成。电磁弹射直线感应电机实物图如图 4.9 所示。

图 4.9 电磁弹射直线感应电机实物图

2. 定子

直线电机定子由 L 段定子总成沿长度方向拼接而成，定子模块主要由定子支架、内外屏蔽层、定子浇注线圈、横梁、盖板、动子上下导轨等组成。

定子支架集动子上下导轨与定子浇注安装支柱为一体，是定子浇注和动子总成的安装基础。

动子上下导轨限制了动子总成 5 个方向的自由度，只留下电机长度方向的移动自由度供动子总成运动，同时承受飞机前起落架的压力。左右定子总成配对安装，如果出现故障，更换单段模块即可，便于维护。定子线圈由铁芯、内屏蔽层、楔子、绕线、接头、环氧树脂等组成。为了提高电磁兼容性能，增加了铝板屏蔽层，冷却水路集成在屏蔽层上，其上加工 2 道冷却水槽，屏蔽层螺孔嵌入锁紧型钢丝螺套，通过螺栓与定子支架相连，可反复拆卸，便于维护。为了提高冗余性能，通常布置 m 个定子并联运行，共用一个动子，如图 4.10 所示。

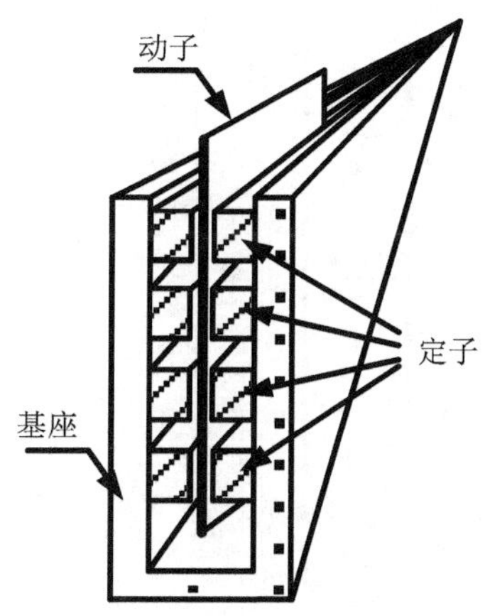

图 4.10　直线电机定子结构示意图

3. 动子

动子是直线电机的核心部件，直接关系到整个弹射系统的成败。动子主要由动子板、编码器、紧急制动撞击结构、销轴、切换杆、弯板等组成。动子在左右定子之间高速往复运动，由开口型导轨和半闭口型导轨限制其垂向自由度、横向自由度及所有的转动自由度。动子后车与动子板之间采用球轴承连接，允许在水平方向上具有一定自由度偏转，用于在加速过程中对飞机纠偏正向。

4. 供电母排

供电母排包括母排电缆、定子连接母排分支电缆、定子连接段开关分支电缆。母排电缆又分为主母排和中继母排。直线电机通过母排电缆和段开关实现电机定子的分段供电，任何时刻电机相邻 3 段定子通电，且每相独立供电。

4.2.3 电磁弹射多定子直线感应电机的数学模型及控制方程

为了避免高速运行的动子绕组与定子绕组发生碰撞，直线感应电机通常设计有较大电磁气隙，导致功率因数相对较小和能量效率相对较低。在电源电压或电流受限条件下，为了提高推力密度、功率效率和能量效率，通常采用图 4.11 所示的多个定子上下并联布置、输出电磁推力共同作用于同一个次级的结构。

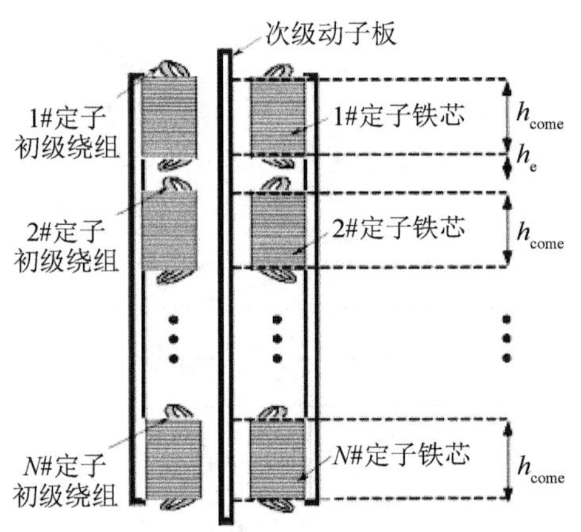

图 4.11　电磁弹射多定子直线感应电机结构示意图

1. 电磁弹射多定子直线感应电机的数学模型

下面以图 4.12 所示的四定子双边型直线感应电机为例推导电磁弹射多定子直线感应电机的数学模型。其中动子为高导电性金属平板，4 个定子在动子的宽度方向和高度方向对称排布，构成在高度方向并列的两个双边型直线感应电机定子。动子在高度方向上覆盖上、下定子，进而同时与上、下两个双边型直线感应电机定子相耦合，提高了动子的输出机械功率，且上、下两个双边型直线感应电机定子由两个独立的三相逆变电源供电，提高了电机的可靠性。

在图 4.12 所示的四定子双边型直线感应电机中，当上、下定子同时工作时，其动子上的感应涡流分布示意图如图 4.13 所示，可以发现上、下定子在动子上所产生的上、下感应涡流在动子中间区域存在耦合，耦合方式为上、下感应涡流的磁场耦合，以及上、下感应涡流在动子中间区域的感应电场耦合。基于传统直线感应电机的分析方法，可以将动子上的上、下感应涡流分别等效成对应于上、下定子的动子上、下等效三相绕组中的电流，动子上、下等效三相绕组的结构形式与定子相同，等效的前提为气隙磁场、动子有功功率、无功功率保持不变。

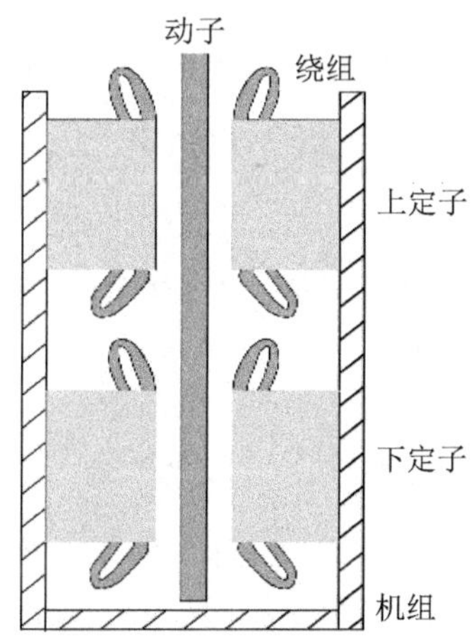

图 4.12　四定子双边型直线感应电机结构示意图

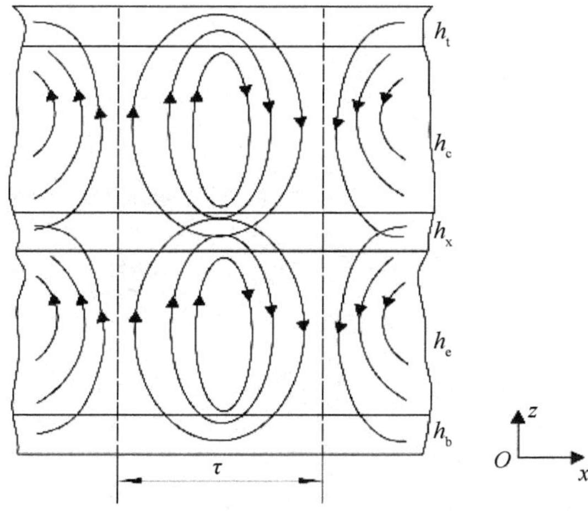

图 4.13　四定子双边型直线感应电机动子上的感应涡流分布示意图

由于动子上、下感应涡流存在耦合，所以等效的动子上、下三相绕组中的对应相之间存在耦合，上、下感应涡流的磁场耦合可以用耦合电感来表示，上、下感应涡流的感应电场耦合可以用耦合电阻来表示。在动子上、下等效三相绕组中相关物理量正方向相同的前提下，等效的动子上、下 A 相绕组的回路电压方程为

$$\left.\begin{aligned}&\mathrm{j}\omega_{\mathrm{s}}L_{\mathrm{m}}\left(\dot{I}_{\mathrm{sa1}}+\dot{I}_{\mathrm{ra1}}\right)+\mathrm{j}\omega_{\mathrm{s}}\left(L_{\mathrm{lr1}}+L_{\mathrm{xr}}\right)\dot{I}_{\mathrm{ra1}}-\mathrm{j}\omega_{\mathrm{s}}L_{\mathrm{xr}}\dot{I}_{\mathrm{ra2}}+\dot{I}_{\mathrm{ra1}}\left(R_{\mathrm{lr1}}+R_{\mathrm{xr}}\right)-\dot{I}_{\mathrm{ra2}}R_{\mathrm{xr}}=0\\&\mathrm{j}\omega_{\mathrm{s}}L_{\mathrm{m}}\left(\dot{I}_{\mathrm{sa2}}+\dot{I}_{\mathrm{ra2}}\right)+\mathrm{j}\omega_{\mathrm{s}}\left(L_{\mathrm{lr2}}+L_{\mathrm{xr}}\right)\dot{I}_{\mathrm{ra2}}-\mathrm{j}\omega_{\mathrm{s}}L_{\mathrm{xr}}\dot{I}_{\mathrm{ra1}}+\dot{I}_{\mathrm{ra2}}\left(R_{\mathrm{lr2}}+R_{\mathrm{xr}}\right)-\dot{I}_{\mathrm{ra1}}R_{\mathrm{xr}}=0\end{aligned}\right\}\tag{4-3}$$

式中，L_{m} 为定子绕组和动子绕组的互感；L_{lr1}（L_{lr2}）、R_{lr1}（R_{lr2}）分别为动子上、下边端对应的等效漏感和电阻；L_{xr}、R_{xr} 分别为动子上、下感应涡流耦合区域对应的等效漏感和电阻；ω_{s} 为转差角频率；$\dot{I}_{\mathrm{sa1}}$、$\dot{I}_{\mathrm{sa2}}$ 分别为上、下定子 A 相绕组的电流；$\dot{I}_{\mathrm{ra1}}$、$\dot{I}_{\mathrm{ra2}}$ 分别为动子上、下感应涡流对应的 A 相等效绕组电流。

由上述动子上、下等效绕组的回路电压方程，可以得到反映动子上、下耦合关系的等效电路，如图 4.14 所示。

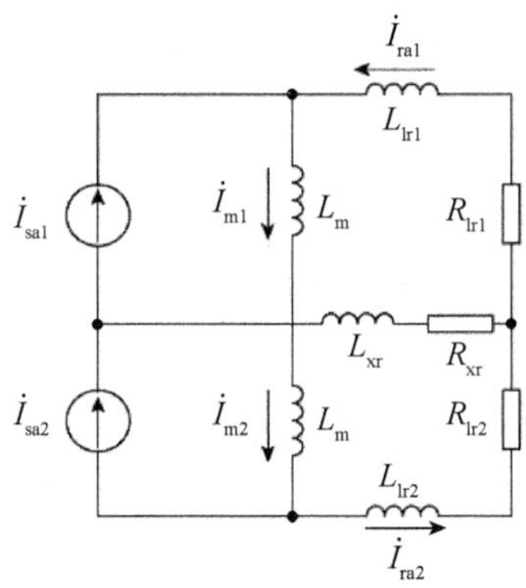

图 4.14　四定子双边型直线感应电机动子侧耦合等效电路模型

从图 4.14 可以发现，上、下定子的相邻端部绕组间也存在磁场的耦合，上、下定子 A 相绕组的回路电压方程为

$$\left.\begin{aligned}&\mathrm{j}\omega_{1}L_{\mathrm{m}}\left(\dot{I}_{\mathrm{sa1}}+\dot{I}_{\mathrm{ra1}}\right)+\mathrm{j}\omega_{1}\left(L_{\mathrm{ls1}}+L_{\mathrm{xs}}\right)\dot{I}_{\mathrm{sa1}}-\mathrm{j}\omega_{1}L_{\mathrm{xs}}\dot{I}_{\mathrm{sa2}}+\dot{I}_{\mathrm{sa1}}R_{\mathrm{s}}=\dot{U}_{\mathrm{sa1}}\\&\mathrm{j}\omega_{1}L_{\mathrm{m}}\left(\dot{I}_{\mathrm{sa2}}+\dot{I}_{\mathrm{ra2}}\right)+\mathrm{j}\omega_{1}\left(L_{\mathrm{ls2}}+L_{\mathrm{xs}}\right)\dot{I}_{\mathrm{sa2}}-\mathrm{j}\omega_{1}L_{\mathrm{xs}}\dot{I}_{\mathrm{sa1}}+\dot{I}_{\mathrm{sa2}}R_{\mathrm{s}}=\dot{U}_{\mathrm{sa2}}\end{aligned}\right\}\tag{4-4}$$

式中，$L_{\mathrm{ls1}}+L_{\mathrm{xs}}$、$L_{\mathrm{ls2}}+L_{\mathrm{xs}}$ 分别为上、下定子每相绕组的漏感；R_{s} 为定子每相绕组的电阻；ω_1 为同步角频率；$\dot{U}_{\mathrm{sa1}}$、$\dot{U}_{\mathrm{sa2}}$ 分别为上、下定子 A 相绕组的端口电压。

由上、下定子对应相的回路电压方程，可以得到反映上、下定子耦合关系的等效电路，如图4.15所示，图中，$\dot{E}_1 = \mathrm{j}\omega_1 L_\mathrm{m}\left(\dot{I}_\mathrm{sa1} + \dot{I}_\mathrm{ra1}\right)$，$\dot{E}_2 = \mathrm{j}\omega_1 L_\mathrm{m}\left(\dot{I}_\mathrm{sa2} + \dot{I}_\mathrm{ra2}\right)$。

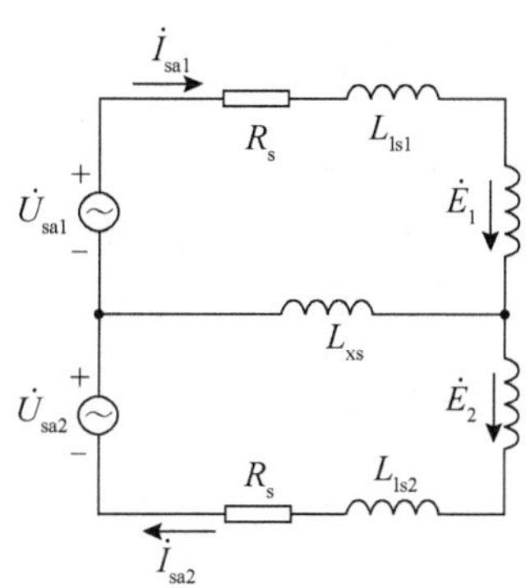

图 4.15　四定子双边型直线感应电机定子侧耦合等效电路模型

根据上述四定子双边型直线感应电机的定子侧和动子侧耦合等效电路模型，可以得到上、下定子独立供电时的四定子双边型直线感应电机耦合等效电路模型，如图 4.16 所示。

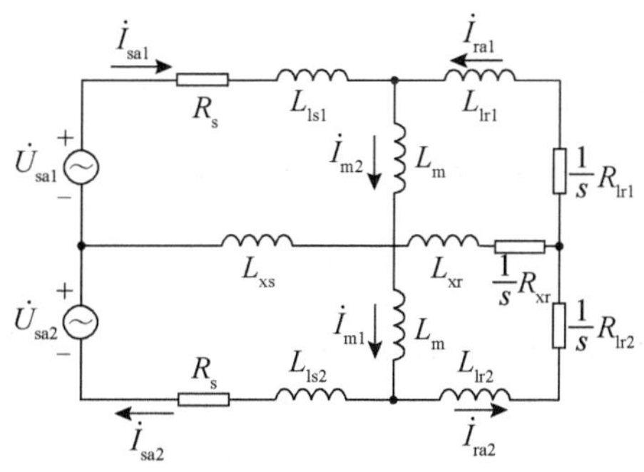

图 4.16　上、下定子独立供电时的四定子双边型直线感应电机耦合等效电路模型

定义图 4.15 中上、下定子耦合支路的总电流为 $\dot{I}_\mathrm{xs}$，$\dot{I}_\mathrm{xs}=\dot{I}_\mathrm{s1}-\dot{I}_\mathrm{s2}$，令 $\dot{I}_\mathrm{s2}=\dot{K}_\mathrm{s}\dot{I}_\mathrm{s1}$，定义图 4.16 中动子上、下等效绕组耦合支路的总电流为 $\dot{I}_\mathrm{xr}$，$\dot{I}_\mathrm{xr}=\dot{I}_\mathrm{r1}-\dot{I}_\mathrm{r2}$，令 $\dot{I}_\mathrm{r2}=\dot{K}_\mathrm{r}\dot{I}_\mathrm{r1}$，则可以对上下定子等效绕组和动子上、下等效绕组电压回路方程进行解耦。

表 4.2 列出了典型工况时上、下定子绕组解耦后的等效漏感。表 4.3 列出了典型工况时动子上、下等效绕组解耦后的等效参数。

表 4.2 典型工况时上、下定子绕组解耦后的等效漏感

工况	上定子等效漏感	下定子等效漏感
上、下定子单独通电	$L_{ls1}+L_{xs}$	$L_{ls2}+L_{xs}$
$\dot{I}_{s1}=\dot{I}_{s2}$（$\dot{K}_s=1$）	L_{ls1}	L_{ls2}
$\dot{I}_{s1}=-\dot{I}_{s2}$（$\dot{K}_s=-1$）	$L_{ls1}+2L_{xs}$	$L_{ls2}+2L_{xs}$

表 4.3 典型工况时动子上、下等效绕组解耦后的等效参数

工况	动子上		动子下	
	等效电阻	等效漏感	等效电阻	等效漏感
上、下定子单独通电	$R_{lr1}+R_{xr}$	$L_{lr1}+L_{xr}$	$R_{lr2}+R_{xr}$	$L_{lr2}+L_{xr}$
$\dot{I}_{r1}=\dot{I}_{r2}$（$\dot{K}_r=1$）	R_{lr1}	L_{lr1}	R_{lr2}	L_{lr2}
$\dot{I}_{r1}=-\dot{I}_{r2}$（$\dot{K}_r=-1$）	$R_{lr1}+2R_{xr}$	$L_{lr1}+2L_{xr}$	$R_{lr2}+2R_{xr}$	$L_{lr2}+2L_{xr}$

以上方法可以推广到定子数目更多的情况，由此得到多定子直线感应电机稳态等效电路模型，如图 4.17 所示，其与单定子直线感应电机稳态等效电路模型相比有以下不同。

（1）$\dot{I}_s$、$\dot{I}_m$、$\dot{I}_r$ 分别是以空间矢量形式表示的定子电流、励磁电流和动子电流，且是 N 维列矢量。

（2）$\boldsymbol{R}_s$、$\boldsymbol{L}_{1s}$、$\boldsymbol{L}_m$、$\boldsymbol{R}_r$、$\boldsymbol{L}_{1r}$ 不再是标量，而是 $N\times N$ 的正定矩阵。

（3）电机定子绕组间气隙磁场耦合由矩阵 $\boldsymbol{L}_{1s}$、$\boldsymbol{L}_m$ 中非对角元素体现，而次级动子板上感应涡流耦合由矩阵 $\boldsymbol{L}_{1r}$、$\boldsymbol{R}_r$ 中非对角元素体现。

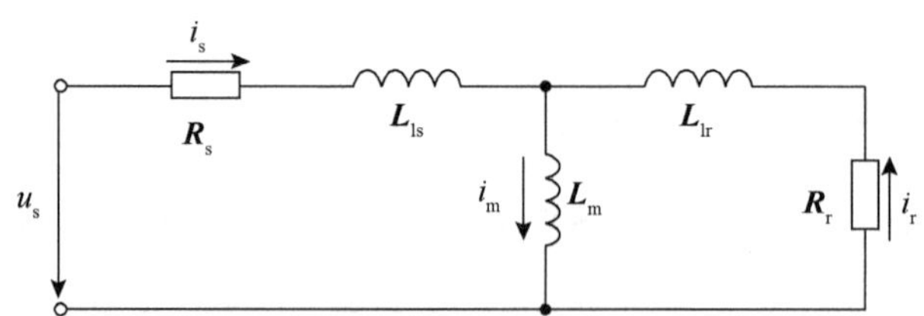

图 4.17 多定子直线感应电机稳态等效电路模型

2. 控制器模型与电磁推力计算

图 4.17 所示的电机模型难以直接应用于控制器进行控制，为此，在电机控制系统中，建立电机次级动子侧不含漏感参数的控制器模型，如图 4.18 所示。

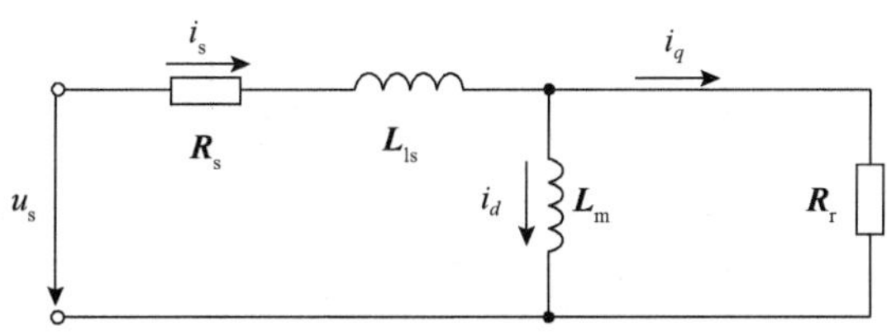

图 4.18　多定子直线感应电机控制器模型

其中：

$$\begin{aligned}
\hat{\boldsymbol{R}}_{\mathrm{s}} &= \boldsymbol{R}_{\mathrm{s}} \\
\hat{\boldsymbol{L}}_{\mathrm{ls}} &= \boldsymbol{L}_{\mathrm{ls}} + \boldsymbol{L}_{\mathrm{m}}\left(\boldsymbol{L}_{\mathrm{m}} + \boldsymbol{L}_{\mathrm{lr}}\right)^{-1}\boldsymbol{L}_{\mathrm{lr}} \\
\hat{\boldsymbol{L}}_{\mathrm{m}} &= \boldsymbol{L}_{\mathrm{m}}\left(\boldsymbol{L}_{\mathrm{m}} + \boldsymbol{L}_{\mathrm{lr}}\right)^{-1}\boldsymbol{L}_{\mathrm{m}} \\
\hat{\boldsymbol{R}}_{\mathrm{r}} &= \boldsymbol{L}_{\mathrm{m}}\left(\boldsymbol{L}_{\mathrm{m}} + \boldsymbol{L}_{\mathrm{lr}}\right)^{-1}\boldsymbol{R}_{\mathrm{r}}\left(\boldsymbol{L}_{\mathrm{m}} + \boldsymbol{L}_{\mathrm{lr}}\right)^{-1}\boldsymbol{L}_{\mathrm{m}}
\end{aligned} \tag{4-5}$$

多定子直线感应电机工作时，为了降低系统对供电电源的电压等级要求，不同定子绕组间通常采用独立电源并联供电的方式，因此电机每个定子的绕组相互独立，且所有定子电流均是独立可控的。如果控制电机 N 个定子的次级磁链在空间上同相位，此时选择同步 dq 轴坐标系统，使 d 轴与励磁电流 i_d 同相位，则在图 4.18 所示的控制器模型中，由基尔霍夫电压回路方程及电流定律可得：

$$i_q = \omega_{\mathrm{s}}\hat{\boldsymbol{R}}_{\mathrm{r}}^{-1}\hat{\boldsymbol{L}}_{\mathrm{m}}i_d \tag{4-6}$$

$$i_{\mathrm{s}} = i_d + \mathrm{j}\omega_{\mathrm{s}}\hat{\boldsymbol{R}}_{\mathrm{r}}^{-1}\hat{\boldsymbol{L}}_{\mathrm{m}}i_d \tag{4-7}$$

式（4-7）表明，对于任意给定的励磁电流 i_d 及转差角频率 ω_{s}，可以得到相应的定子电流 i_{s} 来维持与动子交链的磁链不变。

利用动子上消耗的总功率，减去动子电阻损耗功率，可以得到多定子直线感应电机次级动子板输出的机械功率为

$$P_{\mathrm{out}} = \frac{\omega - \omega_{\mathrm{s}}}{\omega_{\mathrm{s}}}i_q^{\mathrm{T}}\hat{\boldsymbol{R}}_{\mathrm{r}}i_q \tag{4-8}$$

则多定子直线感应电机输出的电磁推力为

$$F_{\mathrm{e}} = \frac{P_{\mathrm{out}}}{v_{\mathrm{r}}} = \frac{\beta}{\omega_{\mathrm{s}}}i_q^{\mathrm{T}}\hat{\boldsymbol{R}}_{\mathrm{r}}i_q \tag{4-9}$$

将式（4-6）代入式（4-9）中得

$$F_{\mathrm{e}} = \beta\omega_{\mathrm{s}}i_d^{\mathrm{T}}\hat{\boldsymbol{L}}_{\mathrm{m}}^{\mathrm{T}}\hat{\boldsymbol{R}}_{\mathrm{r}}^{-1}\hat{\boldsymbol{L}}_{\mathrm{m}}i_d \tag{4-10}$$

3. 间接矢量控制

通过式（4-10）可以看出，当电机励磁电流 i_d 给定时，电机输出电磁推力与工作转差角频率 ω_s 呈线性比例关系。对于系统给定的励磁电流 i_d^*，由式（4-10）知，期望输出电磁推力为 F_e 时所需的转差角频率为

$$\omega_s = \frac{F_e}{\beta i_d^{*T} \hat{\boldsymbol{L}}_m^T \hat{\boldsymbol{R}}_r^{-1} \hat{\boldsymbol{L}}_m i_d^*} \tag{4-11}$$

再利用式（4-6）得到期望的 q 轴电流为

$$i_q = F_e \frac{\hat{\boldsymbol{R}}_r^{-1} \hat{\boldsymbol{L}}_m i_d}{\beta i_d^{*T} \hat{\boldsymbol{L}}_m^T \hat{\boldsymbol{R}}_r^{-1} \hat{\boldsymbol{L}}_m i_d^*} \tag{4-12}$$

为表述方便，定义

$$\boldsymbol{E}_N = \begin{bmatrix} q_1^T & q_2^T & \cdots & q_N^T \end{bmatrix} \tag{4-13}$$

式中，$\boldsymbol{E}_N$ 为 $N \times N$ 的单位矩阵，则第 n（n=1,2,⋯,N）个定子期望的 dq 轴电流为

$$i_{d,n}^* = q_n i_d^*,\ i_{q,n}^* = q_n i_q^*,\ n = 1,2,\cdots,N \tag{4-14}$$

由于纵向端部效应的影响，电机每个定子绕组均存在电流不平衡。电机零序电流的存在，将导致多定子直线感应电机能量利用效率的降低，同时给电机散热带来不利影响。为此，补充电机第 n 个定子的零序电流期望值为

$$i_{0,n}^* = 0,\ n = 1,2,\cdots,N \tag{4-15}$$

式（4-14）及式（4-15）完整描述了多定子直线感应电机第 n 个定子在 $dq0$ 坐标系下的期望电流。然而，直线电机实际可观测的为每个定子三相电流，为此，需要求解定子静止三相坐标系与同步 $dq0$ 坐标系之间的变换关系。由定子静止三相坐标系到同步 $dq0$ 坐标系的变换矩阵为

$$\boldsymbol{C}_{dq0}^{abc} = \sqrt{\frac{2}{3}} \begin{bmatrix} \cos(\beta X_e) & \cos\left(\beta X_e - \frac{2}{3}\pi\right) & \cos\left(\beta X_e + \frac{2}{3}\pi\right) \\ -\sin(\beta X_e) & -\sin\left(\beta X_e - \frac{2}{3}\pi\right) & -\sin\left(\beta X_e + \frac{2}{3}\pi\right) \\ \frac{1}{\sqrt{2}} & \frac{1}{\sqrt{2}} & \frac{1}{\sqrt{2}} \end{bmatrix}$$

其反变换为

$$\boldsymbol{C}_{\mathrm{abc}}^{dq0}=\sqrt{\frac{2}{3}}\begin{bmatrix}\cos(\beta X_{\mathrm{e}}) & -\sin(\beta X_{\mathrm{e}}) & \frac{1}{\sqrt{2}}\\ \cos\left(\beta X_{\mathrm{e}}-\frac{2}{3}\pi\right) & -\sin\left(\beta X_{\mathrm{e}}-\frac{2}{3}\pi\right) & \frac{1}{\sqrt{2}}\\ \cos\left(\beta X_{\mathrm{e}}+\frac{2}{3}\pi\right) & -\sin\left(\beta X_{\mathrm{e}}+\frac{2}{3}\pi\right) & \frac{1}{\sqrt{2}}\end{bmatrix}$$

在上述变换中，需要确定同步行波磁场位置 X_{e}，同步行波磁场位置为

$$X_{\mathrm{e}}=X_{\mathrm{r}}+\frac{\tau}{\pi}\int\omega_{\mathrm{s}}\mathrm{d}t \tag{4-16}$$

式中，X_{r} 为转子磁链的位置。

式（4-11）～式（4-16）构成了多定子直线感应电机间接矢量控制的基本方程。

4.2.4 电磁弹射直线感应电机的关键技术

1. 电磁弹射直线感应电机的控制技术

电磁弹射系统控制的本质是对带载后直线电机动子加速度的控制，即对电机输出电磁推力的控制。因此直线电机动子的加速度轨迹曲线是系统闭环控制的输入条件。图 4.19 展示了一种直线加速过程的动子运动轨迹曲线。图 4.19 中初始加速度为 A_0，在 0 ～ t_1 阶段，动子处于加加速度运行状态；在 t_1 ～ t_2 的大部分时间段，动子处于恒加速运行状态，加速度为 $A_{\max}$；在 t_2 ～ t_3 阶段，通过对动子施加反向力，使动子制动，该阶段的最大加速度为 A_{b}。定义 0 ～ t_1 时间段的加速度斜率，即加加速度为 $H_{\max}$，根据经典力学定理可得描述动子运动轨迹曲线的解析表达式，如表 4.4 所示。根据发射载荷要求的末速度 v_{e}、末位置 X_{e} 和预设的加加速度 $H_{\max}$，即可得到所需的动子运动轨迹曲线。

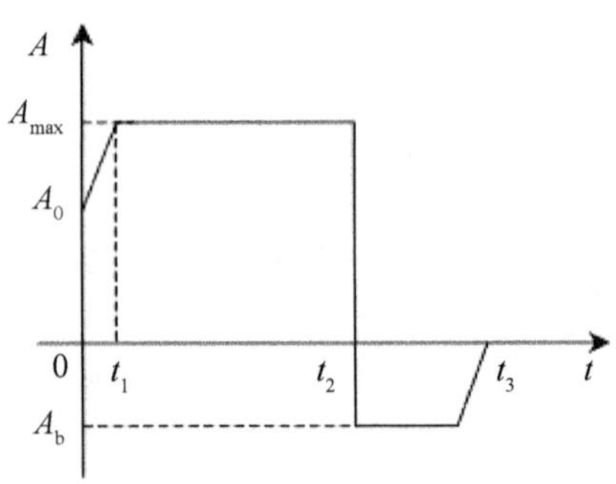

图 4.19　一种直线加速过程的动子运动轨迹曲线

表 4.4　任意时刻的加加速度、加速度、速度、位移

阶段	加加速度 h	加速度 a	速度 v	位移 x
$0\sim t_1$	H_{max}	$A_0+H_{max}t$	$A_0t+1/2H_{max}t^2$	$1/2A_0t^2+1/6H_{max}t^3$
$t_1\sim t_2$	0	$A_0+H_{max}t_1$	$A_0t_1+1/2H_{max}t_1^2+(A_0+H_{max}t_1)\times(t-t_1)$	$1/2(A_0+H_{max}t_1)t^2-1/2H_{max}t_1^2t+1/6H_{max}t_1$

根据电磁发射系统的特点，给出图 4.20 所示的多定子直线感应电机系统控制框图。

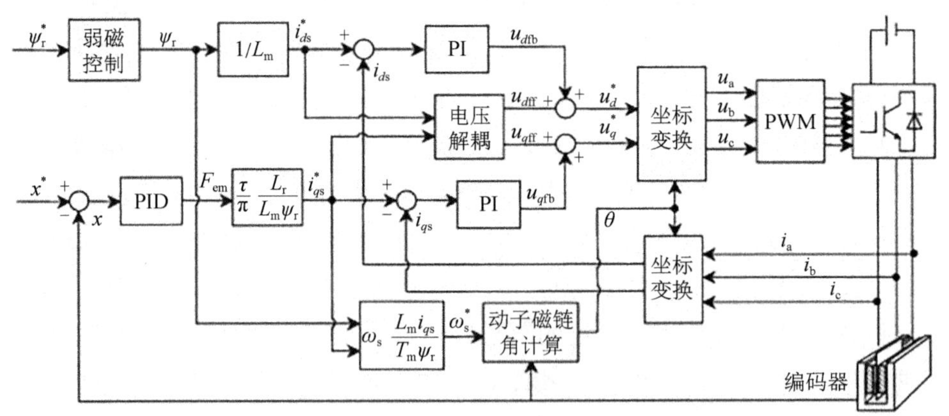

图 4.20　多定子直线感应电机系统控制框图

1）预励磁控制

为了防止在动子启动时，定子电流出现超调，需要采用预励磁控制。此时，将系统控制框图中的闭环控制取消，直接由给定动子磁链 ψ^*_r 计算出所需

的定子励磁电流 i^*_d，此时定子电流的电磁推力分量 i^*_q 给定为零，转差角频率 ω_s 和动子磁链角 θ 均为零。当预励磁时间大于 5 倍的转子常数时，认为预励磁过程结束，此时动子转入加速运行状态。

2）弱磁控制

当动子运行到高速阶段时，直线电机的供电电压达到逆变器所能提供的最大电压。为了充分利用逆变器的直流母线电压，需采用弱磁控制，避免逆变器过调制运行。当检测到直线电机动子速度 v 超过某个设定的 v_a 速度时，此时调整动子磁链的给定值，其变化规律为

$$\psi_r = \psi_r^* \sqrt{v_a / v_m} \tag{4-17}$$

式中，v_m 为实测动子速度值。此时，定子电流的励磁分量 i_d 和电磁推力分量 i^*_q 均以动子速度的 0.5 次方成反比的规律递减，电磁推力与动子速度成反比，保证了转差角频率 ω_s 不变。由于功率等于力乘以速度，直线电机处于恒功率输出模式，逆变器输出的基波电压幅值基本不变。

当被加速载荷的运动速度达到设定的末速度时，通过反向加速度曲线计算出运动轨迹曲线，对动子进行制动控制，此时动子磁链给定量设为最大给定值。当动子运行速度降为某个较小的值时，如 0.01 m/s，可以认为动子停止运动，此时封锁逆变器输出脉冲，系统停止工作。

2. 电磁弹射直线感应电机的分段供电技术

长初级直线电机将次级做成运动部分，有其固有的良好特性：①次级结构轻巧、质量小，带动负载时效率高；②只需给静止的初级供电，免去了次级在运动过程中供电的麻烦。长初级直线电机虽然具有上述优点，但存在的问题是初级供电相对困难，尤其是在行程较长的应用场合，长初级全程全时通电既不经济，也无必要。

解决长初级供电问题的方法是采用分段供电技术，即对长初级进行分段，只将次级附近的初级段通电，其他初级段不通电，随着次级的运动，分段初级逐段切换供电。举例来说，当次级处于图 4.21 所示的位置时，切换控制器通过切换开关控制第 k 段初级和第 k+1 段初级同时通电，其他初级段都不通电；当位置传感器检测到次级末端离开第 k 段初级之后，断开第 k 段初级；当检测到次级首端将要进入第 k+2 段初级时，接通第 k+2 段初级；以此类推。这就是长初级直线电机分段切换供电的基本原理。

分段供电技术对长初级直线电机的应用很有帮助，它不仅可以提高电机效率，节约电能，而且降低了对电源容量的要求。另外，长初级分段也符合模块化拼装的要求，有利于电机的结构设计、制造安装及维护使用等。图 4.21 中初级铁芯和绕组都是分段的，每段初级完全独立。

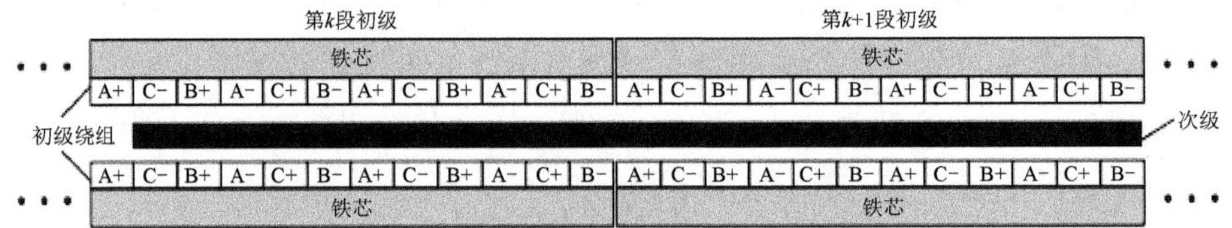

图 4.21　双边长初级直线电机分段结构示意图

段开关是为了实现动子前进时对定子绕组的不断切换，保持三段通电状态，以达到控制直线电机的目的。为了保证运动过程中段开关切换对直线电机动子整体被通电绕组全部覆盖驱动，开关应在动子末端离开所要切换的段和动子前端进入要加入的段之间完成切换，这是段开关控制的位置条件。段开关切换的基本要求是相电流过零时切换，这是段开关控制的电流过零条件。只有同时满足以上两个条件，段开关的切换控制才可满足直线电机控制的要求。

段开关实现直线电机切换的过程如下。设某一时刻次级运动到图 4.22（a）所示的位置，此时 1#、2#、3# 初级串联通电。在次级 B 端离开 1# 初级时刻，如图 4.22（b）所示，当 1# 段开关关断控制信号有效，A、B、C 三相电流依次过零点时，可控硅自然关断，1# 段三相绕组被切除，A、B、C 三相电流依次过零点开通了 4# 初级段开关控制信号，切换到 2#、3#、4# 初级串联通电状态，如图 4.22（c）所示，以此类推。

分段供电的控制经常采用“传感器 + 控制器 + 切换开关”的模式，其中分段供电切换开关的核心器件是切换开关，用于实现各段电机每相的受控接通和断开。当收到控制器发来的驱动信号时，切换开关会处于导通状态；当未收到有效的驱动信号时，切换开关会保持当前状态，如果当前状态为导通状态，则在下一次电流过零点之后变为断开状态。随着次级运动速度的提高，要求切换开关能做到可控、快速且可靠的开通关断。对于小功率的应用场合，可以采用固态继电器、IGBT 等；对于飞机弹射装置这样的大功率的应用场合，一般采用晶闸管。图 4.23 给出了一种典型的分段供电直线电机系统。其中，切换开关采用晶闸管反并联结构，如图 4.24 所示。

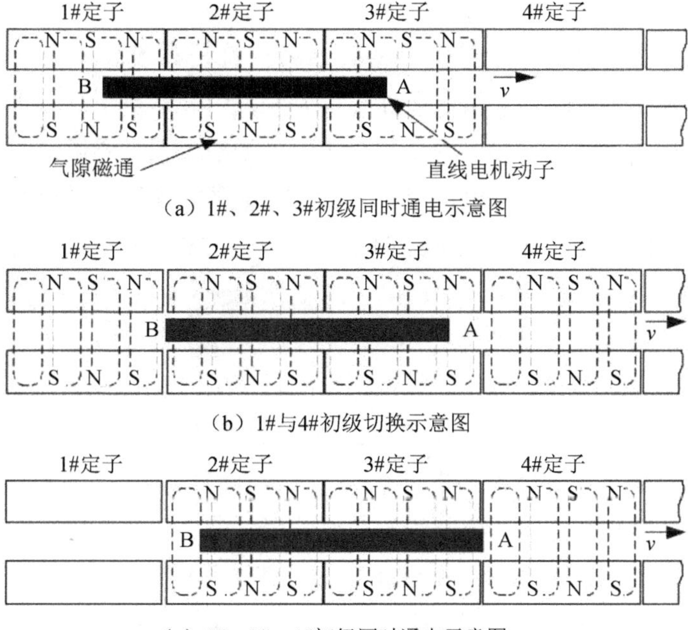

（a）1#、2#、3#初级同时通电示意图

（b）1#与4#初级切换示意图

（c）2#、3#、4#初级同时通电示意图

图 4.22　直线感应电动机通电示意图

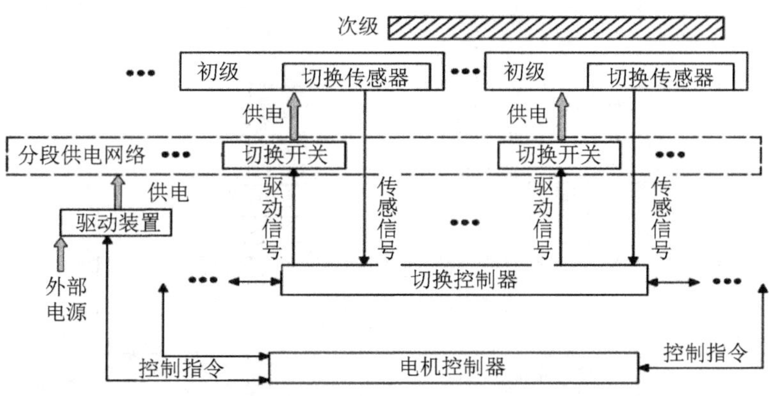

图 4.23　一种典型的分段供电直线电机系统

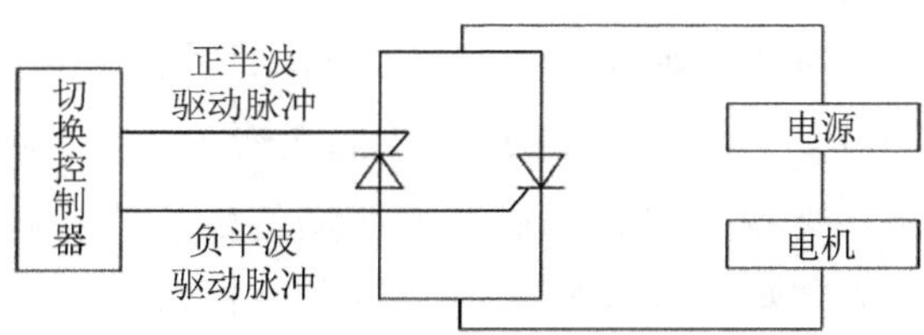

图 4.24　单相切换开关的晶闸管一相原理示意图

3. 直线感应电机的冗余设计技术

和其他装备不同，电磁弹射器的突出特点就是直接涉及飞行员的生命安全，故高可靠性是电磁弹射系统设计的首要考虑因素。对于电磁弹射器中唯一同时与航母及舰载机存在接口关系的直线电机子系统，主要通过两种方法提高系统可靠性和冗余性。一是电机定子的三相绕组独立连接、供电和控制；二是将直线感应电机的定子按照上下方向布置 4 个，并联运行，且 4 个定子共用 1 个动子，这样即使 1 个定子发生故障（或者该定子对应的能量链的任何装置，如储能电机、整流器或逆变器等出现故障），仍可以通过另外 3 个定子短时过载完成预先设定的任务。

电磁弹射系统的组成框图如图 4.25 所示，可以看到系统主要包括 4 个子系统：①储能子系统，含 4 台储能电机，每台电机单独给一条能量链供电；②动力调节子系统，含 4 套整流装置和逆变装置，每套整流装置含 3 个整流柜，每套逆变装置含 6 个逆变柜，分别给 1 个三相直线电机定子供电，且每相独立连接；③直线电机子系统，含 4 个独立的定子和 1 个共用动子；④闭环控制子系统，通过信息流控制能量流，协调上述三个子系统工作。

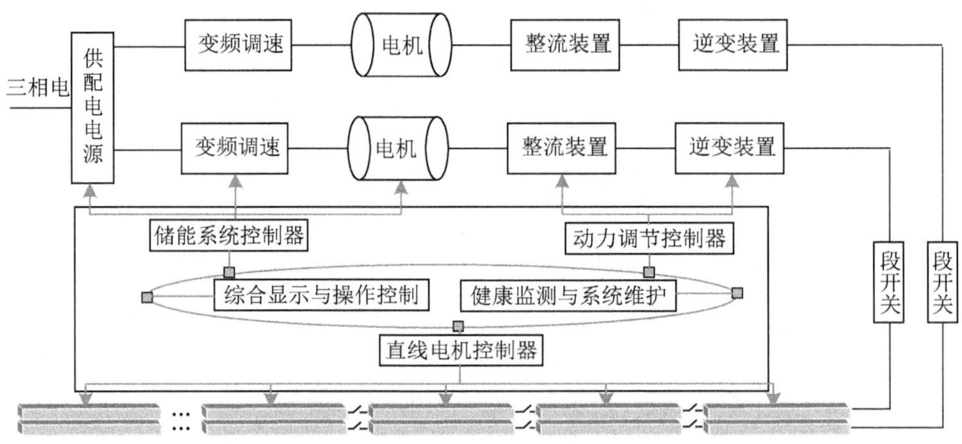

图 4.25　电磁弹射系统的组成框图

根据图 4.25 所示的电磁弹射系统的组成框图，可以得到以下故障模式。

（1）储能电机故障。储能电机出现故障而无法工作时，该储能电机对应的能量链将缺失，这种故障模式无疑是最为严酷的。这意味着其他三条能量链的储能电机、整流装置和逆变装置，以及直线电机都要过载完成预先设定的任务。

（2）动力调节子系统故障。当任意一台整流器或逆变器出现故障时，如过流保护等，为了便于控制，其他两相对应的整流器和逆变器均会进行保护。这意味着其他三条能量链的储能电机、整流装置和逆变装置，以及直线电机都要过载完成预先设定的任务。

（3）直线电机故障。直线电机的故障主要是单相对地短路、匝间或相间短路。当出现短路故障时，该相电机对应的供电逆变器会做出过流保护的动作，从而引起该条能量链的缺失。这意味着其他三条能量链的储能电机、整流装置和逆变装置，以及直线电机都要过载完成预先设定的任务。

综上，对于各子系统的故障，最终可以归结为单条能量链故障，此时 4 个定子耦合直线感应电机的一个定子将缺失，剩余三个定子过载完成预先设定的任务。

4. 直线感应电机的紧急制动技术

电磁弹射装置常规制动由直线电机电磁力完成，紧急制动装置仅在常规制动装置失效或调试误操作等小概率事故中发挥作用。为避免高速运动的动子撞击船体，伤害人员或破坏舰体结构，应设置紧急制动装置。紧急制动装置作为直线电机系统的主要装置之一，起着至关重要的作用。紧急制动装置作为应急保护结构，对可靠性要求非常高，因此必须采用被动式吸能结构，即依靠动子的撞击力使被撞结构产生不可恢复的塑性变形，同时动子动能不可逆地迅速耗散，转换成其他形式的能量，此时要求碰撞后动子的回弹速度低，不损坏动子及其他设备。

被动式吸能有别于主动吸能，主要依靠碰撞物体自身结构的变形来吸收动能，变形首先在结构最薄弱的位置产生，然后逐步扩展至其他较弱区域。据此特点，人们在设计时，通常将受保护对象所在区域的结构设计得强一些，而将其他结构设计得弱一些。这样当碰撞发生时，较弱结构发生塑性变形，而受保护对象所在区域的结构变形很小甚至只发生弹性变形。例如，汽车和列车等交通工具的乘员空间结构较强，而车头、车尾结构较弱。被动式吸能结构有很多种，常用于吸收高速运行物体的动能，从而实现保护人或关键设备的功能。在各种工程应用中，由于目标侧重点和限制条件的差异，吸能结构的原理和设计差别很大。

紧急制动装置中的核心部件是蜂窝吸能结构，该结构为完成吸能过程的执行元件，下面主要介绍蜂窝吸能结构的物理特性和性能参数。

铝蜂窝作为一种类似于自然界蜂窝形状的多孔材料，具有质量小、比强度和比刚度高、隔振性能好等诸多特性。特别是铝蜂窝法向压缩过程中特殊的变形模式的吸能特性，蜂窝壁的塑性变形可吸收大量的能量，并提供相对缓和的制动力，蜂窝吸能装置现已大量应用于重要设备的防护及军事工程中，尤其在航运交通及武器防护等对高能量、短时间要求较高的特殊载荷缓冲制动需求下，蜂窝吸能结构的缓冲吸能特性获得了广泛的关注。蜂窝结构的吸能特性是由蜂窝结构的构造和设计要素决定的。蜂窝结构的构造如图 4.26 所示。

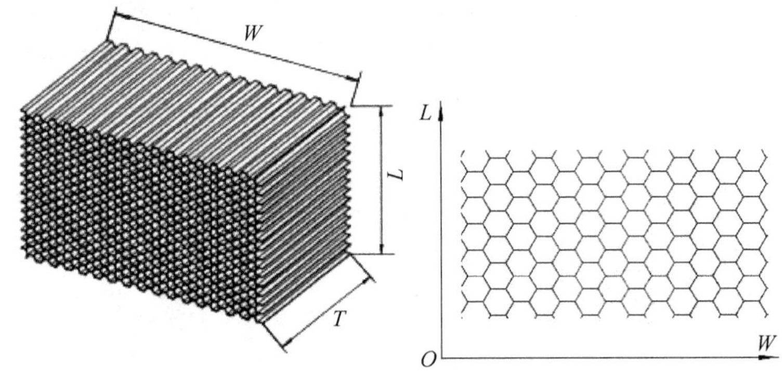

（a）六边形孔格蜂窝结构的外形总体构造和常用的蜂窝横截面

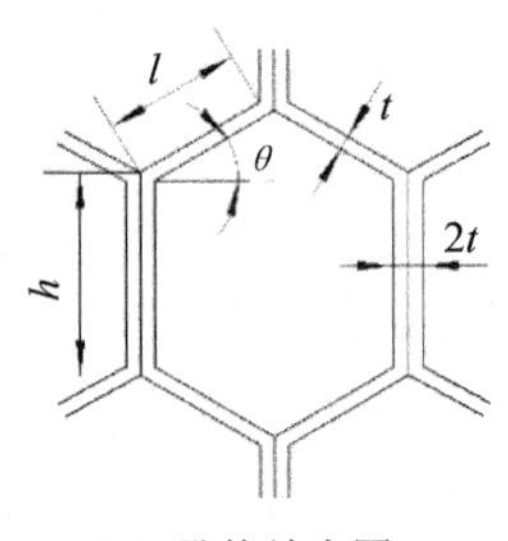

（b）孔格放大图

图 4.26 蜂窝结构的构造

图 4.26（a）所示为六边形孔格蜂窝结构的外形总体构造和常用的蜂窝横截面图，4.26（b）所示为孔格放大图。由图 4.26（b）可知，常用蜂窝的六边形孔格有两条边采用双层材料，其他边采用单层材料，这是由蜂窝的制造过程决定的。

图 4.27 展示了六边形孔格的铝蜂窝在压力机上准静态压缩前后的形貌。可以看出，由于孔格较小，蜂窝的稳定性较好，蜂窝压缩前后的截面尺寸几乎

没有变化。在蜂窝压缩初始阶段，压力存在较大的峰值；叠缩变形开始后，压力非常平稳。蜂窝的密度小，吸能能力强，安装方便，吸能特性可根据需求设计。

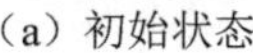

（a）初始状态

（b）中间状态

（c）末态

图 4.27　六边形孔格的铝蜂窝在压力机上准静态压缩前后的形貌

蜂窝的压缩力-位移曲线如图 4.28 所示。蜂窝的压缩过程经历了 4 个阶段：线弹性区 *AB*、初始坍塌区 *BC*、稳定叠缩变形区 *CD*、密实区 *DE*，蜂窝的压缩力-位移曲线与横轴形成的面积就是蜂窝吸收的能量。由图 4.28 可以看出：*AB* 段和 *BC* 段的位移小，虽然压缩力峰值高，但吸能量有限；*CD* 段的压缩力平稳、位移大，是蜂窝主要吸能区；为防止制动力过大，一般不允许蜂窝压缩进入 *DE* 段。为了消除蜂窝初始峰值应力，在使用蜂窝前，首先将蜂窝进行预压缩，即将蜂窝压缩至形成 2 ～ 3 层褶皱后卸载，当再次压缩时蜂窝将直接进入稳定叠缩变形区，消除了过高的峰值应力对动子的损伤。

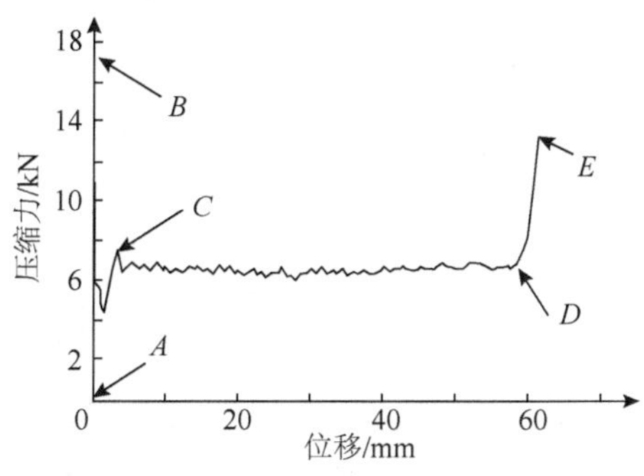

图 4.28　蜂窝的压缩力-位移曲线

5. 推力波动及抑制技术

1）端部效应

与旋转电机相比，端部效应（End Effect）是直线电机所特有的现象，也是两者最根本的区别。由于端部效应的存在，直线电机的设计方法、性能计算和控制策略均比旋转电机更加复杂。直线电机与旋转电机有相似之处，即当直线电机的初级绕组通入三相对称交流电流后，便会在气隙中产生与旋转磁场相类似的沿直线方向移动的行波磁场，次级在此磁场的作用下将做定向的直线运动。但是，直线电机又与旋转电机有所不同，因为前者的铁芯不像后者那样具有闭合圆环的形状，而是长直的、两端开断的形状。直线电机由于纵向的开断，形成了直线形气隙的一个入端（Entry-end）和一个出端（Exit-end）。直线电机运行时，气隙中除了工作所需的行波磁场，还存在由这两个开断端口而产生的多种附加磁场，它们叠加在基波行波磁场上，使电机的气隙磁场发生畸变，进而产生额外的损耗和推力，使直线电机明显不同于旋转电机。

一般定义运动方向为纵向，垂直于纵向的方向为横向。由纵向端部引起的气隙磁场畸变进而对电机性能产生影响，称为纵向端部效应；由横向端部引起的气隙磁场畸变进而对电机性能产生影响，称为横向端部效应。直线电机的端部效应的具体表现形式及对电机工作性能的影响与直线电机的类型及具体结构密切相关。

2）端部效应引起的推力波动

受端部效应影响，长初级直线感应电机的三相绕组阻抗不对称，当初级绕组施加对称电压激励时，初级电流存在正序分量、负序分量和零序分量，在次级铝板上，将感应出与初级电流各分量对应的涡流。由于次级两端开断，对应的次级感应涡流又可以分解为正序分量、负序分量、零序分量。零序电流对推力基本无影响，在分析中不再考虑，只需考虑初级电流和次级电流的正序分量和负序分量对推力的影响。因此初级电流和次级电流可分别用式（4-18）、式（4-19）表示：

$$\dot{I}_{\rm s}=I_{\rm sm1}{\rm e}^{{\rm j}(\omega_{\rm e}t+\theta_{\rm s1})}+I_{\rm sm2}{\rm e}^{{\rm j}(\omega_{\rm e}t+\theta_{\rm s2})} \tag{4-18}$$

$$\dot{I}_{\rm r}=(I_{\rm rm1}{\rm e}^{{\rm j}(\omega_{\rm e}t+\theta_{\rm r1})}+I_{\rm rm2}{\rm e}^{{\rm j}(-\omega_{\rm s}{\rm t}+\theta_{\rm r2})}{\rm e}^{{\rm j}\omega_{\rm r}t} \tag{4-19}$$

式中，$I_{\rm m}$ 为电流幅值；θ 为相位角；$\omega_{\rm e}$ 为初级角频率，$\omega_{\rm s}=s\omega_{\rm e}$ 为转差角频率，$\omega_{\rm r}=(1-s)\omega_{\rm e}$ 为次级角频率；下标 s、r 分别代表初级和次级；下标 1、2 分别代表正序和负序。

推力表达式如式（4-20）所示，由 4 部分组成：第一部分由初级电流正序分量和次级电流正序分量产生，幅值恒定；第二部分由初级电流负序分量和次级电流正序分量产生，以 2 倍供电频率波动；第三部分由初级电流正序分量和次级电流负序分量产生，以 2 倍转差角频率波动；第四部分由初级电流负序分量和次级电流负序分量产生，以 2 倍次级角频率波动。

$$F(t)=\frac{3}{2}\beta L_{\mathrm{m}}(\dot{I}_{\mathrm{s}}\times\dot{I}_{\mathrm{r}})$$

$$=\frac{3}{2}\beta L_{\mathrm{m}}\begin{bmatrix} I_{\mathrm{sm1}}I_{\mathrm{rm1}}\mathrm{e}^{\mathrm{j}(\theta_{\mathrm{r1}}-\theta_{\mathrm{s1}})} \\ +I_{\mathrm{sm2}}I_{\mathrm{rm1}}\mathrm{e}^{\mathrm{j}(2\omega_{\mathrm{e}}t+\theta_{\mathrm{r1}}-\theta_{\mathrm{s2}})} \\ +I_{\mathrm{sm1}}I_{\mathrm{rm2}}\mathrm{e}^{\mathrm{j}(-2\omega_{\mathrm{s}}t+\theta_{\mathrm{r2}}-\theta_{\mathrm{s1}})} \\ +I_{\mathrm{sm2}}I_{\mathrm{rm2}}\mathrm{e}^{\mathrm{j}(2\omega_{\mathrm{r}}t+\theta_{\mathrm{r2}}-\theta_{\mathrm{s2}})} \end{bmatrix} \tag{4-20}$$

图 4.29 所示为基于精确仿真模型得出的直线电机推力波形，实线是施加对称电压激励时的推力，可以直观地看出推力含有 2 倍供电频率波动和 2 倍转差角频率波动，2 倍次级角频率波动幅值较小，波形上不明显。

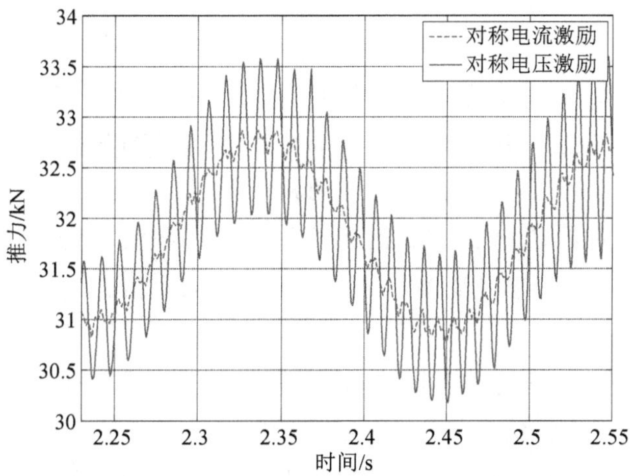

图 4.29　基于精确仿真模型得出的直线电机推力波形

当初级电流对称时，将消除由初级电流负序分量引起的 2 倍供电频率波动和 2 倍次级角频率波动。式（4-21）为施加对称电流激励时的推力表达式，与图 4.29 虚线代表的施加对称电流激励时产生的推力相对应，可以看出 2 倍供电频率波动得到了很好的抑制，推力仍有 2 倍转差角频率波动。

$$F(t)=\frac{3}{2}\beta L_{\mathrm{m}}(\dot{I}_{\mathrm{s}}\times\dot{I}_{\mathrm{r}})$$

$$=\frac{3}{2}\beta L_{\mathrm{m}}\begin{bmatrix} I_{\mathrm{sm1}}I_{\mathrm{rm1}}\mathrm{e}^{\mathrm{j}(\theta_{\mathrm{r1}}-\theta_{\mathrm{s1}})} \\ +I_{\mathrm{sm1}}I_{\mathrm{rm2}}\mathrm{e}^{\mathrm{j}(-2\omega_{\mathrm{s}}t+\theta_{\mathrm{r2}}-\theta_{\mathrm{s1}})} \end{bmatrix} \tag{4-21}$$

综上，受纵向端部效应的影响，直线电机推力会存在两个明显的波动：2倍供电频率波动和2倍转差角频率波动，前者可通过消除初级电流负序分量来抑制，后者则取决于次级电流负序分量。2倍转差角频率波动由次级电流负序分量引起，不仅与次级运动有关，还与次级两端开断的结构有关。次级两端开断引起次级负序电流，是推力波动产生的原因，次级运动速度影响推力波动的幅值和频率。控制初级电流或者次级电流对称只能抑制推力波动的部分分量，为了彻底地消除推力波动，需要综合控制初级电流和次级电流，此时初级电流和次级电流必然是不对称的。

3）对称电流激励下的推力波动

通过分析电磁弹射直线电机这种长初级短次级结构的直线感应电机的推力特性可知，其次级运动过程中受到的电磁推力的时谐解析表达式为$F(t)=F_1+F_2+F_3$，可以发现次级受到的基波推力和入端行波推力具有以下几个特点。

（1）F_1是气隙基波磁场$B_{\delta 1}$产生的推力，当次级长度为整数倍极距时，基波推力为常量，并与次级长度成正比。这是因为基波推力密度含有波长为极距τ的波动，在一个极距内的积分值为零。当次级长度不等于整数倍极距时，基波推力将含有2倍转差角频率的波动，尤其是次级长度为N+0.5倍极距时（N为非负整数），波动幅值最大，因此次级长度应该设计为整数倍极距。

（2）F_2和F_3是入端行波磁场$B_{\delta 2}$产生的推力，其中F_2是入端行波推力的波动部分，F_2由4个幅值和相位不同的2倍转差角频率波动分量叠加而成；F_3是入端行波推力的平均力部分，该部分不为零，说明纵向端部效应不仅引起推力波动，还产生平均推力。

为了直观地表现推力的特点，绘制了图4.30所示的推力波动曲线，取转差率s=0.1，供电频率为50 Hz。可以看出，推力波动比较明显，波动频率为10 Hz。波动增大了推力的峰均力比，对机械部件的寿命，以及次级的速度和位置控制有不利的影响，应当予以抑制。从图4.30还可以看出，F_3为正向推力，说明此时动态纵向端部效应能够略微增加总平均推力。

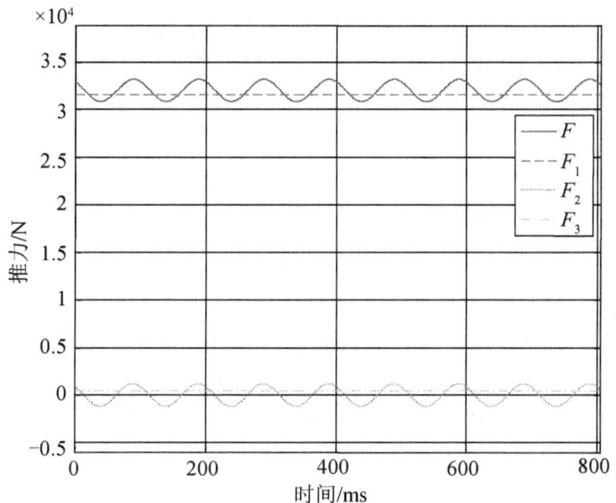

图 4.30　推力波动曲线

图 4.31 所示为总平均推力和推力波动幅值的转差率特性曲线，可以看出，推力波动在转差率从 0 到 1 的整个范围内都较小，但在转差率较大时，总平均推力不大，推力波动占总平均推力的比例会显著上升。为了直观地表现推力波动占总平均推力的比值，绘制了如图 4.32 所示的推力波动占总平均推力的比值随转差率变化的曲线，可以看出该比值与转差率近似成正比。在转差率为 1 时，该比值达到 0.3，此时电机出力小，波动比值大，不利于对位置和速度进行控制。当转差率为 0.1 时，比值下降到了 0.037，推力波动对速度和位置控制影响较小。可见直线电机运行在低转差率状态时，既能获得较大的出力，又能减轻推力波动对控制的不利影响。

当转差率为 1 时，次级静止，但推力仍存在波动，这是因为次级两端开断，次级感应涡流含负序分量，因此推力波动不仅与次级运动有关，还与次级两端开断的结构有关。

次级两端开断引起次级负序电流，是推力波动产生的原因，次级运动速度影响推力波动的幅值和频率，动态和静态纵向端部效应共同影响 2 倍转差角频率推力波动。

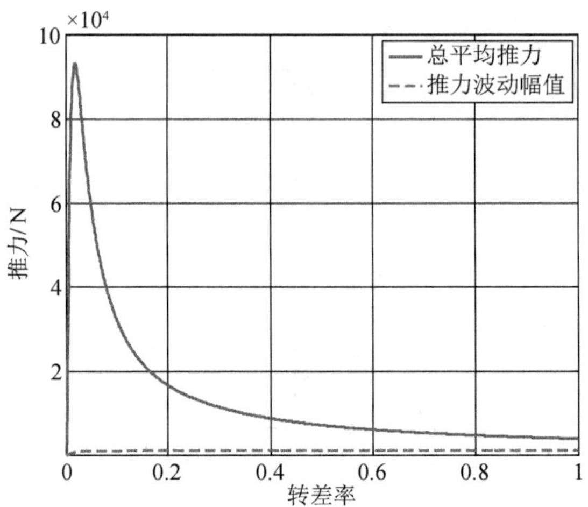

图 4.31　总平均推力和推力波动幅值的转差率特性曲线

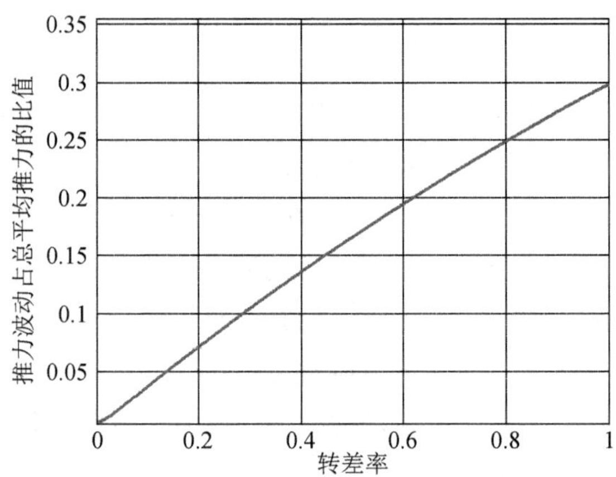

图 4.32　推力波动占总平均推力的比值随转差率变化的曲线

4）推力波动的抑制

采用对称电流激励时，直线电机存在 2 倍转差角频率推力波动，从推力表达式出发，若要实现推力恒定，则可以尝试在初级基波电流内注入一个谐波电流分量，使其产生 2 倍转差角频率推力波动，并与基波产生的 2 倍转差角频率推力波动相互抵消，若存在这样一个谐波电流，则说明在控制上抑制推力波动是有可能的。

初级基波电流产生的稳态推力表示为 f_1，初级基波电流产生的 2 倍转差角频率波动推力表示为 f_2；假设初级注入的谐波电流电角频率为 ω_x，谐波电流自身会在次级上感应出相应的正序和负序电流，其频率分别为 $\omega_x-\omega_r$ 和 $\omega_r-\omega_x$，并产生相应的稳态推力 f_7 和波动推力 f_8；同时谐波电流会与初级基波电流感应出的次级正序电流和负序电流相互作用，产生相应的推力 f_5 和波动推力 f_6。值得注意的是，初级基波电流会与谐波电流感应出的次级正序电流和负序电流相互作用，产生相应的推力 f_3 和波动推力 f_4，f_3 属于谐波电流注入产生的附加波动推力，需要考虑其影响。谐波电流注入示意图如图 4.33 所示。

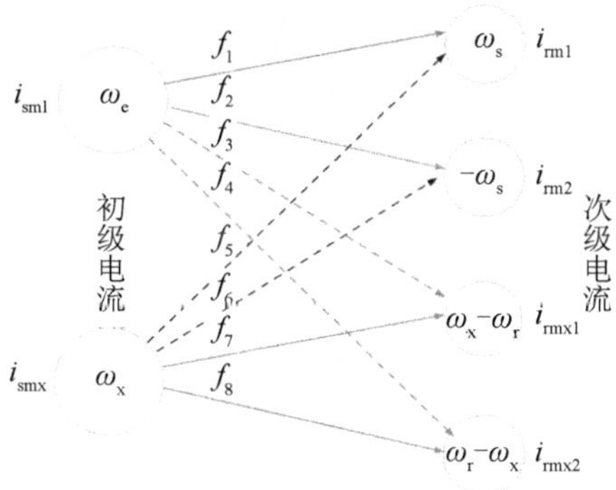

图 4.33　谐波电流注入示意图

图 4.33 所示的各电流分量中，初级注入的谐波电流 i_{smx} 与初级基波电流 i_{sm1} 相比，幅值小一个数量级；次级感应的电流中，负序分量与正序分量相比，小一个数量级。因此图 4.33 的各推力分量中，f_6、f_7 和 f_8 属于小电流间的相互作用，对总推力基本无影响；谐波电流感应出的次级负序电流与初级基波电流相比，递减了两个数量级，因此它和初级基波电流作用产生的推力 f_4 也很小。2 倍转差角频率推力波动的抑制，主要通过 f_2、f_3 和 f_5 的互相抵消来实现。参照式（4-21）可以得到各推力分量的表达式为

$$
\begin{aligned}
F(t) &= \frac{3}{2}\beta L_m[(\dot{I}_s+\dot{I}_{sm})\times(\dot{I}_r+\dot{I}_{rx})] \\
&= \frac{3}{2}\beta L_m\begin{bmatrix} I_{sm1}I_{rm1}e^{j(\theta_{r1}-\theta_{s1})}+I_{sm1}I_{rm2}e^{j(-2\omega_s t+\theta_{r2}-\theta_{s1})} \\ +I_{sm1}I_{rmx1}e^{j[(\omega_x-\omega_e)t+\theta_{rx1}-\theta_{s1}]}+I_{sm1}I_{rmx2}e^{j[(2\omega_r-\omega_x-\omega_e)t+\theta_{rx2}-\theta_{s1}]} \\ +I_{smx1}I_{rm1}e^{j[(\omega_e-\omega_x)t+\theta_{r1}-\theta_{sx1}]}+I_{smx1}I_{rm2}e^{j[(\omega_e-2\omega_s-\omega_x)t+\theta_{r2}-\theta_{sx1}]} \\ +I_{smx1}I_{rmx1}e^{j(\theta_{rx1}-\theta_{sx1})}+I_{smx1}I_{rmx2}e^{j[(2\omega_r-2\omega_x)t+\theta_{rx2}-\theta_{sx1}]} \end{bmatrix}
\end{aligned} \tag{4-22}
$$

式中，

$$\begin{cases} f_2 = I_{\mathrm{sm1}} I_{\mathrm{rm2}} \mathrm{e}^{\mathrm{j}(-2\omega_{\mathrm{s}}t+\theta_{\mathrm{r2}}-\theta_{\mathrm{s1}})} \\ f_3 = I_{\mathrm{sm1}} I_{\mathrm{rmx1}} \mathrm{e}^{\mathrm{j}[(\omega_{\mathrm{x}}-\omega_{\mathrm{e}})t+\theta_{\mathrm{rx1}}-\theta_{\mathrm{s1}}]} \\ f_5 = I_{\mathrm{smx1}} I_{\mathrm{rm1}} \mathrm{e}^{\mathrm{j}[(\omega_{\mathrm{e}}-\omega_{\mathrm{x}})t+\theta_{\mathrm{r1}}-\theta_{\mathrm{sx1}}]} \end{cases} \tag{4-23}$$

要实现推力波动的互相抵消，要求f_2、f_3和f_5的波动频率必须相同，由此可以得出初级注入谐波的频率$\omega_x=\omega_e+2\omega_s$或者$\omega_x=\omega_e-2\omega_s$，但是当$\omega_x=\omega_e-2\omega_s$时，注入谐波的波速低于次级运动速度，谐波产生的平均推力与次级运动方向相反，在一定程度上减小了电机推力，因此谐波的频率宜选取$\omega_x=\omega_e+2\omega_s$。这样推力的各分量的频率就如图 4.34 所示，其中f_4和f_6的波动频率为 4 倍转差角频率，f_8的波动频率为 6 倍转差角频率。

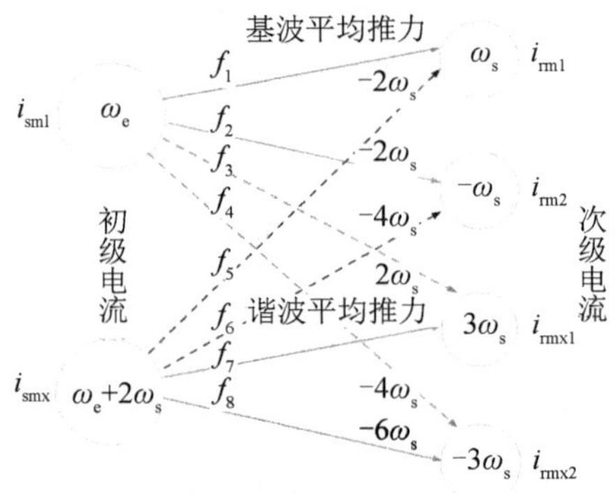

图 4.34　推力的各分量的频率

4.3　永磁直线同步电机

研究表明，与直线感应电机相比，永磁直线同步电机有诸多优点：可提供更高的加速度、更高的效率、更大的功率因数、更小的驱动电流、更好的动态控制性能，推力输出更平滑。因此，就性能而言，永磁直线同步电机是更好的一种选择。制约采用永磁直线同步电机在电磁弹射中工程化应用的主要有两大因素：大功率 IGBT 的开关频率和电机的减速性能（因永磁直线同步电机动子质量大）。这两个问题可以有进一步的解决方案：如果电机绕组线圈物理上相互隔离，对线圈进行独立驱动，可以使用小功率 IGBT 形成的驱动模块矩阵，实现大功率的输出，从而解决大功率 IGBT 的开关频率低的问题；而在减速方案上，也可以采用辅助刹车机构等方法加以解决。

4.3.1 直线同步电机基本概念

直线同步电机与直线感应电机一样，也是由相应的旋转电机演化而成的，其工作原理与普通旋转电机完全一样。直线同步电机的磁极一般由直流励磁绕组励磁，或由永磁体励磁。在定子绕组产生的行波磁场和磁极磁场的共同作用下，对磁极动子产生电磁推力。在这个电磁推力的作用下，如果初级是固定不动的，那么磁极就沿着行波磁场运动的方向做直线运动。磁极移动的速度与行波磁场的移动速度一致。

1. 直线同步电机的分类

直线同步电机的分类在不同的场合有不同的分类形式，图 4.35 所示为直线同步电机的一种分类。直线同步电机根据其动子励磁的不同，可分为动子磁极由直流电流绕组励磁的常规直线同步电机和动子磁极为永磁体的直线同步电机。前者的磁极磁场由励磁电流励磁产生，励磁磁场的大小由直流电流的大小决定，通过控制励磁电流可以改变电机的切向和侧向力。这种结构的电机使得电机的切向和侧向力可以分别控制。高速磁悬浮列车的长定子直线同步电机即采用这种结构。

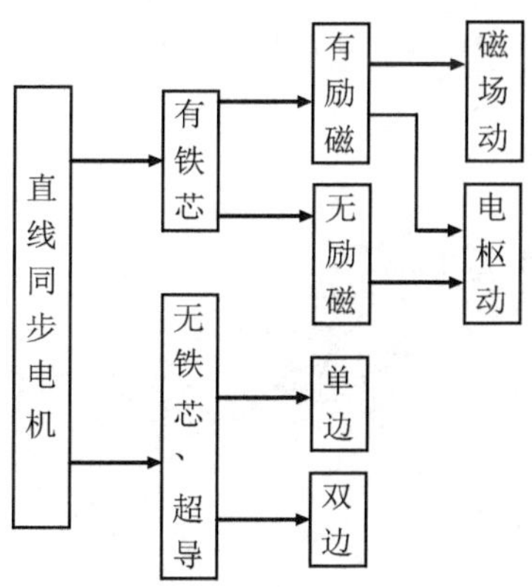

图 4.35　直线同步电机的一种分类

2. 直线同步电机的常用结构

直线同步电机根据其结构形式的不同，具有不同的电气特性，适合应用于不同的工作场合。在实际选择应用时应根据具体的要求，选择合适的结构形式。

1）扁平型单边长定子直线同步电机

这种结构形式的电机动子与定子之间具有切向驱动力和法向吸力。电机励磁可通过调节磁极绕组的电流大小来改变。在运行时，长定子绕组是分段切换通电的，由于每段通电定子下只有一部分覆盖有磁极，因此定子绕组的漏抗有较大比例。电源电压的一部分用于克服漏抗压降。

2）圆筒型直线同步电机

圆筒型直线同步电机，即一种外形如旋转电机的直线电机。这种直线电机一般均为短初级、长次级的形式。在需要的场合，我们还将这种电机制作成既有旋转运动又有直线运动的旋转直线电机，至于旋转直线电机的运动体，既可以是初级，也可以是次级。

3）永磁直线同步电机

永磁直线同步电机兼有永磁电机和直线电机的双重特点。与直线感应电机相比，永磁直线同步电机的力能指标高、体积小、质量小，且具有发电制动功能，因而在许多领域得到了应用。

永磁直线同步电机的次级由永磁材料制成，磁极磁场由永磁体提供，磁极动子无须外加电源励磁，这样使得电机的结构得到简化，电机的整体效率提高，比较适合电磁发射应用场合。永磁直线同步电机结构示意图如图 4.36 所示。

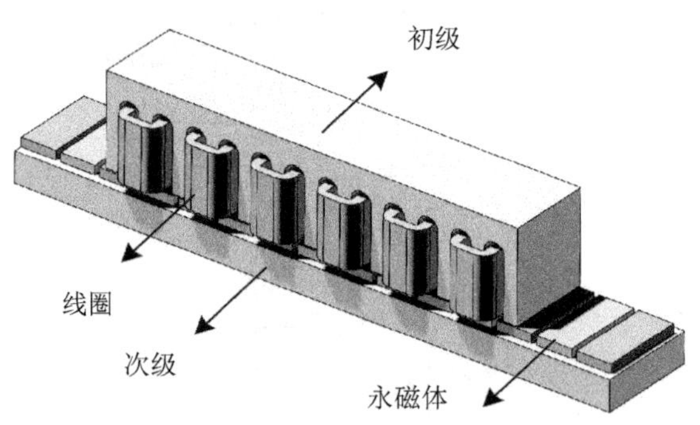

图 4.36 永磁直线同步电机结构示意图

4.3.2 永磁直线同步电机的基本原理及特点

1. 基本原理

永磁直线同步电机是旋转电机在结构上的一种演变，相当于先把旋转电机的定子和转子沿轴向剖开，然后将电机展开成直线，由定子演变而来的一侧称为初级，由转子演变而来的一侧称为次级。由此得到了永磁直线同步电机的定子和动子，图 4.37 所示为永磁直线同步电机的演变过程。

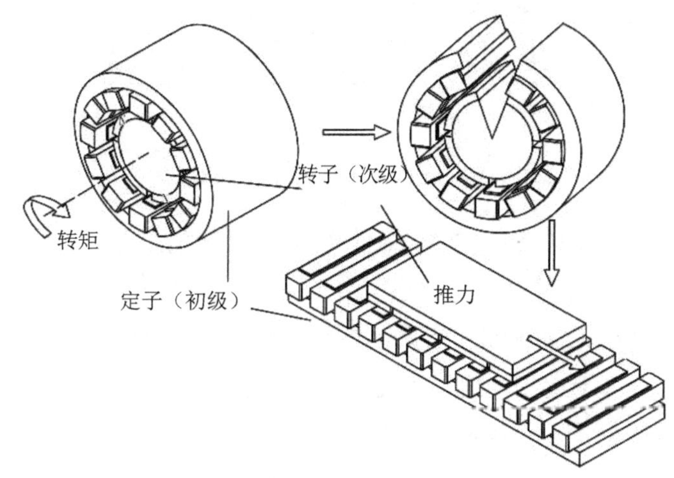

图 4.37　永磁直线同步电机的演变过程

永磁直线同步电机不仅在结构上是旋转电机的演变，而且在工作原理上与旋转电机类似。在旋转的三相绕组中通入三相正弦交流电后，在旋转电机的气隙中产生旋转的气隙磁场，气隙磁场的转速（又称为同步转速）为

$$n_s = \frac{60f}{p}(\text{r/min}) \tag{4-24}$$

式中，f 为交流电源频率；p 为电机的极对数。

如果用 v 表示气隙磁场的线速度，则有

$$v = n_s \frac{2p\tau}{60} = 2f\tau(\text{mm/s}) \tag{4-25}$$

式中，τ 为极距。

图 4.38 所示为永磁直线同步电机的工作原理示意图。与旋转电机相似，当定子绕组通入三相对称的正弦电流后会在气隙中会形成正弦分布的气隙磁场，如果不考虑永磁直线同步电机两端开断的端部效应，这个气隙磁场分布将与永磁旋转电机类似，即展开成直线的正弦分布。随着三相电流的变化，气隙磁场将按照一定的相序沿直线平移。由于磁场是平行移动的，因此将它称为行波磁场。很显然，行波磁场也可以看成是由永磁体激发的。

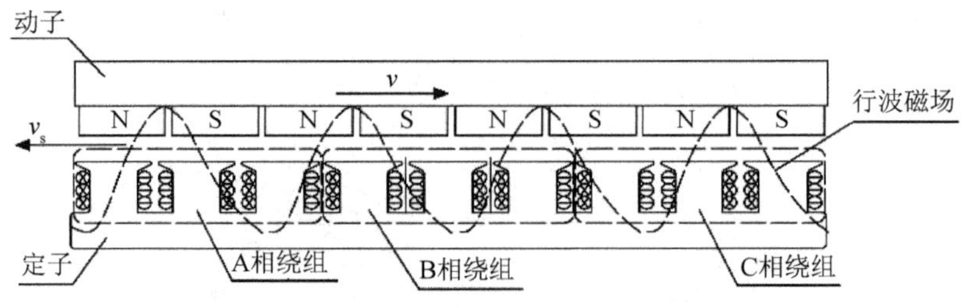

图 4.38 永磁直线同步电机的工作原理示意图

从上面分析的永磁直线同步电机的演变过程可知，直线电机的行波磁场移动速度 v_s 与相应的旋转电机定子圆周内表面上的旋转磁场的切向线速度是一致的。在永磁体产生的磁场和三相绕组电流产生的行波磁场作用下产生了相互作用的电磁推力，由于定子固定，因此动子将沿着与行波磁场相反的方向移动。

直线电机如果不考虑铁芯两端开断引起的纵向端部效应，此气隙磁场沿直线运动方向呈正弦分布，当三相交流电随时间变化时，气隙磁场由原来的沿圆周方向运动变为沿直线方向运动，次级产生的磁场和初级产生的磁场相互作用从而产生电磁推力。对于永磁直线同步电机，初级由硅钢片沿横向叠压而成，次级也是由硅钢片叠压而成的，并且在次级上安装有永磁体。根据初级、次级长度不同，永磁直线同步电机的结构可以分为短初级长次级结构和长初级短次级结构。对于运动部分可以是电机的初级，也可以是电机的次级，要根据实际的情况来确定。

2. 永磁直线同步电机的类型

上面分析了永磁直线同步电机工作的基本原理，下面主要针对其结构特点进行分类。按照永磁直线同步电机有无铁芯结构及性能特点可以分为有铁芯永磁直线同步电机和无铁芯永磁直线同步电机。

有铁芯永磁直线同步电机的绕组是按照一定的规律缠绕固定在电机齿上的。它的特点是：由于定子铁芯具有聚合磁路的作用，电机气隙磁密较大，电机的推力密度较高；但由于定子铁芯具有齿槽结构而存在齿槽效应，会产生较大的齿槽力；定子铁芯是由硅钢片叠压而成的，电机质量较大；单边有铁芯永磁直线同步电机还存在较大的法向吸力，同时有铁芯永磁直线同步电机还存在铁芯饱和的问题。

无铁芯永磁直线同步电机包括无槽直线电机和空芯线圈式直线电机两种。它与有铁芯永磁直线同步电机相比较，工作原理是相同的，只是在结构上有所不同：将缠绕固定绕组的电机齿去掉，直接用环氧树脂等胶状物将绕组固定或者取代非导磁材料结构，即得到了无铁芯永磁直线同步电机，其结构示意图如图 4.39 所示。通常无槽直线电机的绕组是安放在一平面结构的背铁上面的，因此它存在一定的法向作用力，如果直接把背铁去掉就成了空芯线圈式直线电机。

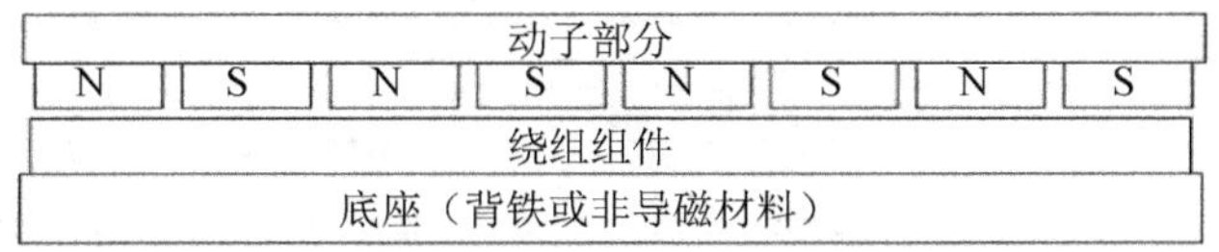

图 4.39　无铁芯永磁直线同步电机结构示意图

从永磁直线同步电机的物理层模型来分析，无铁芯永磁直线同步电机的等效物理气隙层较大。这使得无铁芯永磁直线同步电机的气隙磁密较小，因此其推力密度要低于有铁芯永磁直线同步电机的推力密度。但是无铁芯永磁直线同步电机不存在齿槽效应，使得推力波动大大降低。无铁芯永磁直线同步电机磁饱和现象也较弱，同时定子部分质量大大减小，总体结构轻巧，降低了定子制作成本。

从气隙层数上来划分，永磁直线同步电机可以分为单层气隙（单边）永磁直线同步电机和双层气隙（双边）永磁直线同步电机，以及多层气隙永磁直线同步电机。图 4.39 所示的就是一台单边无铁芯永磁直线同步电机，它只有一个气隙层。双边永磁直线同步电机和多层气隙永磁直线同步电机的结构示意图分别如图 4.40（a）和图 4.40（b）所示。对于双边永磁直线同步电机来说，两侧的法向吸力相互抵消。很显然多层气隙永磁直线同步电机可以看成是由多台双边永磁直线同步电机的排列而成的，但其制造工艺要比双边永磁直线同步电机复杂得多，永磁体用量大，成本也较高。电磁弹射器对所用的直线电机推力性能要求较高，同时为了减小电机法向吸力的影响并降低电机制造难度和成本，双边永磁直线同步电机的结构是一种合理的选择，其法向吸力接近为零。而且它的推力近似为单边永磁直线同步电机的两倍，通过合理的设计布置就可满足电磁弹射器的推力性能要求。

从动子形式上来划分，永磁直线同步电机可分为动磁式（安装永磁体部分为动子）和动圈式（带有绕组线圈部分为动子）两种结构。由于在电磁弹射器中直线电机作为执行机构要带动被弹射物体加速滑行，如果采用动圈式结构则需要解决电缆随动子一起运动的拖线问题，并且这种结构是由安装有永磁体列的定子固定的，然而在长行程中布置永磁体列增加了电机制造成本。因此采用动磁式永磁直线同步电机作为电磁弹射器的执行机构是比较合理的。从动磁式动子结构上来划分，动磁式双边永磁直线同步电机又可以分为倒 U 字形和 T 字形两种结构。图 4.41 分别表示了无铁芯永磁直线同步电机的倒 U 字形和 T 字形结构组成。

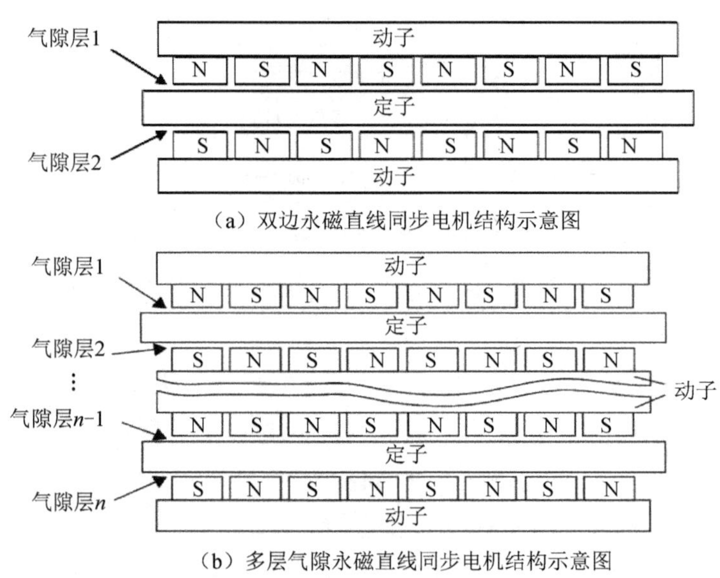

图 4.40 从气隙层数划分永磁直线同步电机

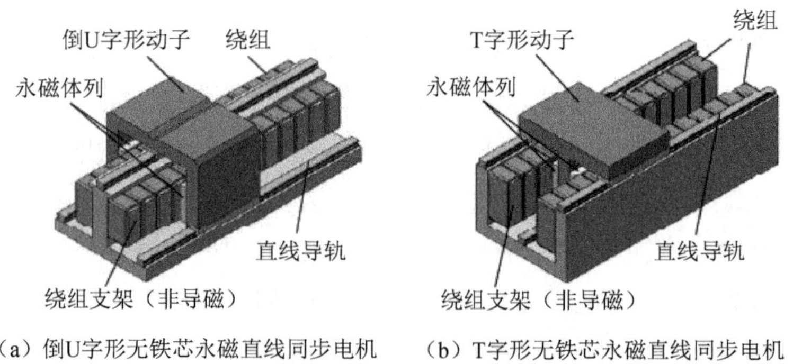

图 4.41 不同动子结构的永磁直线同步电机

由图 4.41 可知，倒 U 字形和 T 字形结构的永磁直线同步电机在结构组成上是完全相同的，只是动子的结构形式不同，相应的定子结构也有所不同。对于这两种结构的永磁直线同步电机，倒 U 字形动子相对 T 字形动子稍重，但倒 U 字形电机的定子材料的用量相对要少，使得整台电机总的质量较小，同时倒 U 字形电机拆装工艺方便。同理，有铁芯永磁直线同步电机也有上述两种结构形式。只是将图 4.41 中相应的由非导磁材料制成的绕组支架去掉，采用硅钢片叠压成的电机齿来代替。

4.3.3　永磁直线同步电机模块化技术

动磁式双边永磁直线同步电机是两台单边永磁直线同步电机的组合，由于在电磁弹射驱动系统中作为提供动力的永磁直线同步电机需要提供巨大的推力，因此如果只采用一台双边永磁直线同步电机，也就是由一台大型的发射电机来提供飞机起飞所需要的推力，此时电机结构紧凑，但是沿定子高度方向尺寸大，电机工艺要求高，要求电源的功率也较大。考虑到用单台永磁直线同步电机提供发射时所需的推力，电机制作工艺困难、系统电源功率大、易故障等不利因素，可将一台大功率的永磁直线同步电机由多个小功率的永磁直线同步电机单元组合而成，如此不但可以保证对电机性能上的要求，而且可以降低电机的供电要求，同时降低加工难度。所以电磁弹射器用的永磁直线同步电机除了采用单一的大功率电机方案，在总体结构上还可以有多种实现方案。

方案一是采用单列多层的结构，如图 4.42 所示，也就是将电机定子的深度减小，分成多层，竖直方向上由多层叠加而成，这种综合结构等效为单一的永磁直线同步电机在竖直方向上叠片厚度的增加，根据电机学的基本原理可知，叠片厚度的增加必然使得电机功率和出力增大。通电时，多层定子同时产生电磁力，作用在同一个动子上，从而推动动子带动飞机运动。这种方案的优点是可以由多个小功率的永磁直线同步电机单元组合成一台满足大功率要求的永磁直线同步电机，缺点是电机的端部大，造成铜耗较大、效率降低，且在竖直方向上占用的空间大。

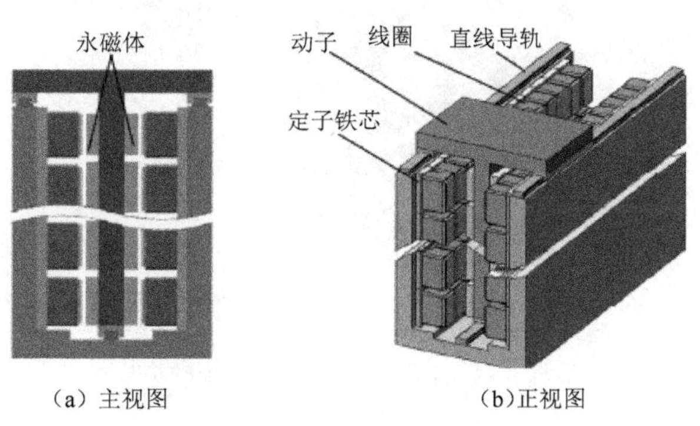

图 4.42　永磁直线同步电机的单列多层结构简图

方案二是采用单层多列的结构，如图 4.43 所示。根据一个永磁直线同步电机单元提供力的大小来确定直线电机列数，从而提供足够的推力。这种结构的电机占地面积大。

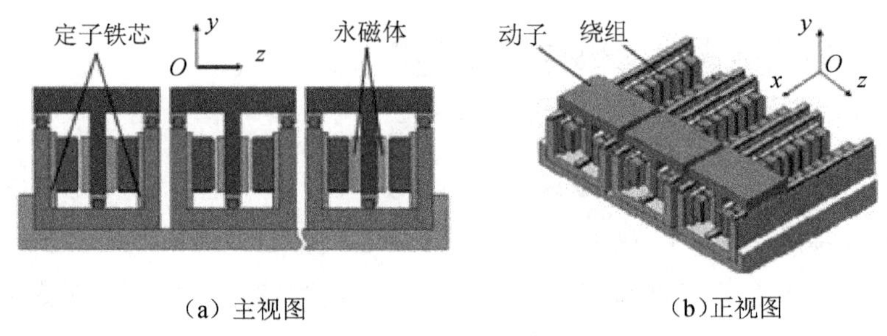

（a）主视图 （b）正视图

图 4.43 永磁直线同步电机的单层多列结构简图

方案三是方案一和方案二的组合，采用多层多列的结构，相当于永磁直线同步电机在图 4.43 的 y 轴向上的阵列组合。这种结构的电机设计灵活，空间利用率高。

由上面的分析可知，用于电磁弹射的永磁直线同步电机结构完全可以使用多个小功率的永磁直线同步电机单元在三维空间上的阵列组合。采用多个永磁直线同步电机单元的组合结构有利于降低系统对大功率电源的要求，避免大型永磁直线同步电机的工艺难度，从而将整个大功率系统转变为一个个小功率系统的组合，采用适当的控制方式可达到所要求的控制效果。

永磁直线同步电机定子模块如图 4.44 所示，整个驱动系统的电机由这样的模块在三维空间上组装而成。

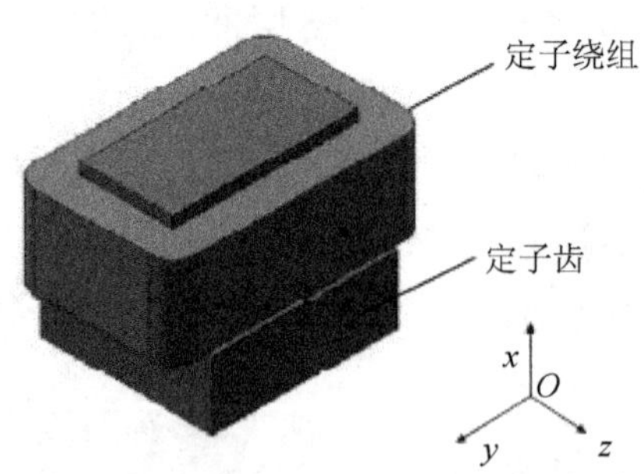

图 4.44 永磁直线同步电机定子模块

图 4.45 所示为模块化永磁直线同步电机驱动系统的结构。定子模块的布置可根据空间大小在高度方向调整数目，同时双边永磁直线同步电机的列数也可根据弹射的要求增加或减少。

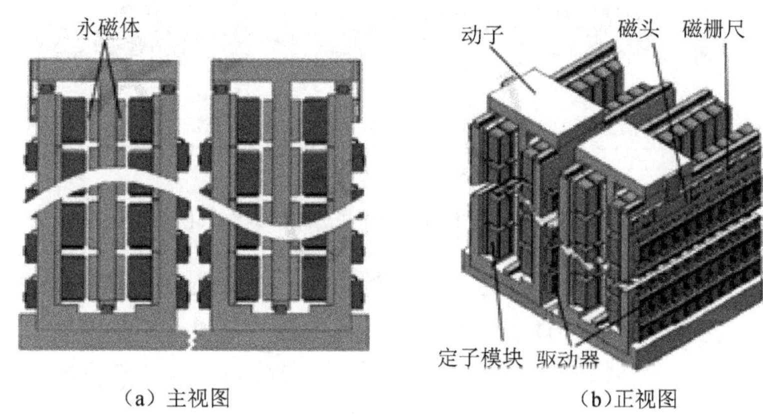

（a）主视图　（b）正视图

图 4.45　模块化永磁直线同步电机驱动系统的结构

4.3.4　变结构永磁直线同步电机的自律分散控制技术

1. 永磁直线同步电机的变结构技术

虽然电磁弹射系统用的永磁直线同步电机的基本原理与普通永磁直线同步电机相似，但其主要工作过程是单向的，即单方向不断加速的过程，在这个过程中，电机电流频率不断提高。一般来说，永磁直线同步电机的能耗主要由定子铁耗和铜耗两部分构成。定子铁耗与电机电流频率（或电机速度）有关，频率越高，能耗越大。而铜耗与导线电流的平方成正比。为了减少能耗，在设计电机时，应采用随速度增加而减少铁耗的方法。为此，设计的用于面向电磁弹射系统的变结构永磁直线同步电机的结构参数变化示意图如图 4.46 所示。由图 4.46 可知，永磁直线同步电机定子由不同齿槽尺寸的定子模块组成。由于在弹射过程中电机动子在不同阶段的速度不一样，根据电机频率与能耗的关系，分别采用在低速区深槽、窄齿、小气隙，在中速区浅槽、厚齿、大气隙，在高速区无铁芯的结构。

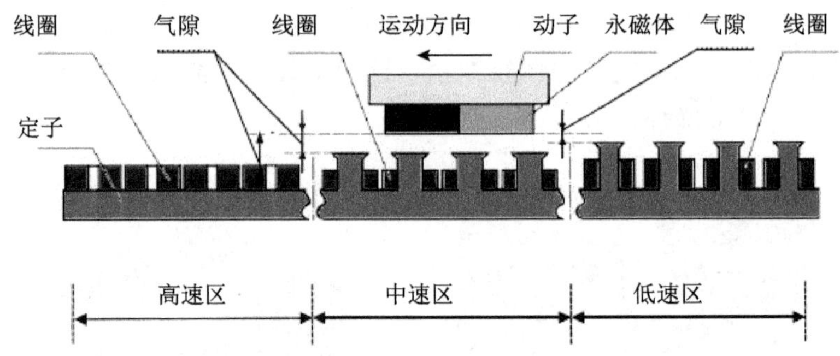

图 4.46 变结构永磁直线同步电机的结构参数变化示意图

不同区的定子尺寸依照优化参数进行设计，以期使电机效率最高。采用有限元方法，在JMAG软件环境计算不同结构参数的电机在不同速度下的效率，对比结果如图 4.47 所示。由图 4.47 可知，不同结构参数的电机的效率曲线随电机速度变化的特性也不同，而变结构电机的效率曲线是各电机的效率曲线最高部分的包络线。

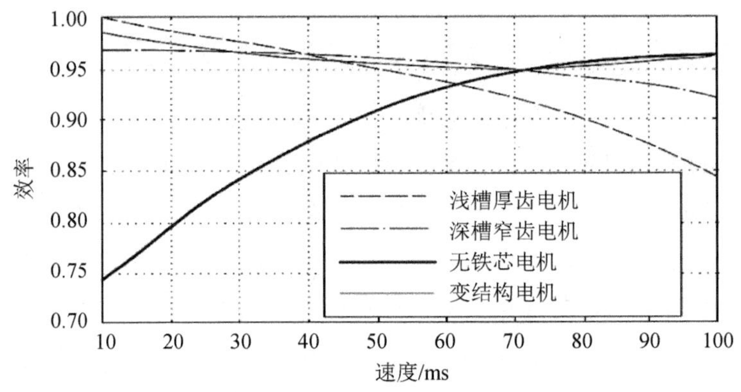

图 4.47 不同结构参数的电机的效率曲线

可以看到，针对电机不同的速度区域设计不同的结构参数，能够利用不同结构效率最高的区域，使电机的总效率最高。在实际的设计中，电机结构参数不仅根据三个速度段进行设计，而且根据电机加速曲线，将结构变化阶梯划分得更细致，使结构参数变化更密集。对于永磁直线同步电机每个定子齿的独立线圈而言，其面对的控制对象特性也均有所变化。

为了增加电机的能量输出，在舰体空间允许的范围内，该结构电机的定子和自律控制模块还可以在水平和竖直方向上进行扩展，如图 4.48 所示。

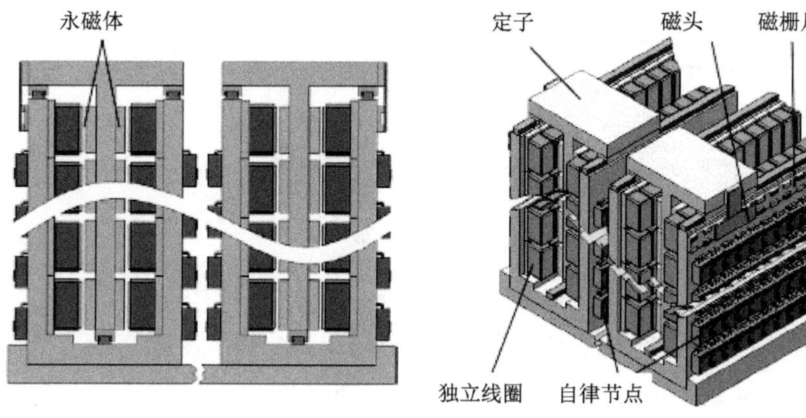

图 4.48　扩展后的变结构永磁直线同步电机结构示意图

2. 永磁直线同步电机的自律分散控制

对于电磁弹射系统的控制，如果直接采用传统永磁直线同步电机的集中式控制模式，一旦伺服控制器或电机的某项绕组出现故障，将导致整个电磁弹射系统瘫痪，这在军事应用领域是绝对不允许的。如果定子绕组采用分散式结构，同时对每个绕组增加单独的控制器进行控制，可以有效解决上述问题，提高电磁弹射系统的稳定性和可靠性。同时带来的好处是将大功率电源化整为零，也降低了对电源性能的要求。在电磁弹射控制技术中，大功率电源技术也是难以攻克的难关之一。在自律分散系统中最重要的两个核心要素就是分散与自律，它由各个独立又有协调配合的子系统共同完成总系统的功能。分散化的系统结构带来了更好的耐故障性和灵活性。耐故障性是指单个或多个子系统的故障并不影响其他子系统正常工作，整个系统的总体性能不受影响。灵活性是指即使在在线运行状态下，仍然可以根据功能需要的变化，增加、删除和更换一个或多个子系统。

针对上述分析，把自律分散控制方法应用到永磁直线同步电机控制上来。采用图 4.49 所示的电机三相绕组的 Y 形接法，按照集中控制的思想，这三相绕组将接入同一个控制器中。现对其接线方式进行改变，按照自律分散控制思想，将控制系统进行划分，每个子系统单独采用一个控制器进行控制。如果把电机的三相绕组进行独立划分，即每相绕组为一个子系统，就需要对应三个控制器。

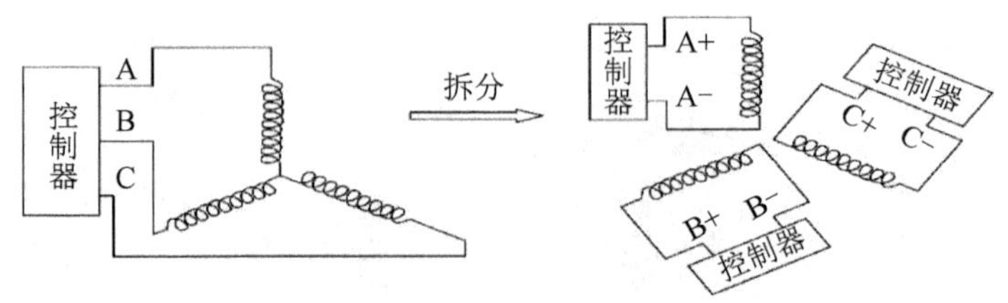

图 4.49 三相绕组拆分前后示意图

如果把 A、B、C 三相绕组再进行拆分，即每个线圈单独作为一个系统，每个系统对应一个控制器，则可得到图 4.50 所示的 8 极 12 槽直线电机绕组分散控制结构示意图。图 4.50 中 A_n、B_n、C_n（n=1,2,3,4）分别对应于 A、B、C 三相绕组中的单个线圈，显然定子绕组线圈个数可以根据实际需要进行扩展。

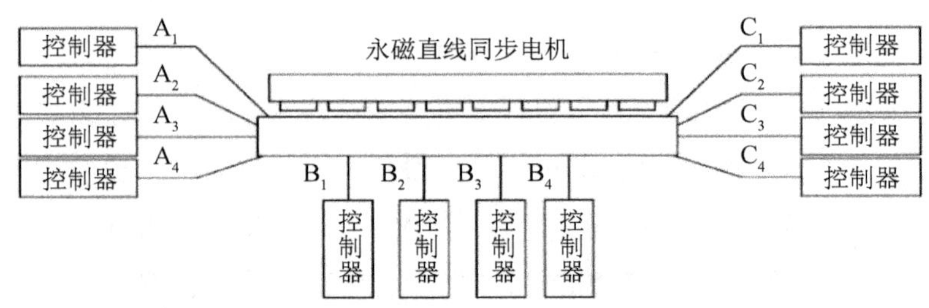

图 4.50 8 极 12 槽直线电机绕组分散控制结构示意图

从上面的自律分散控制结构可知，自律分散控制策略是对电机定子每个绕组线圈进行独立控制。在自律分散控制中，每个绕组线圈的控制器都是一个独立的交流伺服系统。由于自律分散控制具有均质特性，所以电机定子每个绕组线圈的控制结构又都是相同的，同时每个绕组线圈的驱动器硬件构成也是完全相同的，并且各个控制器之间是没有直接通信的，它们具有等同的等级权限。

在自律分散控制中，分配每个节点的控制协议由总线系统传递。全部的节点单元的输出结果，通过控制总线的协调，形成磁场定位控制。参考集中式控制策略，三相独立控制电流的控制角互差 120° 电角度，只不过将永磁直线同步电机的各个绕组线圈单独控制，每相具有完全相同的控制结构，则自律分散控制同样可以实现很高的控制精度。图 4.51 所示为自律分散控制结构简图。

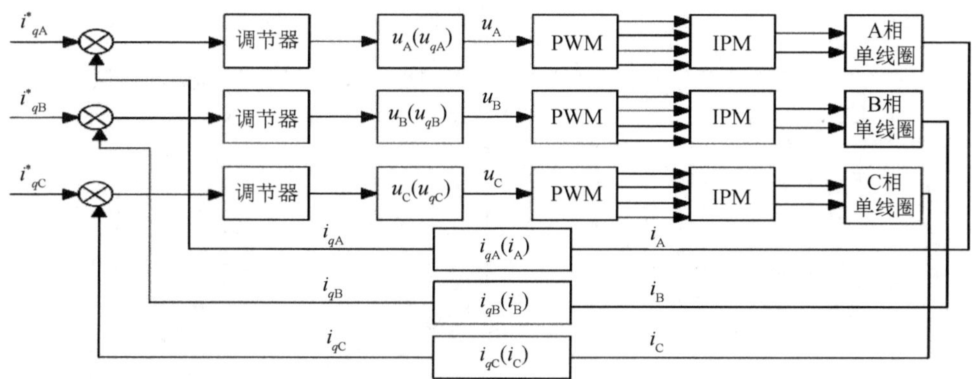

图 4.51　自律分散控制结构简图

3. 变结构永磁直线同步电机的自律分散控制

变结构永磁直线同步电机自律分散控制拓扑结构图如图 4.52 所示。将整体长度的永磁直线同步电机定子拆分为若干基本控制单元定子，设为 m 个，同时设每个基本控制单元定子绕组由 n 个线圈组成，则所有基本控制单元组成了每个线圈相互独立的永磁直线同步电机定子，对每个线圈进行独立的控制。整个自律分散控制系统包含以下组成部分。

（1）自律节点线圈、功率逆变模块、位置传感模块、自律控制处理器和独立电源模块组成了自律分散控制系统的节点，它是自律分散控制系统最基本的自律控制单元。

（2）数据域独立的动子位置检测模块和各个节点的自律模块之间的通信网络构成了控制系统的数据域。位置、电流和电压等反馈信息，以及故障检测信息在该数据域内传播。

其中，节点内的自律控制软件构成了自律控制处理器，它使自律节点单独接收动子位置信息，独立进行电流、电压等信息的采样，并完成控制输出。

从增强系统容错性的角度出发，自律分散控制系统具有特殊的通信总线和电源总线。

（1）通信总线。从系统可靠性的角度出发，自律分散控制系统强调节点控制的独立性；但从系统指令输入和状态检测的需求出发，自律分散控制系统又需要与上位机系统进行通信。为兼顾通信的需求和系统可靠性的需求，设计了“独立通信”的总线结构，由总线系统负责控制信息、位置信号、故障信息的传递。通信总线的性能决定了电磁弹射系统能否满足高速度、大加速度的要求。

如果控制信息数据不能及时地传递到对应线圈，则电磁弹射系统将无法工作。

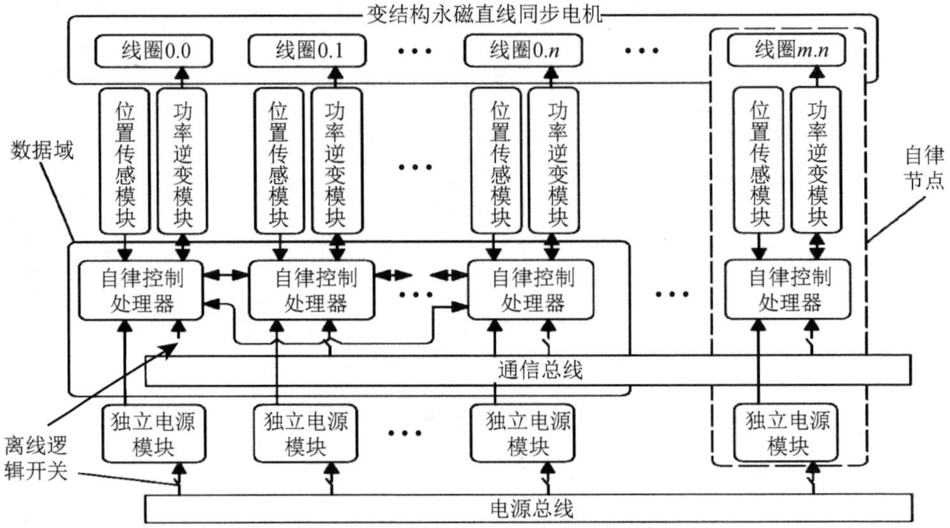

图 4.52 变结构永磁直线同步电机自律分散控制拓扑结构图

（2）电源总线。对于整个自律分散控制系统而言，整体电源是单一失效点，一旦电源总线发生故障，将影响整个自律分散控制系统的运作，导致弹射失败。为此，设计了对各自律节点独立供电的电源总线方案。在非弹射作业时间内，通过电源总线对独立电源进行充电；进入弹射作业后，即使电源总线失效，独立电源的蓄电能力也能保障所对应的线圈的单次作业用电。

实际上，在整个弹射过程中，只有与动子直接耦合的线圈进行驱动，而动子尚未进行耦合或者已经脱离耦合关系的线圈将不进行驱动。这样既能降低系统总电源的功率等级，又能减少线圈之间的互感对控制造成的不利影响。

变结构永磁直线同步电机自律分散控制系统具有以下优点。

（1）定子结构参数可根据动子的速度要求进行优化。电机结构及控制方式充分考虑了电机单向工作的特性，根据不同速度下电机的效率特点，对电机结构参数进行优化，可提高电机整体效率。

（2）电机的动力由与动子耦合的定子线圈提供，供电电源更合理。在单次耗能 122 MJ 的弹射过程中，电流可能达到几兆安，这在线圈中会产生数量可观的欧姆损失。而只对与动子耦合的线圈进行驱动，需要的能量等级远小于对全部定子线圈进行驱动的情况。

（3）各线圈的功率驱动模块的功率等级可降低，这降低了制造难度。由于用独立小功率 IGBT 矩阵代替大功率 IGBT，器件的开关频率可高于需要的 4200 Hz，克服了功率器件等级对永磁直线同步电机驱动的限制，使永磁直线同步电机实际应用到电磁弹射系统成为可能。

（4）具有更强的容错性，提高了系统的可靠性。电磁弹射系统最高需求电流频率为 700Hz，一个电流周期为 1.43 ms。自律分散控制系统节点的故障检测和恢复时间预计可达几百微秒，可满足电流恢复时间要求。在设计的冗余度范围内，若干节点的失效并不影响电机的输出，或者对电机输出的影响在可接受的范围内，使系统具有更强的容错性，提高了系统的可靠性。

4.4 电磁轨道炮导轨及电枢

电磁轨道炮是电磁发射技术最早应用的领域，也是电磁发射技术的重要分支，它利用洛伦兹力把弹丸推射出去。与常规火炮相比，电磁轨道炮具有更高的炮管出口速度，并且安全性高。导轨和电枢作为电流和电磁力的载体，在电磁轨道炮中起着将电能转换为弹丸动能的关键作用。

4.4.1 电磁轨道炮的工作原理

电磁轨道炮系统包括充电电源、发射电源、控制开关、连接电缆、基座、高低及方向机构、轨道、电枢、弹丸等主要组成部分，电磁轨道炮示意图如图 4.53 所示。

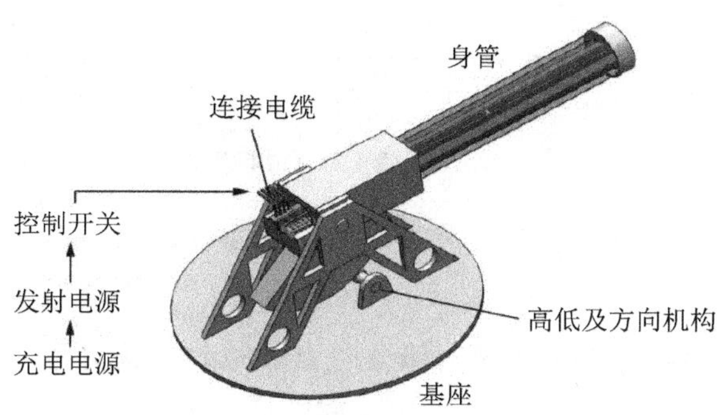

图 4.53　电磁轨道炮示意图

简单的电磁轨道炮的主体部分由两条平行的轨道和一个与轨道接触良好且

能够沿着轨道自由滑动的电枢组成，如图 4.54 所示。接通电源后，电流沿着其中一条轨道流动，通过电枢，电流沿着另一条轨道流回。这时电枢在安培力的推动下沿着轨道加速运动，从而获得高速度。

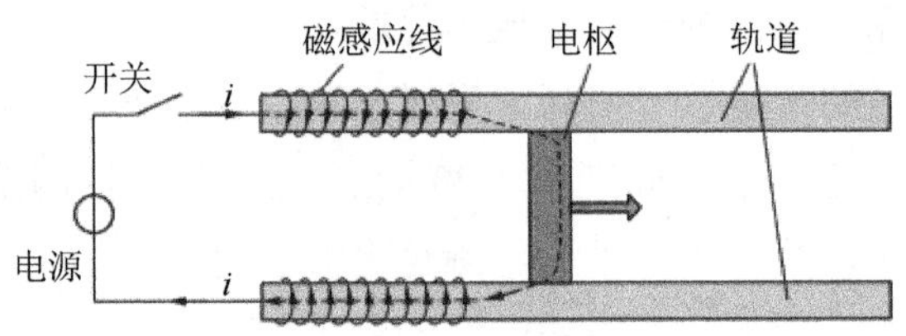

图 4.54 电磁轨道炮原理图

从图 4.54 可以看出，磁场由两根导轨中的反向电流共同产生。导轨电流产生的磁场 B 与电枢电流相互作用，产生作用于电枢上的洛伦兹力 F，表达式为

$$F=BlI \tag{4-26}$$

式中，F 为洛伦兹力；B 为磁感应强度；l 为导体的长度（在上述情况下，l 就是电枢的长度）。

图 4.55 是对应于图 4.54 的简单电磁轨道炮的电路图。图 4.55 中“1”为电枢起始位置，经历时间 dt 后的位置为“2”，这段导轨的电感增量为 dL，电源电动势为 E，电枢位移为 dx，流入电磁轨道炮的电流为 I（假设电流 I 为常量，不随时间和距离变化）。

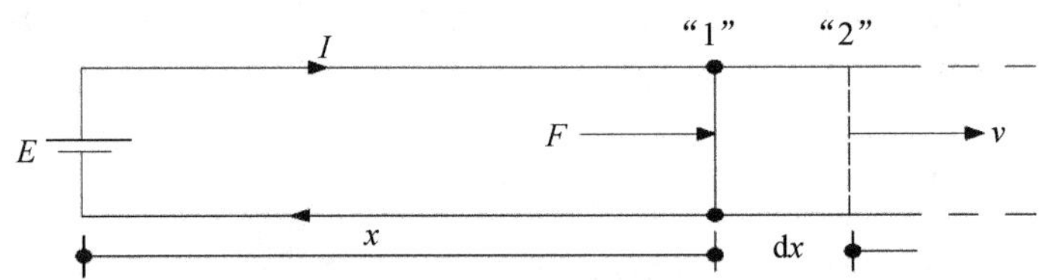

图 4.55 简单电磁轨道炮的电路图

电磁轨道炮的一个很重要的参数是单位长度导轨的电感值，即电感梯度，通常记为 L'。

假定作用在电枢上的力为 F，那么力 F 所做的机械功为

$$W_{\mathrm{m}}=F\mathrm{d}x \tag{4-27}$$

电磁轨道炮的感应磁能增量为

$$W_i = dLI^2 / 2 = L'dxI^2 / 2 \tag{4-28}$$

根据法拉第定律（$E = d\Phi / dt$）可知，电路中所需的电压等于电路磁通量的变化率 $d\Phi / dt$：

$$E = d(LI) / dt = L'dxI / dt = L'Iv \tag{4-29}$$

传递给电路的功 W_g 为

$$W_g = EIdt = L'I^2 vdt = L'I^2 dx \tag{4-30}$$

根据能量守恒定律，得到：

$$W_g = W_m + W_i \tag{4-31}$$

把式（4-27）、式（4-28）和式（4-30）代入式（4-31）中，得到：

$$F = \frac{1}{2} L'I^2 \tag{4-32}$$

这就是著名的“电磁轨道炮作用力定律”。要获得有效的加速推力需要很大的电流，因为电磁轨道炮的电感梯度的数值很小，典型的数值为 0.50 μH/m。

如果分析时考虑电路电阻的影响，结果仍与式（4-32）相同。作用力与电枢速度 v 无关，由式（4-29）可知，所需的电压与电枢速度 v 成比例。因此，电压 $L'Iv$ 被称为速度电压。当 W_m=W_i 时，总能量 W_g 只有一半转化为弹丸的动能，所以恒流电磁轨道炮的最大效率不会超过 50%。可以通过增加电流、电感梯度和导轨长度来提高弹丸出口动能。

4.4.2　电磁轨道炮的电枢技术

按照形态特点，可以将电枢分为固体电枢、刷状电枢、准流体电枢、等离子体电枢和混合电枢。其中混合电枢是指由固体电枢和等离子体电枢混合而成的电枢。

1. 固体电枢

从固体电枢理论提出至今，已经产生了多种类型的固体电枢，根据纵截面形状的不同，电枢可分为 C/U 形电枢、H 形电枢等；根据膛口形状的不同，电枢可分为方形电枢、圆形电枢等；根据轨道接触面的不同，电枢可分为凹面电枢、凸面电枢、平面电枢等。在相同发射条件下，选择合适的电枢是当下研究的重点。

C/U形电枢是目前国内外研究最为广泛的电枢。学者们对C/U形电枢的电流分布、生热现象及接触性能等方面进行了广泛且深入的研究，在此基础上发展、改进提出了H形电枢。图4.56（a）所示为C/U形电枢，图4.56（b）所示为美国得克萨斯大学奥斯汀分校研制的马鞍状H形电枢，图4.56（c）所示为金属C形电枢。低速试验中马鞍状H形电枢的侧表面和颈部区域很少出现电弧烧蚀现象，并且在高速试验中枢轨界面的接触电压得到了明显的下降，这有助于减小枢轨界面间的能量损耗。固体电枢的特点是结构简单、导轨间压降低、烧蚀作用很小、系统整体效率高。然而固体接触的性质和电枢寄生质量较大，对弹丸加速度影响较大，速度一般不超过3 km/s，但这对当前军用火炮来讲已经具备了很高的实战价值。

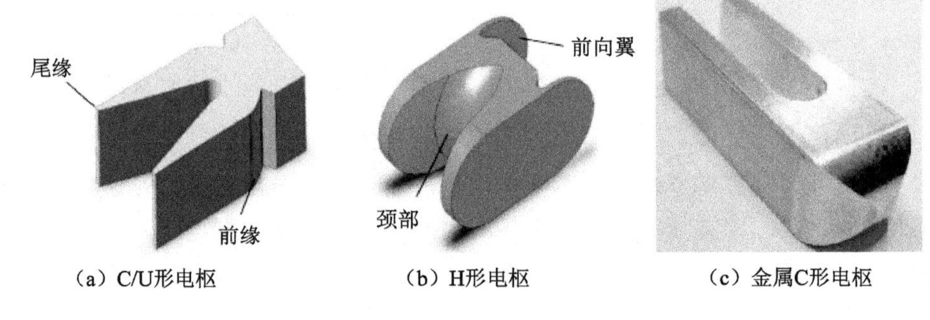

（a）C/U形电枢　（b）H形电枢　（c）金属C形电枢

图4.56　固体电枢

2. 刷状电枢

20世纪70年代末，西屋公司为美国海军研制船舶推进装置时，率先开始使用刷状电枢，后来刷状电枢被应用到电磁轨道炮研究领域中。法德圣路易斯研究所是利用刷状电枢进行电磁轨道炮研究最多的机构，而且是到目前为止一直使用铜刷电枢的少数研究机构之一。刷状电枢如图4.57所示。

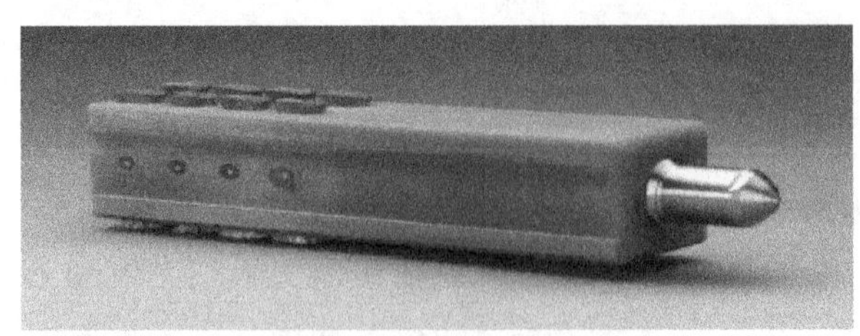

图4.57　刷状电枢

目前法德圣路易斯研究所的试验显示，刷状电枢在速度超过 2 km/s 时，其在摩擦、轨道烧蚀和接触转变等方面表现出了良好的性能。该研究所还利用刷状电枢开展了多发速射轨道炮系统的研究，实现了 30 Hz 的发射频率。但是在试验中也发现了不足，即在高加速度加载条件下，无支撑的电刷具有与轨道表面脱离的倾向。

3. 准流体电枢

为了解决电枢与轨道之间预加载荷降低的问题，多年前 Marshall 提出了准流体电枢的概念，即设想用洛伦兹力产生的流体静压力使电枢与轨道接触。准流体电枢如图 4.58 所示。

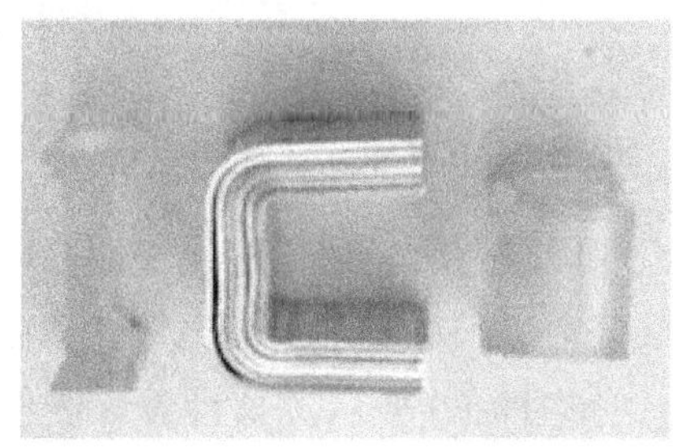

（a）拆分

（b）组合

图 4.58　准流体电枢

准流体电枢通常由数层高传导率叠层铝片和充气弹簧组成，并用凯夫拉（Kevlar）线缠绕固定。准流体电枢利用充气弹簧保持电枢与轨道的接触，具有质量小、依从性好、电枢臂短等优点。然而在有些发射试验中，由于弹丸及电枢材料本身不够牢固，会发生转捩和破坏现象，有关准流体电枢的抗烧蚀技术需要进一步研究。

4. 等离子体电枢与混合电枢

20 世纪八九十年代，人们为了突破固体电枢的速度极限，将大量的研究工作投入到等离子体电枢研究领域。等离子体电枢通常是由置于发射组件后面轨道间的金属箔片直接产生的。金属箔片的作用就像电熔丝，当脉冲大电流流过时，金属箔片就会爆炸并产生等离子体云，继续传导馈入的电流，推动弹丸前进。等离子体电枢的优点是可以与导轨保持良好的接触，而且从触发到发射结束都不会出现断路，因此它不涉及结构问题，同时等离子体电枢的质量较小，不存在寄生质量，适合超高速发射（> 7 km/s）的场合。但是电弧辐射的能量使炮膛壁的绝缘材料气化，导致炮膛内充满高密度惰性热气体，当电枢达到高速度并且炮尾电压达到高压击穿条件时，会产生“二次电弧”现象。这将浪费大量的能量，而且对炮膛内造成严重损伤，因此为了解决这些问题需要进行更深入的研究。等离子体电枢示意图如图 4.59 所示。

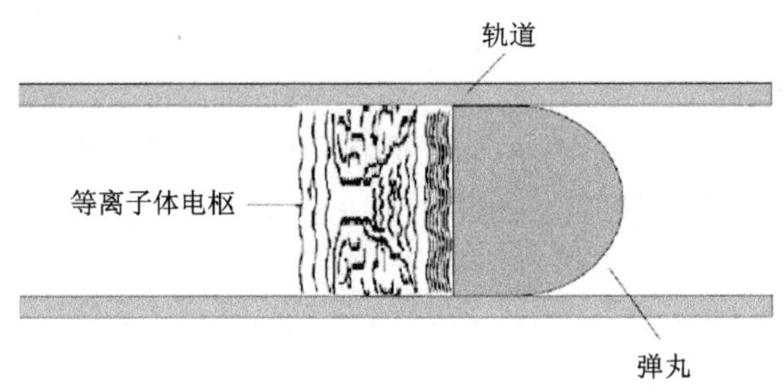

图 4.59　等离子体电枢示意图

综合分析固体电枢和等离子体电枢的优缺点后，人们提出了混合电枢的概念。其中一种设计是炮膛横截面的大部分由铝固体电枢传输电流，而固体电枢和轨道间隙部分由等离子体传输电流，如图 4.60 所示。这种设计既使得等离子体与轨道保持良好的通电接触，又利用金属固体电枢的良好导电性能，实现了无磨损、低烧蚀、高效率的发射效果。但是这对等离子体薄层的控制要求很高，因此实际应用得比较少。

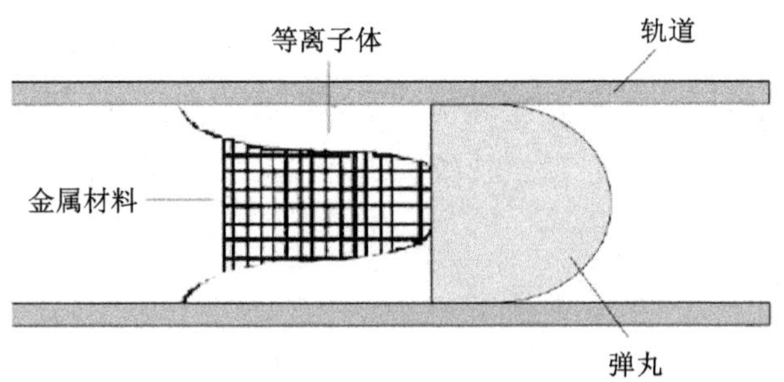

图 4.60　混合电枢示意图

4.4.3　电磁轨道炮的一体化弹丸技术

与常规火炮发射不同，电磁轨道炮的弹丸系统包括若干组件：战斗部、电枢、弹托等。电磁轨道炮的发展一直以军事实用化为目标，所以只有将各种电枢应用于电磁轨道炮弹丸设计中，才能获得最佳的打击效果。

1. 电磁轨道炮用长杆侵彻弹

穿甲弹一直以来是陆军主要的反装甲武器之一，与传统的弹药相比，利用电磁轨道炮将穿甲弹加速到超高速，可以大幅提高穿甲威力。从 20 世纪 90 年代中期开始，美国得克萨斯大学奥斯汀分校等单位在美国陆军的支持下，研究了各种电磁轨道炮用长杆侵彻弹，如图 4.61 所示。

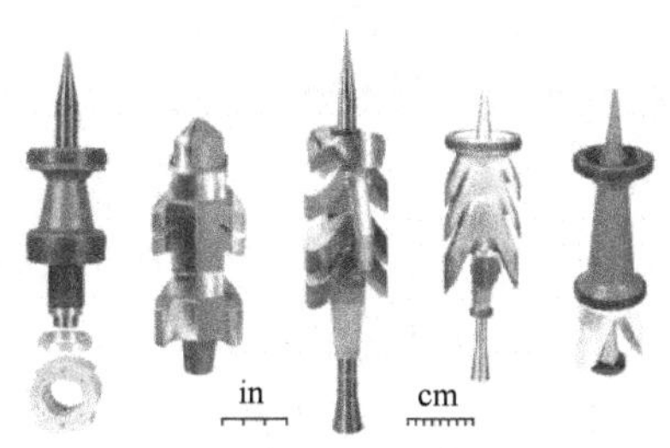

图 4.61 电磁轨道炮用长杆侵彻弹

长杆侵彻弹大多采用长杆中段受轴向推动力的方式，弹托在电磁力的作用下，夹着长杆飞出炮膛后脱壳，这有利于提高弹丸在炮膛内的稳定性及长杆的外弹道性能。

2. 电磁轨道炮用远程制导弹

精确制导是目前炮射类弹药发展的重要特点之一，尤其对于海军来讲，超远程制导弹可以实现大纵深非接触精确打击和对岸远程火力支援等多种作战目标。美国海军致力于研究远程舰载电磁轨道炮系统，其目标是将超过 16 kg 的弹丸加速到大于 2 km/s 的炮口速度。根据远程制导弹的应用背景需求，要求其弹丸具有制导和携带有效载荷能力，因此采用 C 形电枢推动弹丸底部的力的加载方式，电磁轨道炮用远程制导弹的结构如图 4.62 所示。

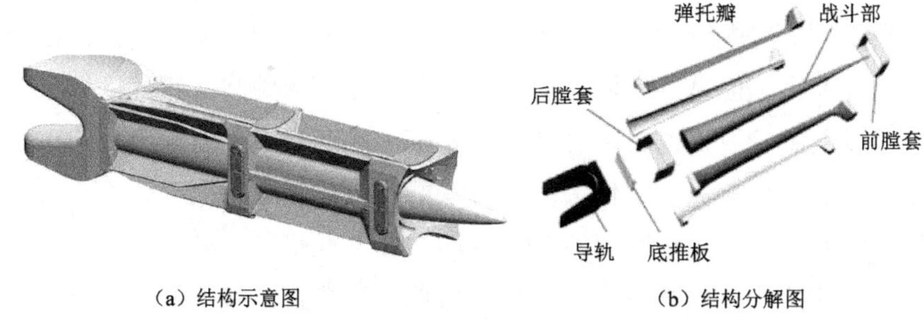

（a）结构示意图 （b）结构分解图

图 4.62 电磁轨道炮用远程制导弹的结构

3. 一体化弹丸对电枢的要求

近年来，随着电磁轨道炮逐步向实战发展，各国对弹丸的设计给予了高度重视。而由于电磁发射环境的复杂性，弹丸组件一般要承受 10^5 ～ 10^6 倍加速度、不稳定磁场和高温（10 000 ～ 20 000K）环境。其中电枢作为导通整个回路的关键组件，对一体化弹丸发挥高效能起着关键作用。电枢的选择会影响到战斗部、弹托等组件在复杂发射环境中的受力情况，这就对一体化弹丸中的电枢提出了严格要求。

（1）底推式电枢。在底推式一体化弹丸中，弹丸驱动力是靠电枢通过推板传递的。为使电枢质量最小，电枢的稳定性在电枢设计中可不用考虑，而是用弹托来使电枢保持稳定。由于弹丸在发射过程中可能会受力不对称，弹托与电枢结合面必须能够保证战斗部的对称性。

（2）中置式电枢。中置式电枢分为两种：一种是电枢与弹托分离，电枢中产生的驱动力传递给弹托；另一种是电枢与弹托为一个整体。在一体化弹丸设计中，为减小整体质量，通常将电枢和弹托的功能相结合，从而进一步减小弹丸组件质量，如图 4.63 所示。然而，采用这种设计，电枢与轨道之间的接触状态发生改变后，一体化弹丸的侧向稳定性就会受到破坏，即弹托无法起到稳定弹丸的作用。

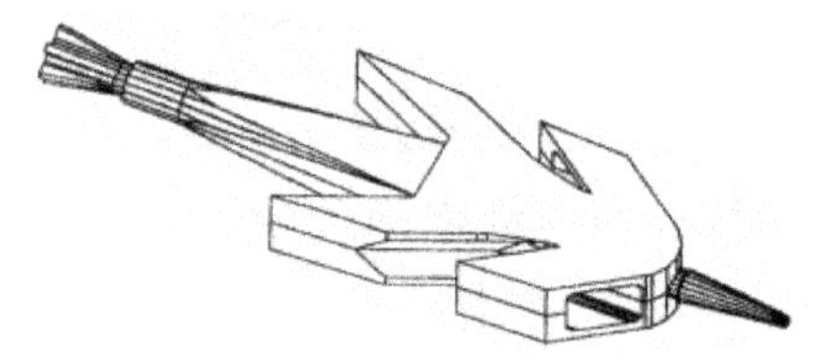

图 4.63 电枢中置一体化弹丸

随着电磁轨道炮技术的发展，出现了多种不同结构、材料和性能的电枢。到目前为止，虽然电枢的损伤问题，如枢轨接触界面间的烧蚀、刨削现象，并未得到完全解决，但是随着研究的深入，预计在不久的将来这些问题都会得到解决，同时电磁发射弹丸技术也会更加完善。因此，在下阶段的研究工作中，应加强对以电磁轨道炮实用化为应用背景的一体化弹丸的研究，突出弹丸反装甲和防空任务，重点应包括以下几个方面：弹丸在炮膛内的运动稳定性；发射过程中电子部件的电磁兼容性；在高 g 值加速度条件下弹丸及各子部件的抗过载性能；超高速条件下弹丸的脱壳及外弹道特性。

4.4.4 电磁轨道炮的导轨及复合身管技术

电磁轨道炮的导轨是电磁发射装置的核心部件，对电磁轨道炮的发射有着重要影响。导轨不仅需要传递电流并产生磁场，还要在多种外力的共同作用下，精准地导向电枢弹丸的运动。故其必须有较高的机械强度和刚度，同时还要有很好的耐磨损性、导电性与耐烧蚀性，以用来保证发射寿命与精度。一般使用高强高导铜合金材料作为电磁轨道炮导轨的首选材料，在理想状态下其电导率大于 4.31×10^7 S/m 且强度超过 500 MPa，抗高温软化温度在 870 ℃以上。在导轨结构形式方面，现有的导轨形式有多层复合导轨、钢铜复合导轨、铬青铜表面强化导轨。

图 4.64 所示的普通型电磁轨道炮包含两根导轨，由于导轨的电感梯度很小，单根导轨的载流量有限，因此普通型电磁轨道炮的出口动能很难达到更高的要求。

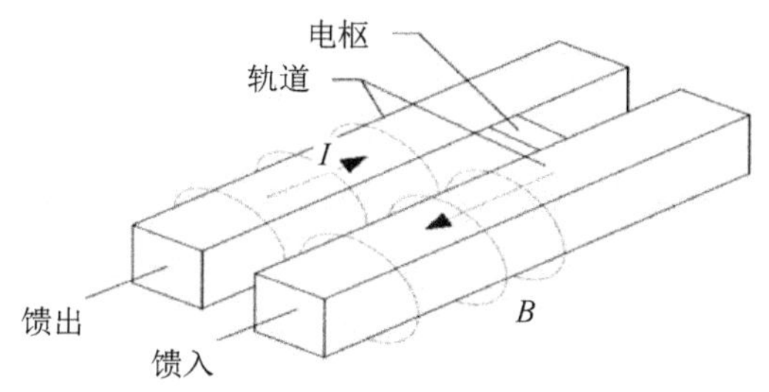

图 4.64 普通型电磁轨道炮示意图

增强型电磁轨道炮基于简单型电磁轨道炮的基本原理，主要有平面式增强型电磁轨道炮和层叠式增强型电磁轨道炮两种形式。对于平面式增强型电磁轨道炮，通过在主轨道外侧串联增强轨道，在膛内主轨道形成的强磁场基础上，与增强轨道在膛内形成的磁场相叠加，对电枢形成更强的电磁推力，其基本结构如图 4.65（a）所示。平面式增强型电磁轨道炮的电枢所受的电磁推力由两部分合成：一部分是主轨道的作用力，其值为馈入电流值的平方与主轨道电感梯度值乘积的二分之一；另一部分为在增强轨道影响下的作用力，其值为馈入电流值的平方与主副轨道互感梯度值的乘积。由于增强轨道的存在使得系统等效电感梯度值大幅提高，等效电感梯度值为主副轨道互感梯度值的两倍与主轨道电感梯度值之和。

层叠式增强型电磁轨道炮以多匝轨道层叠形式存在，各匝在膛内共同形成强磁场，电磁发射力大幅提高，图 4.65（b）所示为双匝层叠式增强型电磁轨道炮基本结构。对于 n 匝层叠式增强型电磁轨道炮，当通有电流时，在不考虑漏磁的情况下，由于 n 匝通流导体的共同作用，膛内平均磁场强度为单匝电磁轨道炮的 n 倍，同时总通流量扩大为单匝电磁轨道炮的 n 倍，使得电磁推力值扩大为相同电流作用条件下单匝电磁轨道炮电磁作用力的 n^2 倍，即在不考虑漏磁、结构尺寸等条件影响下，层叠式增强型电磁轨道炮等效电感梯度值为简单单匝电磁轨道炮的 n^2 倍。

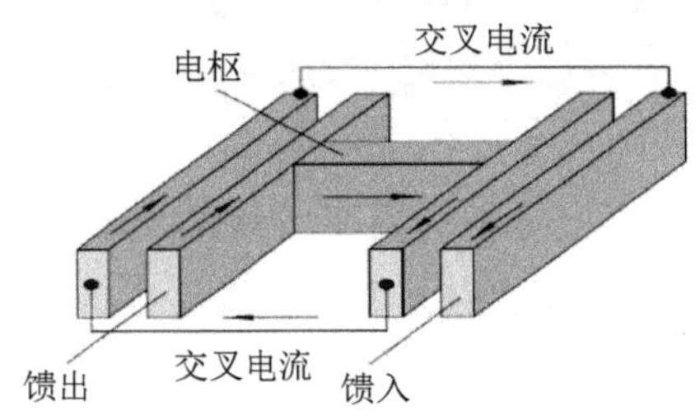

（a）平面式增强型电磁轨道炮基本结构

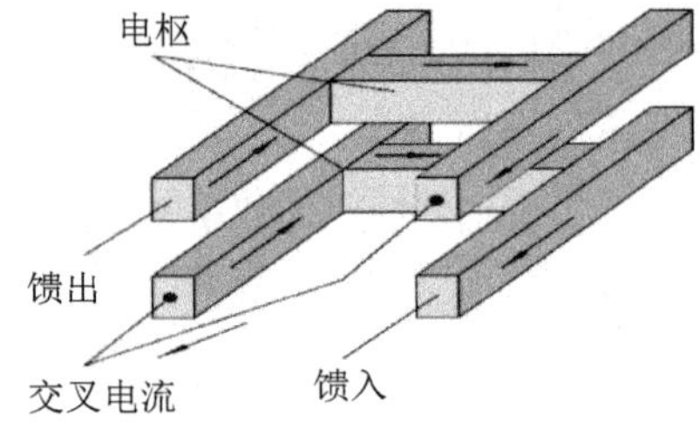

（b）双匝层叠式增强型电磁轨道炮基本结构

图 4.65　增强型电磁轨道炮示意图

导轨及提供导轨绝缘的支撑体及紧固导轨的外围共同构成了发射装置身管，在选定导轨材料和尺寸后，电磁轨道炮身管结构设计过程中应满足以下基本要求。

（1）一定的封装预压力，防止等离子体泄漏和弹丸发射后的导轨分离。

（2）保证加速弹丸所需的电感梯度。

（3）降低或解决炮膛烧蚀。

（4）质量合理，便于拆装整修。

为保证导轨不变形失效，试验型电磁轨道炮绝大多数采用坚固的导轨防护装置进行固定和支撑，美国 Maxwell 公司在 1989 年研制的 90 mm 单发射击电磁轨道炮身管（见图 4.66），采用螺栓预紧，绝缘内膛由 G-10 玻璃增强树脂复合材料包裹铜导轨构成。这种沉重且庞大的结构设计必然无法满足实战装备需求，因而，研究人员转向设计质量小、强度高的纤维增强复合身管（见图 4.67）。

复合身管分为矩形截面炮膛和圆形截面炮膛，如图 4.68 所示。其中矩形截面炮膛是最常见的电磁轨道炮炮膛类型，由于其设计相对简单、加工成本低，因此大部分试验型电磁轨道炮都采用了矩形截面炮膛。通过改变矩形截面的长宽比，可以实现电磁轨道炮电感梯度的调整，而且通过调节轨道之间的间距，还可以灵活地施加枢轨界面预紧力。与矩形截面炮膛相比，虽然圆形截面炮膛的制作费用昂贵、维护成本高，但同时具有明显的优点，即与传统的弹丸可以较好地匹配，还可以方便地进行进一步的一体化弹丸研究。

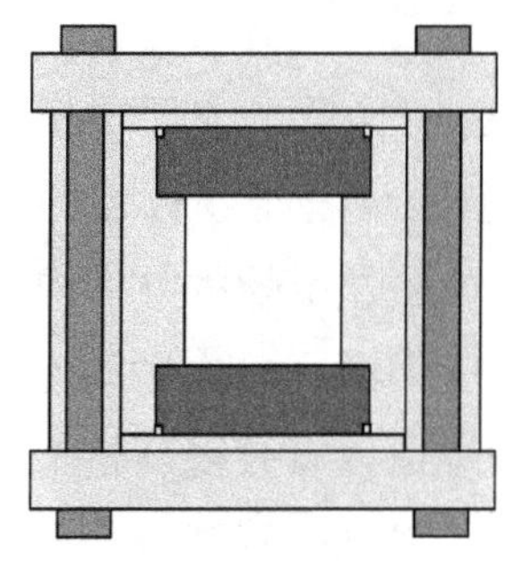

（a）横截面示意图

（b）实验室实物图

图 4.66　实验室螺栓预紧型电磁轨道炮身管

图 4.67　纤维增强复合身管

（a）矩形截面炮膛

（b）圆形截面炮膛

图 4.68　电磁轨道炮复合身管模型

身管外层复合结构既要能够密封膛内的“电磁力”，保证绝缘强度并提高电感梯度，又要能够固定住导轨、绝缘支撑等内膛部件，保证身管横、纵向刚强度，因此电磁轨道炮身管的结构设计非常复杂。考虑到碳纤维材料的低磁导率、高强高模，以及碳纤维铺层的可设计性，早期就有针对小口径、低炮口动能的电磁轨道炮采用碳纤维缠绕身管的相关研究。随着碳纤维材料及其应用技术的发展，目前国内外也已开展了对中、大口径电磁轨道炮身管采用碳纤维缠绕增强技术的研究。

如图 4.69 所示，电磁轨道炮的整体内膛主要由铜导轨、碳纤维缠绕层、玻璃纤维缠绕层、导轨绝缘支撑层拼接而成。发射时身管受到较强的振动冲击，为使身管在多次发射后仍然保持稳定的口径，电磁轨道炮的整体内膛与外部的纤维缠绕壳体必须始终保持紧密粘连，以保证应力沿径向传递的连续性。采用高模量碳纤维对整体内膛进行大张力预应力缠绕可以有效提高整个结构的内力刚度，增强身管复合层的抗冲击变形能力。为了降低身管预应力损失，同时减小纤维局部应力集中，需要优化整体内膛的外包络曲面轮廓，并严格控制内膛外表面的光洁度，提高纤维与内膛外表面的有效接触。在内膛外表面首层缠绕绝缘玻璃纤维使内膛对外壳绝缘，在玻璃纤维外围缠绕碳纤维对内膛产生预紧。在碳纤维外表缠绕玻璃纤维使复合身管对外界温湿隔离。纤维缠绕层的主要设计参数为各角度层厚度、缠绕角及叠放次序。

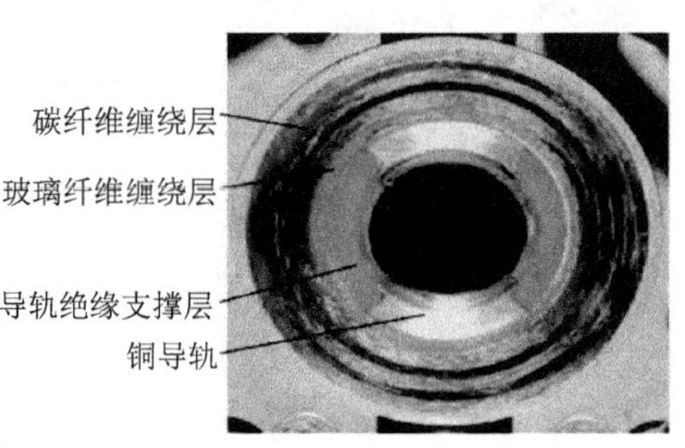

图 4.69　工程化缠绕身管

在电磁轨道炮身管工程化研究探索过程中，面临一些新的挑战和问题。

（1）电磁轨道炮身管为碳纤维缠绕复合身管，如何保证导轨和绝缘支撑组合成的身管内膛缠绕后的内膛直线度和复合身管挠度，是工程化过程中必须解决的工艺难题。

（2）金属外壳可以通过螺栓预紧来实现对导轨所受电磁扩张力的约束，复合身管缠绕层如何实现缠绕固化过程中对导轨所受电磁扩张力的预紧约束，也是复合身管缠绕过程中面临的问题。

（3）在工程化缠绕身管研究过程中还面临纤维材料、纤维缠绕层复合材料缠绕预紧力的计算等问题。

4.4.5 电磁轨道炮的抗烧蚀技术

在发射过程中导轨与电枢的接触面会产生多种物理和化学变化，包括接触面材料局部熔融，接触状态由固-固接触转换为固-液接触；接触面材料局部气化，造成压力过高迫使接触分离；接触面产生超高温等离子体；多种金属微粒在高温电磁环境下形成共晶合金导致电阻率增大；金属材料在高温条件下导电性能和机械性能劣化等。这些情况的发生会破坏滑动电接触所要求的稳定条件，导致导轨出现烧蚀，从而缩短导轨的使用寿命和降低发射的稳定性。这些问题制约了导轨式电磁发射装置工程化，只有分析导轨烧蚀的主要机理，并提出有效的抑制技术，才能保证导轨式电磁发射装置的寿命和可靠性。

在系统发射电枢过程中，从后膛的起始位置至炮口端部，导轨主要承受起始沟槽烧蚀、刨削烧蚀、转捩烧蚀及炮口电弧烧蚀等损伤，如图 4.70 所示。导轨式电磁发射装置研究的关键技术之一就是减轻或避免以上 4 种烧蚀的发生，从而延长导轨的使用寿命。

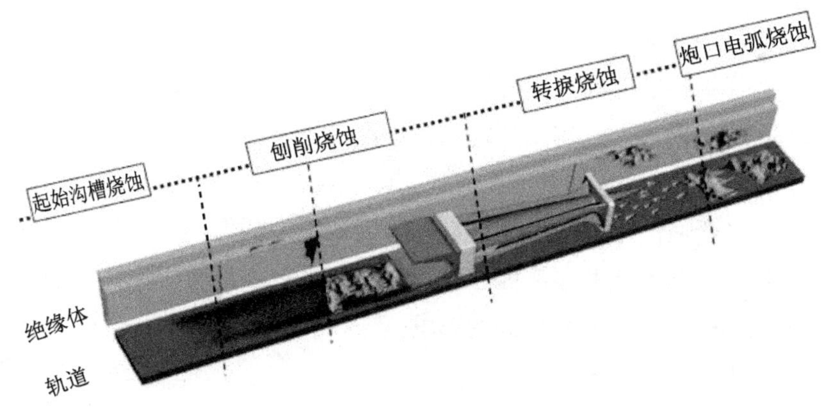

图 4.70　4 种典型烧蚀现象示意图

1. 起始沟槽烧蚀

起始沟槽烧蚀在不同导轨材料和试验条件下均有发生，通常位于导轨起始位置电枢导向边附近，始于尖锐的轴向沟槽，并逐渐变宽至不规则的样式，最终扩展至导轨与绝缘体接合部，其破坏区域为 0 ～ 1 m，如图 4.71 所示。

图 4.71　起始沟槽烧蚀

由于起始沟槽烧蚀发生在导轨起始端，电枢运动速度较低，因此电枢与导轨接触时间较长。电磁场仿真分析结果表明：在大电流长时间作用下，由于速度趋肤效应，电流主要集中于导轨与电枢的四周，从而导致电枢与导轨的接触面边缘产生局部高温区域。当导轨局部温度超过导轨材料的软化温度时，导轨材料的屈服强度降低，此时作用在导轨表面的局部应力超过高温时导轨的屈服应力，形成轴向的沟槽。进行重复发射时，起始沟槽会逐渐加深加宽，引起导轨边缘侵蚀，进而影响导轨寿命。

为了减少起始沟槽烧蚀对导轨寿命的影响，通常会采取以下措施，以避免电枢在起始阶段长时间停留，从而对导轨产生起始沟槽烧蚀损伤。

（1）选择高熔点、高强度的导轨材料以避免导轨过早软化。

（2）对电枢周边进行倒角处理以减小电流密度集中，从而避免局部高温的产生。

（3）选择合适的电枢初始过盈量以降低初始启动力。

（4）在导轨与电枢的接触面涂抹润滑材料（如石墨烯）以减少启动时间，从而减轻焦耳热对导轨起始部分的影响。

2. 刨削烧蚀

刨削是对导轨表面的一种破坏形式，通常发生在具有较高相对滑动速度的接触表面之间。只有在相对高的滑动速度下刨削才可能发生。因此，刨削是一种临界现象，对于给定的材料对，存在相应的临界速度，只有相对滑动速度低于此速度，刨削才不会发生。高速电枢在导轨上滑动时，电枢导向部位没有电流流过，因此导轨对应部位不承受电磁扩张力。而电枢尾臂、喉部起电流导通作用，导轨与其对应的部位承受极大的电磁扩张力，可能会使该区域形成微凹，其相邻区产生微凸现象，如图 4.72（a）所示。电枢在电磁力作用下继续滑动时，可能会与导轨表面的凸起碰撞，当凸起承受的剪切应力超出导轨的剪切强度极限时，凸起将被剪切，因此电枢通过后，导轨沿着加速方向会形成泪滴状沟槽形式刨削坑，如图 4.72（b）所示。

刨削速度主要取决于导轨与电枢组成的接触面的表面性能，而接触面的粗糙度由加工精度决定，因此解决刨削问题主要依靠匹配选择合适的导轨和电枢材料。而选择强度和硬度较高的导轨材料和相对较软的电枢材料，可以提高刨削阈值速度。铝和铜的刨削阈值速度可达 2.5 km/s，铝和钢的刨削阈值速度可达 3.5 km/s。

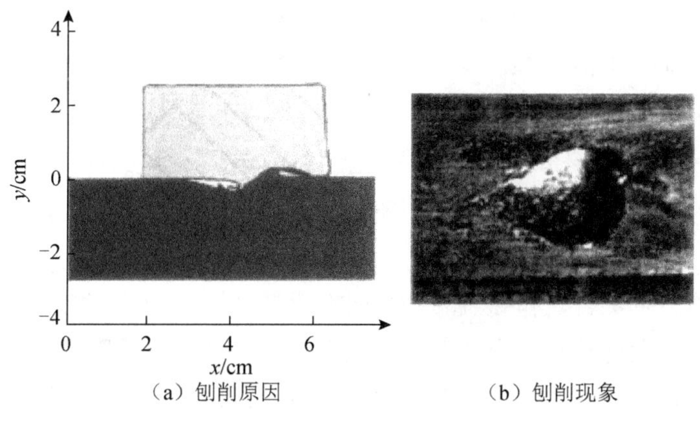

（a）刨削原因　　（b）刨削现象

图 4.72　刨削烧蚀

3. 转捩烧蚀

固体电枢在加速运动过程中，在摩擦力的作用下，会产生一定量的磨损；在发射过程中，可能引起电枢与导轨接触不良，甚至局部产生间隙，导致导轨与电枢的接触电阻增大，甚至产生放电电弧。这些均会导致电枢与导轨的接触面的热量急剧增大，而材料在高温下性能的退化又进一步加快电枢材料的剥落，部分电枢材料高温下可发生气化，同时随着电弧的出现会产生等离子体，最终均可使电枢与导轨之间的接触形式发生改变，这一现象称为转捩现象。它反映在两根导轨间的电压上是炮口电压的幅值突然显著增加。图 4.73 所示为发射过程中伴随转捩发生时的典型炮口电压波形，转捩发生的时刻约为 2.4 ms。

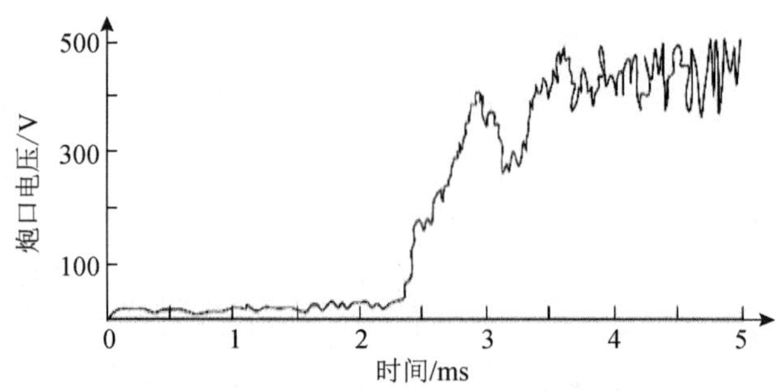

图 4.73　发射过程中伴随转捩发生时的典型炮口电压波形

目前，国外提出的影响转捩的机制主要有：电枢与导轨的接触面上接触失压、电枢断裂、电枢电热容量太小、磁锯效应、$-\mathrm{d}I/\mathrm{d}t$ 效应（电流下降沿）、速度趋肤效应（电流熔蚀）、高速表面磨损等，其中电枢与导轨的接触面上接触失压、电枢断裂、电枢电热容量太小、磁锯效应等机制引起的转捩现象均可通过优化电枢结构得以解决。因此，目前大多数研究者认为转捩是多种效应的共同作用而产生的，其主要包括 $-\mathrm{d}I/\mathrm{d}t$ 效应、速度趋肤效应、高速表面磨损等。

转捩的实质是电枢和导轨的接触面液膜被破坏。因此，需要从导轨材料选择、导轨结构设计、收口内膛设计、电枢结构设计，以及脉冲供电电流波形等方面来减少转捩的发生。在发射过程中，电、机械设计必须能够提供足够的接触载荷，设计时必须考虑电流的变化（特别是电流上升和下降阶段），以及高磨损的发生（通常按照 1 mm/m 考虑）。若结构设计已考虑上述因素，则从控制电流波形上着手来延迟转捩发生的时刻。根据 IAT 公开发表的文章显示，在电枢发生转捩烧蚀的时刻，电流基本上在下降。

4. 炮口电弧烧蚀

如图 4.74 所示，导轨式电磁发射装置在发射过程中，其炮口电弧除了会侵蚀导轨，烧蚀掉大量材料，还会产生大量的热和气压力，进而破坏发射器自身，而高能发射时其炮口所产生的过压力还会破坏发射装置。此外，炮口电弧的产生会导致系统能量以热的形式白白损失掉，而没有转化为弹丸的动能，从而会降低发射系统的工作效率。

图 4.74　电枢离开炮口时的电弧现象

导轨式电磁发射装置的电枢刚离开炮口时，将脱离导轨并和两根导轨的末端拉开间距。因为这段间距是由零逐渐增大的，原来传导的电流仍试图保持通过此间隙继续传导的趋势，因此在一定间隙距离范围内电枢和两根导轨的末端产生两小段电弧。随着间距的不断增大，这两小段电弧将远离炮口并被电枢拉断。但这两小段电弧并不泯灭，反而会击穿空气结合在一起，在两根导轨的末端聚合成直流电弧，形成短路，从而极其迅速地消耗掉导轨电感剩留的磁能，产生电弧烧蚀破坏。经过初步研究，目前已探索出多种方式来减轻炮口电弧的破坏程度：一是从材料方面考虑，在导轨末端加装难熔保护套，可减小材料的被侵蚀量；二是使用炮口消弧器，利用低阻抗旁路，可对炮口电弧处的电流进行快速换向，从而达到处理炮口电弧的目的。

抑制导轨失效的方法，大致可总结归纳为以下三个方面。

1）高强高导铜基复合材料的研发

电磁轨道炮在发射过程中存在复杂的强磁场、高温、化学反应相互作用的环境，导轨材料必须能够承受膛内苛刻的机械、电气和热作用，在不显著降低电导率的前提下，研究出能够抗高温烧蚀、耐磨损的高强度材料，是解决电磁轨道炮导轨材料失效问题最可靠的途径。众所周知，铜是一种导电性极好且经济性较好的金属，故国内外学者基本上集中于高强高导铜基复合材料的研发。1973 年，美国 SCM 公司研发的 GlidCop 系列 Al_2O_3/Cu 复合材料在电磁轨道炮实弹试验中表现优异，这类具有优良综合物理性能和力学性能的新型功能结构材料，理想状态下满足电导率大于 90% IACS 且强度超过 500 MPa，抗高温软化温度均在 870 ℃以上。国内学者研究发现，在一定的浓度范围内，Al_2O_3

颗粒粒径越小且分布越均匀，越能显著降低烧蚀程度；摩擦副表面形成的自润滑膜有助于提高材料的耐磨损性能；通过添加体积分数为 0.5% 的纳米 SiC 可显著提高铜基复合材料的耐磨性。美国采用新颖的混合合金工艺制备了代号为 MXT5 的 TiB_2/Cu 复合材料，其经 95% 的挤压冷加工后，强度可达 675 MPa，软化温度达 900 ℃。石墨 /Cu 复合材料也引起了国内外电磁轨道炮研究学者的注意，石墨微粒具有自润滑性良好、熔点高、抗熔焊性好和耐电弧烧蚀能力，因此石墨 /Cu 复合材料在保持高电导率、导热性能的同时具有良好的减摩润滑和抗热-电软化性能。对于铜基复合材料，强度与导电性呈负相关，即提高导电性必然带来强度的降低。因此，实现铜基复合材料高强高导性能一直是电磁轨道炮导轨材料的研究热点。鉴于硬质元素对铜基复合材料的综合强化效应似乎难以实现重大突破，少数学者通过添加稀土元素来净化组织、细化晶粒、改善铜/硬质相结合面，从而进一步显著提高铜基复合材料的耐磨耐蚀性能、导电及力学性能。目前，稀土对铜基复合材料综合性能的影响规律、强化机理及工艺技术的研究尚处于起步阶段。

2）表面强化技术

表面强化技术是指在厘清各类材料表面失效机理后，通过表面涂覆、表面改性或多种表面技术复合强化处理，改变固体材料表面的形态、化学成分和组织结构，以获得所需的表面性能。该技术属于近年来的新兴学科——再制造工程，正是由于其符合武器装备全系统、全寿命理念且满足维修保障要求，许多研究机构期望通过研发一种高强高导的耐熔先进涂层材料，在抑制电磁轨道炮导轨基体材料失效的同时，为其损伤修复提供再制造成形技术支撑。

国外学者运用等离子体源离子注入和离子束辅助沉积技术制备了 TiN 和 TaN 两种电磁轨道炮导轨涂层，提高了导轨耐磨性能和抗电弧烧蚀性能。国内外学者经过研究发现，采用 B_4C 为主渗剂对 45 钢导轨表面渗硼强化处理后抗磨损和抗腐蚀能力均有提高；柯普尔铜镍合金涂层有利于减轻电流“趋肤效应”和提高弹丸出膛速度；采用电镀工艺在 Glidcop Al-25 表面电镀不同厚度的 Al 涂层可有效抑制导轨表面超高速刨削和摩擦磨损；采用电爆炸喷涂技术在炮钢材料 $PGrNi_3MuVA$ 表面制备铬涂层，可获得比电镀铬层更优异的抗烧蚀性能，对研究延长电磁轨道炮导轨抗烧蚀寿命的工艺方法起到一定的启示作用。

3）炮口消弧技术

在电枢出炮口时，导体间的固体电接触变为电弧接触，电源系统中的能量需要通过电弧继续释放，使电弧持续燃烧形成炮口电弧。当电枢出炮口时仍有数百安的电流从电弧中流过，导致严重的炮口烧蚀，产生巨大的闪光、声响等，这会大大缩短导轨寿命和降低隐蔽性。

为消除炮口电弧，常见的有两种方法，即主动式和被动式。主动式消弧装置利用开关导通炮口消弧回路，对电气参数的要求不高，但由于其需要准确测量电枢出膛时刻，且开关系统体积较大，不适合安装在炮口上。而被动式消弧装置的结构简单可靠，将正负极导轨在炮口处用电感或电阻等连接在一起即可，一方面炮口回路能够在电枢前部压缩磁通，减小炮口残余电流；另一方面回路可以续流，削弱电弧能量。被动式炮口消弧器的可靠性已有很多实验可以证实，在此基础上设计了适合工程应用的新型被动式消弧装置结构，如图 4.75 所示。

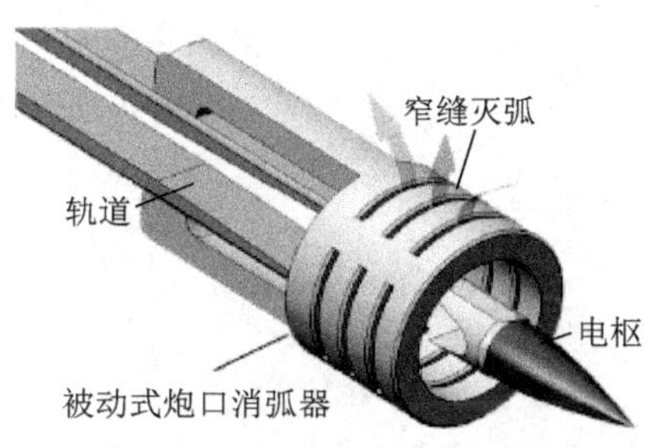

图 4.75　被动式消弧装置结构示意图

4.5　电磁感应线圈炮

电磁线圈炮是一种利用脉冲或交变电流产生磁行波来驱动带有线圈或电枢的弹丸的发射装置，它利用驱动线圈和弹丸线圈（电枢）间的磁耦合机制工作。电磁线圈炮的种类非常多，按照工作原理可以分为电刷换向线圈炮、电磁感应线圈炮、磁阻线圈炮等。其中电磁感应线圈炮又分为同步电磁感应线圈炮和异步电磁感应线圈炮，是当前国内外研究的热点之一。

同步电磁感应线圈炮是电磁线圈炮家族的重要成员，本节重点从电磁感应线圈炮的基本工作原理、驱动线圈和电枢技术、同步感应线圈炮电枢受力特性分析，以及多级驱动线圈同步触发技术等几个方面介绍其关键技术研究现状。

4.5.1 电磁感应线圈炮的基本工作原理

电磁感应线圈炮具有以下优点：绕制成多匝的线圈使电枢受力分布均匀，局部应力减小，更有可能达到高速；感应耦合使驱动线圈和电枢不需要接触，从而减少电烧蚀；电能向动能的转化效率更高，理想的设计目标可达到 50%；同轴结构简化了受力等。同时有一些局限性：同步触发技术复杂，因为驱动线圈必须在电枢到达适当的耦合区才能通电；需要快速精确的控制和转换系统；会产生很大的感应电压等。

电磁感应线圈炮的工作原理示意图如图 4.76 所示。电磁感应线圈炮利用驱动线圈和电枢之间的磁耦合机制工作，其遵循的基本规律依然是电磁感应定律和楞次定律，本质上是一台直线感应电机。

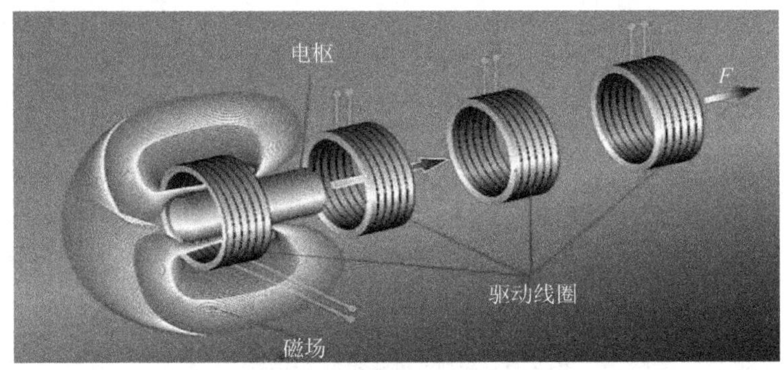

图 4.76 电磁感应线圈炮的工作原理示意图

如图 4.77 所示，两个单匝载流线圈同轴放置，分别通有电流 I_1、I_2，现在分析两个线圈之间的受力。

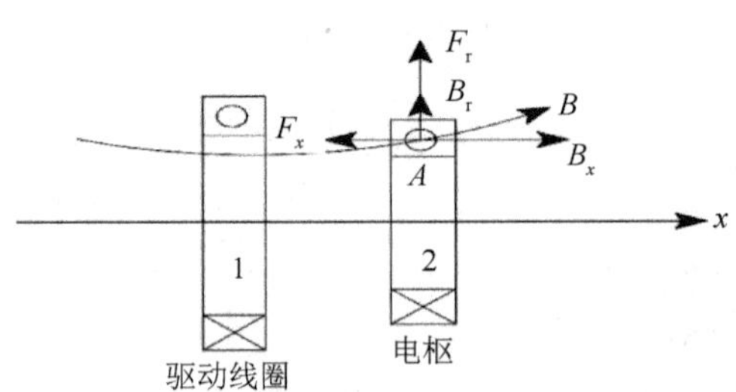

图 4.77 同轴单匝载流线圈模型

假设线圈 1 中通过的电流为 I_1，线圈 2 中通过的电流为 I_2，电流的方向如图 4.77 所示。电流 I_1 在 A 点产生的磁场为 B，将 B 沿线圈 2 的轴向和径向两个方向进行分解，利用左手定则可以判断线圈 2 在 A 点的受力方向。同理，可以判断线圈 2 其他各点的受力方向，线圈 2 主要受到轴向力和径向力。如果线圈 1 保持固定不动，线圈 2 在轴向力的作用下，将会向左做加速运动，从而使线圈 2 具有一定的运动速度。固定不动的线圈 1 称为驱动线圈，运动的线圈 2 称为电枢。

此外，也可以根据磁力线的方向判断线圈的受力方向，由于两个线圈的电流方向相同，产生的磁力线的方向也相同。根据磁力线从 N 极出发，到 S 极终止的原则，可以判定驱动线圈和电枢的 N、S 极，即驱动线圈的右端为 N 极，电枢的左端为 S 极，根据同极相斥、异极相吸的原理，可以判定电枢将受到向左的吸力而加速运动。

根据安培力的计算公式，可以定量分析电枢的受力，图 4.77 中，将 B 沿电枢的轴向和径向两个方向进行分解，可以得到电枢的 A 点在轴向方向上的受力大小为

$$\mathrm{d}F_x = I_2 \times \mathrm{d}l \times B_\mathrm{r} \tag{4-33}$$

在径向方向上的受力大小为

$$\mathrm{d}F_\mathrm{r} = I_2 \times \mathrm{d}l \times B_x \tag{4-34}$$

将 $\mathrm{d}F_x$ 和 $\mathrm{d}F_\mathrm{r}$ 沿着电枢的圆周做曲线积分就可以求出具体的数值，但由于驱动线圈在 A 点产生的磁场属于离轴磁场，涉及椭圆积分，计算比较复杂，一般利用数值计算软件编制相应的数值计算程序进行积分运算。

电枢在安培力的轴向分量 F_x 的作用下向左加速，如果利用多个驱动线圈对电枢进行连续加速，就可以将电枢加速到非常高的速度，使其具有较大的动能，用于攻击和拦截目标，这就是电磁感应线圈炮的基本工作原理。

电枢所受径向方向上的分量 F_r 会使电枢受到一个电磁扩张力的作用，在驱动线圈和电枢同轴的情况下，该分量对电枢的合力为零。如果驱动线圈和电枢不同轴，则对于电枢来说，F_r 的合力不为零，就会使电枢在径向方向上也受到力的作用，这就是电磁感应线圈炮中的磁悬浮理论。

由于利用安培力公式计算电磁力比较复杂，因此一般使用虚位移法来计算电磁力。设驱动线圈中电流大小为 I_1，自感为 L_1，自感磁链为 ψ_1，电枢中电流大小为 I_2，自感为 L_2，自感磁链为 ψ_2，驱动线圈中电流 I_1 产生的与电枢交链的磁链为 ψ_{21}，驱动线圈对电枢的互感系数为 M_{21}，电枢中电流 I_2 产生的与驱动线圈交链的磁链为 ψ_{12}，电枢对驱动线圈的互感系数为 M_{12}。

对驱动线圈和电枢做如下假设，线圈的磁链与电流方向满足右手螺旋定则，根据自感和互感的定义可以得到：

$$\begin{cases}\psi_1 = L_1 I_1 \\ \psi_2 = L_2 I_2\end{cases} \tag{4-35}$$

$$\begin{cases}\psi_{21} = M_{21} I_1 \\ \psi_{12} = M_{12} I_2\end{cases} \tag{4-36}$$

两个线圈回路系统的总磁能 W 为

$$W = \frac{1}{2} I_1 \psi_1 + \frac{1}{2} I_1 \psi_{12} + \frac{1}{2} I_2 \psi_2 + \frac{1}{2} I_2 \psi_{21} \tag{4-37}$$

将式（4-35）、式（4-36）代入式（4-37）中，可以得到

$$W = \frac{1}{2} L_1 I_1^2 + \frac{1}{2} I_1 I_2 M_{12} + \frac{1}{2} L_2 I_2^2 + \frac{1}{2} I_2 I_1 M_{21} \tag{4-38}$$

因为 $M_{21} = M_{12} = M$，则式（4-38）可简化为

$$W = \frac{1}{2} L_1 I_1^2 + \frac{1}{2} L_2 I_2^2 + M I_1 I_2 \tag{4-39}$$

假设电枢在电磁力 F 的作用下沿 x 轴向前移动 dx，即电磁力做功为 Fdx，位移发生过程中，电流保持不变，则回路中的磁链将发生改变，根据式（4-37）可知，系统的磁能相应发生变化，设磁能的变化量为 dW，由于线圈的自感和电流都保持不变，则有

$$\mathrm{d}W = \mathrm{d}M I_1 I_2 \tag{4-40}$$

由能量守恒定律可以知道，在无外界其他能量的情况下，电磁力做的功等于电磁能量的变化，即

$$\mathrm{d}W = F_x \mathrm{d}x = \mathrm{d}M I_1 I_2 \tag{4-41}$$

因此，可以得到电枢在 x 方向上受到的电磁力为

$$F_x = \frac{\mathrm{d}M}{\mathrm{d}x} I_1 I_2 \tag{4-42}$$

从式（4-42）可以看出，电枢所受的加速力与驱动线圈和电枢之间的电流成正比，与两个线圈之间的互感梯度成正比。驱动线圈和电枢之间的互感及互感梯度曲线如图 4.78 所示。图 4.78 中的横坐标 O 所对应的位置为驱动线圈和

电枢中心面重合的位置。

从图 4.78 可以看出，当驱动线圈和电枢的中心面重合时，互感最大，互感梯度为零，则电枢受到的电磁力为零。当电枢中心面位于驱动线圈中心面的右侧时，互感梯度为负，如果电枢和驱动线圈的电流方向相同，则式（4-42）中的电磁力 F_x 为负，即电枢向左做加速运动。

进一步分析，如果电枢和驱动线圈的电流方向相反，由于互感梯度为负，则由式（4-42）可知，电磁力的实际方向 F_x 为正，即电枢将受到向右的推力而做加速运动，这是电磁感应线圈炮工作的实际情况。

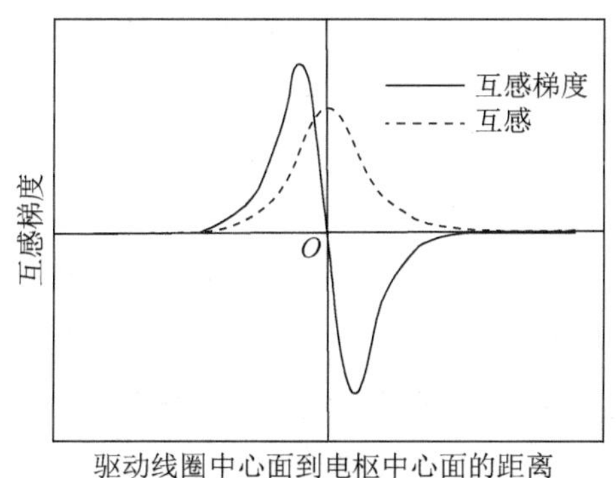

图 4.78 驱动线圈和电枢之间的互感及互感梯度曲线

单级电磁感应线圈炮的工作原理和单匝同轴载流线圈的工作原理基本相同，只是为了提高驱动线圈产生的磁场强度，驱动线圈的匝数将增多，类似于多层的螺线管线圈。单级电磁感应线圈炮的工作过程为：首先利用充电机对储能电容器进行充电，当充电到设定电压值时，断开充电开关，然后给触发开关发出触发信号，使驱动线圈回路导通，储能电容器瞬间放电，在驱动线圈中产生脉冲大电流，并激发脉冲磁场，根据电磁感应定律可知，电枢上会产生感应电流。如果驱动线圈的电流逐步增大，则根据楞次定律，电枢上感应的电流方向与驱动线圈的放电电流方向相反，根据单匝载流线圈受力分析结果可知，如果电枢中心面位于驱动线圈中心面的右侧，由图 4.78 可知，此时驱动线圈和电枢之间的互感梯度为负，为此电枢将受到向右的推力而做加速运动。

由于受到储能密度、材料强度等各种条件的限制，利用单个驱动线圈一般很难将电枢加速到非常高的速度。因此，通常利用多级驱动线圈对电枢进行连续加速，使其达到较高速度，以满足战术技术性能要求，这就是多级电磁感应线圈炮。多级电磁感应线圈炮的每级驱动线圈都有自己独立的供电系统和触发系统，从理论上讲，通过增加驱动线圈的级数，可以将电枢加速到任意初速度。多级电磁感应线圈炮的原理结构如图 4.79 所示。

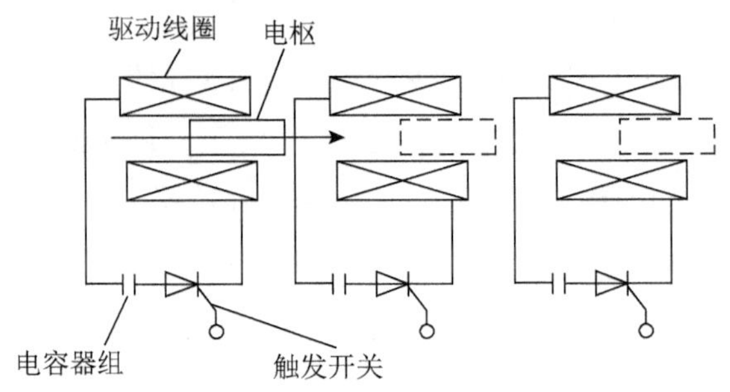

图 4.79 多级电磁感应线圈炮的原理结构

多级电磁感应线圈炮每级的工作原理和单级电磁感应线圈炮相同，当电枢通过第一级驱动线圈加速后，以一定初速度进入第二级驱动线圈。当电枢运动到第二级驱动线圈的合适位置时，第二级驱动线圈的储能电容器触发放电，激发脉冲磁场，使电枢产生感应电流，感应电流与强脉冲磁场相互作用，从而使电枢受到电磁力作用而继续加速。以此类推，各级驱动线圈的储能电容器依次触发放电，直到所有驱动线圈的储能电容器都触发完毕，电枢经过连续加速后将获得非常高的速度。

4.5.2 驱动线圈和电枢技术

同轴发射的电磁感应线圈炮的执行机构示意图如图 4.80 所示。脉冲电流产生感应磁场，感应磁场在电枢上产生感应电流，从而相互作用产生电磁力，推动电枢发射。同轴发射的电磁感应线圈炮的优点是，电枢和驱动线圈不直接接触，从而避免了在通电时的摩擦，规避了转捩现象，提高了能量利用率。

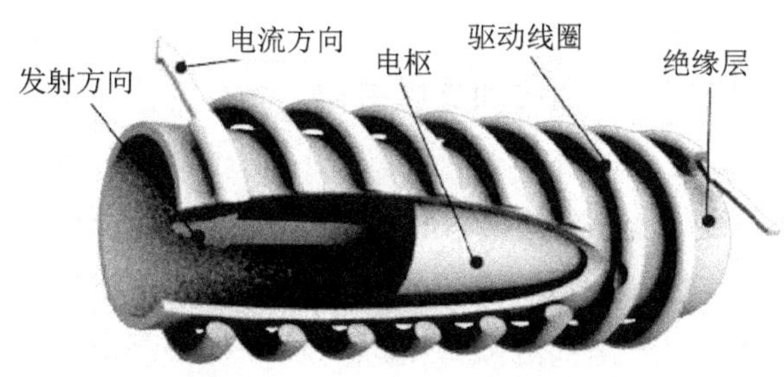

图 4.80　同轴发射的电磁感应线圈炮的执行机构示意图

电枢是线圈炮的重要组成部分，其材料、形状和结构尺寸等都会对发射效率产生影响。目前研究的线圈炮电枢主要包括实体电枢、绕制电枢和一体化电枢三类，如图 4.81 所示。

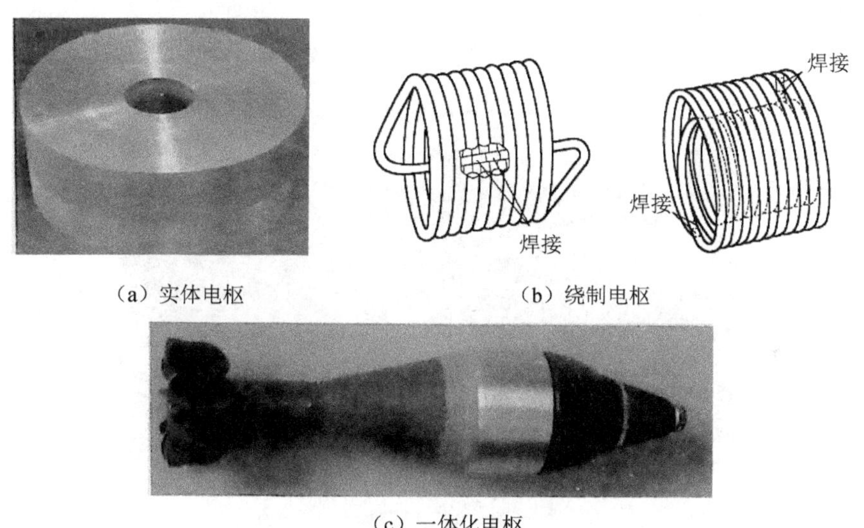

（a）实体电枢　（b）绕制电枢

（c）一体化电枢

图 4.81　线圈炮电枢

实体电枢结构简单，机械强度高，一般选用不导磁、电导率高的金属材料制成，如铝、铜等。实体电枢是原理验证试验或基础研究中经常采用的电枢类型，但由于趋肤效应的存在，电枢截面上的感应电流分布并不均匀，发射效率相对较低。

绕制电枢又可分为单层绕制电枢和多层绕制电枢。为了构成电流回路，单层绕制电枢必须自身短路，因此它可用长导线绕制，首尾在电枢中心线上互连即可。绕制电枢内的感应电流分布均匀，可使电枢的温升降低一个数量级，效率提高到 40% 以上，而实体电枢的机电转换效率大约只有 15%。但是单层绕制电枢也有一些缺点：一是需要加支撑结构，而且为使绕组首尾在中心线上互连，支撑结构必须是空心圆柱体；二是绕制电枢制作工艺复杂，尤其在高速发射时，其机械设计和制造都将成为关键。将两个螺旋线圈同轴套在一起，并将它们对应的端子焊接起来，则构成了多层绕制电枢。多层绕制电枢能够很好地解决单层绕制电枢支撑体结构的缺陷问题。在多层绕制电枢中，可用实心圆柱体作为其支撑结构。此时由外压力作用在实心圆柱体上而引起的应力可减小一半，气隙磁场相应提高。

一体化电枢是充分考虑实战运用的一种弹药雏形，是未来军事应用的最终形式，主要涉及复合材料的发射性能研究，目前还处于研究的初步阶段。2007 年，为满足电磁线圈迫击炮的军事需求，美国陆军装备研究、开发与工程中心将 120 mm 口径的 M934 迫击炮训练弹改装成为电磁线圈迫击炮弹，如图 4.82 所示。

图 4.82　电磁线圈迫击炮弹

驱动线圈是电磁感应线圈炮的关键部件，也是线圈炮研究中的难点。驱动线圈不仅要具有良好的电气特性，还要具有较高的机械强度和绝缘强度，确保其在发射过程中的电动力作用下能保持良好性能。1992 年，美国桑迪亚国家实验室对驱动线圈的设计目标是：在发射过程中可使弹丸获得 200 MPa 的平均有效弹底压力，可将直径为 200 mm、质量为 60 kg 的弹丸加速到 3.5 km/s 的速度。设计要求：同时存在的机械力、电磁力和热应力的分布要均匀，减少驱动线圈的弹塑性变形和具有较高的电能与动能转换效率。该实验室团队先后分析了 4 种驱动线圈的结构：单相多匝螺旋驱动线圈、多相巢状驱动线圈、多层绞合线绕制的驱动线圈和带有冷却通道的驱动线圈。

为了减小温升和轴向压力，该实验室团队设计了多层绞合线绕制的驱动线圈，通过采用绞合线代替单根导线来实现，如图 4.83 所示。分析表明，多层绞合线绕制的驱动线圈能显著减小温升和轴向应力。最终，选择增强型多芯圆截面编织电缆来绕制驱动线圈。驱动线圈是由两根绞合线并行且相差 180° 进行绕制的，绕制 3 层约 11.5 匝，内径为 57 mm，外径为 114 mm，长度为 40 mm，每层绕制被屏蔽层约束，且屏蔽层是由陶瓷纤维组成的。层与层之间用热缩性的圆柱形聚氯乙烯和聚烯氢来进行绝缘。绕制完成之后对驱动线圈进行干燥和安装，驱动线圈的环氧树脂灌封是在真空装置中进行的。这种线圈在试验过程中，可使底部的平均压力达到 150 MPa，能够将口径为 47 mm、质量为 237 g 的电枢加速到 1 km/s 的速度。

图 4.83　多层绞合线绕制的驱动线圈

带有冷却通道的驱动线圈如图 4.84 所示，它是由美国桑迪亚国家实验室为 120 mm 口径的电磁线圈迫击炮试验装置研制的。在绕制这种驱动线圈时，先将绕制导线穿入制冷管道内，然后一起绕制导线和制冷管道，制冷管道内流过制冷剂，这样可以有效减小驱动线圈的温升。

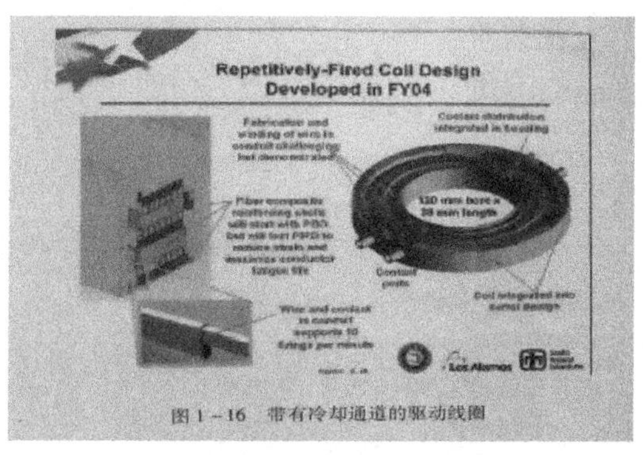

图 4.84　带有冷却通道的驱动线圈

美国国防部高级研究计划局正在大力推进 120 mm 口径的电磁线圈迫击炮实验室演示项目，其设计的电磁线圈迫击炮的构想如图 4.85 所示，采用 45 级驱动线圈。

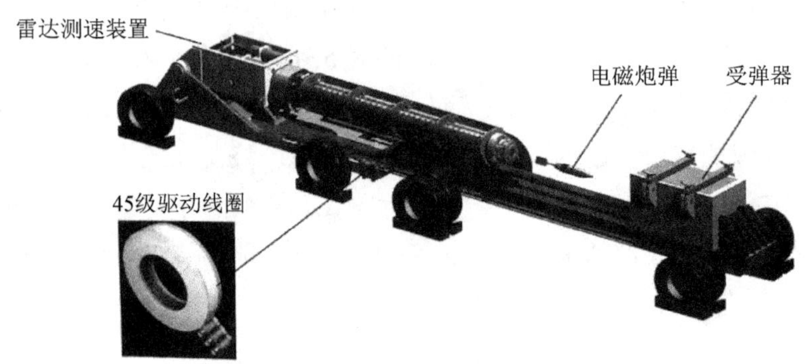

图 4.85　电磁线圈迫击炮的构想

4.5.3　同步感应线圈炮电枢受力特性分析

某同步感应线圈炮的驱动线圈电流波形与电枢感应电流波形如图 4.86 所示，随着驱动线圈电流逐渐增大，电枢感应电流反方向增大，增大到一定值时开始减小，当反方向减小到零时，出现反向，即电枢感应电流与驱动线圈电流方向一致，电枢感应电流反向点 B' 和驱动线圈电流的峰值点 A 之间的相对位置可能存在三种情况：B' 和 A 同步、B' 滞后于 A、B' 超前于 A。具体是哪种情况，与电枢的运动速度有关，电枢的速度越高，电枢感应电流反向的时间越

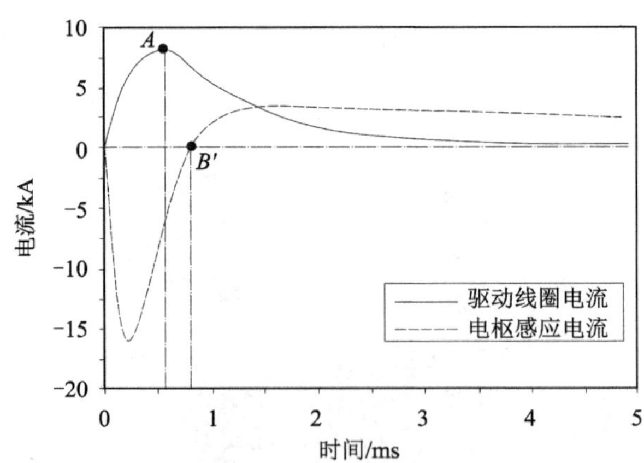

图 4.86　某同步感应线圈炮的驱动线圈电流波形与电枢感应电流波形

早，反之越晚，不同初速度下电枢感应电流曲线如图 4.87 所示，随着电枢速度的提高，电枢感应电流的反向时刻不断提前，甚至会超前于驱动线圈电流的峰值点，但电枢感应电流的峰值会随着电枢速度的提高而逐渐减小。

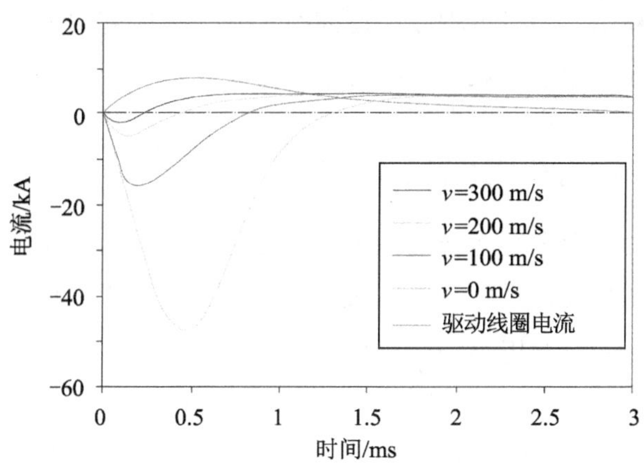

图 4.87　不同初速度下电枢感应电流曲线

由式（4-42）可知，电枢受到的电磁力与驱动线圈电流和电枢感应电流成正比。由于驱动线圈电流方向一直为正，而电枢感应电流的方向在电枢运动过程中发生了变化，因此对应的电磁力方向也会发生变化，而且随着电枢速度的提高，电磁力反向的时刻也会随之提前，不同初速度下的电枢受力曲线如图 4.88 所示，随着电枢速度的提高，电磁力的反向点将向左发生明显的移动。

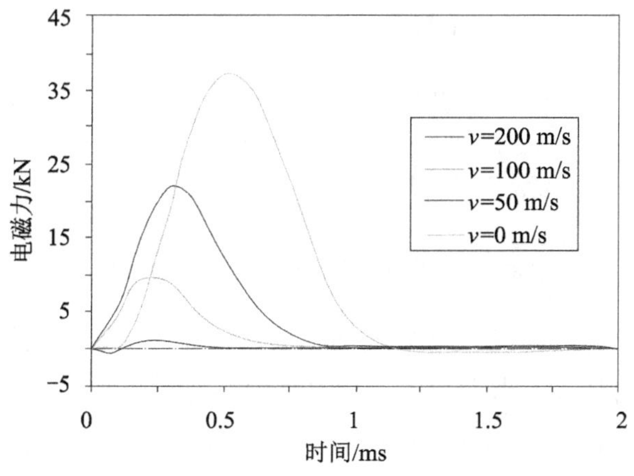

图 4.88　不同初速度下的电枢受力曲线

由于电磁力反向点的提前，电枢的加速区间随着速度的提高不断减小，降低了发射效率。为提高多级电磁感应线圈炮的发射效率，随着电枢速度的不断提高，应适当调整各级驱动线圈的结构参数或电路参数，以实现参数和电枢速度的匹配，使电磁力反向点始终保持在驱动线圈电流的峰值之后，从而使电源的能量得到充分利用，同时电枢受力反向时刻会随着速度的提高而提前，这也是多级电磁感应线圈炮触发策略需要考虑的重要因素。

4.5.4 多级驱动线圈同步触发技术

通常定义驱动线圈中心面与电枢中心面之间的距离为触发位置，能使线圈炮发射效率最高的触发位置称为最佳触发位置，对于每级驱动线圈，都存在一个最佳触发位置，只有当电枢运动到该位置时，驱动线圈同步触发放电，电枢才可能达到最大的发射效率，这就是电磁感应线圈炮中的同步触发技术。当电枢初速度为零时（第一级驱动线圈），采取如图 4.89 所示的触发位置，当电枢位于 *OC* 段和 *CD* 段时，电枢所受的电磁力为正，做加速运动；当电枢位于 *DE* 段时，电枢所受的电磁力反向，电枢减速。

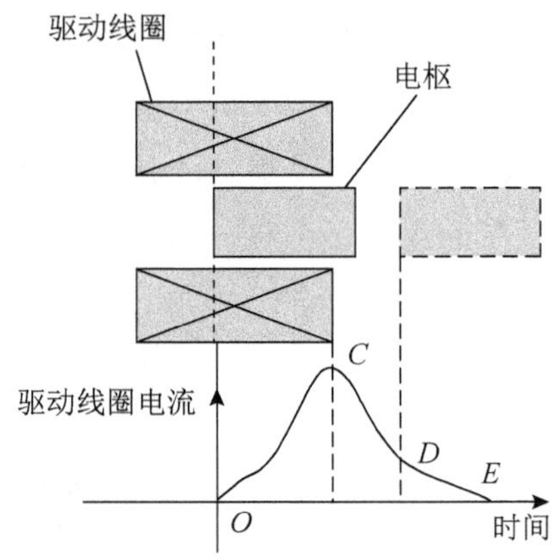

图 4.89　电枢位置与驱动线圈电流之间的关系

由 4.5.3 节分析可知，当电枢初速度不为零时，电枢受力反向时刻会随着速度的提高而提前，甚至出现超前于电枢驱动电流的峰值时刻，这样会降低多级电磁感应线圈炮的发射效率，这种情况下，如图 4.90 所示，通常会提前触发驱动线圈电源，当电枢尾部运动到位置 *A* 时，驱动线圈开始放电，此时由于电枢中心面位于驱动线圈中心面的左侧，因此电枢受到制动力；当电枢中心面运动到和驱动线圈中心面重合的位置 *B* 时，电枢受到的电磁力开始反向，电枢受到加速力；电枢继续向前运动，当电枢尾部运动到位置 C 时，由于电枢感应电流反向，电磁力再次反向变为制动力；当电枢尾部运动到位置 D 时，电磁力对电枢的作用结束。

由冲量定理可知，电枢在驱动线圈中获得的速度增量与其受到的轴向电磁力、驱动线圈对电枢的作用时间有如下关系：

$$\Delta v = v_2 - v_1 = \frac{1}{m}\int_{t_A}^{t_D} F(t)\,\mathrm{d}t \tag{4-43}$$

式中，m 为电枢与其他载荷总质量；F 为电枢受到的轴向电磁力；v_2 为电枢离开驱动线圈时的速度，称为出口速度；t_A 为驱动线圈的触发时刻；t_D 为驱动线圈电流终止时间或电磁力作用结束时间。

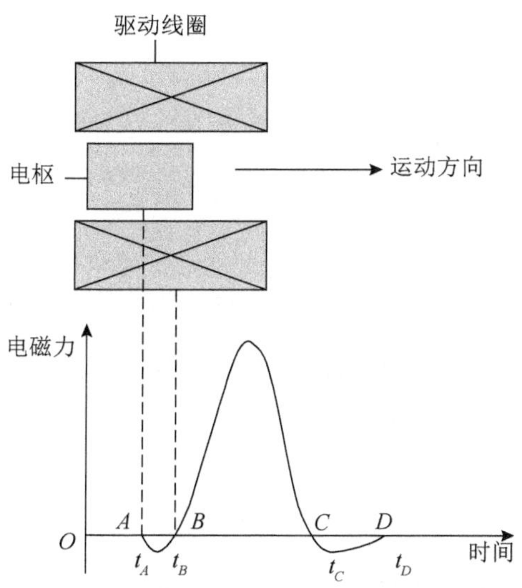

图 4.90　触发位置与电磁力及其作用时间的关系

由式（4-43）可知，电枢获得的速度增量是电磁力与时间的积分，因此尽管驱动线圈触发时，电枢可能先减速，但由于此时驱动线圈电流的值很小，电磁制动力的值也较小；而在电磁加速力区间，由于驱动线圈的提前触发，其峰值电流位于加速区间，电磁力的值较大，可以消除较小的电磁制动力区间产生的影响。因此触发位置的确立要充分考虑电枢的速度、电磁力的反向点，使驱动线圈电流得到充分利用。这就要求随着电枢速度的提高，触发位置应不断提前，当电枢速度较高时，最佳触发位置甚至会提前到电枢处于制动力的位置。因为最佳触发位置不是考虑触发时刻一点的效果，而是要考虑整个时间段内的整体加速效果。采用这样的策略，尽管电枢在一定区间内会受到制动力，但可以使电枢获得的总速度增量达到最大。

以某 82 mm 口径线圈炮为例，通过数值仿真得到不同电枢入口速度时的最佳触发位置，如图 4.91 所示，随着电枢速度的提高，最佳触发位置不断提前，当电枢入口速度为零时，最佳触发位置为 30 mm（电枢长度为 60 mm），即电枢尾部与驱动线圈中心面对齐；当电枢入口速度为 200 m/s 时，最佳触发位置为 −48 mm，即电枢中心面超前本级驱动线圈中心面 48 mm。

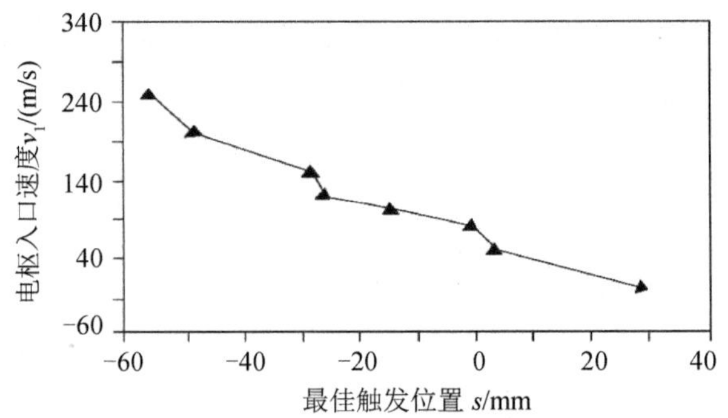

图 4.91 电枢入口速度与最佳触发位置的关系

如果驱动线圈采用电容激励，即放电回路可以等效为 R-L-C 电路，则驱动线圈电流的峰值点 C 对应的时刻 t_{max} 为

$$t_{max}=\frac{\pi}{2}\sqrt{L_1C} \tag{4-44}$$

假设电磁力峰值点 A 对应的时刻为 t_1，图 4.90 中驱动线圈提前触发放电的时间 t_2 为

$$t_2=t_{max}-t_1=\frac{\pi}{2}\sqrt{L_1C}-t_1 \tag{4-45}$$

由图 4.91 和式（4-45）可知，为有效利用驱动线圈电源以提高发射效率，随着电枢速度的提高，电磁力反向点不断提前，驱动线圈电源的放电时间也要提前，如果将提前触发放电的时间 t_2 转换为驱动线圈的最佳触发位置 s，可由下式近似得到

$$s=-v_1\times t_2 \tag{4-46}$$

也可以利用仿真寻找驱动线圈的最佳触发位置与电枢入口速度之间的对应

关系来实现多级电磁感应线圈炮的最佳位置触发。为此首先建立电枢入口速度与最佳触发位置的函数关系。设电枢入口速度 v_1 和最佳触发位置 s 之间的函数关系为

$$s = g\left(v_1\right) \tag{4-47}$$

要实现多级电磁感应线圈炮的最佳位置触发，对于不同的系统和驱动线圈的不同级，首先要通过仿真得到若干不同电枢入口速度下的电磁力峰值点时间，然后由式（4-46）求得对应的最佳触发位置 s；由此利用曲线拟合方法构造对应的 g 函数，最后利用传感器在线测得电枢进入每级驱动线圈的速度 v_1，并根据 g 函数关系式得到驱动线圈的最佳触发位置 s。

触发控制系统会根据电枢入口速度 v_1、最佳触发位置 s、驱动线圈之间的级间距等信息计算出该驱动线圈的触发延迟时间（延迟时间的具体计算方法将结合后面的实例给出）。利用触发控制系统中的微控制器延时后控制驱动线圈触发放电，这样就可以实现不同电枢入口速度下驱动线圈的最佳位置触发，形成基于硬件测速与软件延时相结合的触发策略实现方法。

在电枢入口速度较高时，为尽量减少速度计算消耗的时间，提高触发控制系统的响应速度，可采用在微控制器中预存数据表格的形式来替代 g 函数的计算。在测得电枢入口速度后，微控制器通过数据表自动查找不同电枢入口速度对应的最佳触发位置 s 或驱动线圈触发开关的延迟时间 Δt，这样可以大大提高触发控制系统的响应速度。

目前，美国在其 120 mm 口径的电磁线圈迫击炮研制中，采用了 94 GHz 的多普勒雷达进行电枢位置和速度的检测，并输出触发信号以实现同步触发。但由于雷达设备的价格昂贵，不适于普遍使用和装备。目前的研究中主要采用以下两种触发方式：一是光电位置触发；二是延时触发。

（1）光电位置触发。光电位置触发的工作原理如图 4.92 所示。在每两级驱动线圈之间的炮管上开孔安装激光管和光电管，两者的中心对正安装。发射开始时，所有驱动线圈之间的激光管全部通电发光，光电管接收激光管发射的光信号形成光通路，并将光信号转换成 TTL 高电平信号，传输给触发控制板。第 1 级驱动线圈的触发放电采用手动控制，触发放电后，电枢开始向前运动，当电枢的头部运动到相邻两个驱动线圈之间的激光管所在位置时，将光信号截断，使得光通路断开，光电管发出 TTL 低电平信号，并传输给触发控制板，

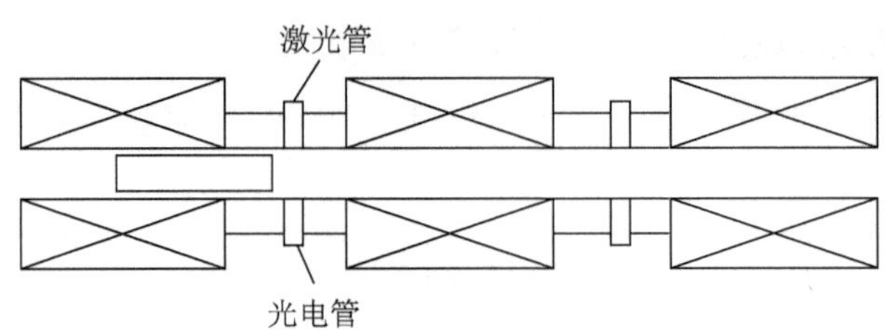

图 4.92　光电位置触发的工作原理

电枢继续向前运动；当电枢的尾部离开激光管所在位置时，光通路导通，使得触发控制板再次接收到 TTL 高电平信号。触发控制板中的微控制器检测到电平由低向高跳变的上升沿时，发出触发控制信号，触发开关同步触发放电，实现多级电磁感应线圈炮的触发控制。

（2）延时触发。延时触发的原理比较简单，其工作原理如图 4.93 所示，主要是通过仿真或试验确定不同电枢入口速度对应的最佳触发位置，并估算出电枢运动到每级驱动线圈的最佳触发位置所需要的时间，图 4.93 中的 t_0、t_1、t_2 分别为第 1 级、第 2 级、第 3 级驱动线圈的触发延迟时间。电枢发射后，触发控制器中的计时器开始计时，当计时达到设定的延迟时间时，触发控制器发出触发控制信号，对应的驱动线圈触发放电。

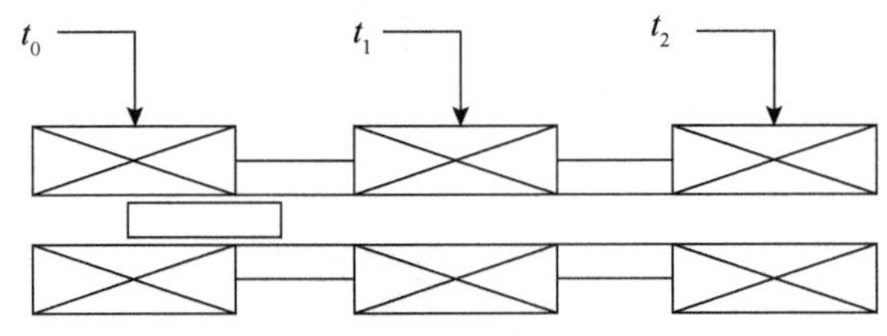

图 4.93　延时触发的工作原理

以上两种触发方式都有各自的优缺点，第一种触发方式通过检测电枢的位置实现触发，控制精度较高，抗干扰能力强，但是由于激光管和光电管安装的位置固定，只能实现固定入口速度下电枢的同步触发。如果因为调整上一级储能电容器的初始电压而改变了电枢进入本级驱动线圈的入口速度，则本级驱动线圈的最佳触发位置会相应发生改变，而光电位置检测不能自适应这种变化，因此就不能实现同步触发。

第二种触发方式相对比较灵活，可以通过将仿真或试验的数据存储到触发控制器中，构成触发延时数据库，系统可自动根据第 1 级的充电电压计算出电枢进入第 2 级时的速度，从而查询数据库得到第 2 级驱动线圈的触发延迟时间，同理可以计算第 3 级、第 4 级、…，直到全部驱动线圈触发完毕。但这种方式存在较大的累积误差，大量的累积误差会使得预设的触发延迟时间与实际差异太大，从而造成系统同步触发的失败，因此控制精度较低。

4.6　小结

本章重点介绍了直线电机的基本结构与原理，给出了电磁弹射直线感应电机的关键技术：分段供电技术、冗余设计技术、紧急制动技术和推力波动及抑制技术。对于永磁直线同步电机，重点分析了模块化技术和自律分散控制技术。最后介绍了电磁轨道炮和电磁感应线圈炮这两种特殊的直线电机的基本工作原理，对电磁轨道炮的电枢技术、一体化弹丸技术、导轨及复合身管技术，以及电磁感应线圈炮的电枢受力、同步触发技术等进行了阐述。

第 5 章

电磁发射控制技术

前面章节依次介绍了电磁发射能量存储技术、大功率变流技术和电磁发射执行机构技术。对于电磁发射系统而言，显然还需要一个中央控制系统，它负责协调储能、变流及直线电机等各个分系统，这就是电磁发射控制系统要扮演的角色。本章包括以下内容：发射轨迹生成与流程控制、发射轨迹跟踪控制技术、发射体位置及速度检测技术、电磁发射系统内部健康状态监测技术及电磁发射系统故障诊断技术。

5.1 发射轨迹生成与流程控制

发射体在加速过程中，需要对运动载荷加速度进行控制，即对直线电机等执行机构输出电磁推力进行控制。因此发射体的加速度轨迹曲线是系统闭环控制的输入条件。在电磁弹射或电磁炮系统中，都要根据指标要求，首先确定直线加速过程的发射体运动轨迹曲线。

设计发射系统时，需要确定系统所应具有的模式，以及系统的使用方式和控制流程。有限状态机技术能够描述系统在其生命周期内所经历的状态序列，以及如何响应来自外界的各种事件，适用于描述和实现电磁发射系统的流程控制。

5.1.1 电磁弹射轨迹生成

用于电磁发射装置的高速长定子直线感应电机，基本都运行在脉冲状态下，所以对瞬态特性进行分析尤为重要，其动态运行曲线如图 5.1 所示。

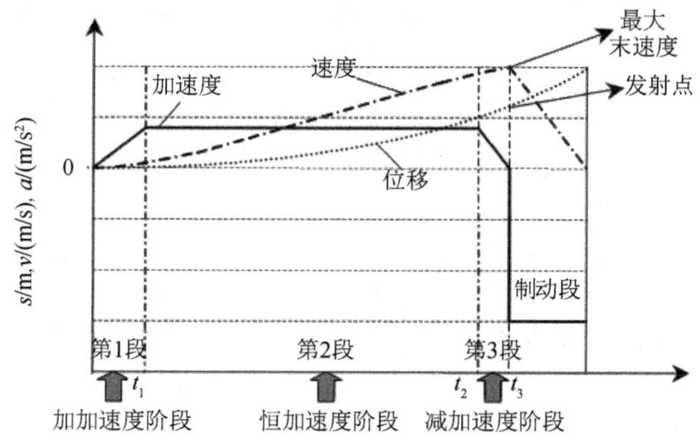

图 5.1　高速长定子直线感应电机动态运行曲线

在加速过程中，运动特性可分为以下三个阶段。

（1）在时间 0 ～ t_1 内，加速度 a_1 以数值为正的加速度 j_1 从零加速到最大加速度 $a_{\max}$。

（2）在时间 t_1 ～ t_2 内，j_2=0，即加速度 a_2 保持 $a_{\max}$ 不变。

（3）在时间 t_2 ～ t_3 内，加速度 a_3 以数值为负的加速度减小至零，速度达到最大。

三个阶段的加速度可以表达为

$$\begin{cases} a_1 = j_1 t & (0 < t \leqslant t_1) \\ a_2 = j_2 t & (t_1 < t \leqslant t_2) \\ a_3 = j_3(t - t_2) + j_1 t_1 & (t_2 < t \leqslant t_3) \end{cases}$$

对加速度积分可得速度，其表达式为

$$\begin{cases} v_1 = 0.5 j_1 t^2 & (0 < t \leqslant t_1) \\ v_2 = 0.5 j_1 t_1 (2t - t_1) & (t_1 < t \leqslant t_2) \\ v_3 = j_3 t_1 (t - 0.5 t_1) + 0.5 j_3 (t - t_2)^2 & (t_2 < t \leqslant t_3) \end{cases}$$

同样，对速度积分可得位移，其表达式为

$$\begin{cases} s_1 = \dfrac{1}{6} j_1 t^3 & (0 < t \leqslant t_1) \\ s_2 = \dfrac{1}{6} j_1 t_1 (3t^2 - 3t_1 t + t_1^2) & (t_1 < t \leqslant t_2) \\ s_3 = \dfrac{1}{6} j_3 t^3 + \dfrac{1}{2}(j_1 t_1 - j_3 t_2) t^2 + \dfrac{1}{2}(j_3 t_2^2 - j_1 t_1^2) t + \dfrac{1}{6} j_1 t_1^3 - \dfrac{1}{6} j_3 t_2^3 & (t_2 < t \leqslant t_3) \end{cases}$$

式中，s_1、s_2、s_3 分别为三段的位移。通过轨线发生器计算得到负载预定运动轨迹 s_1、s_2、s_3，可设定该类型负载的发射曲线。动子在运行过程中，从定子上排布的位置传感器得到实际位置曲线，从而进行比较，调节直线电机定子绕组电流和供电频率，进而调节电磁推力，使实际位置曲线与设定一致。

5.1.2 电磁炮发射曲线生成

外弹道发射曲线是分析研究电磁炮发射轨迹的重要手段，其在电磁炮设计、射表编制、模型验证、作战仿真中都有广泛且重要的应用。因此，分析电磁炮外弹道特性对开展电磁炮的研制工作具有重要的参考意义。

在假设飞行弹道为理想弹道、标准气象条件、弹丸运动攻角为零的情况下，质点外弹道运动方程组为

$$\begin{cases} \dfrac{\mathrm{d}v}{\mathrm{d}t} = -\dfrac{\rho v^2}{2m} S C_{\mathrm{x}} - g\sin\theta \\ \dfrac{\mathrm{d}\theta}{\mathrm{d}t} = \dfrac{g\cos\theta}{v} \\ \dfrac{\mathrm{d}x}{\mathrm{d}t} = v\cos\theta \\ \dfrac{\mathrm{d}y}{\mathrm{d}t} = v\sin\theta \\ C = \dfrac{id^2}{m} \times 10^3 \end{cases}$$

式中，v 为弹丸出口速度（m/s）；t 为弹丸飞行时间（s）；ρ 为空气密度（kg/m^3）；m 为弹丸质量（kg）；S 为弹丸最大横截面积（m^2）；C_{x} 为阻力系数；g 为重力加速度（m/s^2）；θ 为弹道倾角（rad）；x 为弹道上任意点水平距离（m）；y 为弹道上任意点高度（m）；当 $t=0$ 时，$v=v_0$，$\theta=\theta_0$，$x=y=0$；C 为弹道系数；i 为弹形系数；d 为弹径（m）。

以炮口动能为 32 MJ 和 64 MJ 的电磁炮为例，假设其采用锥形高速旋转弹，弹道系数为 0.6，弹道倾角为 30°、45°、60°，弹径为 100 mm、弹丸质量为 9 kg、弹丸出口速度为 2500 m/s 时射程与射高的仿真曲线如图 5.2 所示。

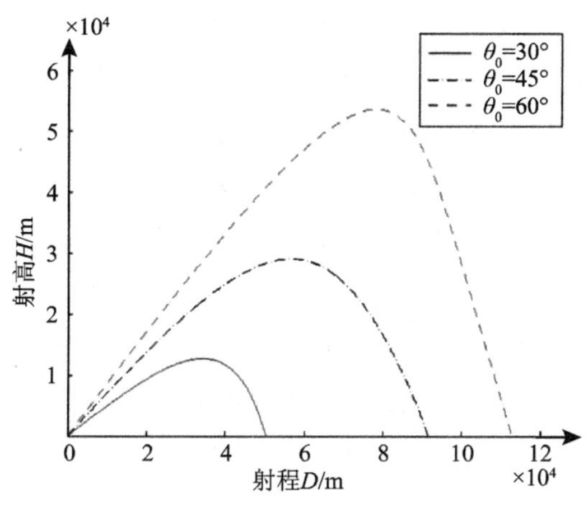

图 5.2　射程与射高的仿真曲线

从简化模型来看，电磁炮弹出口速度越高、弹道系数越小，其射程越远。弹丸离开电磁发射系统后，进入外弹道飞行，会受到气动力、重力等因素的影响。由于出口速度极高、气动力烧蚀也将直接影响飞行弹道特性。因此，在电磁炮的设计过程中，应从弹丸质量、弹道系数、效费比、技术可行性等方面综合考虑，实现各项指标的最佳匹配，以充分发挥电磁炮高出口速度、远射程的优势。

5.1.3　发射流程控制状态机

电磁发射的控制流程设计是其整个控制系统设计的一个重要组成部分。在设计中，需要使系统工作的流程尽量简单，控制的效率较高，与设备的功能贴合紧密，操作人员容易理解。由于电磁发射系统应该具有有限个状态，根据具体情况进行切换与状态转移，因此解决问题的较好途径是，结合系统实际需求与结构，设计流程控制状态机。

有限状态机（Finite State Machine，FSM）思想最初的发展是在数字电路设计领域中，它把复杂的控制逻辑分解成有限个稳定状态，在每个状态上判断事件，将连续处理转变为离散数字处理，符合计算机的工作特点。根据输出是否与输入信号有关，状态机可以划分为 Mealy 型状态机和 Moore 型状态机。Moore 型状态机的输出只和当前状态有关，和输入无关。Mealy 型状态机的输出由当前状态和输入共同决定。

有限状态机在软件开发领域是一种应用非常广泛的软件设计模式，用它来描述一些复杂的算法，表明一些算法的内部结构和流程，更多关注于程序对象的执行顺序。因为有限状态机具有有限个状态，所以它可以在实际的工程上实现。然而这并不意味着它只能进行有限次的处理，相反，有限状态机是闭环系统，有限无穷，可以用有限的状态处理无穷的事务。

有限状态机可以绘制为一个有向图形，由一组节点和一组相应的转移函数组成。状态机通过响应一系列事件而“运行”。每个事件都在属于“当前”节点的转移函数的控制范围内，其中函数的范围是节点的一个子集。函数返回“下一个”节点或自身节点。这些节点中至少有一个必须是终态。当到达终态时，状态机停止。

1. 状态图

状态图是系统分析的一种常用工具，它通过建立类对象的生存周期模型来描述对象随时间变化的动态行为。它包含一组状态集、一个起始状态、一个终止状态、一个映射输入符号和当前状态到下一状态的转换函数的计算模型。当输入符号串后，模型随即进入起始状态。它如何改变到新的状态，依赖于转换函数。

例如，可以设计出电磁发射系统的一个控制设备的状态图，通过按键启动设备，系统运行，运行完毕后自动转为空闲状态，如图 5.3 所示。

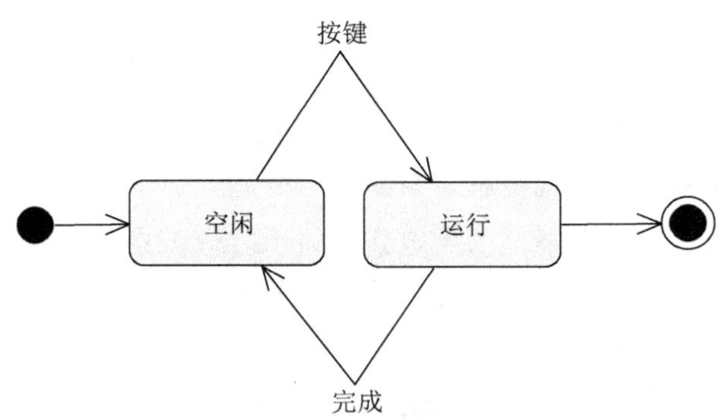

图 5.3　控制设备的状态图

状态机可归纳为 5 个要素，即状态（State）、转换（Transition）、事件（Event）、条件（Guard）、动作（Action）。

（1）状态，表示一个模型在其生命周期中某一时刻的运行情况，此时，如果满足某些条件，系统会执行一些动作，或者等待一些外部事件。一个状态的生存期是有限的一个时间段。

（2）转换，表示两个不同状态之间的联系，对象将在第一个状态中执行一定的操作，并在某个事件发生的同时、某个特定条件满足时，触发状态之间的转换，进入第二个状态。

（3）事件，就是在一定的时间和空间上发生的对系统有意义的事情。事件通常会引起状态的变迁，促使状态机从一种状态切换到另一种状态。

（4）条件，即状态机对外部消息进行响应的时候，除了需要判断当前的状态，还要判断与这个状态相关的一些条件是否成立。条件通过允许或者禁止某些操作来影响状态机的行为。当一个条件被满足后，将会触发一个动作，或者执行一次状态的迁移。

（5）动作，即当一个事件被状态机系统分发，条件满足后执行的动作。比如修改一下变量的值、进行输入/输出、产生另外一个事件或者迁移到另外一个状态等。动作执行完毕后，可以迁移到新的状态，也可以保持原状态。当条件满足后，也可以不执行任何动作，直接迁移到新状态。

有限状态机模型的表示如下。

有限状态机是一个五元组 $M=(Q,\Sigma,\delta,q_0,F)$，其中：

$Q=\{q_0,q_1,\cdots,q_n\}$ 是有限状态集合，在任一确定的时刻，有限状态机只能处于一个确定的状态 q_i。

$\Sigma=\{\sigma_1,\sigma_2,\cdots,\sigma_n\}$ 是有限输入字符集合，在任一确定的时刻，有限状态机只能接收一个确定的输入 σ_j。

$\delta:Q\times\Sigma\rightarrow Q$ 是状态转移函数，在某一状态下给定输入后，有限状态机将转入由状态迁移函数决定的一个新状态。

$q_0\in Q$ 是初始状态，有限状态机由此状态开始接收输入。

$F\subseteq Q$ 是最终状态集合，有限状态机在达到终态后不再接收输入。

例如，对于图 5.4 所示的状态机模型，$M=(Q,\Sigma,\delta,q_0,F)$，其中 $Q=\{0,1,2,3\}$，$\Sigma=\{a,b,c,d\}$，$q_0=\{0\}$，$F=\{3\}$。

δ：

源状态	输入	目的状态
0	a	1
0	c	2

（续表）

源状态	输入	目的状态
1	d	1
1	b	3
2	d	3

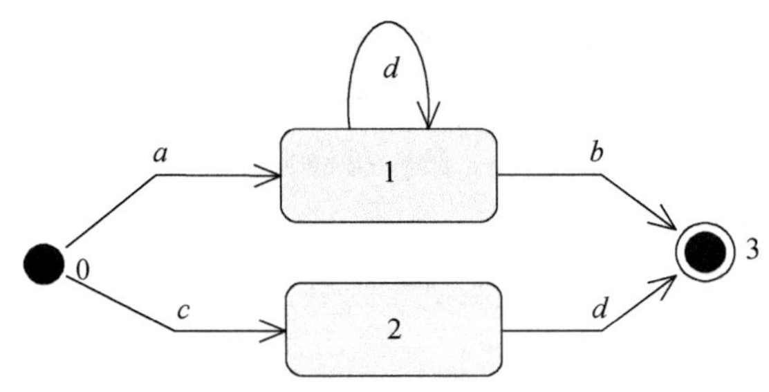

图 5.4　状态机模型

2. 状态机建模

在状态机建模过程中，使用状态图来描述一个对象在其生命周期中所表现出的不同状态，以及状态之间转移的事件和动作。

建模时要找出对象所处的状态、触发状态改变的动作，以及对象状态改变时应执行的动作。

主要步骤如下。

（1）找出适合用模型描述其行为的类。

（2）确定对象可能存在的状态，选择初始状态和终止状态。

（3）确定状态可能发生的转换。

（4）确定转换进行时相应的事件、监护条件、动作。

（5）利用子状态、分支、历史状态等概念对建模的结果进行细化。

（6）分析状态的并发和同步情况。

（7）完善状态图。

以某电磁弹射系统的电机运行状态为例，可以将运动状态划分为待机、提速、运行、减速、维修几大状态，各个状态之间具有相应的切换关系，如图 5.5 所示。

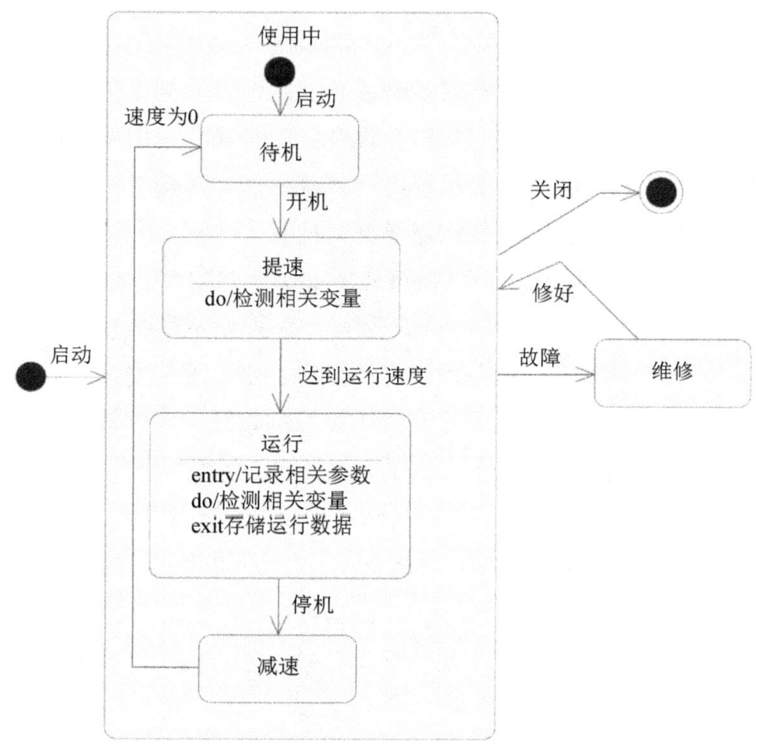

图 5.5　某电磁弹射系统的电机运行状态图

5.2　发射轨迹跟踪控制技术

电磁发射技术具有电能精确可控的特点。电磁轨道炮、电磁弹射器都能实现近似恒定加速，在同样的过载和加速距离上获得比传统发射方式更高的初速度，而且能在同等加速距离上获得同样初速度时大幅降低过载。这些优秀的特点，都依靠发射轨迹跟踪控制技术来实现。

由于电磁发射系统复杂，设备类型多，需要应用计算机的分布式控制方式。系统中，按区域把微处理器安装在测量装置与控制执行机构附近，使控制功能尽可能分散，后台管理功能相对集中。这种分散化的控制方式能改善控制的可靠性，不会由于计算机的故障而使整个系统失去控制。当集中监控级设备发生故障时，过程控制级仍具有独立控制能力，个别控制回路发生故障时也不致影响全局。因此，系统在结构上更加灵活，布局更加合理。

5.2.1 电磁发射分布式控制系统

电磁发射过程中，采用分布式控制系统，由多台计算机分别控制多个控制回路。同时又可集中获取数据、集中管理和集中控制，采用微处理器分别控制各个回路，而用中小型工控计算机或高性能微处理器实施上一级的控制。各回路之间和上下级之间通过高速数据通道交换信息。

分布式控制系统（Distribute Control System，DCS）是指多台计算机分别控制不同的对象或设备，各自构成子系统，各子系统间有通信或网络互联关系。分布式控制系统具有数据获取、直接数字控制、人机交互，以及监控和管理等功能。分布式控制系统是在计算机监督控制系统、直接数字控制系统和计算机多级控制系统的基础上发展起来的，是生产过程中一种比较完善的控制与管理系统。

自从 1975 年美国霍尼韦尔（Honeywell）公司第一套分布式控制系统 TDCS-2000 问世以来，分布式控制系统已经在工业控制的各领域得到了广泛的应用，以其高度的可靠性、方便的组态软件、丰富的控制算法、开放的联网能力，逐渐成为过程工业自动控制的主流系统。

从整个系统来说，分布式控制系统在功能上、逻辑上、物理上，以及地理位置上都是分散的。其特点是各子系统间有密切的联系与信息交换，系统对其总体目标和任务可以进行综合协调与分配。分布式控制系统以其先进、可靠、灵活和操控简便而得到了广泛应用。

1. 电磁发射控制系统结构

电磁发射控制系统可采用一种典型的分布式控制系统，由下至上分为机旁、远端、发射集控台三级控制，分别对应了分布式控制系统的过程控制级、集中监控级和信息管理级。机旁采集电气设备机电参数，既能够进行本地控制，也能够接收遥控指令；远端控制设备电气参数，能够遥控本地的开关和机组；发射集控台汇集系统所有的监测数据，能够对系统进行集中控制。电磁发射系统分布式控制结构示意图如图 5.6 所示。

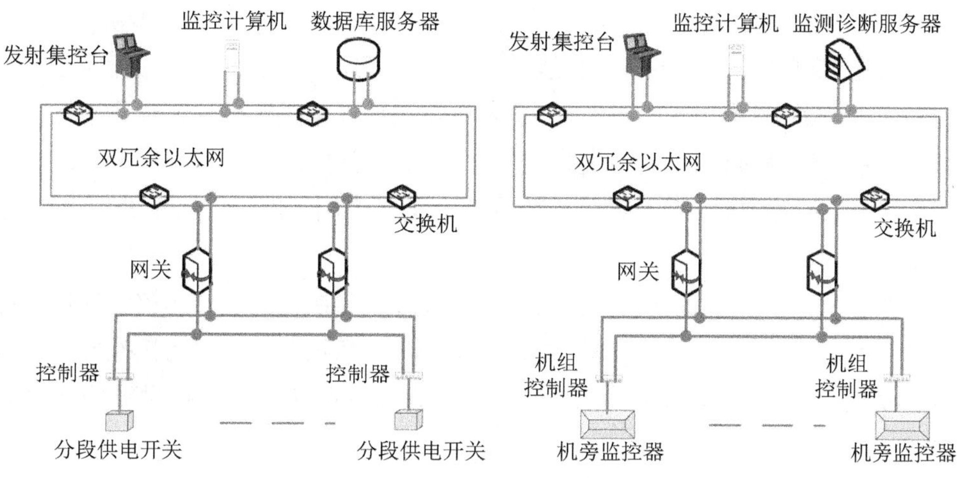

图 5.6　电磁发射系统分布式控制结构示意图

2. 分布式控制系统原理

分布式控制系统的结构如图 5.7 所示。

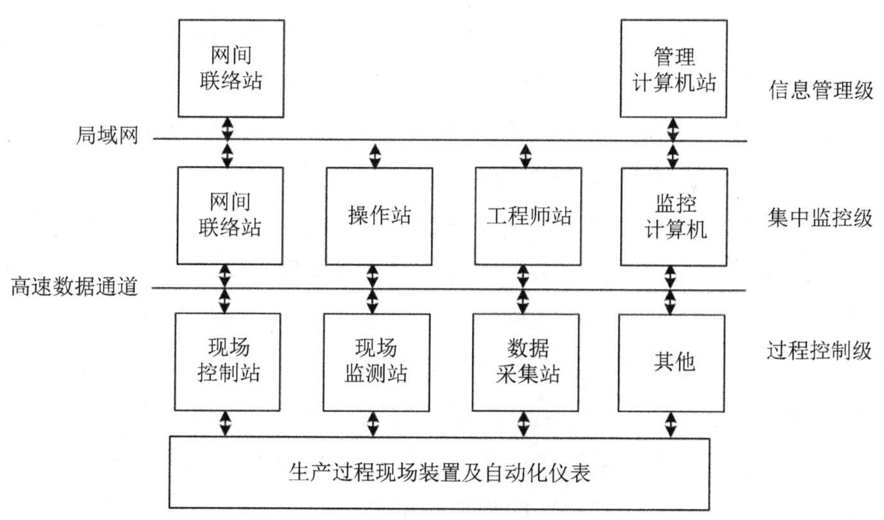

图 5.7　分布式控制系统的结构

1）过程控制级

这一级是与生产过程联系的接口，是分布式控制系统的基础，它直接完成生产过程中的数据采集、调节控制、顺序控制等功能，其过程输入信息是面向传感器的信号，如热电偶、热电阻、变送器（温度、压力、液位）及开关量等信号，其输出是驱动执行机构。构成这一级的主要装置包括现场控制站、现场监测站、数据采集站、可编程逻辑控制器（PLC）及其他测控装置。

现场控制站通过现场仪表直接与生产过程相连接，采集过程变量信息，并进行转换和运算等处理，产生控制信号以驱动现场的执行机构，实现对生产过程的控制。现场控制站可控制多个回路，具有极强的运算和控制功能，能够自主地完成回路控制任务，实现反馈控制、逻辑控制、顺序控制和批量控制等功能。

数据采集站通过现场仪表直接与生产过程相连接，对过程非控制变量进行数据采集和预处理，并对实时数据进一步加工。数据采集主要为操作站提供数据，实现对过程的监视和信息存储，以及为控制回路的运算提供辅助数据和信息。

2）集中监控级

这一级是人与分布式控制系统联系的接口，兼有部分管理功能。这一级是面向操作员和控制系统工程师的，因而这一级配备技术手段齐备、功能强的计算机系统及各类外部装置，包括液晶显示器和键盘，以及较大存储容量的硬盘或软盘，另外还需要功能强的软件支持，以确保工程师和操作员对系统进行组态、监视和操作，对生产过程实行高级控制策略、故障诊断、质量评估。集中监控级按其功能又可分为操作员工作站（简称操作站）、工程师工作站（简称工程师站）和监控计算机（又称上位机）等。

操作站是操作员对生产过程进行显示、监视、操作控制和管理的主要设备。操作站提供了良好的人机交互界面，用以实现集中监视、操作和信息管理等功能。在有的小分布式控制系统中，操作站兼有工程师站的功能，在操作站上也可以做系统组态和维护的部分或全部工作。

工程师站用于对分布式控制系统进行离线的组态工作和在线的系统监督、控制与维护工作。工程师能够借助于组态软件对系统进行离线组态，并在分布式控制系统在线运行时，可以实时地监视通信网络上各工作站的运行情况。

监控计算机通过网络收集系统中各单元的数据信息，根据数学模型和优化控制指标进行后台计算、优化控制等，其还可用于全系统信息的综合管理。

3）信息管理级

这一级由管理计算机、办公自动化系统、工厂自动化服务系统构成，从而实现整个机构的综合信息管理。

对于电磁发射系统，这一级主要是对发射平台所有信息的集中监测、管理和交互。

4）通信网络系统

通信网络系统连接分布式控制系统的各操作站、工程师站、监控计算机、现场控制站、数据采集站等部分，传递各工作站之间的数据、指令及其他信息，使整个系统协调一致地工作，从而实现数据和信息资源的共享。根据各级的不同要求，通信网络也分为低速通信网络、中速通信网络、高速通信网络。低速通信网络面向过程控制级；中速通信网络面向集中监控级；高速通信网络面向信息管理级。低速通信网络可靠性高，但通信速率较低；高速通信网络通信速率高，但可靠性相对较低。

通常过程控制级面对单个设备，信息量小，控制过程对可靠性要求高，因而主要使用低速通信网络；信息管理级需要汇集系统所有设备的信息，必须采用高速通信网络才能保证监控的实时性，又由于是管理层，对信息传输的可靠性要求相对较低，所以主要使用高速通信网络；集中监控级介于前两级之间，可以根据实际需要选择合适的网络。

5.2.2　电磁发射系统的控制性能要求

随着电磁发射系统性能指标的提高，人们对系统的控制性能提出了更高的要求。电磁发射控制系统必须能够适应技术的发展、控制规模的不断扩大、复杂程度的不断提高及工艺材料的不断强化，因此对过程控制和系统管理提出了越来越高的要求，如表 5.1 所示。

分布式控制系统充分利用控制技术、通信技术、计算机技术，把控制功能分散在不同的计算机中完成，采用通信技术实现各部分之间的联系和协调，进行集中管理、分散控制。

表 5.1　电磁发射系统的控制性能要求

序号	主要方面	性能要求
1	开放性	分布式控制系统应采用开放式、标准化、模块化和系列化设计。系统中各台计算机采用局域网方式通信，实现信息传输，当需要改变或扩充系统功能时，可将新增计算机方便地接入系统通信网络或从网络中卸下，几乎不影响系统其他计算机的工作。软、硬件都可根据需要灵活组合，扩充、调试能力强

（续表）

序号	主要方面	性能要求
2	控制能力	电磁发射过程时间短，速度高，因此分布式控制系统必须充分利用数字控制的优点，实现常规算法、复杂的优化控制算法、逻辑推理和逻辑判断；能够集连续控制、顺序控制和批处理控制于一体，实现串级、前馈、解耦、自适应和预测控制等先进控制，方便地加入所需的特殊控制算法。 通过组态软件根据不同的流程应用对象进行软、硬件组态，即确定测量信号与控制信号的连接关系、从控制算法库选择适用的控制规律，以及从图形库调用基本图形组成所需的各种监控和报警画面，从而方便地构成所需的控制系统
3	人机交互	“控制过程→人”：将全部监控信息实时上传，信息直接显示在屏幕上。 “人→过程”：通过键盘输入各种操作指令，远程实时控制，并能防止误操作
4	可靠性	电磁发射系统对可靠性要求较高，一旦出现事故损失巨大，甚至危及操作人员生命。因此，在电源、通信、过程控制站等处应广泛采用冗余技术；模块化结构、器件高度集成；软件模块化形成各种控制方案。 由于分布式控制系统将系统控制功能分散在各台计算机上实现，系统结构采用容错设计，因此某台计算机出现故障不会导致系统其他功能的丧失。 由于系统中各台计算机所承担的任务比较单一，可以针对需要实现的功能采用具有特定结构和软件的专用计算机，从而使系统中每台计算机的可靠性也得到提高
5	可维修性	电磁发射系统庞大，控制器复杂多样，其控制系统必须具有较完善的在线诊断技术，故障定位准确；多采用标准模件，硬件结构尽量简单；人机接口丰富容易调试。设备中可采用功能单一的小型或微型专用计算机，具有维护简单、方便的特点，当某一局部或某台计算机出现故障时，可以在不影响整个系统运行的情况下在线更换，迅速排除故障
6	协调性	多类型设备、信息格式不尽相同。各工作站之间需通过通信网络传送各种数据至电磁发射集中监控台，整个系统信息共享、协调工作，以完成控制系统的总体功能和优化处理
7	安装架设	系统应安装架设方便，采用分布式网络控制能够大量减少连接电缆，控制灵活，控制方案主要靠软件功能模块实现

由于分布式控制系统的构成方式十分灵活，可充分发挥其性能优势建立电磁发射控制系统。从原理上讲，控制设备可由专用的管理计算机站、操作站、工程师站、现场控制站和数据采集站等组成，也可由通用的服务器、工业控制计算机和 PLC 构成。处于底层的过程控制级一般由分散的现场控制站、数据采集站等就地实现数据的采集和控制，并通过数据通信网络将数据传送到集中监控级。集中监控级对来自过程控制级的数据进行集中操作管理，如进行各种

优化计算、报表统计、故障诊断、报警显示等。随着计算机技术的发展，分布式控制系统可以按照需要与更高性能的计算机设备通过网络连接来实现更高级的集中管理功能，扩展能力强大。

5.2.3 实时操作系统

电磁发射系统对响应时间有苛刻的要求，比如电磁弹射系统，在一次发射过程中，其控制系统需要在几秒内使各部分设备协同工作来完成飞机弹射，控制器通过实时调节电机电压、电流、频率等输入量，来改变电机的转矩、速度、位移等机械量，使其按要求运行以满足任务需求。这就必须要使用实时操作系统（Real Time Operating System，RTOS）才能安全稳定地完成控制任务。我们常常说的嵌入式操作系统都是嵌入式实时操作系统，如 μC/OS-Ⅱ、VxWorks 等。

1. 嵌入式实时操作系统

嵌入式实时操作系统在外界事件或数据产生时，能够接收并以足够快的速度予以处理，其处理的结果又能在规定的时间内控制生产过程或对处理系统做出快速响应，并控制所有实时任务协调一致运行。在各种军用的飞机、坦克等武器系统中，到处都有嵌入式实时操作系统的身影，在其应用开发中支持多任务，使得程序开发更加容易，便于维护，同时能够提高系统的稳定性和可靠性。嵌入式实时操作系统已逐渐成为嵌入式系统开发的一个发展方向。嵌入式实时操作系统的功能特点如表 5.2 所示。

表 5.2　嵌入式实时操作系统的功能特点

序号	嵌入式实时操作系统功能	嵌入式实时操作系统内核机制
1	多任务管理，以及快速的任务切换	任务的管理与调度
2	任务之间的通信与同步	任务的同步与通信
3	高精度的时钟控制	动态内存的管理
4	高效率的内存管理	软时钟的管理
5	安全稳定的文件系统管理	I/O 管理
6	方便快捷的网络服务	

在许多较为复杂的应用系统中，要求能够同时处理多项工作或任务，并能灵活地为多个任务调度系统的资源，如 CPU、存储器等，同时简化那些复杂

且对时间要求严格的工程软件设计工作。传统的系统架构已经很难满足这样的要求，而嵌入式实时操作系统为这些应用提供了可能，同时微控制器技术的发展，如更大的 ROM 和 RAM 空间，也为嵌入式实时操作系统的应用提供了相应的硬件平台。多任务内核机制如图 5.8 所示。

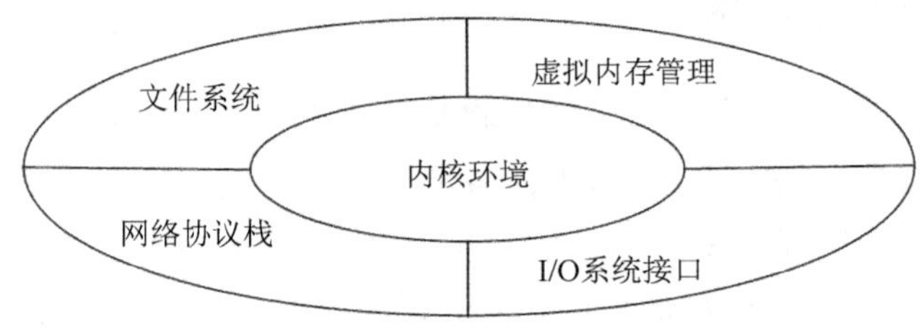

图 5.8 多任务内核机制

应根据电磁发射控制系统所要求的指标，综合分析考虑嵌入式实时操作系统的性能指标和调度算法，以满足设计需求。嵌入式实时操作系统的性能指标和调度算法分别如表 5.3 和表 5.4 所示。

表 5.3 嵌入式实时操作系统的性能指标

序号	性能指标	含义
1	任务切换时间（Task Switching Time）	任务切换时间包括 3 部分，即保存当前任务上下文的时间、调度程序选中新任务的时间和恢复新任务上下文的时间
2	抢占时间（Preemption Time）	抢占时间是指系统将控制从低优先级的任务转移到高优先级的任务所花费的时间。抢占时间包括任务切换时间
3	中断延迟时间（Interrupt Latency Time）	中断延迟时间也称为中断响应时间，指从中断到第一条指令所持续的时间间隔。它由 4 部分组成，即硬件延迟部分（通常可忽略不计）、关中断时间、处理器完成当前指令的时间，以及中断响应周期的时间
4	信号量混洗时间（Semap Hore Shuffling Time）	信号量混洗时间反映了与互斥有关的时间开销，因此它也是衡量系统实时性能的一个重要指标
5	死锁解除时间（Deadlock Breaking Time）	死锁解除时间是指系统解开处于死锁状态的多个任务所需花费的时间。死锁解除时间反映了系统解决死锁的算法效率

表 5.4 嵌入式实时操作系统的调度算法

序号	调度算法	含义
1	先来先服务调度（First Come First Service Scheduling）算法	这种调度算法非常简单，易于实现，缺点是不能保证系统的实时性能

（续表）

序号	调度算法	含义
2	时间片循环轮转调度（Round Robin Scheduling）算法	多个任务平均地取得系统处理器控制权，大多用于分时操作系统中，做到公平合理地为各个终端用户服务。这种调度算法也不能保证系统的实时性能
3	优先级调度（Priority First Scheduling）算法	预先指定各个任务的优先级，在进行调度时从就绪任务队列中选择优先级最高的任务进入运行状态。这种调度算法简单，并且能够迅速地响应高优先级的任务，具有较好的实时性能。缺点是一旦高优先级的任务出现故障，如死循环等，将会影响系统中其他低优先级的任务的运行
4	时间片循环轮转的优先级调度（Priority First With Round Robin Scheduling）算法	优先级调度算法加上时间片循环轮转调度算法，若优先权有高低，则采用优先级调度算法；若优先权相同，则采用时间片循环轮转调度算法

2. VxWorks

VxWorks 是美国 WindRiver 公司推出的一个实时操作系统，在目前嵌入式系统领域中应用比较广泛。Wind 是 VxWorks 的核心，包括采用优先级抢占方式的多任务调度、进程间通信机制、任务间的同步和中断处理、看门狗定时器和内存管理机制。

它以高性能的内核、较高的可靠性、卓越的实时性和友好的用户开发环境被广泛地应用在通信、军事、航空、航天等高精尖技术及对实时性要求极高的领域中，如卫星通信、军事演习、弹道制导、飞机导航等。美国的 F-16、FA-18、B-2 隐形轰炸机和“爱国者”导弹，甚至 1997 年 4 月在火星表面登陆的火星探测器、2008 年 5 月登陆的“凤凰号”火星探测器，以及 2012 年 8 月登陆的“好奇号”火星探测器都用到了 VxWorks。

VxWorks 由多个相对独立、短小精悍的目标模块组成，用户可根据需要选择适当的模块来裁剪和配置系统，如表 5.5 所示。

表 5.5　VxWorks 组成部分及特点

序号	组成部分	特点
1	内核	多任务调度，任务间的同步，进程间通信机制，中断处理定时器和内存管理机制
2	I/O 系统	ANSI C 兼容的 I/O 系统，UNIX 标准的 Basic I/O，以及 POSIX 标准的异步 I/O

（续表）

序号	组成部分	特点
3	驱动程序	网络驱动、管道驱动、RAM 盘驱动、SCSI（小型计算机系统接口）驱动、键盘驱动、显示驱动、磁盘驱动、并口驱动等
4	文件系统	支持多种文件系统，如 dosFs、rt11Fs、rawFs 和 tapeFs，支持在一个单独的 VxWorks 上同时并存几个不同的文件系统
5	板级支持包（Board Support Package，BSP）	向 VxWorks 提供对各种板子的硬件功能操作的统一的软件接口，是保证 VxWorks 可移植性的关键，包括硬件初始化、中断的产生和处理、硬件时钟和计时器管理、局域和总线内存地址映射、内存分配等。每个板级支持包包括一个 ROM 启动（Boot ROM）或其他启动机制
6	网络支持	提供对其他 VxWorks 系统和 TCP/IP 网络系统的“透明”访问，包括与 BSD 套接字兼容的编程接口、远程过程调用（RPC）、简单网络管理协议（可选项）、远程文件访问（包括客户端和服务端的网络文件系统机制，以及使用文件传送协议或普通文件传送协议的非网络文件系统机制），以及引导协议和代理地址解析协议、动态主机配置协议、开放最短通路优先协议、路由信息协议。无论是松耦合的串行线路、标准的以太网连接，还是紧耦合的利用共享内存的背板总线，所有的 VxWorks 网络机制都遵循标准的互联网协议

VxWorks 的系统结构是一个相当小的微内核的层次结构。其内核仅提供多任务环境、进程间通信和同步功能。这些功能模块足够满足 VxWorks 在较高层次提供丰富性能的要求。

3. μC/OS-Ⅱ

μC/OS-Ⅱ（Micro-Controller Operating System Two）是一个可以基于 ROM 运行的、可裁剪的、抢占式、实时多任务内核，具有高度可移植性，特别适合于微处理器和控制器，适合很多与商业操作系统性能相当的实时操作系统。为了提供最好的移植性能，μC/OS-Ⅱ在最大限度上使用 ANSI C 语言进行开发，并且已经移植到了 40 多种处理器体系上，涵盖了从 8 位到 64 位的各种 CPU（包括数字信号处理器）。μC/OS-Ⅱ可以大致分成内核、任务处理、时钟、任务同步和通信、CPU 的移植 5 部分。μC/OS-Ⅱ组成部分及特点如表 5.6 所示。

表 5.6 μC/OS-Ⅱ组成部分及特点

序号	组成部分	特点
1	内核	包括操作系统初始化、操作系统运行、中断进出的前导、时钟节拍、任务调度、事件处理等

（续表）

序号	组成部分	特点
2	任务处理	包括任务的建立、删除、挂起、恢复等。采用的是可剥夺型实时多任务内核，在任何时候都运行就绪了的最高优先级的任务。μC/OS-Ⅱ的任务调度是完全基于任务优先级的抢占式调度，也就是最高优先级的任务一旦处于就绪状态，则立即抢占正在运行的低优先级的任务的处理器资源
3	时钟	μC/OS-Ⅱ中的最小时钟单位是时钟节拍。任务延时等操作是在这里完成的。μC/OS-Ⅱ的时间管理是通过定时中断来实现的，该定时中断一般为每 10 ms 或 100 ms 发生一次，时间频率取决于用户对硬件系统的定时器编程。中断发生的时间间隔是固定不变的，该中断也成为一个时钟节拍。μC/OS-Ⅱ要求用户在定时中断的服务程序中，调用系统提供的与时钟节拍相关的系统函数，如中断级的任务切换函数、系统时间函数等
4	任务同步和通信	为事件处理部分，包括信号量、邮箱、消息队列、事件标志等部分，主要用于任务间的互相联系和对临界资源的访问
5	CPU 的移植	主要包括中断级任务切换的底层实现、任务级任务切换的底层实现、时钟节拍的产生和处理、中断的相关处理部分等内容

由于高度可靠性、鲁棒性和安全性，μC/OS-Ⅱ已经广泛应用在照相机、航空电子产品中。

5.2.4　时钟同步技术

电磁发射分布式控制系统的设备复杂，不同设备之间必然存在时钟差异，网络中可能存在传输延迟，当这些系统固有问题情况严重时，会影响系统的实时性和功能的准确性。特别是在网络化的分布式控制系统中，考虑到调度和控制的实时性，对时间的精度要求就更为严格。

比如，在某个分布式控制系统的各个节点的控制计算机中，本地时钟晶体振荡器的精度通常为微秒级，那么它相对于外部标准参考时间每秒就会产生约 10 μs 的漂移误差。如果想要某个计算机节点与标准时间保持 1 μs 的同步精度，本地时钟晶体振荡器就必须每隔 100 ms 取得一次标准参考时间来校正自己的本地时钟。因此，系统需要采用有效的时钟同步技术来提高系统中各个节点之间的同步精度。

时钟同步系统是一种能接收外部时间基准信号，并按照要求的时间精度向外输出时钟同步信号和时间信息的系统，它能使网络内其他时钟对准并同步。

通俗来说，时钟同步就是采取技术措施对网络内时钟实施高精度“对表”。为了在整个分布式控制系统中实现时钟同步，通用的方法是，由标准参考时间的主时钟节点，通过网络广播方式，向所有其他从节点以固定的时间间隔发送时间印记，各节点收到时间印记后，对本地时钟进行校正，这就是时钟同步系统。建立时钟同步系统，首先是建立时钟同步协议，包括定义时间印记的格式、传送时间印记并提取校正值的方法等，然后是在协议基础上的技术实现，包括时间校正技术和提高同步精度的技术等。

时钟同步广泛应用于各类信息系统，尤其是对时间敏感的复杂信息系统中。以电力系统智能变电站为例，各类装置需要时钟同步，以保证各类装置动作顺序正确且适应电信号以光速运行的环境条件，如果时间不同步，严重情况下有可能造成系统瘫痪。

目前，工业系统同步测量常用的时钟同步方法主要依靠 GPS（全球定位系统）精密时钟系统实现，其 1 PPS（秒脉冲）时钟精度可达到 200 ns，但这种方法需要独立的天线和接收模块，在封闭空间的网络系统测控中存在局限性。基于以太网的同步技术，应用比较广泛的方法是仅靠单独网络系统实现，网络时钟同步主要涉及 NTP 同步和 PTP 同步。

1. NTP 同步

NTP（Network Time Protocol，网络时间协议）是用来同步网络中各台计算机的时间的协议，由美国德拉瓦大学的 David L. Mills 教授于 1985 年提出。它除了可以估算封包在网络上的往返延迟，还可以独立地估算计算机时钟偏差，从而实现网络上的高精准度计算机校时。它是设计用来在互联网上使不同的机器能维持相同时间的一种通信协议。时间服务器（Time Server）是利用 NTP 的一种服务器，通过它可以使网络中的机器维持时钟同步。在大多数的地方，NTP 可以提供 1 ～ 10 ms 的可信赖的同步时间源和网络工作路径。

NTP 自创立至今，已发展为全球通用的一种计算机对时方式。它利用一种独特的算法，将网络的延时、网络的阻塞有效地通过复杂的“算法”对客户机时钟予以修正。据科学统计，其精度在局域网内可以达到 0.1 ms，在互联网绝大多数的地方其精度可以达到 1 ～ 50 ms。它既可以使计算机对其服务器或时钟源（如石英钟、GPS 等）进行时钟同步，又可以提供高精准度的时间校正，还可以使用加密确认的方式来防止病毒的协议攻击。

NTP 支持广播/多播模式、客户机/服务器模式，以及对称模式。广播/多播模式为一对多连接，服务器主动发出时间信息，客户机根据此信息调整自己的时间，这种模式忽略网络时延，精度较低，适用于高速局域网。客户机/服务器模式为一对一连接，客户机可以被服务器同步，但服务器不能被客户机同步。NTP 的客户机可以利用算法从多个服务器的响应包中判断出最接近真实时间的偏移值，对时精度最高，适用于大型分布式网络。对称模式与客户机/服务器模式类似，但双方都能同步对方或被同步，先发出申请建立连接的一方工作在主动模式下，另一方工作在被动模式下。

2. PTP 同步

IEEE 1588 协议标准借鉴了 NTP 技术，具有容易配置、快速收敛，以及对网络带宽和资源消耗少等特点。IEEE1588 协议标准的全称是“网络测量和控制系统的精密时钟同步协议标准”（IEEE 1588 Precision Clock Synchronization Protocol），简称 PTP（Precision Time Protocol）。其主要原理是通过一个同步信号周期性地对网络中所有节点的时钟进行校正同步，可以使基于以太网的分布式系统达到精确同步，PTP 同步技术也可以应用于任何组播网络中。其特点如下。

（1）支持单播消息，同时适用于以太网等支持多播消息的分布式网络通信系统。

（2）支持多种传输协议，如 UDP/IPv6、Layer-2 Ethernet、DeviceNet。采用短帧传输、数据帧少、算法简单、对网络资源使用少、对计算性能要求低，适用于低端设备。

（3）无须时钟专线传输时钟同步信号，降低了组建费用。在提供和 GPS 相同精度的情况下，不需要为每个设备安装 GPS 组件，只需要一个高精度的本地时钟和提供高精度时钟戳的部件，成本相对较低。

（4）采用硬件与软件结合设计，进行同步精度校正以提供亚微秒级同步精度。

（5）独立于具体的网络技术，可采用多种传输协议。

PTP 是一种主从同步系统，采用主从时钟方式对时间信息进行编码，利用网络的对称性和延时测量技术，实现主从时间的同步。在系统的同步过程中，主时钟周期性地发布 PTP 时钟同步协议及时间信息，从时钟端口接收主时钟端口发来的时钟戳信息，系统据此计算出主从线路时间延迟及主从时间差，并利用该时间差调整本地时间，使从设备时间保持与主设备时间一致的频率与相位。

一个典型的主时钟、从时钟关系示意图如图 5.9 所示。PTP 将整个网络内的时钟分为两种，即普通时钟（Ordinary Clock，OC）和边界时钟（Boundary Clock，BC），只有一个 PTP 通信端口的时钟是普通时钟，有一个以上的 PTP 通信端口的时钟是边界时钟，每个 PTP 通信端口提供独立的 PTP 通信功能。其中，边界时钟通常用在确定性较差的网络设备（如交换机和路由器）上。从通信关系上又可把时钟分为主时钟和从时钟，理论上任何时钟都能实现主时钟和从时钟的功能，但一个 PTP 通信子网内只能有一个主时钟。整个系统中的最优时钟为最高级时钟，有着良好的稳定性、精确性、确定性等。根据各节点上时钟的精度和级别，以及 UTC（世界协调时）的可追溯性等特性，使用最佳主时钟算法自动选择各子网内的主时钟；在只有一个子网的系统中，主时钟就是最高级时钟。每个系统只有一个最高级时钟，且每个子网内只有一个主时钟，从时钟与主时钟保持同步。

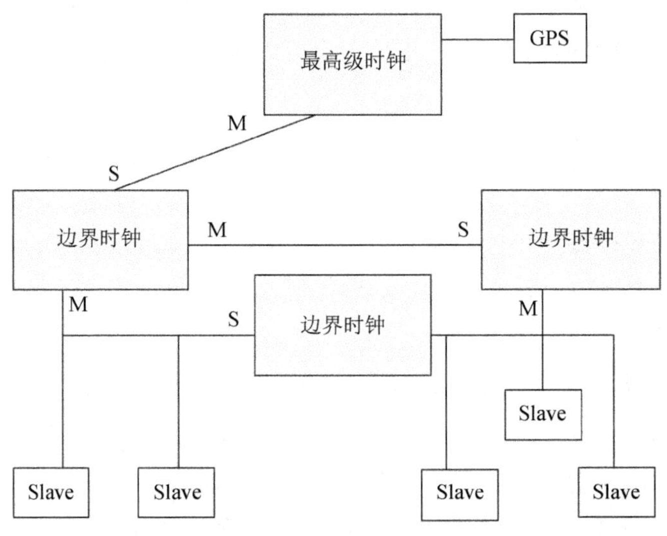

图 5.9　一个典型的主时钟、从时钟关系示意图

5.3　发射体位置及速度检测技术

电磁发射系统利用直线电机等执行机构产生电磁力，按照预先规划的发射轨迹曲线，在有限时间内将发射体加速到预定的初速度。直线感应电机是电磁发射装置典型的执行机构，为达到较高的控制精度，电机的控制方式应采用带

位置反馈的闭环控制，以准确、实时、可靠地获取发射体位置信息。

位置检测装置是控制系统的重要组成部分。在闭环系统中，位置检测装置的主要作用是检测位移量，并将反馈信号和控制装置发出的指令信号相比较，如果存在偏差，经放大后控制执行部件，使其向消除偏差的方向运动，直至偏差等于零。

电磁炮发射过程中，电枢位置与膛内运动速度的变化规律，是衡量发射过程中电枢速度的重要指标，不仅关系电枢的射击距离，还影响其射击精度。同时为进一步研究电枢在膛内运动时的导轨电流及电枢电流的分布、电枢电流产生的磁场大小、电枢与导轨的相互作用、导轨材料的烧蚀等提供最基础的试验数据，必须对电枢膛内运动速度进行测量。

同时，炮口初速度是衡量电磁炮、弹丸的综合性能和电磁炮威力的主要参量之一。测量初速度的值，能够衡量内弹道理论的正确性和计算方法的准确性，对于外弹道来说，弹丸初速度也是研究弹丸在空气中飞行规律的原始数据之一。

图 5.10 展示了一种长定子直线感应电机位置闭环的间接矢量控制方法。由图 5.10 可知，将直线运动轨迹计算的动子位置作为闭环控制的外环，对位置采用闭环 PID 控制，输出为给定的直线电机的电磁推力 F_{em}。

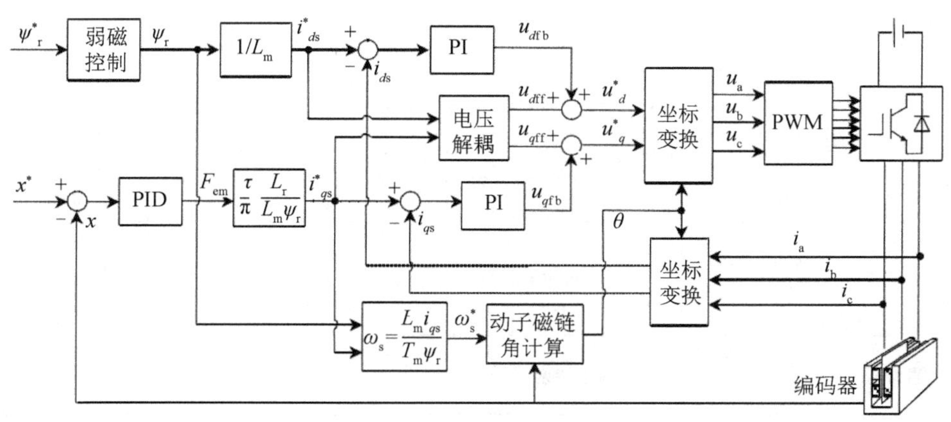

图 5.10　一种长定子直线感应电机位置闭环的间接矢量控制方法

5.3.1　磁栅式与光栅式直线位置检测技术

根据电磁发射控制的特点及直线检测的需求，可采用磁栅式或光栅式的传感器装置。磁栅又称为磁尺，是一种采用电磁方法记录磁波数目的位置检测装置。其优点是精度高，制造简单，安装方便，对使用环境的条件要求较低，对周围电磁场的抗干扰能力较强，在油污、粉尘较多的场合中使用时稳定性较好。磁栅按其结构分为直线形和圆形，分别用于直线位移和角位移的检测。光栅测量输出的信号为数字脉冲，具有检测范围大、测量精度高、响应速度快等特点，被广泛用于直线位移或角位移的检测。

电磁发射装置所进行的位置检测主要针对执行机构的直线位置，可通过分析位置检测装置的分类及性能选择所需的检测机构。位置检测装置按不同方式的分类如图 5.11 所示。

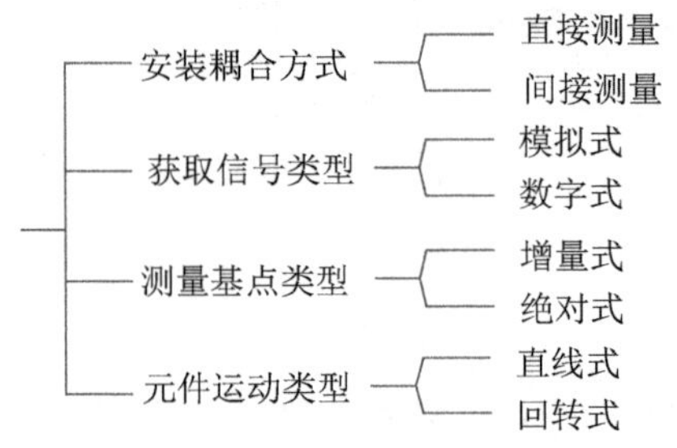

图 5.11 位置检测装置按不同方式的分类

按照这些分类，可以对应到相应的位置检测装置，常用的位置检测装置如表 5.7 所示。

表 5.7 常用的位置检测装置

	数字式		模拟式	
	增量式	绝对式	增量式	绝对式
回转式	脉冲编码盘 圆光栅	绝对式脉冲编码盘	旋转变压器 圆感应同步器 圆磁尺	三速圆感应同步器
直线式	直线光栅 激光干涉仪	多通道透射光栅	直线感应同步器 磁尺	三速感应同步器 绝对磁尺

检测信号将反馈至系统控制端，因此位置检测装置的性能直接影响控制系统的性能，其一般应满足以下基本要求。

（1）工作可靠性高，环境适应性强，抗干扰能力强，使用安全。

（2）精度高，反应速度快。

（3）工作范围、量程足够大，有一定的过载能力。

（4）易于使用、维修和校准。

（5）使用经济，成本低，寿命长。

1. 光栅

光栅按制造方法和光学原理分为透射光栅和反射光栅。在一块透明玻璃片上刻一系列平行等间隔密集线纹的光栅，称为透射光栅；在长条形金属镜面上制成全反射和漫反射间隔相等的密集线纹的光栅，称为反射光栅。光栅按形状分类，可分为圆光栅和长光栅两种。圆光栅用于角度测量，长光栅用于直线位移检测。

光栅的测量结构如图 5.12 所示。光栅是由标尺光栅和光栅读数头两部分组成的。标尺光栅一般固定在需测量的系统的活动部件上，光栅读数头装在固定部件上。指示光栅装在光栅读数头上。当光栅读数头相对于标尺光栅移动时，指示光栅便在标尺光栅上相对移动。标尺光栅和指示光栅的平行度，以及两者之间的间隙要严格保证。

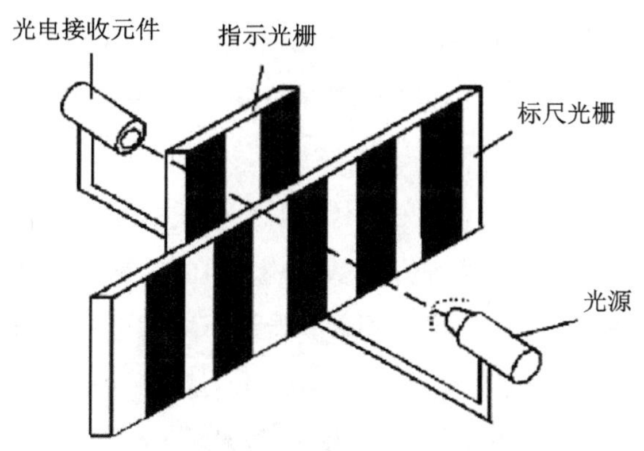

图 5.12　光栅的测量结构

光栅读数头又称为光电转换器，它把光栅莫尔条纹变换成电信号。

光栅尺由指标尺光栅和指示光栅组成，通常采用真空镀膜技术在透明玻璃片或长条形金属镜面刻划均匀且密集的线纹。

光栅尺上相邻两条光栅线纹间的距离称为栅距，安装时要求标尺光栅和指示光栅相互平行，并且其线纹相互偏斜一个很小的角度 θ，两个光栅的线纹相交，形成透光和不透光的菱形条纹，这种黑白相间的条纹称为莫尔条纹，如图 5.13 所示。

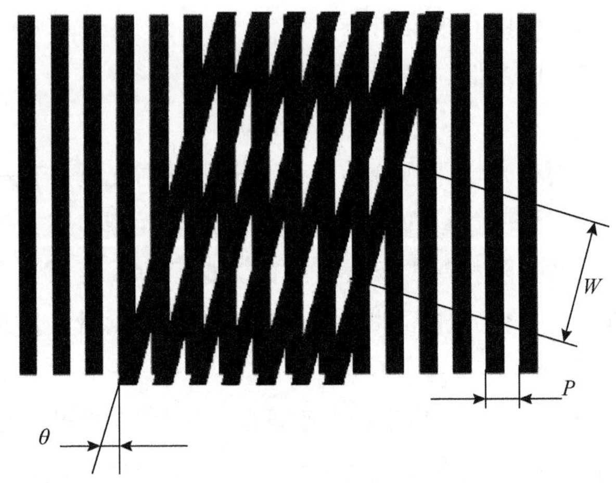

图 5.13 莫尔条纹的形成

莫尔条纹的特点如下。

（1）放大作用。用 W 表示莫尔条纹的宽度，P 表示栅距，θ 表示光栅线纹间的夹角，则有 $W=P/\sin\theta$，由于 θ 角很小，$\sin\theta\approx\theta$，则 $W\approx P/\theta$。若 P=0.01 mm，θ=0.01 rad，则由上式可得 W=1 mm，即把栅距转换成放大 100 倍的莫尔条纹宽度。

（2）误差均化作用。莫尔条纹是由若干光栅线纹干涉形成的。例如，对于 100 线 /mm 的光栅，10 mm 宽的莫尔条纹就由 1000 条光栅线纹组成，这样栅距之间的相邻误差就被平均化了，消除了栅距不均匀造成的误差。

（3）莫尔条纹的移动与栅距间的移动成比例。当光栅移动一个栅距时，莫尔条纹也相应移动一个莫尔条纹宽度 W；若光栅移动方向相反，则莫尔条纹移动方向也相反。莫尔条纹移动方向与光栅移动方向垂直。这样测量光栅水平方向移动的微小距离就可用检测垂直方向的宽大的莫尔条纹的变化代替。

测量系统的特点如下。

在检测过程中，标尺光栅与指示光栅不直接接触，没有磨损，因此精度可以长期保持。光线刻线要求很精确，两个光栅之间的间隙及倾斜角都要求保持不变，制造调试比较困难。光学系统易受外界的影响产生误差，同时又有灰尘、油、冷却液等污物的侵入，易使光学系统变质。

2. 磁栅

磁栅由磁性标尺、拾磁磁头和检测电路组成。磁性标尺一般先采用与普通钢热膨胀系数相同的不导磁材料作为基体，并镀上一层 10 ～ 30 mm 厚的高导磁性材料，形成均匀磁膜；然后用录磁磁头在尺上记录相等节距的周期性磁化信号。节距通常为 0.05 mm、0.1 mm、0.2 mm 等；最后在磁尺表面涂上一层 1 ～ 2 mm 厚的保护层，防止拾磁磁头与磁性标尺频繁接触造成磁膜磨损。拾磁磁头是一种磁电转换装置，用于把磁性标尺上的磁化信号检测出来变成电信号并发送给检测电路。

磁栅的工作原理如图 5.14 所示，将高频励磁电流通入励磁绕组时，在拾磁磁头上产生磁通，当拾磁磁头靠近磁性标尺时，磁性标尺上的磁化信号产生的磁通通过磁头铁芯，并被高频励磁电流产生的磁通调制，从而在拾磁绕组中感应出电压信号输出。图 5.14 中，Φ_0 为气隙磁通，λ 为 2 倍的直线电机极距。

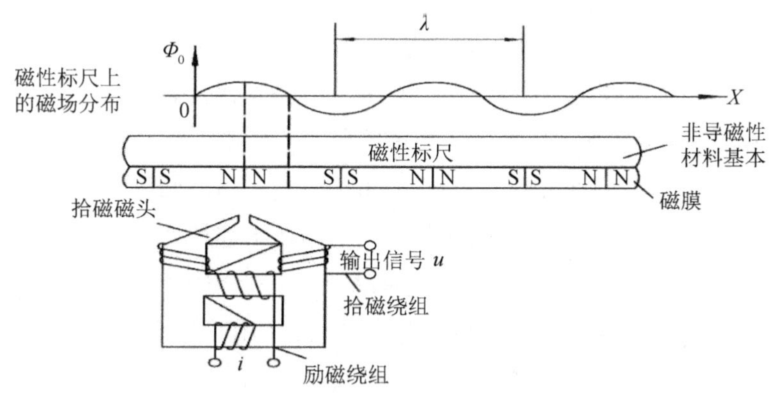

图 5.14　磁栅的工作原理

5.3.2　电磁弹射直线感应电机的接近式位置检测技术

电磁弹射直线感应电机的控制策略采用的是带位置反馈的闭环控制，因此需要一套具有大量程、实时性、高分辨率和高可靠性特点的位置检测系统来实时、准确地反馈动子位置信息。

目前实现直线感应电机位置检测的主要技术手段有激光干涉仪、光栅式传感器、磁栅式传感器等。激光干涉仪的测量精度较高，但是其抗振性能和抗干扰性能较差，且成本较高；光栅式传感器对工作环境要求较高，不能承受较大的冲击、振动，无法适应油污、淋雨和灰尘较多的工作环境；磁栅式传感器结构简单，同时具有一定的抗干扰能力，但是对磁性标尺与拾磁磁头的装配间隙精度要求较高，无法适应动子高速运动时的横向振动偏摆，同时存在拾磁磁头容易退磁的问题，使用寿命较短。电感式接近开关是利用高频探测线圈接近被测导体时产生的电涡流效应来控制开关的导通或关断的非接触式接近开关，具有较好的环境适应性和较高的可靠性，能够满足电磁发射特殊工况条件对位置检测系统的苛刻要求。以电感式接近开关作为位置传感器的位置检测方案：根据电机初级分段拼接的特点，采用分段布设位置传感器的方式构成传感器阵列。当动子编码器经过传感器阵列的感应区域时，阵列输出相互正交的位置信号，最后通过正交编码算法对位置信号进行分析计算即可得到动子的实际位置。位置传感器作为位置检测系统中的关键部件，其输出特性需要满足电磁发射的工况要求，尤其能够适应动子高速运动时的横向振动偏摆。

1. 基本原理

位置检测系统的原理及拓扑结构如图 5.15 所示。该系统主要由编码器、位置传感器阵列、控制模块及计算中心组成。编码器安装于动子上，由非金属基体和一定数量的金属齿片（以下简称编码齿）组成。编码齿沿编码器长度方向（动子运动方向）等间距分布于非金属基体上。当编码器随动子运动时，位置传感器在编码齿的感应下周期性关断，进而输出连续的方波信号。每段电机安装 2 个位置传感器，分别定义为传感器 A 和 B，因此在整个系统中构成了 $2 \times n$ 的位置传感器阵列，其中 n 为直线电机的总段数。通过合理设计编码器结构，以及调整位置传感器间距可以使两路位置方波信号相位差为 90°，这样 A、B 输出的两路信号具有正交关系。将不同模块产生的位置信号由控制模块通过“或”运算进行整合，这样动子在整个冲程中运动时，控制模块都能够输出连续的正交信号。最后控制模块将整合的正交信号送入计算中心，计算中心通过正交编码算法计算得到动子的位置。

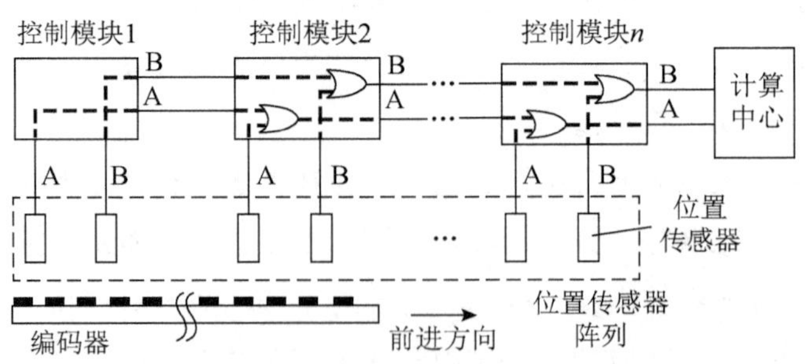

图 5.15　位置检测系统的原理及拓扑结构

接近式位置传感器如图 5.16 所示。接近式位置传感器和位移传感器不一样，它所测量的不是一段距离的变化量，而是通过检测确定是否已到达某一位置。因此，它不需要产生连续变化的模拟量，只需要产生能反映某种状态的开关量即可。

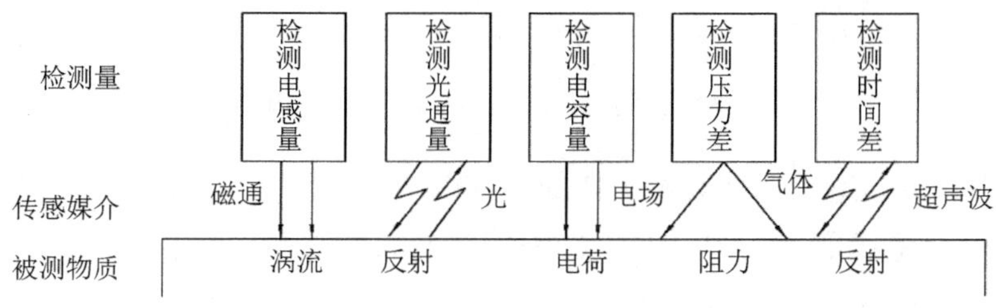

图 5.16　接近式位置传感器

接近式位置传感器分为接触式传感器和接近式传感器两种。接触式传感器是能获取两个物体接触信息的一种传感器；而接近式传感器则是用来判别在某一范围内是否存在某一物体的一种传感器。接近式位置传感器的种类有电感式传感器、光电式传感器、电容式传感器、气压式传感器、声波式传感器。

这里主要介绍一下电感式传感器和光电式传感器。

（1）电感式传感器。当一个永磁铁或一个通有高频电流的线圈接近一个铁磁体时，其磁力线分布将发生变化。因此，可以用另一组线圈来检测这种变化。当铁磁体靠近或远离磁场时，它所引起的磁通量变化将在线圈中感应出一个电流脉冲，其幅值正比于磁通的变化。电感式传感器只能检测电磁材料，对于其他非电磁材料的检测则无能为力。

（2）光电式传感器。这种传感器具有体积小、可靠性高、检测位置精度高、响应速度快、易与 TTL（晶体管-晶体管逻辑）及 CMOS（互补金属氧化物半导体）电路兼容等优点，分为透光型和反射型两种类型。

接近式位置传感器的基本结构如图 5.17 所示。传感器由 2 块垂直拼接的 PCB（印制电路板）组成。其中 PCB_1 位于传感器的感应端，T_1、S_1 位于 PCB_1 的两面，用来感应被测导体的电涡流效应；T_2、S_2 及处理电路位于 PCB_2。由于 T_2、S_2 与 T_1、S_1 垂直布置，因此两组互感线圈不会相互影响，同时 T_2、S_2 也不会受到被测导体涡流场的影响。

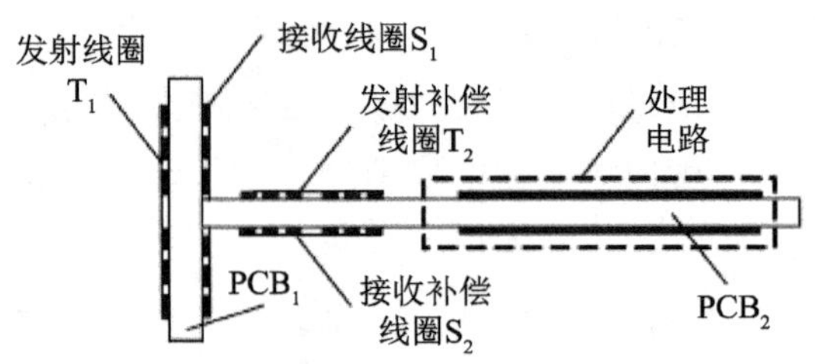

图 5.17 接近式位置传感器的基本结构

接近式位置传感器的基本工作原理如图 5.18 所示。T_1 和 S_1、T_2 和 S_2 分别构成两组互感线圈。同时，T_1、T_2 串接构成发射支路，S_1、S_2 反向串接构成接收支路。当向 T_1、T_2 所在的发射支路加以交变激励源 $\dot{U}_e$ 时，T_1、T_2 分别在 S_1、S_2 中激发感应电压，S_1、S_2 通过反向串接输出差动电压 $\dot{U}_d$。$\dot{U}_d$ 经过选频放大电路后又输出 $\dot{U}_e$ 作为 T_1、T_2 的激励源，这样 4 个线圈及选频放大电路共同构成了一个具有正反馈回路的感应振荡器。当没有外部金属接近时，可以通过合理设计电路参数使得振荡器回路处于停振的临界平衡状态。当有金属靠近时，T_1、S_1 的等效阻抗发生改变，平衡态被打破，此时振荡器回路满足振荡条件。以噪声信号作为起振源，在正反馈回路的放大作用下，振荡器迅速起振。输出的振荡信号经过整流、滤波及迟滞比较环节后，转变为开关信号作为传感器的最终输出。

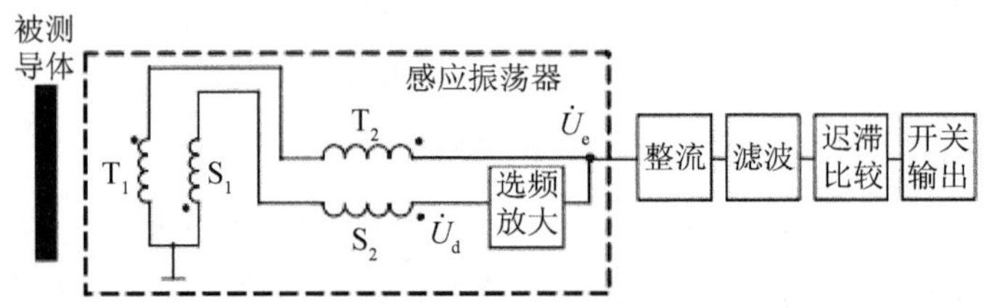

图 5.18 接近式位置传感器的基本工作原理

不同段传感器模块的位置信号由控制模块进行整合和传递。每个传感器模块对应一个控制器。控制器接收本地两路传感器信号，以及上一级控制器的两路位置信号，对相同相位的信号分别进行“或”运算后，将结果作为输出送至下一级控制器。第一级控制器只接收本地传感器信号，最后一级控制器将结果输出至计算中心。

2. 正交编码算法

计算中心采用正交编码算法对位置信号进行处理。

正交编码是位置检测装置对位置信号进行处理的一种方式，使用正交编码脉冲既能提高位置检测的抗干扰能力，又能提高检测分辨率。如图 5.19 所示，如果两个周期信号 $S_1(t)$ 和 $S_2(t)$ 互相正交，即一个传感器发出的方波与另一个传感器发出的方波相差 90° ，则称这两个信号为正交编码信号。正交编码具有良好的抗噪性能，能有效消除脉冲边缘振荡造成的干扰，在测速时能有效提高准确性。目前，正交编码信号主要用于获得采用位置控制的高性能电机的位置、速度及运动方向的信息。

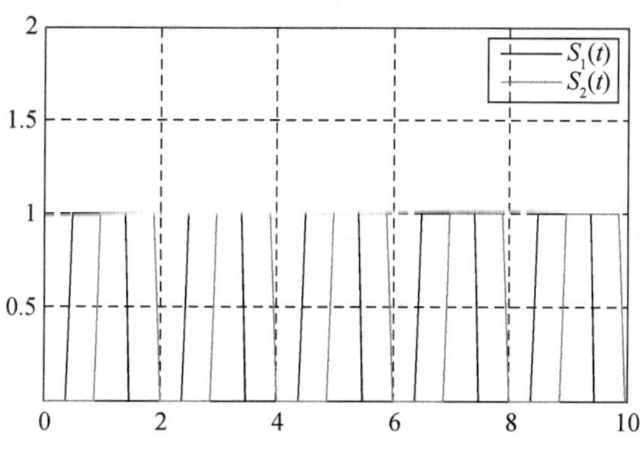

图 5.19　典型正交编码信号

两路位置信号通过 A/D 转换变为数字信号，组合为一个 2 位的二进制数，称为编码状态数据。当电机正向运行时，A 通道信号相位领先 B 通道信号相位 90° ，编码状态数据的变化规律为 00 → 10 → 11 → 01 → 00，每变化一次时，脉冲计数加 1 。当电机反向运行时，A 通道信号相位落后 B 通道信号相位 90° ，编码状态数据的变化规律为 00 → 01 → 11 → 10 → 00，每变化一次时，脉冲计数减 1 ，恰好与电机正向运行时变化过程相反，正交编码算法实现如图 5.20 所示。利用该算法可以快速计算得到动子位置数据并判断动子的运动方向。

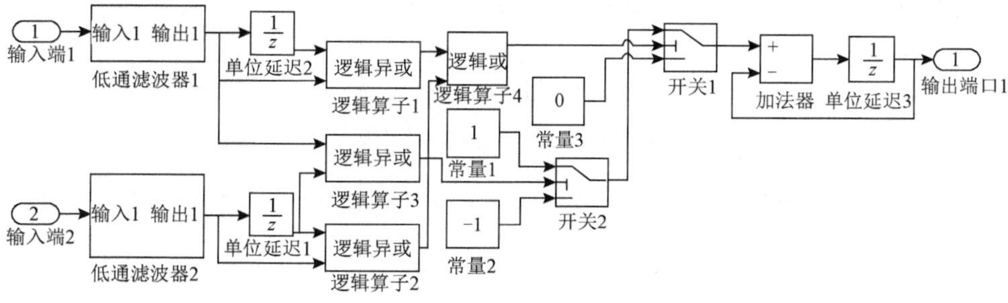

图 5.20　正交编码算法实现

3. 系统参数设计

编码器总长度为 L_0，编码齿宽度为 w，编码齿间距为 l，传感器 A_k、B_k 位于同一段电机，传感器 A_{k+1} 位于相邻段；L_1 为同段两个传感器的中心线距离，L_2 为相邻段同编号传感器的中心线距离，也是一段直线电机初级的长度；d 为传感器到编码器的探测距离，x 为传感器的径向探测范围，如图 5.21 所示。

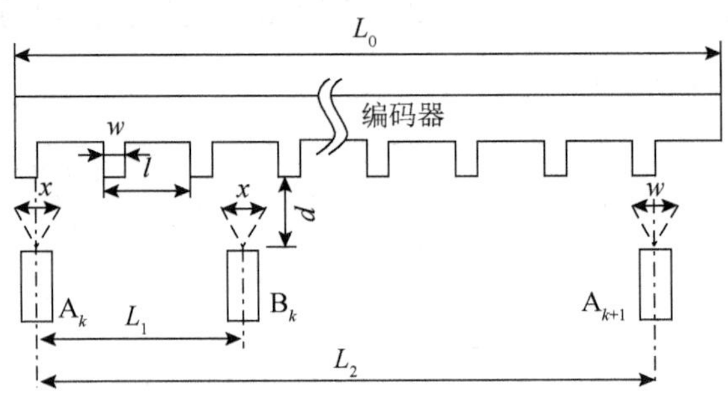

图 5.21 位置检测系统结构参数

为实现系统功能，系统参数设计应满足以下条件。

（1）为保证相邻段传感器信号衔接的连续性，编码器总长度应大于一段电机的长度，即

$$L_0 > L_2 \tag{5-1}$$

（2）为保证相邻段位置信号衔接时不发生变形，L_2 应为编码齿间距 l 的整数倍，即

$$l = \frac{L_2}{N} \tag{5-2}$$

式中，N 为编码器的有效齿数。

（3）为保证 A_k、B_k 传感器信号相位差为 90°，在满足传感器自身工作要求的基础上，同段 A_k、B_k 传感器的间距应满足

$$L_1 = \left(i + \frac{1}{4}\right) l \tag{5-3}$$

式中，i 为大于 1 的正整数，本系统中 i=2。

（4）为满足两路信号的正交性要求，信号的占空比 D 应满足

$$25\% < D = \frac{x}{l} < 75\% \tag{5-4}$$

D 的理想值为 50%。

上述 4 个条件中，前 3 个条件容易通过结构设计实现，而条件（4）为设计的难点。这是因为传感器的径向探测范围 x 会随着 d 的变化而变化。在实际系统中，由于编码器随动子的横向振动偏摆，d 会在设计值 d_0 的基础上上下浮动。这就要求传感器的径向探测范围 x 在 d 的偏摆幅度范围内仍能符合式（5-4）的要求。

系统的性能参数包括检测精度 $\varDelta$ 及检测的最大速度 $v_{\max}$。检测精度 $\varDelta$ 由编码齿间距决定。根据正交编码原理，在一个信号周期内，编码齿间距被正交信号均分为 4 等份，因此检测精度为编码齿间距的 1/4，即

$$\varDelta = \frac{1}{4}l \tag{5-5}$$

检测的最大速度 $v_{\max}$ 受限于接近开关的最大开关频率 $f_{\max}$ 和编码齿间距 l，其关系为

$$v_{\max} = f_{\max}l \tag{5-6}$$

该系统可靠性高、结构简单，先利用编码器和传感器模块感应动子运动，再利用正交编码算法计算动子位置。通过实际测试验证了该方案的可行性，该方案适用于恶劣工况下大型直线电机系统的位置检测。

5.3.3　电磁炮膛内弹丸的激光干涉测速

测量炮弹从膛底到炮口的速度变化过程，对发展内弹道理论，研究新型武器，以及对武器性能进行检验分析等都具有重要的意义。电磁炮弹丸的初速度达到数千米每秒，常用的膛内弹丸速度测量方法只适用于一般常规火炮弹丸的速度测试，不适用于弹丸速度如此高的电磁炮武器系统。

由于电磁炮弹丸在发射过程中会产生很强的电磁干扰信号，因此需要一种不受电磁干扰的方法来测量电磁炮膛内超高速运动弹丸的速度。微波干涉法测量的是弹丸位置随时间的变化关系。受微波本身波长的限制，对于弹丸初速度较高的火炮，微波干涉法测量的结果不确定度较大。多普勒测速雷达是根据多普勒原理设计出的一种弹丸速度测量仪器，主要利用了电磁感应原理，由于电磁炮本身就是靠电磁能发射的一种动能武器，因此其在发射过程中会有大量电磁干扰，从而影响多普勒测速雷达的测量精度。

激光干涉测量技术中的速度干涉仪（Velocity Interferometer System for Any Reflector，VISAR）可测量任意反射表面，能够检测高应变率过程和高分辨率诊断系统的超高速运动物体。由于电磁炮炮尾没有炮闩，故在设计系统时，可将整个测速系统置于电磁炮后端。当电磁炮准备发射时，激光器系统连续单模输出激光，通过发射光纤，光纤探头照射到弹丸后端面，弹丸后端面的漫反射光通过探头收集和接收光纤传输后，输入激光干涉分系统，实现多普勒频移激光的相干与条纹变化记录，为数据处理分系统提供原始信号，数据处理分系统将条纹变化转变为弹丸速度数据及弹丸位置数据，并实时记录。系统实际测速装置如图 5.22 所示。

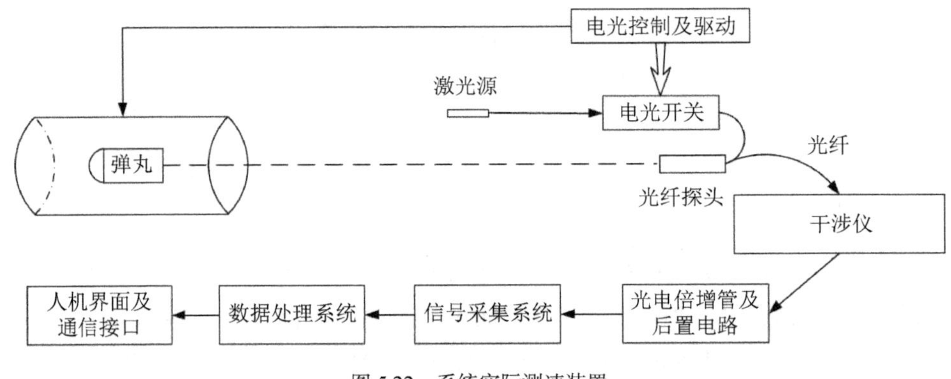

图 5.22　系统实际测速装置

可采用图 5.23 所示的改进型 4 探头全光纤 VISAR。VISAR 由输入系统、干涉仪、偏振系统和记录系统组成。由于大分束器两边的信号相位相差 180°，所以光电倍增管 1 和 2 的信号因延迟支路中有 1/4 波片而产生 90° 的相位差，光电倍增管 3 和 4 也相差 90°，光电倍增管 1、3 与光电倍增管 2、4 之间又各相差 180°。当光电倍增管 1、3（或者 2、4）信号相减时，干涉信号将加倍。而噪声的起伏使光电倍增管产生的输出幅度在 4 个光电倍增管上都是同相的，经过相减后会消除。4 探头全光纤 VISAR 具有两大优点：使有用信号加倍，降低了干扰，提高了信噪比；提高了光能利用效率，并且在得到这些优点的同时没有带来任何负面效应。

由于系统采用了全光纤结构，信号的传输和获取路径均通过光纤，大大提高了有效光信号的利用率，从信号源处提高了系统的测量精度。

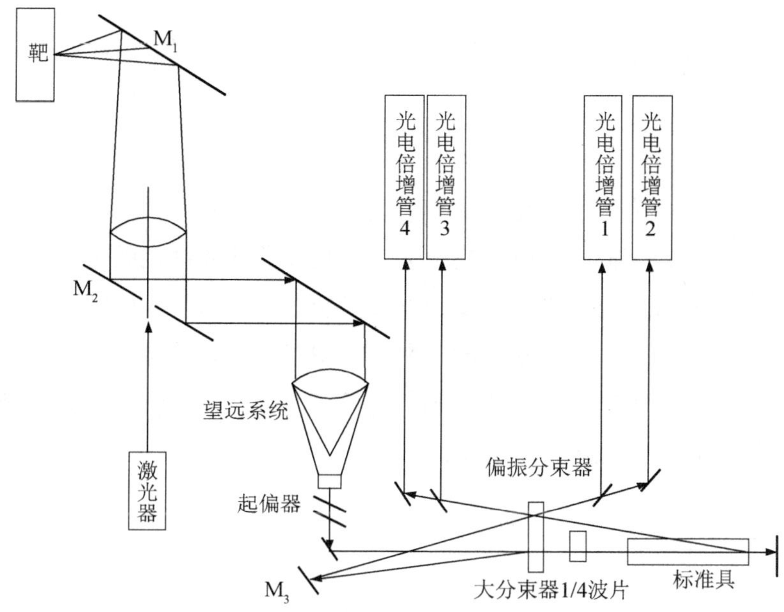

图 5.23　改进型 4 探头全光纤 VISAR

5.3.4　电磁炮出口速度的光纤单片机测量

电磁炮出口速度是研究电磁炮弹道、弹丸的综合性能的重要参量之一。对于电磁炮出口速度的测量，传统的测速方法从原理上通常主要分为瞬时速度测量法和平均速度测量法。比如弹头激波测速法用于测量瞬时速度，而通断靶、线圈靶和光幕靶等用于测量平均速度。

发射时电磁炮的强电磁环境、超高的弹丸初速度等特点，势必造成传统测速方法的灵敏度降低、易受外界电磁场的干扰等现象，导致结果数据与实际不符。采用光纤单片机测速系统可以解决电磁线圈炮的测速问题。光纤单片机测速系统反应灵敏，比较适合电磁线圈炮高初速度弹丸的速度的测量，其光信号的传输和接收不受外界环境的干扰，能够在电磁线圈炮恶劣的发射环境下工作。

光纤单片机测速系统由光信号发生电路、光信号触发电路、光电信号转换电路、电信号处理电路、单片机计算系统、LED 显示电路等部分组成，如图 5.24 所示。

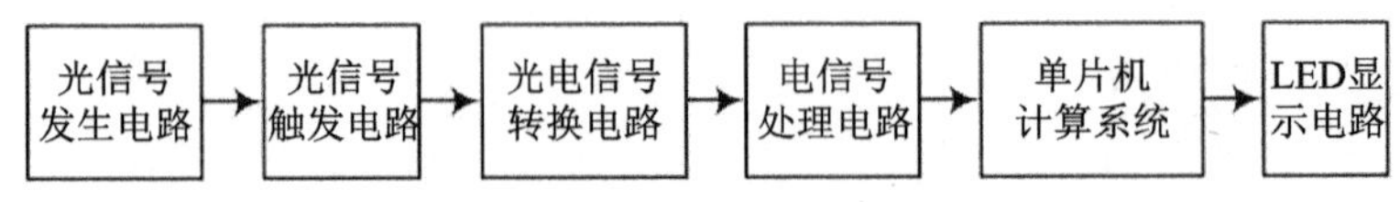

图 5.24　光纤单片机测速系统的组成

光信号发生电路通过激光管发出束状光线照射在光纤上，再由光纤传导装置把光信号引出，传输至光电转换装置。当激光管和光纤之间有弹丸经过时，弹丸会挡住激光管发出的光束，使光电转换装置处光信号发生中断，引起电信号的改变。若将两套此装置平行放置在炮口位置，则弹丸经过时会使两套装置处光的信号依次发生跳变，进而引起电信号的改变，单片机依据此信号的改变可计算出平均速度，如图 5.25 所示。

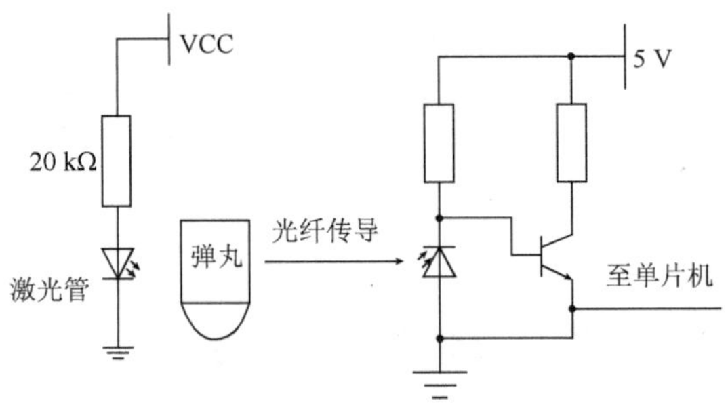

图 5.25　光信号发生电路过程和光电转换原理图

为了保证光信号很好地传输至光纤，应采用发散度小、穿透力强的束状光线或激光照在光纤一端，通过光纤把光信号引到光电转换装置。考虑到电磁炮的强电磁干扰，将 3 V 干电池供电系统与电磁发射系统隔离，此时光纤可以将光信号传输至预定位置，在传输过程中损耗小，且不易受外界条件的干扰。在选择光纤的材料时需要注意的一个问题是，所采用的光纤传播的波长范围必须适合所采用的激光管发出的光波长。

光电信号转换电路的目的是将光纤传输的光信号的变化转换为电信号的变化，并对电信号进行放大、整形，使其成为适合于单片机工作环境的 TTL 电平，用来给单片机跳变信号。采用的光电二极管通过感应光纤光信号变化实现自身导通或截止，进而引起电路变化。

单片机计算系统以单片机为核心，配以一定的外围电路，能实现特定的检测和控制功能。在测速过程中，当弹丸运动到第一个激光管与光纤之间时，光线被弹丸遮住。光电二极管在光信号输入截止的情况下，输出高电平，信号经放大、整形接在单片机 P1.0 口。此时，单片机开始计时。同理，当弹丸运动到第二个激光管与光纤之间时，单片机 INT0 口处变为高电平，单片机停止计时，从而测出弹丸经过两个光纤所需的时间。根据程序计算出弹丸的运动速度，再由 P0 口输出到数码管进行显示，如图 5.26 所示。

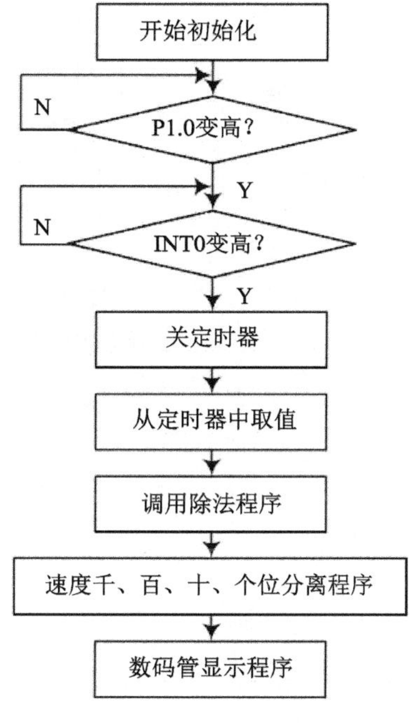

图 5.26　主程序流程图

此外，光纤传输信号损耗较小，能够使信号处理系统避免强电磁干扰，提高了测量的精度。

5.3.5　电磁炮出口速度的高速摄像测量

平均速度测量法，即首先测量弹道上某一段的长度 Δx，然后测出物体通过该弹道段所需的时间 Δt，最后用平均速度公式 $v=\Delta x/\Delta t$，计算出物体在弹道段 Δx 的平均速度。

靶道阴影照相是目前针对高速和超高速飞行弹丸的弹道性能、空间飞行姿态、速度等参数的一种重要的非接触测量手段。靶道阴影照相的目的是能较好地观察弹丸在照相时刻的质心坐标和飞行姿态，以及不同时刻的速度变化，在靶道基准系统的配合下，完成弹丸空间和时间量的测量。

靶道阴影照相速度测量系统组成如图 5.27 所示。高速 CCD（电荷耦合器件）相机通过网线连接相机控制器，相机控制器控制相机的参数和触发形式。参数的设置主要包括采集的帧频、曝光量、ROI 及延时控制。数据由图像采集卡进行转换并传输给相机控制器，相机控制器实时显示采集到的数据，并存储记录数据，方便以后进行处理。照相结束后，将弹丸阴影从相机控制器传输至工控机中，如图 5.28 所示，用于试验后分析弹丸运动姿态、移动距离及速度等弹道参数。根据得到的特征点坐标和弹丸特征点像素坐标，可以得出弹丸在两次闪光时间间隔内的运动位移，从而计算出弹丸速度。

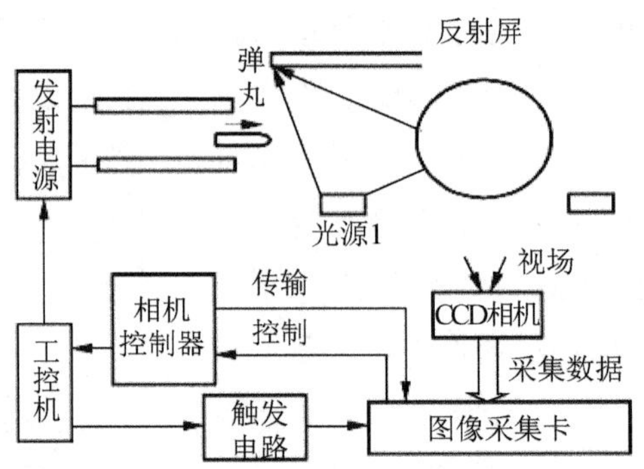

图 5.27 靶道阴影照相速度测量系统组成

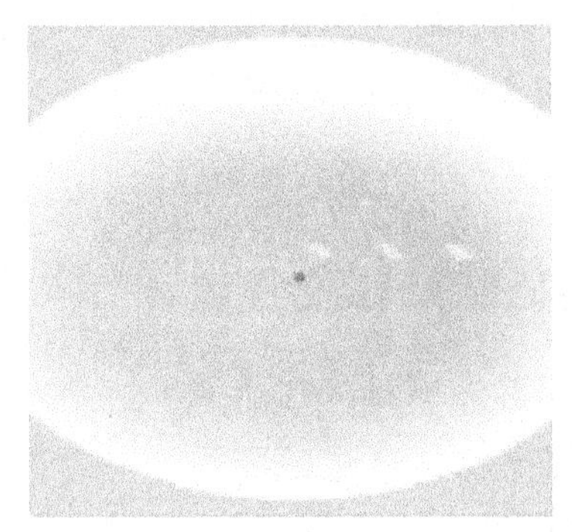

图 5.28 靶道阴影照相速度测量系统试验图像

在电枢质量为 7 g，电源能量为 16.2 kJ，串联增强 1 m 电磁轨道炮的条件下，使用 6000 万像素的高分辨率 CCD 相机，得到弹丸在两次闪光时间间隔 Δt 为 529 μs 内的运动位移为 285.7 mm。采用软件计算测量速度为 540 m/s。

靶道阴影照相测速是一种非接触式测量，必须预先估计弹丸的速度范围，合理设置曝光延时，否则无法捕捉到弹丸图像。高分辨率 CCD 相机像素的选取决定了测速精度。该方法比较直观，可再现高速发射过程，主要用于试验后分析弹丸运动姿态、移动距离及速度等弹道参数。

5.4 电磁发射系统内部健康状态监测技术

电磁发射系统通过将电磁能变换为发射载荷所需的瞬时动能，短时间内使发射体达到较高的初速度，因此在一次发射过程中，控制系统实时协调脉冲储能系统、脉冲变流系统、脉冲直线电机，实现信息流对能量流的精准控制。

由于控制系统必须能够实现对整个电磁发射系统的监控、动静态参数的自动测量与处理、测量结果的管理与检索，并实现数据资源共享等功能，因此必须采用网络化监测技术，结合数据库技术实时完成系统的内部健康状态监测和信息数据的交互。

5.4.1 健康状态网络设计

电磁发射系统的健康状态网络，应考虑网络拓扑对系统性能的影响，尤其是在网络速度、安全管理与故障自愈能力方面。

对于局域网用户来讲，网络拓扑结构并不十分重要，因为目前大多数的操作系统都支持多种局域网拓扑结构，不管总线型还是环型网络中提供给用户的界面都是一样的，用户根本不用关心网络物理部件。但对于网络设计和管理者来讲，选择网络拓扑结构却是一项重要的工作，因为不同拓扑结构的局域网，其所采用的信号技术、信道接入协议及所能达到的网络性能都有很大的不同。

1. 网络拓扑结构的选择

网络拓扑结构主要有总线型拓扑结构、星型拓扑结构、星型总线拓扑结构、网状拓扑结构、环型拓扑结构、星环型拓扑结构等，如图 5.29 所示。

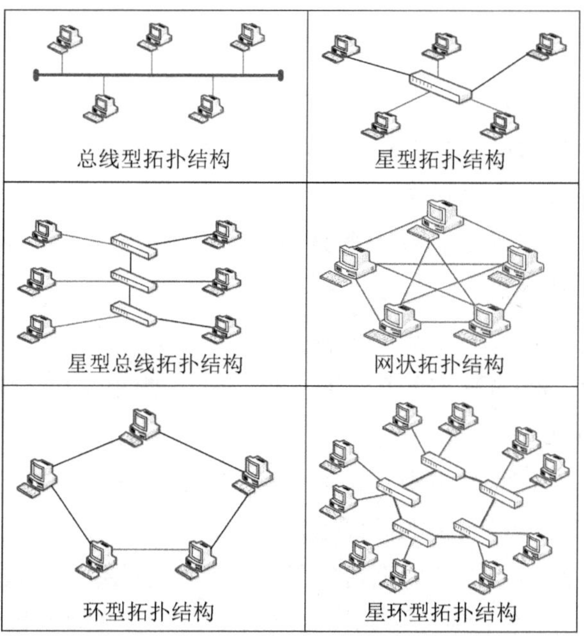

图 5.29　6 种网络拓扑结构

每种网络拓扑结构都有其优缺点。总线型拓扑结构简单、扩展方便，但总线故障会导致整个网络的活动停止；星型拓扑结构的中心很容易诊断网络故障，但如果中央集线器出现故障，整个网络会瘫痪，各节点之间的通信量不能过大，否则很容易产生信息阻塞现象；网状拓扑结构的特点是设备之间有大量的冗余链路，但如果设备的数量较多，对整个网络的管理是难以维持的。

环型网络的性能比较稳定，能承受较重的负担。光纤以太环网能够保证网络的传输速度。光纤以太环网的优势比较多，如网络数据的负载均衡；解决主干单点故障，如果某交换机出现故障，不会导致所有服务器网络通信中断，对整个网络影响较小，任何一台交换机出现故障，环网协议均能将数据倒换到备用链路，保障网络正常运行；组网规模灵活扩展，不受主交换端口限制，任何时候扩展增加分交换数量，只需要在任何节点增加一台交换机即可完成扩容，操作简单，不会改变其他网络结构。

传统的光纤网络采用的是主干的方式，中间的任何一条连接线断掉，都至少会影响链接中的一个区域。这就给网络的安全性带来隐患。于是建立环网链路防止一处链接发生故障而影响整体网络，使网络处于冗余模式就显得非常有必要。

光纤以太环网的主要特点如下。

（1）双环逆向拓扑结构。

（2）完全分布式的访问控制方法。

（3）支持单播和广播报文。

（4）自动拓扑发现，动态 IP 管理。

（5）环节点热插拔。

（6）基于报文滑动窗处理技术等。

光纤以太环网参考模型和 OSI 参考模型对比如图 5.30 所示。

2. 网络自愈能力

电磁发射系统监测网络用于收集系统的健康状态，以保证系统安全稳定运行，所以保持监测网络自身的健康尤为重要。

光纤自愈环网的自愈能力是指环网某节点出现故障时，网络能够根据预定的协议自动转换网络结构，保证数据流的正常、信息的完整，确保系统安全运行。

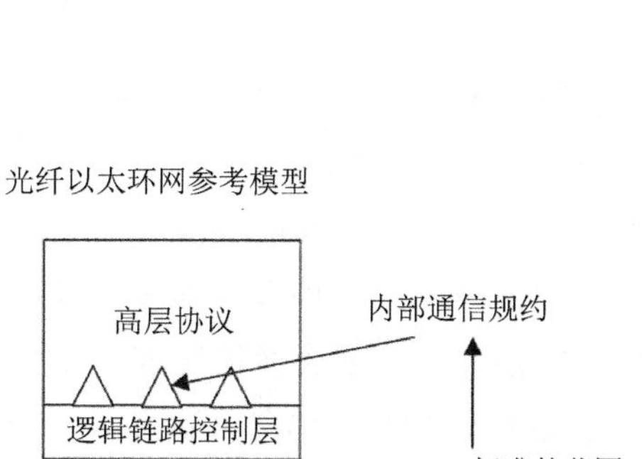

图 5.30　光纤以太环网参考模型和 OSI 参考模型对比

光纤自愈环网的基本原理为：将所有的设备的信息分布在信号流向相反的两个环上，正常时只有主环工作，备环处于备份状态，当环上某处光纤断裂或某节点发生故障时，与故障点最近的两个环网节点通过改变数据流的发送方向和接收方向，把流量由工作路径转换到方向相反的保护路径，由反向的保护路径“绕道”抵达故障点的下一节点设备，这样就绕过了故障节点，在主环和备环上自动环回，同时，主动向操作站发送网络动作切换信息，向运行人员提示故障网段，方便通信网络故障查找和恢复。

这时，环网仍然是一个闭环，通信链路保持畅通。故障点链路恢复后，备环回到备份状态。这种自愈环网极大地提高了通信的可靠性。图 5.31 所示为光纤自愈环网的构成图。

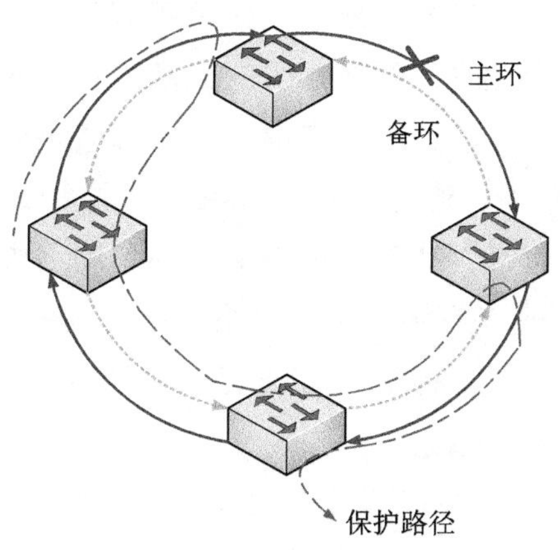

图 5.31　光纤自愈环网的构成图

通过采用一系列生成树协议，可以保证强大的网络故障自愈能力的实现。

1）STP

STP（Spanning Tree Protocol，生成树协议）的基本原理是，通过交换机之间传递一种特殊的协议报文（配置消息）来确定网络的拓扑结构。配置消息中包含足够的信息来保证交换机完成生成树计算。

STP 定义了 5 种不同的端口状态：禁止（Disable）、监听（Listening）、学习（Learning）、阻塞（Blocking）和转发（Forwarding）。其端口状态表现为在网络拓扑结构中端口状态混合（阻塞或转发）。从操作上看，阻塞状态和监听状态没有区别，都是丢弃数据帧而且不学习 MAC 地址，在转发状态下，无法知道该端口是根端口还是指定端口。

当拓扑发生变化时，新的配置消息要经过一定的时延才能传播到整个网络，这个时延称为转发延迟（Forward Delay），协议默认值是 15 s。

在所有网桥收到这个变化的消息之前，若旧拓扑结构中处于转发的端口还没有发现自己应该在新的拓扑结构中停止转发，则可能存在临时环路。为了解决临时环路的问题，STP 使用了一种定时器策略，即在端口从阻塞状态到转发状态中间加上一个只学习 MAC 地址但不参与转发的中间状态，两次状态切换的时间长度都是转发延迟，这样就可以保证在网络拓扑结构发生变化时不会产生临时环路。

2）RSTP

RSTP（Rapid Spanning Tree Protocol，快速生成树协议）是从 STP 发展过来的，其实现基本思想与 STP 一致，比 STP 模式提供了更快的收敛速度，即在网络拓扑结构发生变化时，原来冗余的交换机端口在点对点的连接条件下其端口状态可以迅速迁移，更进一步地解决了网络临时失去连通性的问题。RSTP 可应用于环型网络，通过一定的算法实现路径冗余，同时将环型网络修剪成无环路的树型网络，从而避免报文在环型网络中的增生和无限循环。RSTP 最主要的应用是避免局域网中的网络环回，解决成环以太网网络的“广播风暴”问题。从某种意义上说，RSTP 是一种网络保护技术，可以消除由于失误或者意外带来的循环连接。

在 RSTP 中只有三种端口状态：丢弃（Discarding）、学习（Learning）和转发（Forwarding）。IEEE 802.1D 中的禁止端口、监听端口、阻塞端口在 IEEE 802.1W 中统一合并为禁止端口。

RSTP 根据端口在活动拓扑中的作用，定义了 5 种端口角色：禁止端口（Disabled Port）、根端口（Root Port）、指定端口（Designated Port）、为支持 RSTP 的快速特性规定预备端口（Alternate Port）和备份端口（Backup Port）。

RSTP 加快了网络的收敛，使得收敛时间最短达到 1 s 以内。但其仍然是单生成树协议，在网络规模比较大的时候仍然会导致较长的收敛时间，在网络结构不对称时，单生成树协议还会影响网络的连通性。

3）MSTP

MSTP（Multiple Spanning Tree Protocol，多生成树协议）是由快速生成树算法扩展而得到的，定义文档是 IEEE 802.1S。MSTP 提出了域的概念，在域的内部可以生成多个生成树实例，并将 VLAN（Virtual Local Area Network，虚拟局域网）关联到相应的实例中，每个 VLAN 只能关联到一个实例中。这样在域内部每个生成树实例就形成一个逻辑上的树型拓扑结构，在域与域之间由 CIST（Common and Internal Spanning Tree，公共和内部生成树）实例将各个域连成一个大的生成树实例。各个 VLAN 内的数据在不同的生成树实例内进行转发，这样就提供了负载均衡功能。具有相同的多生成树配置信息，并且具有完全一致的 VLAN 实例映射关系同时运行 MSTP 的桥组成一个域。每个域的内部有一个主实例，称为 IST（Internal Spanning Tree，内部生成树），域和域之间有 CST（Common Spanning Tree，公共生成树）连接，这样整个网络拓扑就由 CST 和 IST 功能组成了一个树型拓扑，这个树就是 CIST。MSTP 将环型网络视为一个无环的树型网络，避免报文在环型网络中的增生和无限循环，同时还提供数据转发的多个冗余路径，在数据转发过程中实现 VLAN 数据的负载均衡。

MSTP 兼容 STP 和 RSTP，并且修正了缺陷，既可以快速收敛，也能使不同 VLAN 的流量沿各自的路径分发，从而为冗余链路提供更好的负载均衡。

5.4.2　分段供电开关的状态监测

组成了高速环网之后，即可按照相关职能加载系统监测的设备和建立数据中心，并依据不同功能分别对系统状态进行监测。

直线电机是发射系统的重要部件，为提高电机效率、降低输入容量，应采用分段供电网络形式，通过分段供电开关控制直线电机各段初级（定子）串联分段运行。直线电机有三相绕组，每相的长初级被分成多段，这样会存在大量的晶闸管开关组件。由于高速直线推进系统一般工作于高电压和强电流下，且分段供电的切换开关频繁通断，它们的性能状态将直接影响高速直线推进系统运行的可靠性，且一旦出现故障就会对系统产生较大影响，因此对分段供电开关的状态进行在线监测显得尤为重要。

1. 状态监测系统结构

基于分布式监测的原理，以直线电机分段供电开关的监测为例建立监测系统，如图 5.32 所示。

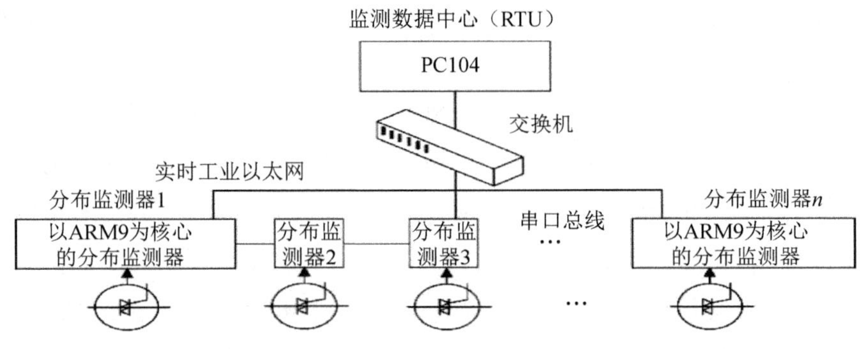

图 5.32　直线电机分段供电开关的监测

对散布在一定范围内直线电机分段供电开关的超温和短路等状态进行实时监测，各个分布监测器可通过健康状态网络与同级的分布监测器，以及上级的监测数据中心进行通信。监测系统设计为两级：第一级直接面向直线电机的分段供电开关，由若干个分布监测器组成，用于分散监测；第二级通过健康状态网络对第一级采集的直线电机分段供电开关数据进行提取汇集，由一个主监测器组成，用作监测数据中心。分布监测器主体电路结构如图 5.33 所示。

由于系统对数据的安全性要求较高，所以采用流式套接字，用 TCP（Transmission Control Protocol，传输控制协议）传输分段供电开关的状态数据。分布监测器主程序的软件流程如图 5.34 所示。

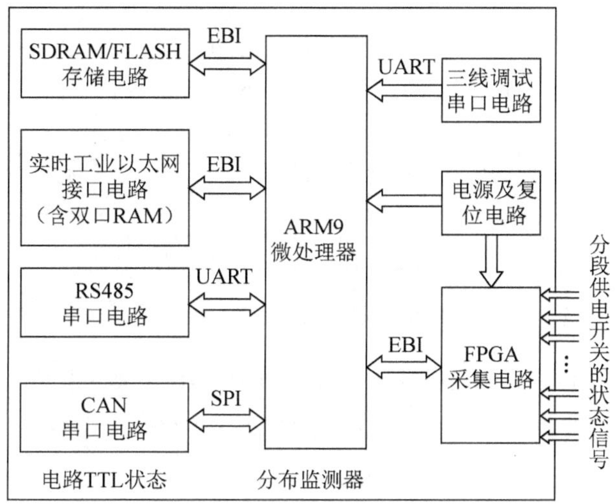

图 5.33　分布监测器主体电路结构

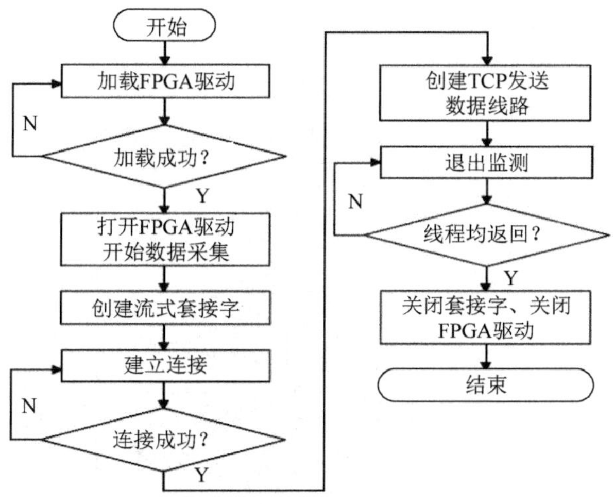

图 5.34　分布监测器主程序的软件流程

2. 监测数据中心的组成及数据传输设计

监测数据中心接收各分布监测器上传的状态数据，并进行分析和处理，提供给用户，其硬件组成框图如图 5.35 所示。

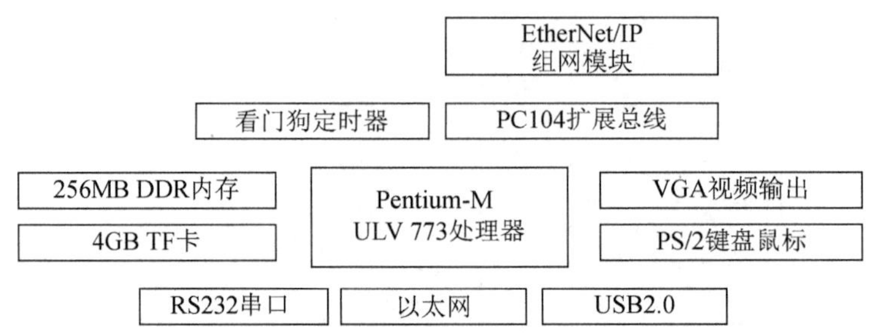

图 5.35　监测数据中心硬件组成框图

处理器通过 PC104 扩展总线与 EtherNet/IP 组网模块相连，使 PC104 数据中心支持实时工业以太网通信，提高了传输速率及通信质量。

监测数据中心主程序主要完成以下功能：①连接分布监测器；②通过以太网接收分布监测器上传的状态数据；③对分段供电开关的状态数据进行分析、处理；④通过状态矩阵将分段供电开关的状态直观地显示给用户。监测数据中心主程序的软件流程如图 5.36 所示。

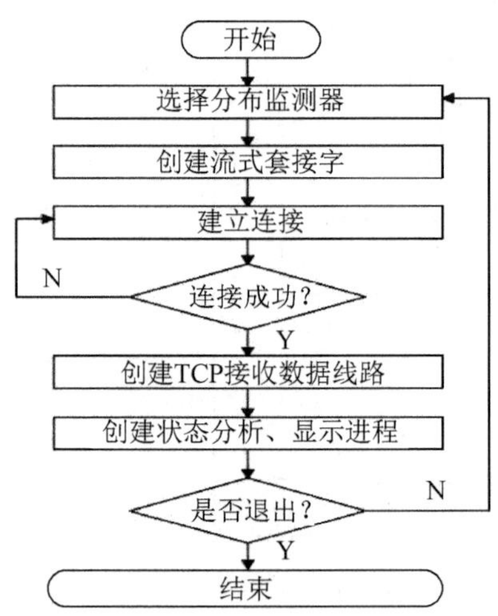

图 5.36　监测数据中心主程序的软件流程

EtherNet/IP 是一个工业使用的应用层通信协议，可应用在程序控制及其他自动化的应用中，以使控制系统及其元器件之间建立通信，如 PLC、I/O 模组等，由罗克韦尔自动化公司开发、ODVA（开放设备网络制造商协会）管理。名称中的 IP 是 Industrial Protocol（工业协议）的简称，和互联网协议（Internet Protocol，IP）没有关系。EtherNet/IP 是通用工业控制信息协议（Control and

Information Protocol，CIP）中的一部分，CIP 是一种为工业应用开发的应用层协议。它建立在单一的、与介质无关的平台上，为从工业现场到企业管理层提供无缝通信，使用户可以整合跨越不同网络的有关安全、控制、同步、运动、报文和组态等方面的信息，有助于使工程化和现场安装的开销最小化，能够很好地实现工业自动化和控制设备的互操作性和互换性。

EtherNet/IP 同时支持 CIP 的时分的和非时分的消息传输服务。时分的消息交换基于生产者/消费者模型。在这个模型中，一个传送者在网络上发送数据并被网络上的多个设备同时接收；同时支持人机界面、设备组态和编程、设备和网络诊断、与嵌入在设备中的简单网络设备管理协议和网页兼容等功能。

EtherNet/IP 巧妙地将 TCP 或 UDP（用户数据报协议）报文的数据部分嵌入了 CIP 封装协议，即将 CIP 与 TCP/IP 进行了结合。CIP 封装协议规范起到了承上启下的作用，定义了如何封装和传输上层协议报文，以及如何管理和利用下层 TCP/IP 连接，将对 TCP 和 UDP 的管理、节点间的通信连接的管理及数据交换封装在统一的封装结构中，最终形成的 EtherNet/IP 报文结构是多层协议的级联，如图 5.37 所示。

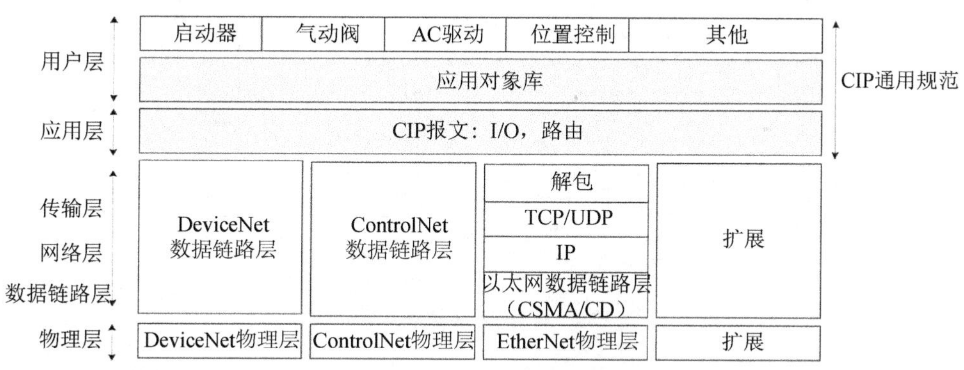

图 5.37　EtherNet/IP 通信协议模型

5.4.3　大功率晶闸管开关驱动电路状态监测

晶闸管能承受的电压和电流容量大且工作可靠。在电磁发射系统中，高压大电流电力电子装置具有重要应用。晶闸管导通工作状态受驱动信号的控制，为了获得最佳开关特性，减小开关应力和开关损耗，应根据环境温度给晶闸管门极提供相应功率的触发驱动信号。由于晶闸管工作在大功率场合，正常工作时其两端电压能达到几千伏，虽然驱动电路与晶闸管门—阴极之间使用隔离变压器进行了电气隔离，但如果环境中湿度过高，则会影响驱动电路的绝缘性能，严重时可导致灾难性故障发生，因此必须对驱动电路的工作环境的温度及湿度进行监控。

1. 状态监测系统结构

以某大功率晶闸管脉冲开关驱动电路为例，对驱动电路工作环境的温度、湿度监测电路进行详细设计，同时通过获得的环境温度值对湿度进行校准计算；另外通过分压器可以获取晶闸管阴、阳极之间电压值，从而判断晶闸管的导通、关断状态，为触发脉冲的产生和停止提供控制依据。

晶闸管开关监测系统框图如图 5.38 所示，其中：①表示由晶闸管、阻容吸收网络、分压器、温度传感器 PT100 及脉冲整形电路所构成的功率开关；②表示晶闸管驱动电路；③表示状态监测电路，由开关状态监测电路、开关温度监测电路、控制器温湿度监测电路、脉冲状态监测电路构成；④表示控制电路；⑤表示包含状态监测电路、驱动电路、控制电路的控制器；⑥表示远程单元。

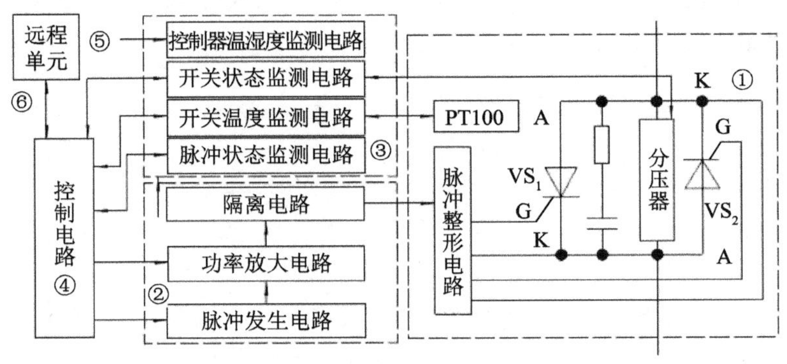

图 5.38 晶闸管开关监测系统框图

运行过程中，晶闸管开关监测系统把 PT100 得到的开关温度传送至开关温度监测电路，将分压器采样电阻获得的晶闸管阴、阳极两端电压传送至开关状态监测电路。控制电路就可根据远程单元指令和开关导通状态决定是否让驱动板产生驱动信号，同时根据温度值决定驱动信号的功率大小。触发脉冲产生后，脉冲状态监测电路实时监控本次触发是否正常并执行故障报警处理。湿度传感器获取控制器的工作环境湿度，确保控制器内具有良好的绝缘性能。4 个状态监测电路均能将其监控的状态通过控制电路上传给远程单元，进行故障报警，提醒管理人员进行故障处理。

其中，温度传感器选用 PT100，铂热电阻是温度传感器中最受关注的一种，它具有感应灵敏、温度系数大、线性度好、精度高、性能稳定、尺寸小、使用方便等特点。电压监测采用 MAX 8211/8212 高性能电压监测芯片。湿度监测可选用 HIH 系列湿度传感器。

2. 远程单元通信

由于电磁发射系统状态测点较多，监测传感器及监测电路具有不同的接口及通信形式，为了使分布式监测系统所获得的数据能够在发射集控台等上层设备上方便地查询和管理，必须在开发时选择利于分布式监测的通信方式。远程单元汇集了不同监测设备获取的监测数据信息，通过 OPC 标准发布给发射集控台，这样发射集控台可以采用非常方便的标准调用接口获取数据，由于主要的监控设备包括各种 PLC，都能够兼容其协议标准，使得监测数据能够方便地进行传输和管理。

OPC 是 Object Linking and Embedding（OLE）for Process Control 的缩写，是微软公司的对象链接和嵌入技术在过程控制方面的应用。OPC 以 OLE/COM（组件对象模型）/ DCOM（分布式组件对象模型）技术为基础，采用客户机/服务器模式，为自动化软件面向对象的开发提供了统一的标准，这个标准定义了应用微软操作系统在基于 PC（个人计算机）的客户机之间交换自动化实时数据的方法，具有较高的可靠性、开放性、可互操作性。OPC 服务器负责向 OPC 客户端不断地提供数据。OPC 服务器包括三类对象（Object）：服务器（Server）对象、组（Group）对象和项（Item）对象，如图 5.39 所示。

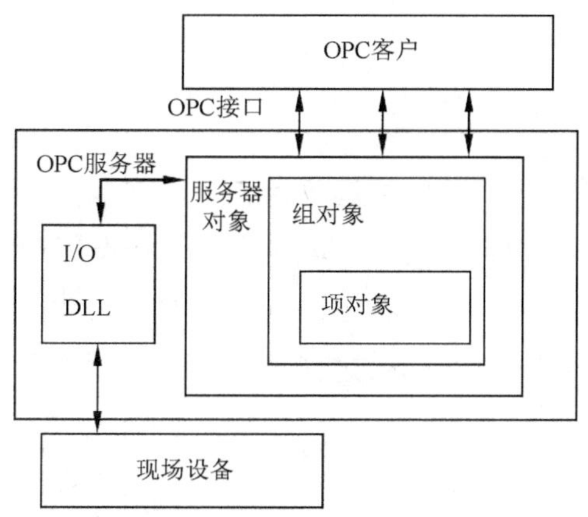

图 5.39　OPC 数据访问服务器的结构

OPC 是包括一整套接口、属性和方法的标准集，提供给用户用于过程控制和工业自动化应用。OPC 定义了各种不同的软件部件如何交互使用和分享数据，因此 OPC 能够提供通用的接口用于各种过程控制设备之间的通信，不论过程中采用什么软件和设备。OPC 主要标准如表 5.8 所示。

表 5.8　OPC 主要标准

标准	内容
Data Access	数据存取规范
Alarms and Events	报警和事件规范
Historical Data Access	历史数据存取规范
Batch	批量过程规范
Security	安全性规范
Compliance	数据访问标准的测试工具
OPC XML	过程数据的 XML 规范
OPC eXchange	数据交换规范
OPC Commands	命令规范
OPC Common I/O	公共 I/O 规范

由于采用 OPC 技术，系统结构更简单、寿命更长，同时现场设备与系统的连接也更简单、灵活、方便。因此，OPC 技术在控制领域得到了广泛的应用，如数据采集、历史数据访问、报警和事件处理、数据冗余设计、远程数据访问等。

5.4.4　状态监测信息数据库

电磁发射系统需要监测的内部健康状态量比较多，结合系统的功能设备组成，需要监测的状态量包括上述的分段供电开关状态、开关驱动电路温湿度状态等，还需要监测系统中的电机状态，以及水温、振动、绝缘等状态。

以电磁发射系统某电机设备的相关数据为例，为其进行数据表设计，如表 5.9 所示。

表 5.9　某电机设备的相关数据

序号	励磁绕组温度	转速	入口水温	出口水温	励磁电流	母线电压	轴瓦振动	输出电压	入口水流量	出口水流量	绕组绝缘状态
1											
2											

由于监测的数据量大，种类繁杂，因此必须对系统的数据进行系统管理，借助专业数据库系统及数据库管理系统实现状态监测信息的存储与传输共享等功能。相关数据库及数据库管理系统等方面的知识，读者可参考其他专业图书，本书不做赘述。

5.4.5　监测网络管理技术

电磁发射系统内部健康状态监测网络运行过程中，需要对监测网络进行管理以保证系统正常运行。

网络管理通常指实时网络监控，以便在不利的条件下（如过载、故障）使网络的性能仍能达到最佳。简单网络管理协议（SNMP）使用方便，应用较为广泛。

有关 SNMP 相关知识读者可参考其他图书，本书不做赘述。

5.5　电磁发射系统故障诊断技术

电磁发射系统设备、线路等分布复杂，系统能量高，实时性强。为保证系统的安全性，必须及时分析、排除运行过程中出现的故障，实现系统的功能检查与故障诊断。

在电磁发射系统中，为使发射体达到较高的初速度，动力冲程一般较长。为提高能量效率、降低输入容量，多采用分段供电网络形式，通过分段供电开关控制直线电机各段初级（定子）串联分段运行。此类高速直线推进系统一般工作于高电压和强电流下，且分段供电的切换开关须频繁通断，故开关组件及其分段供电切换传感器的性能状态将直接影响高速直线推进系统运行的可靠性。因此，对分段供电开关的故障状态进行在线监测诊断显得尤为重要。

5.5.1 分段供电切换传感器故障诊断

分段供电的控制经常采用“传感器 + 控制器 + 切换开关”的模式。分段供电切换传感器是多段直线电机控制系统的重要部件。切换传感器安装于每段的特定位置。典型的分段供电切换控制系统的结构如图 5.40 所示。

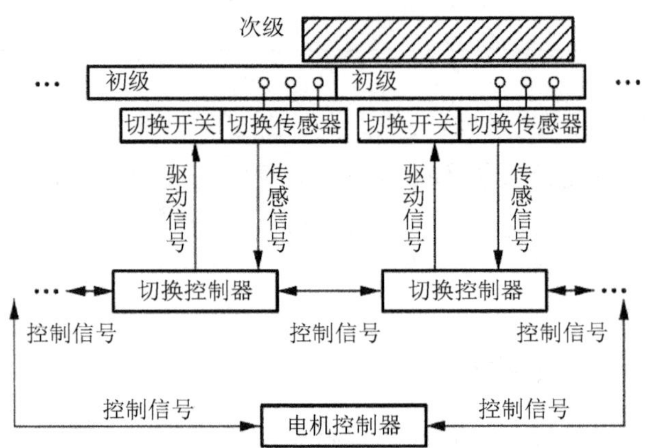

图 5.40 典型的分段供电切换控制系统的结构

以次级作为切换传感器感应的对象，当某一路传感器感应到次级时，输出高电平信号，当未感应到次级时，输出低电平信号，切换控制器根据切换传感器，以及相邻切换控制器之间的控制信号，产生控制切换开关通断的控制指令。

切换传感器的常见故障情况包括：①偶发异常高电平，即不应该高电平的时候发出高电平信号；②偶发异常低电平，即未正常发出高电平信号；③持续异常高电平，即运行全过程中都发出高电平信号；④持续异常低电平，即运行全过程中都发出低电平信号。前两种故障一般是由干扰或硬件性能下降导致的，后两种故障一般是由硬件完全失效导致的。

传感器故障诊断有多种途径，主要包括硬件冗余、分析冗余和时序冗余等，使用的方法和理论也多种多样，比如基于卡尔曼滤波方程组、基于小波包变换和支持向量机、Hilbert-Huang 变换和自适应滤波的方法、基于动态不确定度等。本节对基于有向图的搜索算法进行介绍。

基于有向图的搜索算法能够根据测量的传感器信号时序估计传感器系统的状态变迁过程，并通过系统标准信号集合进行故障定位。该算法对采集的传感器信号数据进行压缩，以提高计算的效率；研究切换传感器信号与次级运动的变化规律，定义标准信号集合；给出计算传感器信号差异度的方法，作为分析信号相似程度的量化指标；将问题表示为基于有向图的搜索问题，并根据问题的特点缩小搜索的范围。

在由 M 个传感器组成的系统中，由于传感器按一定的空间位置排列，在次级的运动过程中，在不出现故障的情况下，传感器信号固定地按一定的时序变化。传感器信号变化与次级位移的关系如图 5.41 所示，其中 x 轴表示传感器位置，y 轴表示编码器位移。据此可以得到标准信号序列，反映了次级在某个位置时各传感器应出现的正常信号。

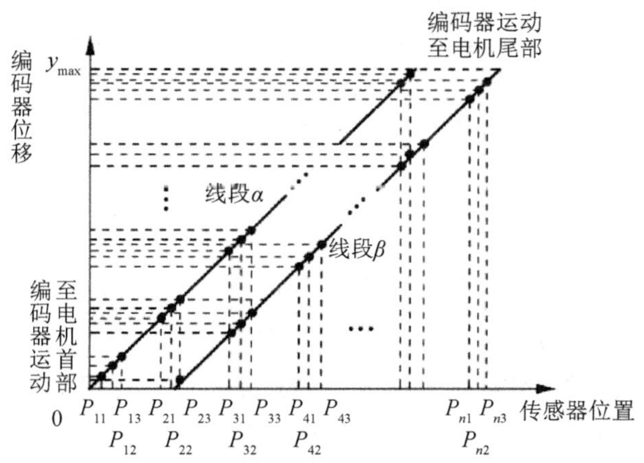

图 5.41　传感器信号变化与次级位移的关系

对测量信号与各种标准信号的差异度进行加权，可以得到判别矩阵，即

$$\boldsymbol{\Omega}=\boldsymbol{\Omega}'H=\begin{bmatrix}\omega_{11} & \omega_{12} & \cdots & \omega_{1K}\\ \omega_{21} & \omega_{22} & \cdots & \omega_{2K}\\ \vdots & \vdots & & \vdots\\ \omega_{N1} & \omega_{N2} & \cdots & \omega_{NK}\end{bmatrix}$$

将传感器系统状态变迁的所有可能性表示为图 5.42 所示的有向图。其中的每行表示系统的一种状态，从左到右的各列表示变化的先后次序，每个节点 (i, j) 表示在系统第 j 次变化中处于第 i 种状态。在有向图中采用路径搜索相关算法进行求解，即可进行传感器故障诊断。

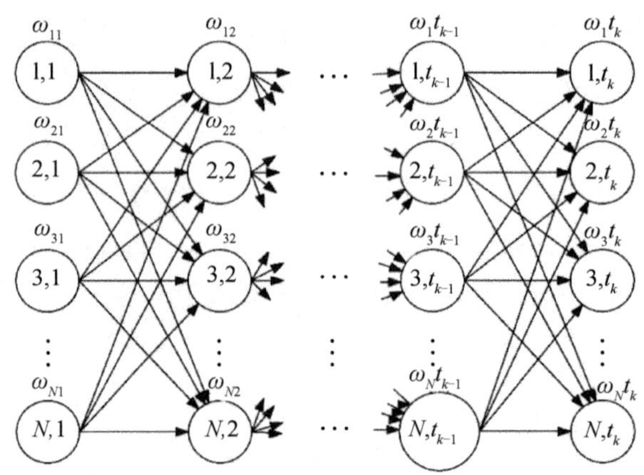

图 5.42　系统状态变迁有向图

5.5.2　分段供电切换开关故障诊断

切换开关是实现分段供电的主要功率部件，采用分段供电的直线电机具有能效高、适装性好等特点。切换开关作为其核心部件之一，主要负责执行供电通路的切换，一旦发生故障极易造成系统失效，因此对切换开关进行及时有效的故障诊断与定位具有重要的意义。切换开关往往采用晶闸管反并联结构。单相切换开关的晶闸管原理如图 5.43 所示。

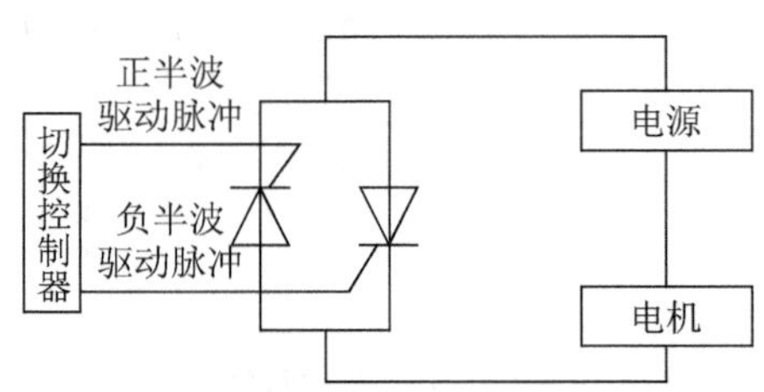

图 5.43　单相切换开关的晶闸管原理

晶闸管的故障类型主要有关断和直通两种。关断故障是指晶闸管不论是否收到驱动信号，都始终不导通；而直通故障是指晶闸管不论是否收到驱动信号，都处于导通状态。下面以关断故障为例进行讨论。

切换开关一般独立或串联使用，正常情况下，如果不考虑暂态情况，当正半波和负半波驱动脉冲都存在的情况下，切换开关可实现交流电的双向导通；然而在驱动脉冲丢失或者晶闸管发生断路故障的情况下，可能会出现半波关断或者全部关断的情况。各种状况下的电流波形如图 5.44 所示。

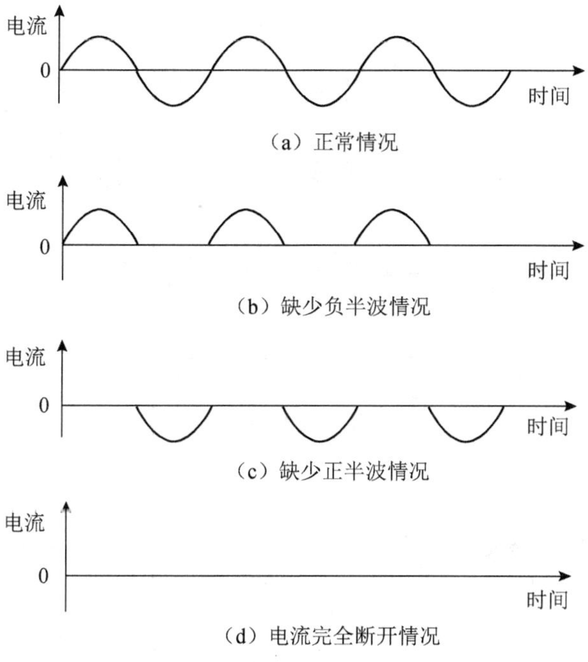

图 5.44　各种状况下的电流波形

下面介绍一种采用电流过零信号占空比和电流局部积分作为特征值，进行切换开关的关断故障诊断与定位的方法。在实际应用中，分段供电直线电机工作时往往会产生大量实时录波数据，易导致计算的时间开销过大。为了保证故障诊断功能的时效性，需要采用快速数值计算方法，能够准确、高效地计算电流过零信号占空比和电流局部积分。

将电流过零信号表示为时间轴上的分段函数：

$$z(t)=\begin{cases}0, & t\text{接近电流过零时刻}\\ 1, & t\text{远离电流过零时刻}\end{cases}$$

设电周期为 $T(t)=1/f(x)$，电流过零信号占空比记为 $\varLambda(t)$，可按下式计算：

$$\varLambda(t)=\frac{1}{T(t)}\int_{t-\frac{T(t)}{2}}^{t+\frac{T(t)}{2}} z(x)\mathrm{d}x$$

式中，x 表示直线电机前进方向的位置。

定义 t 时刻的电流局部积分 $\gamma(t)$，可按下式计算：

$$\gamma(t)=\frac{1}{T(t)}\int_{t-\frac{T(t)}{2}}^{t+\frac{T(t)}{2}}\frac{i(x)}{T(x)}\mathrm{d}x$$

$\gamma(t)$ 表示在电流过零信号一个周期内，对电流的积分特征，此特征可分辨 1 个电周期内电流总体的趋势。

利用样机对故障诊断方法进行实验验证，切换开关关断故障诊断系统方案如图 5.45 所示。

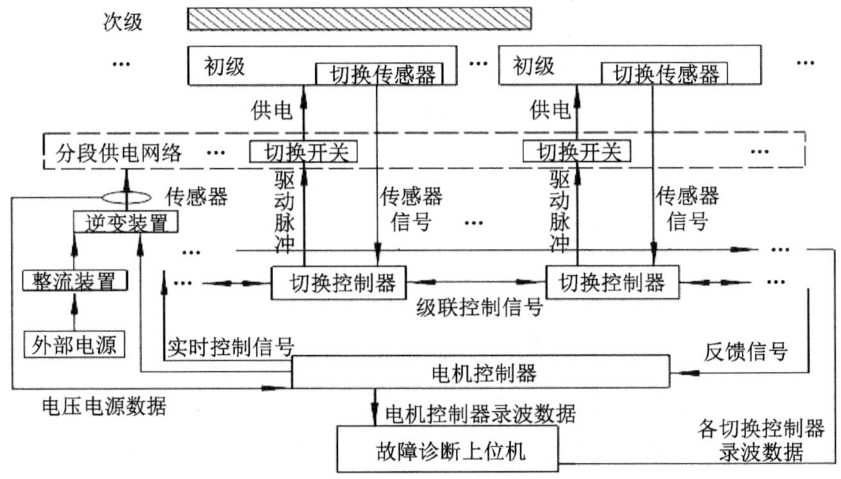

图 5.45 切换开关关断故障诊断系统方案

图 5.46 中给出了半波关断情况下的 A、B、C 三相电流及其过零信号占空比、局部积分。识别结果是第 6 段电机切换开关的 A 相负半波异常关断。

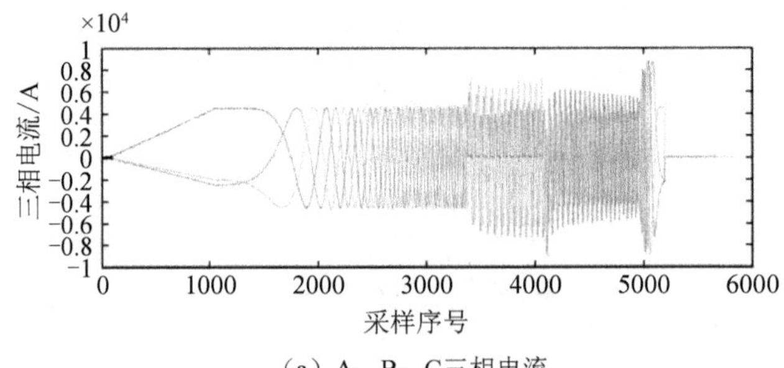

（a）A、B、C三相电流

图 5.46 半波关断情况下的 A、B、C 三相电流及其过零信号占空比、局部积分

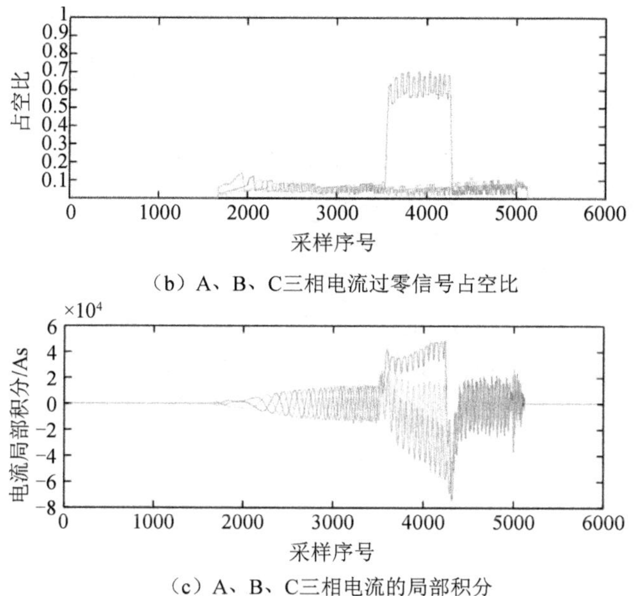

（b）A、B、C三相电流过零信号占空比

（c）A、B、C三相电流的局部积分

图 5.46 半波关断情况下的 A、B、C 三相电流及其过零信号占空比、局部积分（续）

5.5.3 分段供电驱动脉冲信号异常检测

驱动脉冲是一组逻辑脉冲序列，如 PWM 波信号，常用于控制电力电子设备，以实现对电能变换过程的控制。

为保证对被控对象的正常驱动，驱动脉冲必须满足一定的要求。通过对驱动脉冲进行识别与分析，可以实现故障诊断功能。

与大多数电力电子装置的脉宽调制方式不同，分段供电晶闸管所使用的脉冲周期和占空比是固定不变的。在工作环境较恶劣，又对系统性能要求较严格的情况下，必须保证驱动脉冲信号的稳定、均匀。因此，在进行故障诊断的过程中，不仅需要判断驱动脉冲信号的均匀性和稳定性，还需要对驱动脉冲信号的起始时刻和停止时刻进行识别。

驱动脉冲信号的分析应用领域比较广泛，例如：通过提取信号脉冲包络与频率参数，实现对雷达信号的识别；通过机器学习对电磁脉冲的相位特征进行挖掘，从而将其应用于导弹的制导算法；通过自适应滤波算法，实现石油勘探中对泥浆脉冲信号的识别；通过小波分析的方法，对地震动速度脉冲进行定量识别，从而研究了隔震结构的可靠性。

本节介绍一种采用样本均衡的 BP（Back Propagation，反向传播）神经网络算法，实现对驱动脉冲频率及占空比异常的识别。针对分段供电的驱动脉冲信号的特征分析与边界识别问题，通过测量矩阵对驱动脉冲信号进行相似度分析。

将驱动脉冲信号考虑为周期性布尔信号，使用 1 表示高电平，−1 表示低电平。理想的驱动脉冲信号示意图如图 5.47 所示。

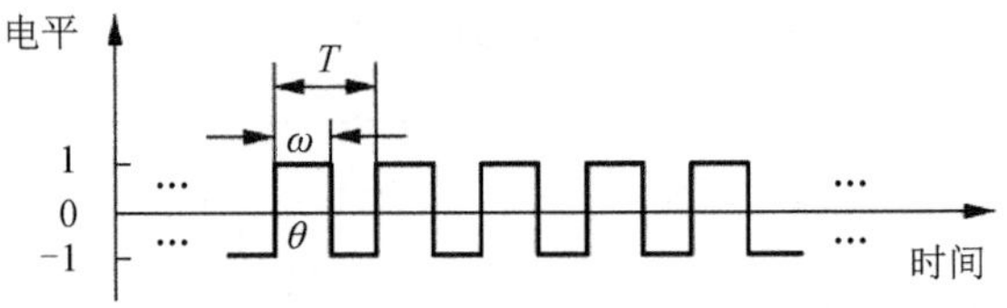

图 5.47 理想的驱动脉冲信号示意图

该信号可以表示为

$$x_0(t)=\begin{cases}1,\bmod(t-\theta,T)\leqslant\omega\\-1,\bmod(t-\theta,T)>\omega\end{cases}$$

式中，t 为时间；θ 为第一个上升沿的时刻（本书中也称为“初始相位”）；T 为周期；ω 为一个周期内高电平的持续时间；$\bmod(t-\theta,T)$ 为 $t-\theta$ 对 T 取余数的运算。因此，占空比可表示为 ω/T，频率可表示为 $1/T$。

构造 BP 神经网络对各种信号进行学习，其输入是不同尺度上观测信号与标准信号的相似度，如图 5.48 所示，D 表示输入信号，L 表示隐藏层权重，O 表示输出。

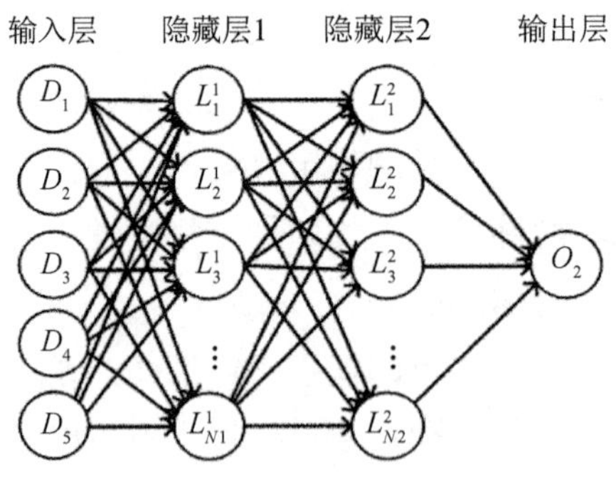

图 5.48 BP 神经网络结构

图 5.49 给出了正常驱动脉冲和异常驱动脉冲的识别结果。

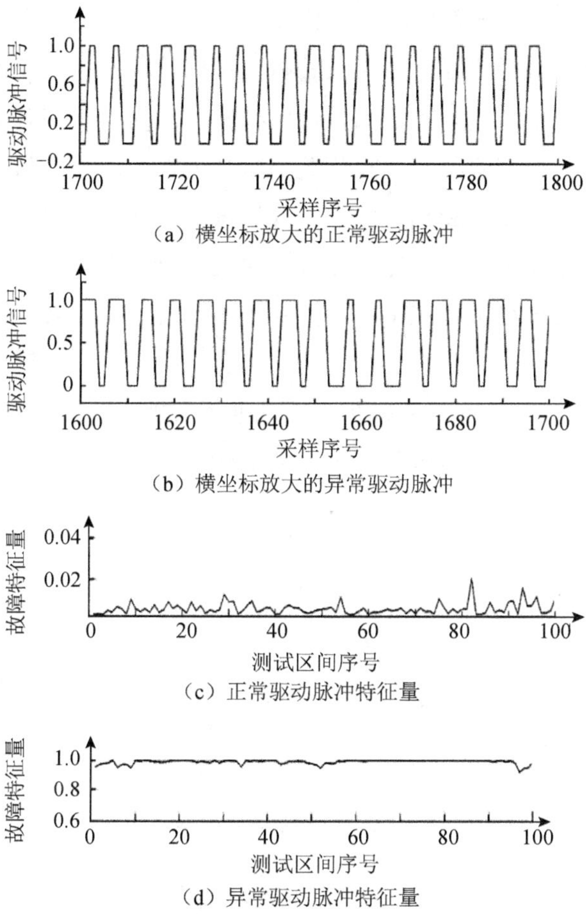

图 5.49　正常驱动脉冲和异常驱动脉冲的识别结果

由图 5.49 可知，正常驱动脉冲检测得到的特征量非常接近于 0 ，异常驱动脉冲检测得到的特征量非常接近于 1 。因此，该算法在这两组典型数据的对比中表现出了较好的区分度。

5.5.4　发电机绝缘故障诊断

通常在发电机运行过程中，检测系统记录设备运行状态生成了大量历史数据，信息表和决策表是历史数据的具体体现。对于如何从历史数据中获取相关特征量及其权重而不受主观人为影响，是故障诊断的重要研究内容。

发电机故障诊断所采用的方法众多，如综合知识库模型、加权模糊核聚类方法、蒙特卡罗模拟法、相似度方法等。

本节介绍一种基于相似度的发电机故障诊断算法，从历史数据入手，分析与同步发电机励磁绕组绝缘故障相关的特征量的选取，利用粗糙集得到能够有效反映属性的重要程度，以此求出特征量权重，从而消除主观因素的影响。在此基础上，以与设备健康状态直接相关的特征为判断对象，与同工况历史数据进行相似度分析，快速判断相关状态，并根据判定准则完成诊断。

对于不同的故障情况，首先进行故障模式评价，要考虑故障影响严重度、故障发生概率和故障可测性三个方面。对于不同的故障模式，一般都可以对应一组特征参数。

故障模式的三要素如图 5.50 所示。可见，离原点越远，则故障模式越重要。通过故障模式分析，可以选择出重要的故障模式进行重点分析。

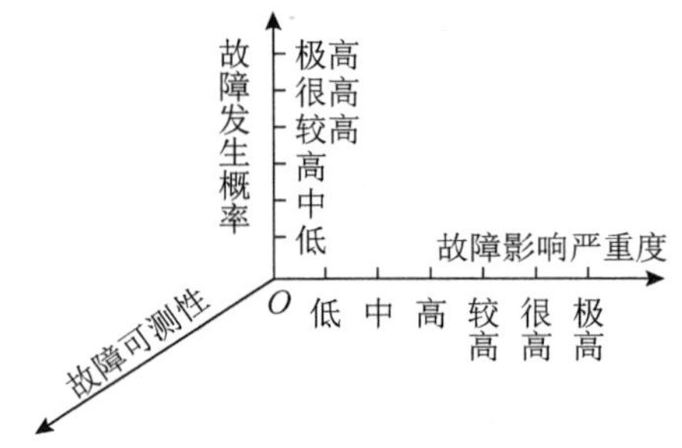

图 5.50 故障模式的三要素

获得重要的故障模式后，就需要了解状态与故障之间的关系及其影响程度，确定特征量及其权重。

对历史数据进行分析，通过故障模式的分类将重要故障模式进行特征量选择和权重计算，形成故障诊断规则知识库。若检测到健康状态越阈，则进入故障诊断流程，如图 5.51 所示。

轻微的绝缘故障不会对发电机产生严重的影响，若长期带故障运行，则会给发电机带来严重的安全隐患。若绝缘故障的某些相关参数发生异常变化，超出波动值范围，则认为已出现发生该故障的征兆。此时，进行故障模式的相关特征量特征计算判断，从诸多特征中即可找出引起该故障征兆的所有可能原因及其可信度，从而较为准确地查明引起某一设备故障的原因。

根据无刷励磁同步发电机的组成框图（见图 5.52）可知，励磁绕组温度、励磁电流 I_{rm}、母线电压 U_{dc} 和轴瓦振动可以作为绕组绝缘状态监测特征量。根据相关特征量得到故障因子，根据故障因子可判断故障的类型。

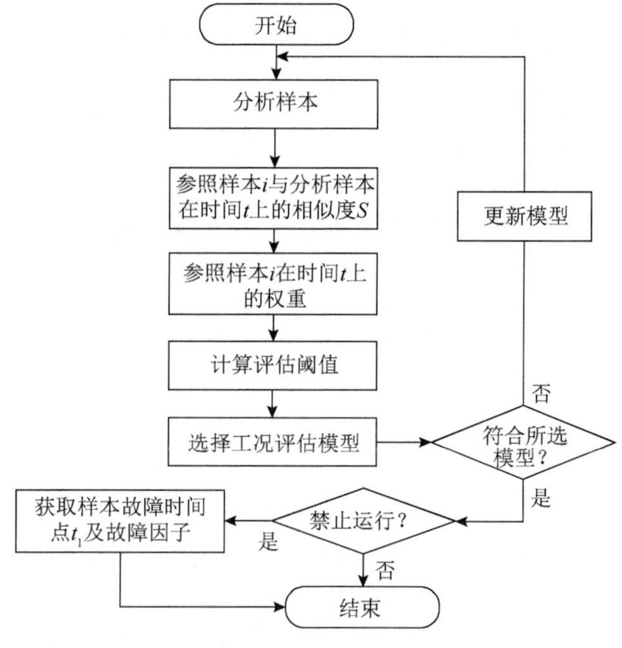

图 5.51　诊断流程图

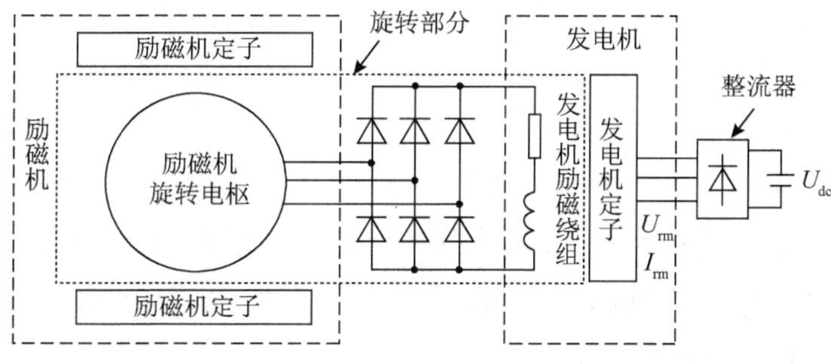

图 5.52　无刷励磁同步发电机的组成框图

当发电机绝缘故障发生异常时，异常机组与其他正常机组相似度值发生偏离。由图 5.53 可知，第三台机组绝缘故障因子始终偏高，出现了异常状况。对于同步发电机的其他故障也可以通过类似计算来判断。

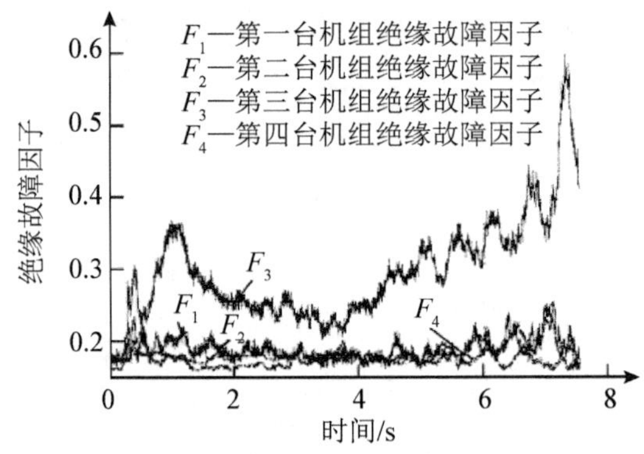

图 5.53　绝缘故障融合曲线

5.5.5　分布式系统故障诊断框架

电磁发射系统网络规模较大，系统设备、线路等分布复杂，因此从系统角度看，有效的状态监测和故障诊断对设备长周期安全稳定运行具有十分重要的意义。

系统故障诊断方法较多，如基于模糊集理论、人工神经网络、贝叶斯网络、专家系统和 Petri 网络等。一般来讲，单一的故障诊断手段对某些故障行之有效，但对复杂大系统的效果并不明显。

本节介绍一种针对分布式系统的专家故障诊断系统，对较难推理建模的大规模电力系统具有一定的优势。

系统整体设计方案如图 5.54 所示，是一种对通信透明的数据集成框架，能够实现电力系统多种常用协议通信的无缝连接，适用于多通信协议设备的数据集成。在此基础上设计出合理的模糊知识库框架，以及较为完善的推理算法，实现了系统设备的故障定位。

系统采用分层分布式结构，将大量处理运算的数据放在远端监测单元中。信息流作为电力系统的信息有效载体，控制电力系统能量流的流动。

系统模型包括 4 个层次，即设备层、通信网络层、数据管理层、数据应用层。设备层包括分布在现场的传感器和采集系统；通信网络层是信息流的传输通道，包括数据网、双冗余健康网及双冗余控制网，三网独立；数据管理层管理全系统实时故障信息“快照”和一定时期的日志及状态信息，以备查询、分析和培训使用；数据应用层负责系统的故障诊断及日常维护功能。

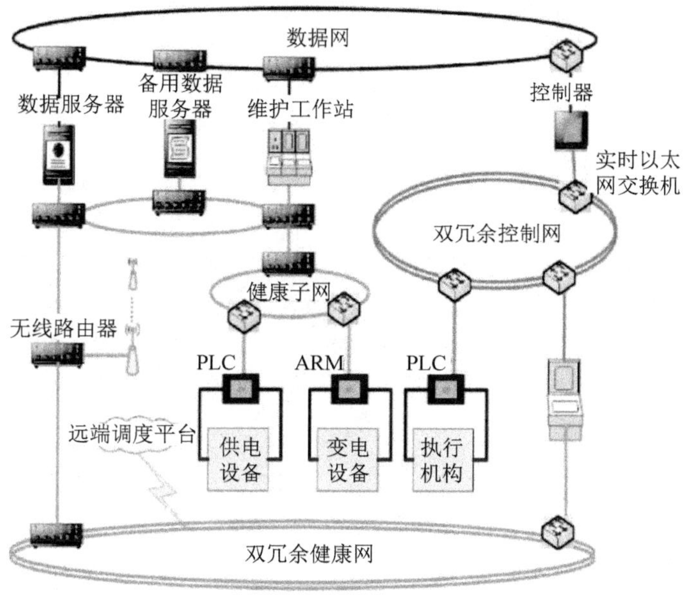

图 5.54　系统整体设计方案

在数据应用层中，故障诊断系统主要由三部分构成：数据综合管理平台、故障诊断模块、融合诊断模块，如图 5.55 所示。

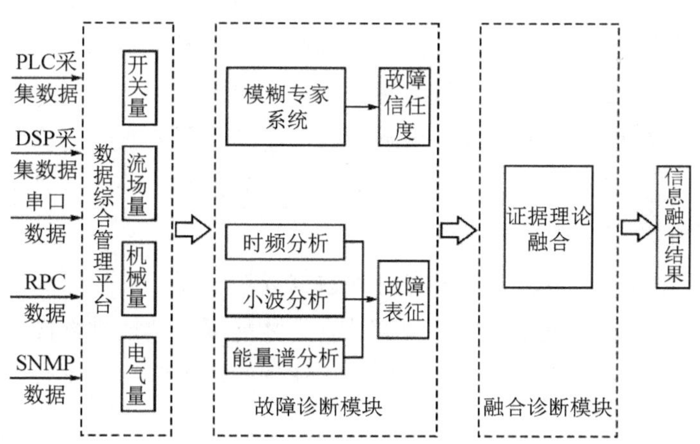

图 5.55　故障诊断系统总体结构

模糊专家系统弥补了传统专家系统对不确定性描述的不足，其核心是知识库和推理算法。

知识库实质上就是系统故障和导致故障诸因素之间的逻辑关系的描述集

合。这个集合可以用特定的图形故障树来建立。例如，电机振动故障树如图 5.56 所示。

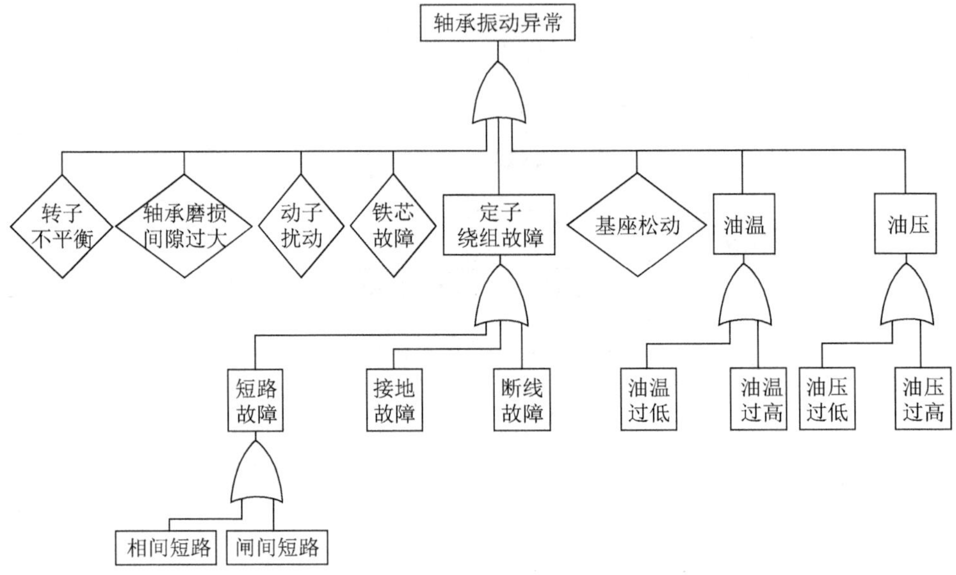

图 5.56 电机振动故障树

通过故障树，可以将故障征兆与故障原因的关系描述成矩阵并参与计算。故障隶属度表示故障征兆隶属故障原因的程度。隶属度的确定主要通过经验法、专家打分、专家经验权值等方法标准化后得到。

采用模糊推理算法进行故障检测，因为传感器所获取的信息或多或少地受一些干扰因素的影响，故障集合与故障特征之间也并不是一一对应的关系，相互之间的影响具有一定的模糊性。

在实际诊断系统中，还需要有录波数据分析功能，当故障发生后，能够通过分析故障波形确定故障表征，两者结合，才能更有效地进行诊断。在构建故障专家库时，对于阈值和权值的选取是系统能够准确定位的关键，需要结合专家经验进行。

5.6 小结

电磁发射控制系统负责协调储能分系统、大功率变流分系统、发射执行机构及其他附属设备协同工作，以满足发射体运动轨迹的约束要求。本章首先介绍了发射轨迹生成与流程控制，围绕这一目标，依次分析了发射轨迹跟踪控制技术、磁栅式与光栅式直线位置检测技术、激光干涉测速技术等；然后围绕电磁发射系统的健康状态监测，介绍了网络拓扑、信息数据库等技术；最后围绕电磁发射系统的故障诊断，介绍了切换传感器故障、切换开关故障、驱动脉冲信号故障、发电机绝缘故障等的诊断技术。

第 6 章

电磁发射技术应用及展望

进入 21 世纪，随着储能技术、电力电子技术、直线电机技术及控制技术的发展，实用化的电磁发射系统已经逐步得到了应用。其中最引人关注的就是电磁弹射器代替传统的蒸汽弹射器开始装备航母，以电磁炮为代表的高能武器也逐步开始投入使用。电磁发射系统还具备一个很重要的优势，即它所使用的技术具有通用性的特点，很容易应用到民用领域。其中，储能技术可以用于电网调峰，直线电机技术则可应用于民用轨道交通、工业传输等产业。电磁发射系统涉及的技术与民用领域相关的技术，可以起到互为借鉴、互为促进的作用。电磁发射技术的一系列独特优点，展现出它美好、广阔的发展前景。

本章将对电磁弹射系统、电磁轨道炮系统、电磁感应线圈炮系统、火箭导弹电磁发射系统等技术应用进行总结并做展望。

6.1 电磁弹射系统

电磁弹射系统是一种利用直线电机产生的电磁力将舰载机加速到起飞速度的新型高效能弹射系统。它是以信息技术为代表的第三次工业革命的产物，不但适应了现代航母电气化、信息化的发展需要，而且具有准备时间短、出动率高、弹射能级大、弹射机种多、弹射过载小、能量效率高、运行成本低、维护人员少、可靠性高、适装性好等突出优点，能大幅提高航母综合作战效能，是现代航母的核心技术和标志性技术之一。

6.1.1 电磁弹射系统组成

电磁弹射系统是一种以电磁力为动力源，将固定翼飞机从航母甲板上弹射起飞的新型高效能弹射装置。由于直线电机一系列的优点，电磁弹射系统一般采用直线电机作为执行机构。无论是采用直线感应电机还是采用永磁直线感应电机，其额定功率都非常大。以美军的电磁弹射系统（弹射飞机质量为 45 t，弹射末端速度为 100 m/s，弹射行程为 100 m）为例，其最大弹射能量为 200 MJ，以弹射时间 2 s 计算，峰值功率超过 100 MW。显然直接从舰船电网获取 100 MW 的功率不太现实，必须增加能量存储分系统，采用相对较小的功率进行储能，然后大功率向直线电机提供瞬时能量。同时，为了满足直线电机所需的变频变压的能量需求，实现对弹射负载的精确控制，还需要弹射控制分系统的参与。电磁弹射系统的典型组成如图 6.1 所示。

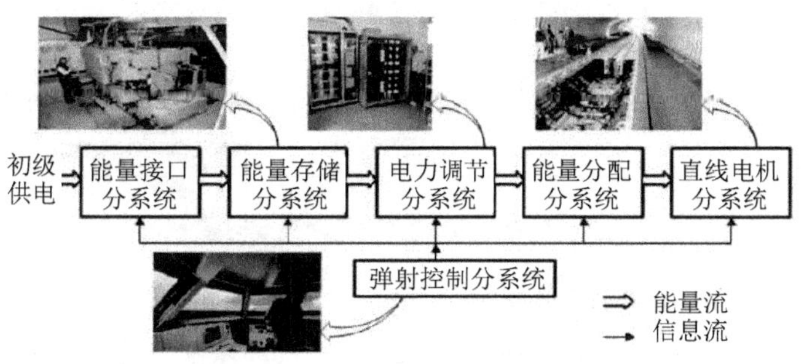

图 6.1　电磁弹射系统的典型组成

对于能量流，一般航母的供电系统不能直接输出到能量存储分系统，要经过能量接口分系统。例如，当能量存储分系统为蓄电池时，电网要经过变压器及整流器输出到蓄电池，给蓄电池充电。如果能量存储分系统采用飞轮储能，还需要增加一个逆变环节，将经过变压器降压且整流的直流电逆变成满足飞轮储能要求的交流电。同时，能量存储分系统存储的能量不能直接输出到直线电机分系统，一般需要经过电力调节分系统，将小功率存储的能量经过脉冲能量变换输出到能量分配分系统，能量分配分系统的核心实际上就是大功率开关，负责按照弹射的要求，将电力变换后的电能输出到直线电机分系统，从而产生用户期望的电磁力，将飞机弹射出去。

对于信息流，弹射控制分系统负责调节能量存储分系统的能量释放，控制大功率变流系统的能量输出，对脉冲发射装置输出的电磁力进行精确控制，满足不同发射载荷对速度和加速度的要求。

6.1.2 电磁弹射系统仿真分析

电磁弹射系统的执行机构一般为直线感应电磁弹射器和永磁无刷电磁弹射器。下面以直线感应电磁弹射器为例对电磁弹射系统进行仿真分析。电磁弹射系统的核心是对直线电机的控制，图 6.2 给出了长初级直线感应弹射电机矢量控制基本框图。

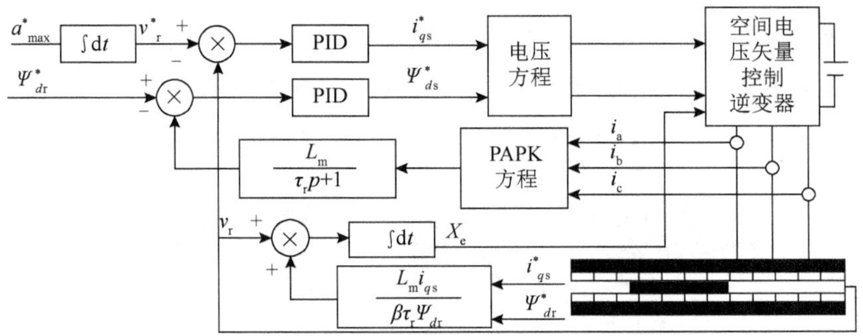

图 6.2 长初级直线感应弹射电机矢量控制基本框图

矢量控制也称为磁场定向控制（FOC），是一种利用变频器控制三相交流电机的技术，通过调整变频器的输出频率、输出电压的大小及角度来控制电机的输出。矢量控制通过矢量变换方法将定子电流分解为励磁分量和与此垂直的推力分量，参照直流调速系统的控制方法，分别独立地对两个电流分量进行控制，从而实现定子电流的解耦。保持励磁分量恒定就可以保持主磁通不变，根据所需推力的大小计算得到推力分量，从而控制 PWM 逆变器产生相应的开关动作，得到所需的定子电压量，以驱动弹射电机达到预期的末速度。矢量控制使传动系统的动态特性得到了显著的改善，能较好地满足弹射电机的要求。

旋转感应电机矢量控制的原理类似于他励直流电机的调速，通过对电机的磁通和转矩分别进行独立控制，可以使感应电机变频调速系统具有与直流传动系统一样的理想动态性能。同理，根据旋转感应电机与直线感应弹射电机之间的转换关系，可以对直线感应弹射电机进行矢量控制。其输入指令为转子磁链和最大加速度。磁通环作为内环进行快速调节，速度环作为外环，通过引入双 PID 控制器，对动子磁链和速度进行动态调整。

表 6.1 给出了典型舰载机电磁弹射系统的主要技术参数及性能指标。在电磁弹射过程中，次级导电板在电磁推力的作用下牵引载荷在极短时间内加速，因此在电磁设计时应首先根据载荷质量与加速距离估算直线感应弹射电机所需的电磁推力。

表 6.1　典型舰载机电磁弹射系统的主要技术参数及性能指标

参数	符号	数值	单位
最大加速距离	s_1	100	m
次级的最小制动距离	s_2	10	m
载荷质量	M	25 000	kg
末速度	v_f	100	m/s
最大动能	E_{max}	120	MJ
最大推力	F_{max}	1.3	MN
两次弹射之间的最短时间间隔	t_{min}	50	s

假设载荷由静止开始以恒定的加速度 a_1 被加速到末速度 v_f，则加速时间 $t_1=2s_1/\ v_f=2$ s，加速度 $a_1=v_f\ /\ t_1=100/2=50\ \text{m/s}^2$。当忽略次级导电板的质量时，所需要的电磁推力 $F_1=Ma_1=2500\times50=1.25$ MN。

设计两台应用于电磁弹射系统的长初级双边直线感应弹射电机，两台电机的初级绕组均为三相 Y 形连接。一台为同步速度 v_s=67.7 m/s、额定电磁推力 F_N=4 kN 的小推力样机 A，另一台为满足表 6.1 技术指标的、同步速度 v_s=120 m/s、额定电磁推力 F_N=1.345 MN 的大推力样机 B。两台样机的额定参数如表 6.2 所示，结构参数如表 6.3 所示，额定阻抗参数如表 6.4 所示。

表 6.2　样机 A 和样机 B 的额定参数

参数	符号	样机 A		样机 B	
		数值	单位	数值	单位
线电压	U_N	1000	V	10	kV
频率	f_N	400	Hz	120	Hz
同步速度	v_s	67.7	m/s	120	m/s
次级极对数	p	4	—	4	—
额定电磁推力	F_N	4	kN	1.345	MN
电流	I_N	360.8	A	18.48	kA
输入容量	S_m	624.9	kVA	320.2	MVA
输出功率	P_N	244.4	kW	140.5	MW
能量效率	η	83.51	%	86.09	%
功率因数	$\cos\varphi$	0.4684	—	0.501	—
转差率	$s_N\cos\varphi$	0.09629	—	0.1113	—

表 6.3 样机 A 和样机 B 的结构参数

参数	符号	样机 A		样机 B	
		数值	单位	数值	单位
初级铁芯长度	L_1	754	mm	4.46	m
初级铁芯宽度	$2a$	160	mm	1.6	m
初级铁芯高度	h_{stack}	70	mm	0.4	m
单边机械气隙长度	δ	2	mm	2	cm
次级长度	L_2	754	mm	4.46	m
次级宽度	$2c$	214	mm	1.92	m
次级厚度	$2d$	5	mm	4	cm
单边槽数	$Z_{1a'}$	53	—	53	—

表 6.4 样机 A 和样机 B 的额定阻抗参数

参数	符号	样机 A		样机 B	
		数值	单位	数值	单位
初级电阻	r_s	33.36	mΩ	1.53	mΩ
初级漏抗	x_{ls}	0.6102	Ω	0.148	Ω
励磁电抗	x_m	1.436	Ω	0.2987	Ω
端部效应系数修正后的励磁电抗	X_m	1.443	Ω	0.3275	Ω
次级电阻	r'_r	0.05588	Ω	0.0105	Ω
端部效应系数修正后的次级电阻	R'_r	0.1578	Ω	0.0279	Ω
次级漏抗	x'_{lr}	0.9052	mΩ	0.4	mΩ
品质因素	G	25.2	—	28.4	—

根据图 6.1 所示，在 MATLAB/Simulink 环境下对样机 A 在矢量控制时的动态性能进行仿真。在仿真时，设定速度 PID 控制器的比例系数 P=5000，积分系数 I=10。次级磁链指令值 Ψ^*_{dr} 的确定方法如下：在理想空载时，初级电流仅用于建立初级磁链和次级磁链，电机不产生电磁推力，在同步 $dq0$ 坐标系下的电压方程和磁链方程中，令 D=0，$\omega_c-\omega_r=0$, $i'_{qr}=i'_{dr}=0$，经过运算后可得次级磁链给定值 Ψ'^*_{dr}=0.1614 Wb。

样机 A 矢量控制时相关性能参数的仿真结果如图 6.3 所示。图 6.3（a）表明加速度、速度和位移与由电磁弹射曲线计算出的指令曲线几乎完全一致；

图 6.3（b）表明电磁推力在 0 ～ 0.2 s 内快速增加到额定值 4 kN，并且电磁推力增加较为平稳；图 6.3（c）和图 6.3（d）所示分别为相电压和相电流基波的波形；由图 6.3（e）可知，次级磁链在 0.1 s 时就快速且准确地达到了额定值 0.1614 Wb 而无超调，并且在整个加速过程中保持恒定，这进一步证明了快速且准确地建立磁场是提高电磁推力控制精度和响应速度的前提，因此矢量控制的动态性能优于标量控制；图 6.3（f）表明输入功率几乎线性增加；在图 6.3（h）中，末速度的能量效率达到了 80%。

依据样机 B 的阻抗参数对其进行了矢量控制条件下的动态性能仿真。在 0 ～ 0.5 s 内，加速度指令值 a^* 从 0 线性增加到 50 m/s^2，在 0.5 ～ 2.5 s 内 a^* 保持 50 m/s^2，根据电磁弹射曲线可计算出末速度 v_f=87.5 m/s，目标位移 $s_f \approx 77$ m。次级磁链指令值 ψ^*_{dr}=5.12 Wb，载荷与次级导电板质量之和 m ≈ 26 000 kg，风阻系统 k_0=0.043，设定速度 PID 控制器的比例系数 P=105，积分系数 I=4。

图 6.4 所示为加速与减速阶段样机 B 矢量控制时相关性能参数的动态仿真结果。在减速阶段，加速度指令值为负，三相电流相序改变，类似于反接制动。图 6.4（a）和图 6.4（b）所示分别为相电压和相电流的基波波形；图 6.4（c）所示的电磁推力在 0.5 s 内快速而平稳地增加至额定值 1.345 MN 后保持恒定，在 2 s 时电磁推力瞬时减小为 0 并持续减小为负值，使次级快速制动。图 6.4（d）给出了次级速度的变化曲线，整个弹射周期不到 2.5 s。

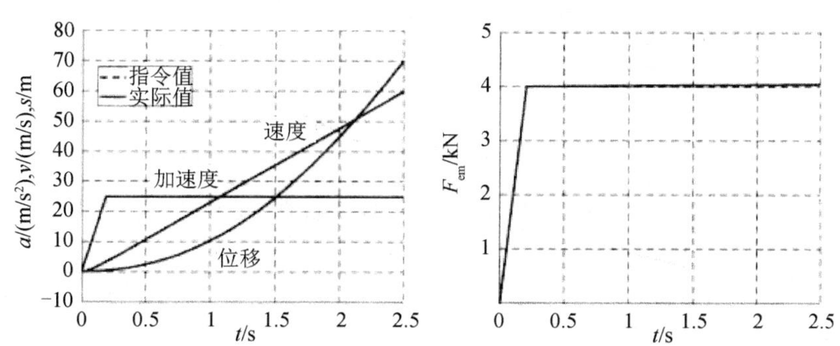

（a）加速度（a）、速度（v）和位移（s）的指令值和实际值　（b）电磁推力（F_{em}）

注：图 6.3（a）中的指令值和实际值的曲线重合。

图 6.3　样机 A 矢量控制时相关性能参数的仿真结果

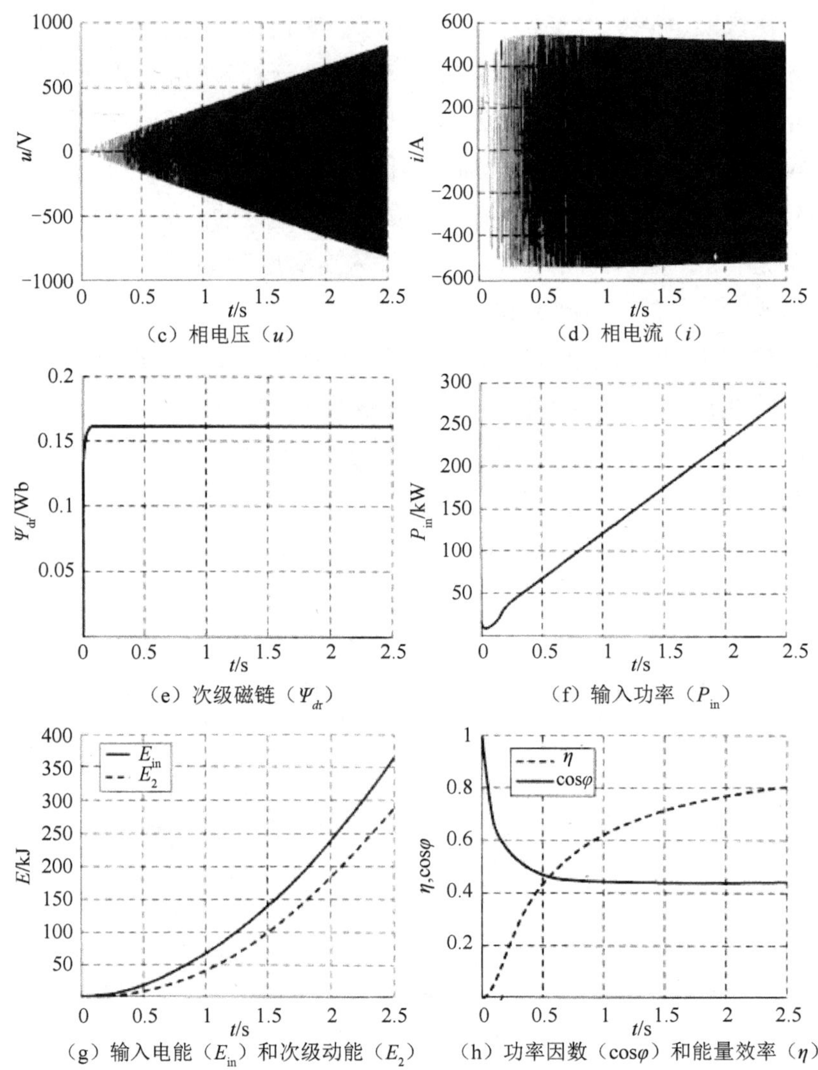

图 6.3 样机 A 矢量控制时相关性能参数的仿真结果（续）

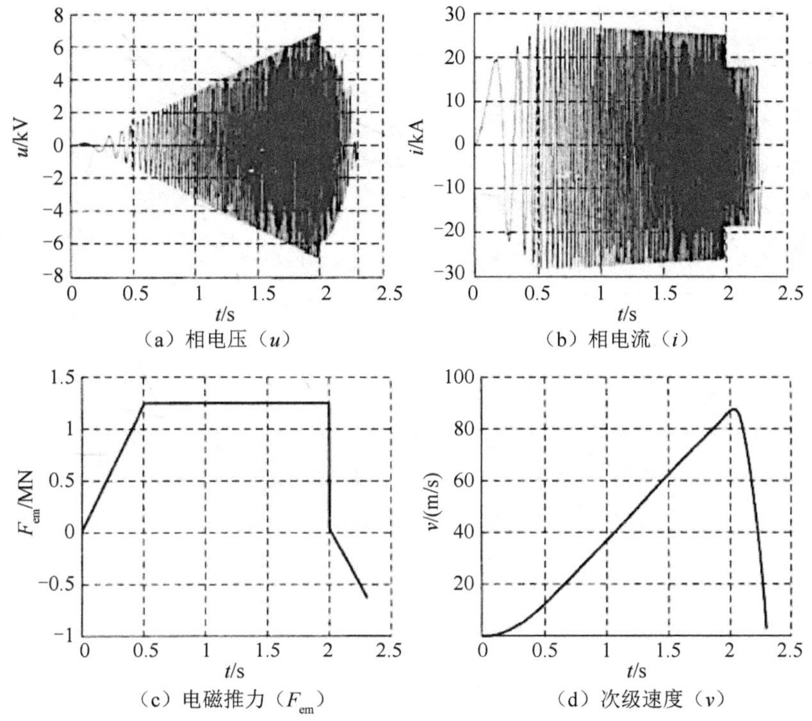

图 6.4　加速与减速阶段样机 B 矢量控制时相关性能参数的动态仿真结果

6.2　电磁轨道炮系统

电磁轨道炮是一种利用电磁力将炮弹发射至超高速的先进动能杀伤武器，其初速度可达 7 马赫，射程可达 200 km，主要用于远程快速精确打击。与传统火炮相比，电磁轨道炮在速度、射程、效率等方面均具有无可比拟的巨大优势，在未来战争中将具有极高的战略和战术应用价值。

6.2.1　电磁轨道炮的分类

为了提高弹丸的出膛速度及能量的使用效率，人们对电磁轨道炮的结构进行了深入的研究。目前，根据电磁轨道炮的轨道结构，电磁轨道炮主要可分为以下三种。

1. 基本型电磁轨道炮

在基本型电磁轨道炮中，弹体通过电磁作用力加速。这种发射器结构简单，但当弹体速度超过一定值后，由于轨道电阻不断增加，轨道电阻上的压降越来越大，因而对电源电压要求高。为了提高推力，需要较高的电流。

2. 增强型电磁轨道炮

为了减小轨道中的电流，并保持较高的推力，需要提高轨道间的磁场 B 的大小。方法之一是做成增强型电磁轨道炮，如图 6.5 所示。图 6.5 中，R_0 为电源内阻和线路电阻，L_0 为调波电感器。这种发射器由于提高了电枢后部磁场强度，因而降低了对轨道电流的要求。其不足之处是轨道多，因而体积大、质量大，结构也较复杂。当弹体要求被加速到高速时，会出现电弧重击穿现象。

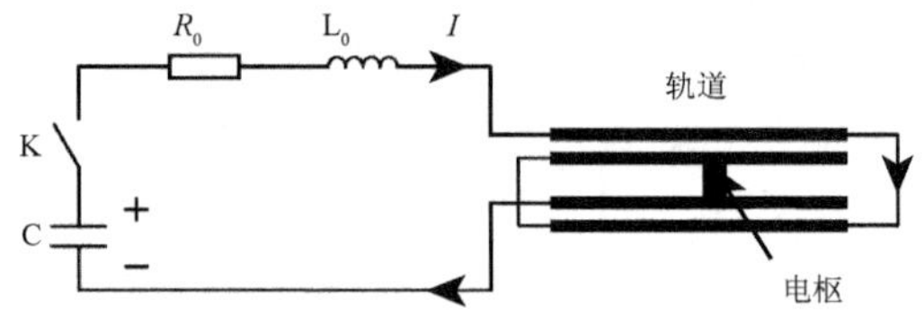

图 6.5　增强型电磁轨道炮原理图

3. 分布能量存储式电磁轨道炮

电磁轨道炮由于大部分磁能都集中在电枢的后部与轨道之间。随着电枢向前运动，存储的磁能越来越大，导致其利用率下降。为此，1979 年，马歇尔提出了分布能量存储式电磁轨道炮。图 6.6 所示为分布能量存储式电磁轨道炮原理图。图 6.6 中，沿轨道长度方向每隔一定长度就有一个充好电的电容器 C，一旦弹体运动超过这一位置，电容器立即通过电感器 L 和二极管 VD 进行放电，图中上部的轨道通过二极管接至下部轨道电容器的另一端，以防止电流振荡出现反方向的流动。这种电磁轨道炮的优点是对电容器上的电压要求低。其不足之处是对电源要求高，而且控制较为复杂。

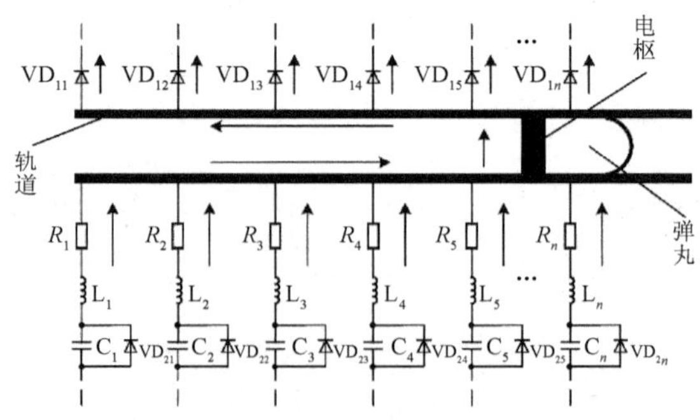

图 6.6　分布能量存储式电磁轨道炮原理图

6.2.2 电磁轨道炮系统组成

电磁轨道炮在工作时，弹丸的加速时间极短，一般为毫秒级，而获得的初速度达到数千米每秒，因而所需的能量巨大。脉冲功率电源负责为电磁轨道炮提供能量，要在几毫秒的时间内提供几十兆焦至上百兆焦的电能，如此巨大的能量存储来源于混合储能分系统。在发射过程中，导轨的主要作用是传导电流，与电枢和电源系统构成电回路，产生洛伦兹力，实现电枢在膛内加速运动，此外还承受发射过程中的电磁扩张力。总体控制分系统协调混合储能、发射装置两个分系统按照预定的流程完成发射工作，监测分系统的状态，判断发射条件，下达发射指令。同时，完成全系统的健康诊断与维护测试等功能。

电磁轨道炮系统主要由三大分系统组成：混合储能分系统、发射装置分系统和总体控制分系统，其工作原理图如图 6.7 所示。

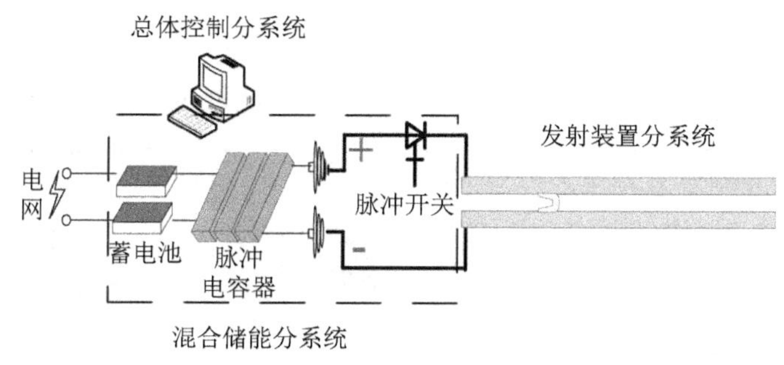

图 6.7　电磁轨道炮工作原理图

电磁轨道炮系统的工作过程为：由电网通过充电机向蓄电池组充电，当需要发射时，由蓄电池向脉冲电容器快速充电，同时通过脉冲成形网络在几毫秒时间内向负载提供能量。整个脉冲功率电源可以通过总体控制分系统实现各模块的同步或时序放电，输出幅值和脉宽可以调节的脉冲电流波形，以满足不同负载的需求。

6.2.3 电磁轨道炮系统仿真分析

将一个质量 m 为 1 kg 的物体加速到 3 km/s 的炮口速度 v_e，炮口动能 W 为 9 MJ（$W=\frac{1}{2}mv^2$）。假设电容器向电磁轨道炮传输能量的效率为 50%，则电容器应存储 W_C=18 MJ 的能量。若外电源对电容器的充电电压 U_0 为 20 kV，则

电容器的电容量 C 为 0.09 F（$W_C=\frac{1}{2}CU_0^2$）。

为了选定电感器，必须知道峰值电流，为此假定加速段长度 s 为 10 m，加速度（假定为常数）a=450 km/s^2（$v_0^2=2as$）。于是得到平均作用力 F（$F=ma$）为 0.45 MN。

为求得平均电流 I_a 的数值，假定电磁轨道炮的电感梯度 L' 为 0.4 μH/m，由公式 $F=\frac{1}{2}L'I_a^2$ 可求出平均电流为 1.5 MA。

假设峰值电流 I_{pe} 等于 1.75 倍平均电流 I_a，则峰值电流约为 2.6 MA。另外，假设电感器的最大磁能 W_{max} 与电容器的初始能量相等。由 $W_{max}=\frac{1}{2}LI_{pe}^2$可计算出电感器的电感量 L 为 5.3 μH。

边界条件：s=10 m。初始条件：t=0，I=0，x=0，U=20 kV。对系统进行仿真时，设电阻为 0，各指标的性能随时间变化的曲线如图 6.8 所示。

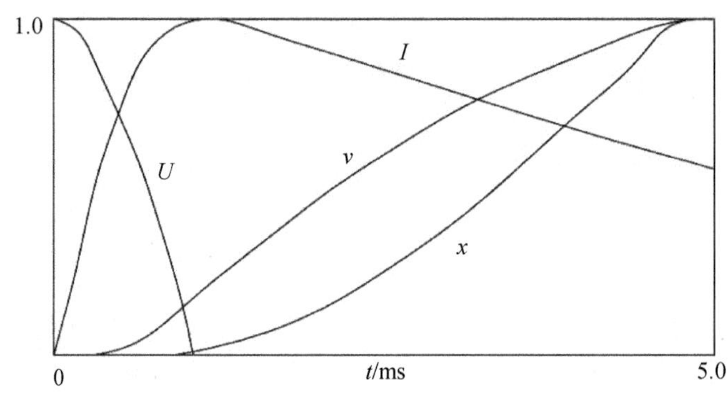

图 6.8　电容器馈电的电磁轨道炮的电流、电压、位移及速度随时间变化的曲线

图 6.8 中的曲线按下面的方法做了归一化处理，电流 I 除以 2.6 MA；电压 U 除以 20 kV；位移 x 除以 10 m；速度 v 除以 4.0 km/s。所选的这些数据，除了速度的期望值是 3 km/s，其余参数都是确定的目标值。

应当指出，上述仿真是对系统性能的近似描述，还涉及其他因素，例如：电路元件的电阻没有考虑；导轨的电阻梯度 R' 也不是常数，它是由趋肤深度和温度决定的；电枢的电阻也应考虑在内；电感梯度也不是常数，它随着电流在导轨上确定的流动位置的不同，也会有少许变化；除了电感器和导轨，回路中其他组件也有电感；在“短路开关”处还有电压降，短路时间也不能精确控制。

电容器馈电的电磁轨道炮系统的仿真框图如图 6.9 所示。电源部分包括 k 个电容器放电模块，每个电容器放电模块由电容器放电支路和续流支路并联后与调波电感器及电缆串联组成，多电容器组通过并联连接后接入电磁轨道炮炮体。

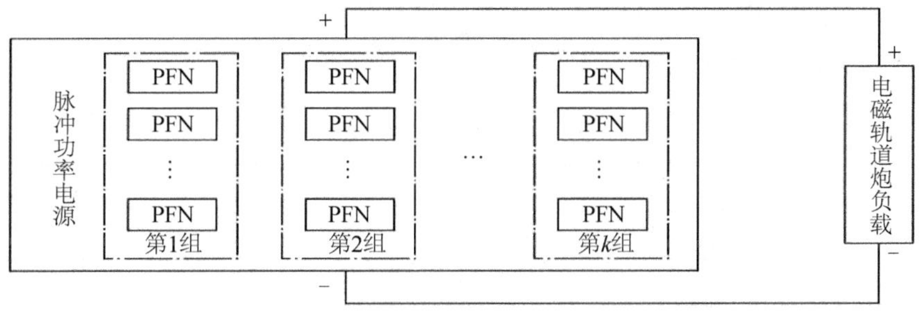

图 6.9　电容器馈电的电磁轨道炮系统的仿真框图

电磁轨道炮部分作为负载部分，可视为随电枢运动而不断变化的电阻和电感。PFN 的电路拓扑如图 6.10 所示，其中，S 为触发控制开关，C 为储能电容器，L 为脉冲成形电感，R 为电感电阻与引线电阻之和，u_c 为电容电压，u_{load} 为负载电压。从脉冲功率电源侧看，在微小时间段 Δt 内，电磁轨道炮负载可视为恒定电压源。

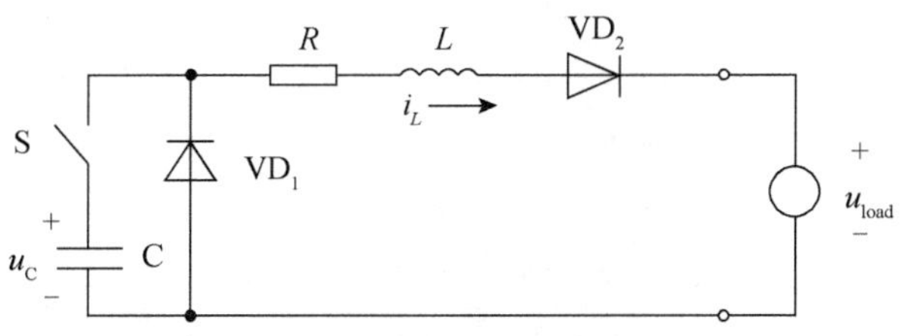

图 6.10　PFN 的电路拓扑

电磁轨道炮负载的等效电路如图 6.11 所示，其中，L_r 为导轨电感，R_r 为导轨电阻，R_c 为导轨与电枢间初始接触电阻，R_{VREC1} 为导轨接触速度趋肤效应电阻，R_{VREC2} 为电枢接触速度趋肤效应电阻，R_a 为电枢电阻，R_p 为炮口熄弧电阻，u_{EMF} 为电枢动生电动势，i_{source} 为等效电流源电流。

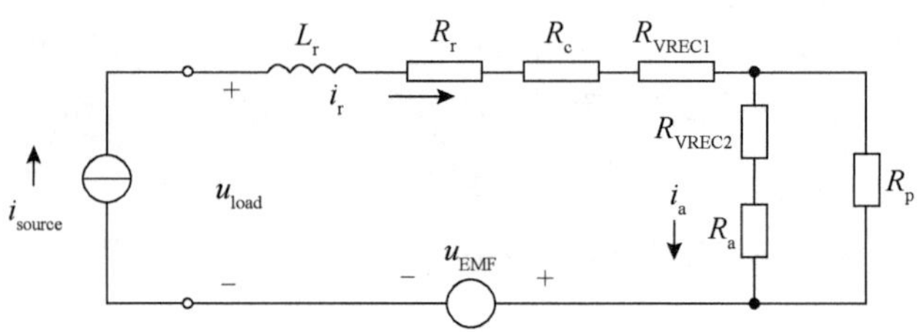

图 6.11 电磁轨道炮负载的等效电路

电磁轨道炮系统的参数如表 6.5 所示。

表 6.5 电磁轨道炮系统的参数

类型	参数	数值
PFN 参数	PFN 总单元数 n_{total}	40
	储能电容 C/mF	2
	电容预充电电压 U_0/kV	10
	脉冲成形电感 L/μH	50
	电感电阻与引线电阻之和 R/mΩ	20
轨道炮参数	导线长度 l/m	6
	导轨高度 h/cm	9
	导轨间距 b/cm	9
	导轨材料磁导率 μ/（$H \cdot m^{-1}$）	1.26
	导轨电感梯度 L'/（$\mu H \cdot m^{-1}$）	0.45
	导轨初始等效电阻率 P_{10}/（$m \cdot \Omega$）	1.75×10^{-8}
	电枢初始等效电阻率 P_{20}/（$m \cdot \Omega$）	2.83×10^{-8}
	电阻率热效应常数 β/（$m^2 \cdot \Omega \cdot A^{-1}$）	3.6×10^{-16}
	初始接触电阻常数 k_c	0.9
	接触速度趋肤效应电阻分配比例 k_{VREC}	0.5
	炮口熄弧电阻 R_p/ mΩ	1
	电枢质量 m/kg	0.15
约束参数	导轨电流最高阈值 i_{max}/kA	800
	导轨电流最低阈值 i_{min}/kA	700
	离散时间步长 t_{step}/ms	10^{-3}

当采用表 6.6 所示的时序触发策略的计算结果进行仿真时，发射过程的仿真结果如图 6.12 所示。

表 6.6　时序触发策略的计算结果

触发顺序	1	2	3	4	5	6
触发时刻 /ms	0	0.786	1.423	1.947	2.460	2.938
触发单元数	14	4	4	5	6	7

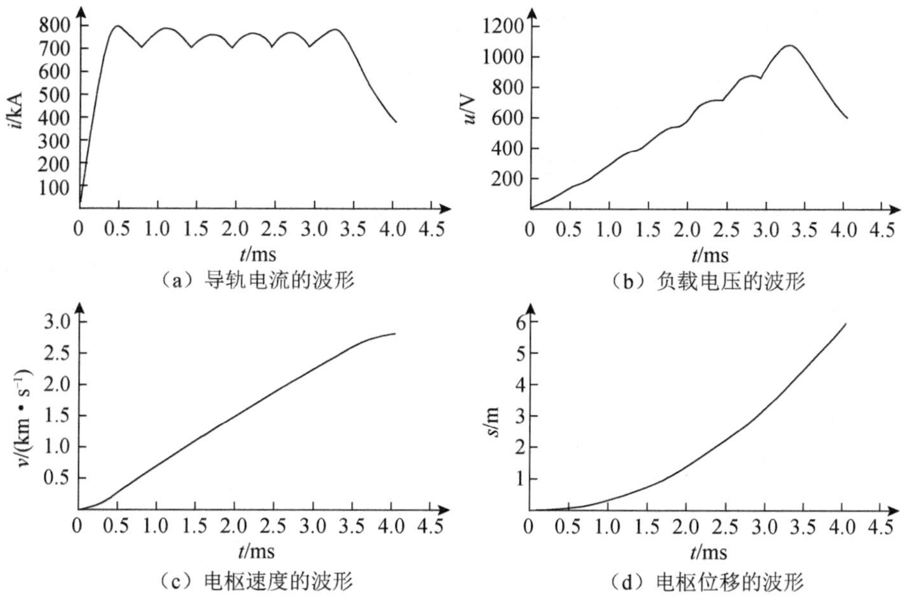

（a）导轨电流的波形

（b）负载电压的波形

（c）电枢速度的波形

（d）电枢位移的波形

图 6.12　发射过程的仿真结果

6.3　电磁感应线圈炮系统

电磁感应线圈炮是电磁发射武器家族的重要一支，早期称为“同轴发射器”、“质量驱动器”或“行波加速器”等。与电磁轨道炮相比，在一个时期内它没有受到应有的重视，主要是因为它的技术较为复杂。近些年来，由于脉冲功率电源技术的发展，人们对电磁感应线圈炮的兴趣又开始浓厚起来。电磁感应线圈炮具有结构简单、电枢和驱动线圈之间无机械接触、可发射大质量载荷、发射效率高等优点，具有非常广阔的应用前景，是当前国内外研究的热点。

电磁感应线圈炮与电磁轨道炮相比有许多优点和一定的缺点。电磁感应线圈炮的优点有以下几点。①弹丸（线圈）与炮管（驱动线圈）无机械接触，这就有可能把弹丸加速到极高的速度。②效率高。电磁理论上，电磁感应线圈炮的效率有 100% 的潜力；平均来说，各种电磁感应线圈炮的实际效率均在 50% 以上，这比电磁轨道炮的效率高得多。③力学结构合理。因为圆筒形线圈能减小寄生力，提高承压力和许多极限，所以能经受住极高的环箍应力。又由于弹丸线圈可均布于弹丸，因此沿弹丸长度受力均匀。④能减小电流或提高加速力。由于多级线圈驱动，在获得与电磁轨道炮同样的加速力时，驱动元件的电流大为减小；或者驱动电流与电磁轨道炮相同时，加速力可提高 100 倍以上。这样不仅可避免兆安级大电流工作，还可使用多电源沿炮管分散供电，故而避开了特大功率的电源和开关。⑤高阻抗。驱动线圈和开关上的能量损失少，开关技术易解决；电流小，电磁力破坏的可能性小；高阻抗负载有更多的电源可用。⑥易于维修。部分地拆卸、维修某些线圈较方便。⑦炮口无电弧。电磁轨道炮中产生的电弧会烧蚀炮膛，极大缩短了电磁轨道炮的使用寿命。⑧易按比例加大炮的规模。这不仅易实现大口径，还可使弹丸在炮管外面加速，如马鞍形弹丸线圈便可“骑”在驱动线圈外被加速，这有利于发射大尺寸载荷（如航天飞机等）。⑨发射频率高且受控，甚至前弹丸未出膛便可装填和加速后面的弹丸。⑩特别适合发射大质量的射弹。

电磁感应线圈炮的主要缺点有如下几点。①同步技术相对复杂。②高速时弹丸线圈电流往往很大，需要考虑过热带来的问题。③产生很高的感应电压或反电动势。因为同步要求的快速电流转换将产生感应电压，而携带电流的弹丸线圈高速运动时会产生反电动势，而且速度越快反电动势越大，典型情况是速度达到 20 km/s 时反电动势约为 100 kV。这样，弹丸线圈的电流和驱动线圈的反电动势均会限制速度。④在大的冲击负荷情况下，弹丸加速力还受驱动线圈的机械强度限制。但电磁感应线圈炮的弹丸线圈的存在会减小施于驱动线圈上的向外膨胀力，这与火炮膛内受力的情况刚好相反。

6.3.1 电磁感应线圈炮系统组成

电磁感应线圈炮组成原理图如图 6.13 所示。各个装置部件分为三类：一是发射前准备装置；二是重接式电磁发射器；三是参数测试装置。重接式电磁发射器主要包括脉冲电容器组 C、开关 G、激励线圈发射体。

发射前准备装置包含两部分：一是脉冲电容器组充电装置；二是发射体初速度产生装置。为了提高系统效率，更好地发挥重接式电磁发射器的潜在优势，采用机械方式或其他电磁方式产生发射体初速度，也可以从静止开始加速，后面分析都以发射体初速度为零进行说明。脉冲电容器组充电装置由调压器 T_1、高压变压器 T_2、高压整流硅堆 VD、限流电阻 R_0、开关 S，以及脉冲电容器组 C 等组成，市用交流电经过调压器 T_1 和高压变压器 T_2 得到高压交流电，该交流电的电压很高，但电流较小。在高压整流硅堆 VD 和限流电阻 R_0 作用下产生半波直流电为脉冲电容器组 C 充电，电压测量装置检测充电电压，在满足需求时断开开关 S，完成脉冲电容器组充电功能。

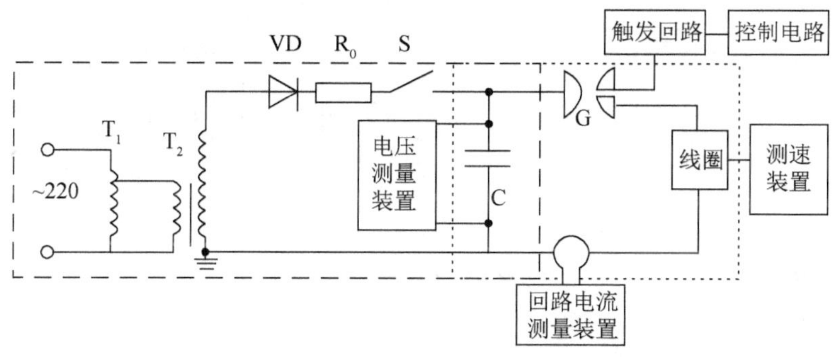

图 6.13　电磁感应线圈炮组成原理图

参数测试装置主要包括电压测量装置、测速装置及回路电流测量装置，如果需要测试电磁干扰，还需要空间磁场测试装置。

单级交流模式状态下重接式电磁发射器的结构比直流模式状态下的简单，其工作原理是发射体放置在驱动线圈内的某一位置，在初始状态给脉冲电容器组充电，然后脉冲电容器组通过放电开关与驱动线圈短接，如图 6.14 所示。

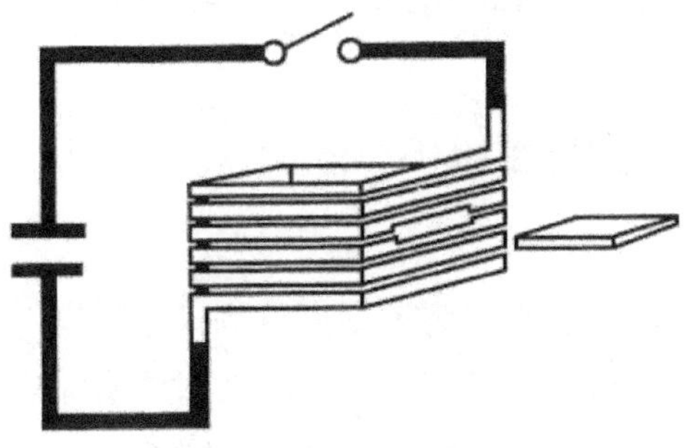

图 6.14　直流模式等效电路

在 t=0 时关闭开关，充好电的脉冲电容器组向驱动线圈放电，磁力线在拉开的缝隙中重接，重接使原来弯曲的磁力线有被拉直的趋势，推动发射体向前运动，如图 6.15 所示。它的本质是线圈中交流电产生脉冲强磁场，在该磁场的作用下在发射体内部产生感应涡流，涡流产生的磁场与脉冲强磁场相互作用，在发射体后沿水平方向产生作用力并推动发射体运动。电容储能重接式电磁发射器中线圈内的电流工作在交流状态，如图 6.16 所示。

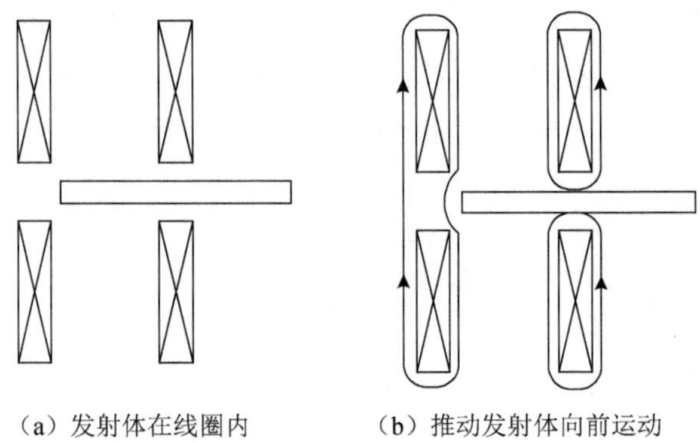

（a）发射体在线圈内　　（b）推动发射体向前运动

图 6.15　电容储能重接式电磁发射器中磁力线重接过程示意图

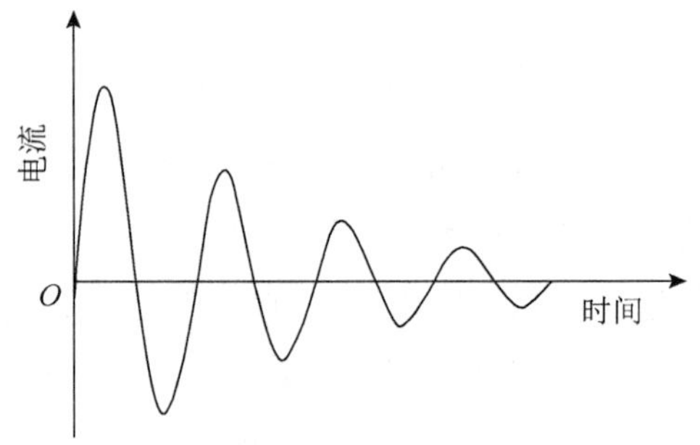

图 6.16　电容储能重接式电磁发射器中线圈内的电流曲线

6.3.2　电磁感应线圈炮系统仿真分析

1. 仿真系统设计

脉冲功率电源的耐压有限，为了提高重接式电磁发射器的发射体速度，可以采用多级形式。这里以多级箱形线圈板状发射体交流模式重接式电磁发射器为例进行说明，多级重接式线圈炮发射系统如图 6.17 所示，各个装置部件分为三类：一是发射前准备装置；二是多级重接式电磁发射器；三是参数测试装置。

多级重接式电磁发射器结构并不是单级结构的简单组合，主要区别是需要确定每级电源的启动时刻，即同步问题。多级重接式电磁发射器结构的发射前准备装置与单级结构类似，主要包括脉冲电容器组充电装置和发射体初速度产生装置。参数测试装置包括每级激励线圈的脉冲电流测量装置、每级电源的电压及发射体速度测量装置。第一级发射体可以静止启动也可以以一定的初速度进入激励线圈，每级激励线圈安装光电传感器，用于检测发射体的位置，发射体到达预定位置时，光电传感器信号传送至总控制器，总控制器控制该级开关接通电源，后续各级系统按照发射体位置依次接通各级电源，同时 Rogowski 线圈检测激励线圈的脉冲电流，通过数据采集卡传送至计算机。

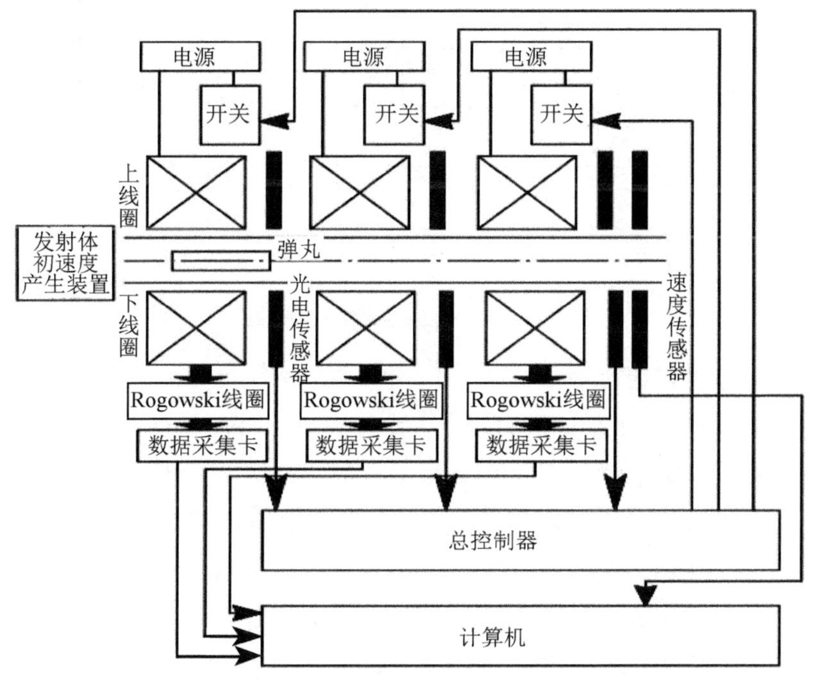

图 6.17　多级重接式线圈炮发射系统

三级重接式线圈炮发射系统仿真模型的参数按如下方式确定。

1）驱动线圈的电感梯度及其拟合

为了进行实验研究，建立了一套三级重接式线圈炮发射实验系统，此处仅把驱动线圈的电感及电感梯度的测量先提出来。

发射实验系统使用的三级驱动线圈是相同的，都是长为 125 mm、宽为 105 mm、高为 170 mm、匝数为 10 匝的箱形螺旋线圈，发射体是一块长为 110 mm、宽为 70 mm、厚为 8 mm 的矩形实心铝板，质量为 160 g。

将发射体放入驱动线圈中部的间隙，通过改变发射体的位置，测量发射体在不同位置上的驱动线圈电感，该电感是等效电感，因为它已蕴含了发射体和驱动线圈的互感。电感梯度实测数据及拟合曲线如图 6.18 所示，从图中可以看出，随着发射体在驱动线圈内位置的变化，驱动线圈的电感梯度随之变化，在线圈的内部，有一段区域的电感梯度值是比较大的，在进行重接式电磁发射时，这段区域是理想的放电区域。

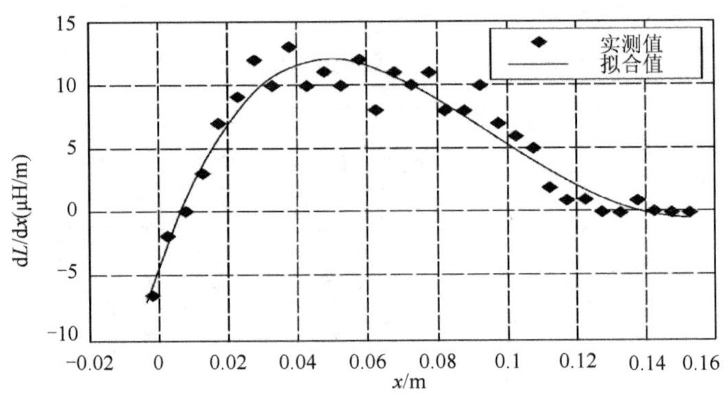

图 6.18 电感梯度实测数据及拟合曲线

2）放电回路的电参数

为了得到回路放电电流的表达式，应确定放电回路中的电参数。在前面对仿真研究所做的简化中，认为 R 和 C 是常量，仅考虑 L 的变化。把实测得到的线路电感 1.8 μH 加到线圈电感上去，即可得到放电回路的总电感，然后利用 MATLAB 软件中的多项式拟合函数对这些逐点计算出来的总电感进行多项式拟合。回路电感实测数据及拟合曲线如图 6.19 所示，从图中可以看出，当有发射体放入驱动线圈内部时，放电回路的总电感会减小，当发射体逐渐离开时，该电感才慢慢回升到无发射体时的稳定值。

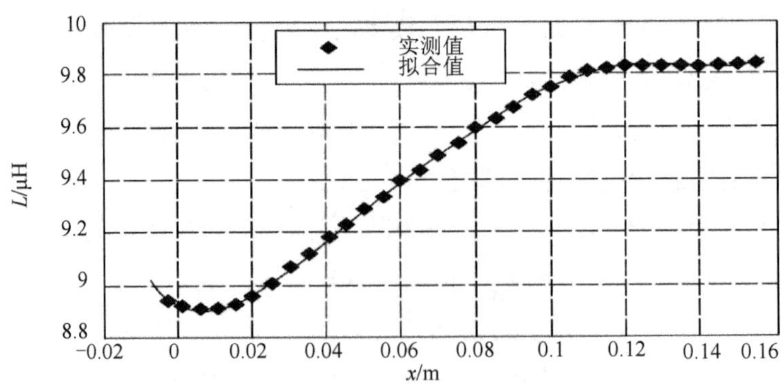

图 6.19 回路电感实测数据及拟合曲线

与电容器组相比，回路中其他部件的电容值非常小，因此可取电容器组的总电容 1.44 mF 作为放电回路的电容 C。由于回路电阻包含成分复杂，不易直接测量，所以采用通过实测放电波形的周期 T=0.75 ms，计算角频率 $\omega_d = \frac{2\pi}{T}$，然后利用已知的 L 和 C，代入 $\omega_d = \sqrt{\frac{1}{LC} - \frac{R^2}{4L^2}}$，可以推算出放电回路的电阻 R 约为 0.036Ω。可以仿真出当电容器组初始充电电压为 4000 V 时，某一级驱动线圈的放电电流波形，如图 6.20 所示，可以看出该电流波形为一个衰减的正弦振荡波形。

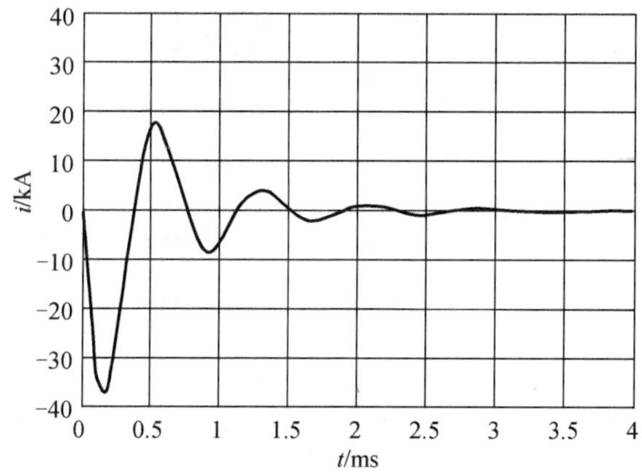

图 6.20　某一级驱动线圈的放电电流波形

2. 仿真结果分析

将上述实测电路参数代入用 MATLAB 语言编制的数值求解程序，可以得到各种条件下的仿真结果。考虑到驱动线圈及其固定装置的尺寸，发射体在每级发射区域内运动的长度为 170 mm。此外，对于三级重接式电磁发射器，由于发射体所能达到的速度较低，在发射体进入某一级时，前级的回路放电电流已基本衰减至零，因此在仿真程序的编制中，无须考虑多级发射中高速状态下前级持续电流的作用，而可以将仿真程序简化为三次单级加速过程的直接累加。

三级重接式电磁发射全过程中发射体受力随时间和运动方向坐标的变化情况如图 6.21 所示。该仿真的条件是电容器组初始充电电压为 4000 V、发射体初始位置为 0.04 m，在后面的仿真中如果不做特别说明，则都是采用与此相同的仿真条件。从图 6.21 中可以看出，由于回路放电电流的衰减，发射体的受力过程只能存在较短的一段时间。

在图 6.21 所示的受力条件下，三级重接式电磁发射全过程中发射体速度随时间和运动方向坐标的变化情况如图 6.22 所示。从图 6.22 中可以看出，在发射体速度不高的情况下，每一级的加速过程在电容器组向线圈放电起始较短的时间和距离内就完成了，而在每一级运动的后行程中就得不到加速了。

由于三级加速的发射体受力基本相同，并且受力作用时间也由回路放电电流的衰减时间决定而基本相同，因此三级加速的发射体速度的增加量也是相同的。

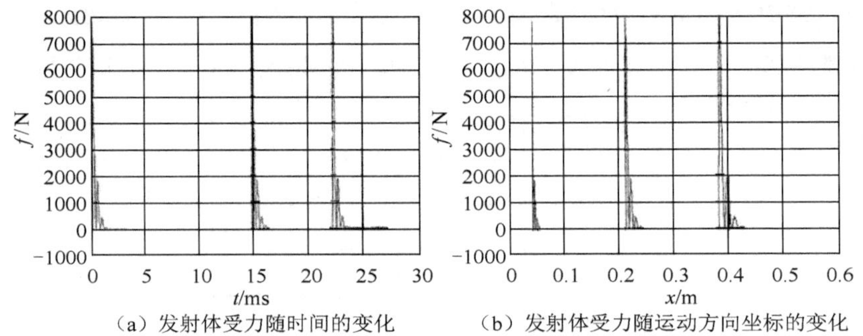

（a）发射体受力随时间的变化　（b）发射体受力随运动方向坐标的变化

图 6.21　三级重接式电磁发射全过程中发射体受力随时间和运动方向坐标的变化情况

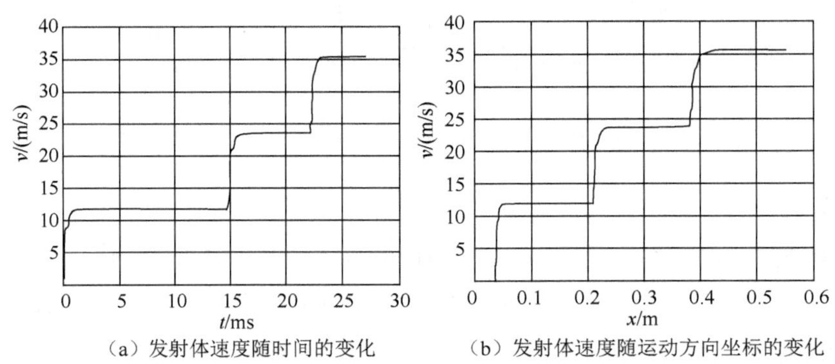

（a）发射体速度随时间的变化　（b）发射体速度随运动方向坐标的变化

图 6.22　三级重接式电磁发射全过程中发射体速度随时间和运动方向坐标的变化情况

6.4　火箭导弹电磁发射系统

目前火箭或导弹主要是依靠其自身发动机燃烧的反冲推力或外在辅助弹射机构产生的推力进行发射的，在发射过程中一般都会产生大量的热能或烟尘。在舰载导弹垂直发射系统中，导弹发射时产生的大量炽热气体必须通过热管理系统的通风管道排出发射舱。在导弹飞离弹射器以后，高温高速的燃气射流将甲板表面加热到很高的温度，且要持续一段时间。对于舰船来说，这些现象是要尽量避免的，尤其对于具有电推进和隐形技术的未来舰船来说，更是不允许出现的，这对其隐身性能和生存能力影响很大。对于大口径的火箭或导弹来说，实现弹射需要更大的弹射器，而导弹发射后会产生强烈的红外线或可见光，既遮蔽自己的视线，也易暴露目标，降低了舰艇等武器平台的生存能力。采用电磁弹射助推器能够很好地解决上述问题，电磁弹射助推器利用电磁线圈发射技术代替传统的热管理系统，可以消除或减少导弹弹射所必需的初始推进系统，能够有效减少发射平台的残余热量，降低被敌方发现而受到攻击的可能性；同时电磁弹射助推器可以通过增加驱动线圈的级数或增加电源储能以助推质量更大的火箭或导弹。

2004 年 12 月 14 日，美国桑迪亚国家实验室进行了第一次导弹电磁弹射发射演示验证实验，充分展示了火箭导弹电磁发射系统助推导弹的应用潜能，同时展现了电力驱动武器系统的美好前景。该电磁发射系统采用了线圈式电磁弹射系统，图 6.23 和图 6.24 分别展示了火箭导弹电磁发射系统的原理图和原型图，当驱动线圈接通脉冲功率电源时，大的脉冲电流在线圈内部产生变化的强磁场，线圈附近的金属电枢感应出强电流（涡流），涡流与强磁场相互作用产生电磁力推动电枢运动，进而受到强磁场力的作用。当磁场力大于空气阻力、摩擦力并能克服自身及火箭（导弹）重力时，电枢带动负载沿磁通减小方向运动，最终达到发射有效载荷的目的。

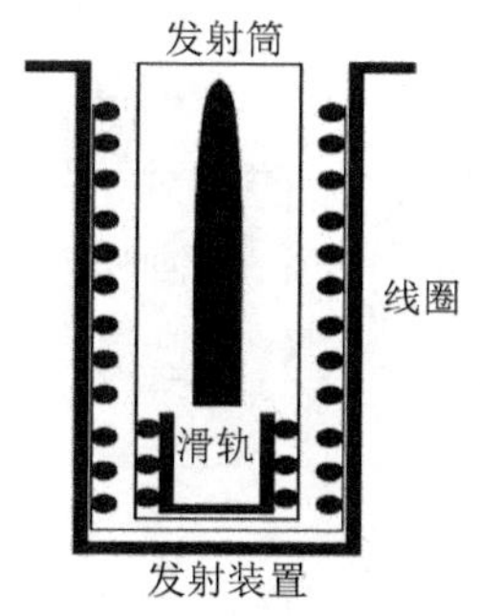

图 6.23　火箭导弹电磁发射系统的原理图

图 6.24　火箭导弹电磁发射系统的原型图

6.4.1　火箭导弹电磁发射系统组成

火箭导弹电磁发射系统由机械系统和电气系统组成。机械系统可以安装在装甲车、战舰或空间飞行器上，由发射壳体组件、锁止机构、插拔机构、滚动机构、电枢弹射组件和缓冲组件等组成。电气系统则由武器控制系统、发射控制系统、储能系统、能量控制调节系统和信息交互系统等组成。与传统火箭导弹武器发射系统相比，火箭导弹电磁发射系统的机械系统增加了滚动机构、电枢弹射组件和缓冲组件，电气系统增加了储能系统和能量控制调节系统，其他系统则进行了适应性改进。

下面以美国桑迪亚国家实验室和洛克希德·马丁公司共同合作研发的导弹电磁弹射器为例介绍火箭导弹电磁发射系统的组成。火箭导弹电磁发射系统主要包括多单元电磁线圈发射系统、发射控制系统、功率系统和武器控制系统。为满足模块化设计，同时能够兼容发射大部分的导弹，该系统在结构设计时没有采用最优参数结构，而是采用正方形结构。由于内部为正方形结构，该系统可以发射各种翼形的火箭导弹，兼容性好，可实现多弹种共平台发射。

图 6.25 所示为火箭导弹电磁发射系统组成原理图。发射时，武器控制系统给发射控制系统发送信号，发射控制系统收到信号后，分别向功率系统和多单元电磁线圈发射系统发送控制信号。多单元电磁线圈发射系统在接收发射控制系统的信号的同时给予其反馈信号，形成数据交互。功率系统在收到发射控制系统的信号后，通过脉冲电流总线向多单元电磁线圈发射系统提供能源，再通过功率回收总线对功率进行回收。多单元电磁线圈发射系统在收到发射控制系统的信号和功率系统提供的能源后，进行电磁发射，将导弹推出发射线圈。

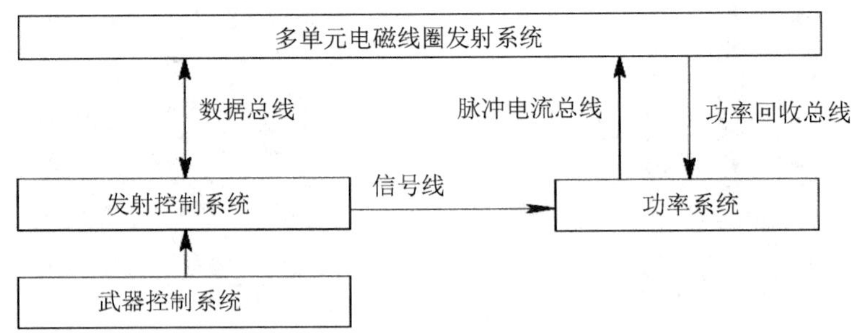

图 6.25　火箭导弹电磁发射系统组成原理图

火箭导弹电磁发射系统的结构如图 6.26 所示，由复合材料构件 1、驱动线圈、复合材料构件 2、气隙、装运箱、电枢、带螺栓孔的金属构件和气隙组成。

火箭导弹采用电磁发射方式具有如下优点。

（1）电磁推动力大，发射导弹速度高。电磁发射的脉冲动力约为火药发射力的 10 倍，所以发射的导弹速度很高。

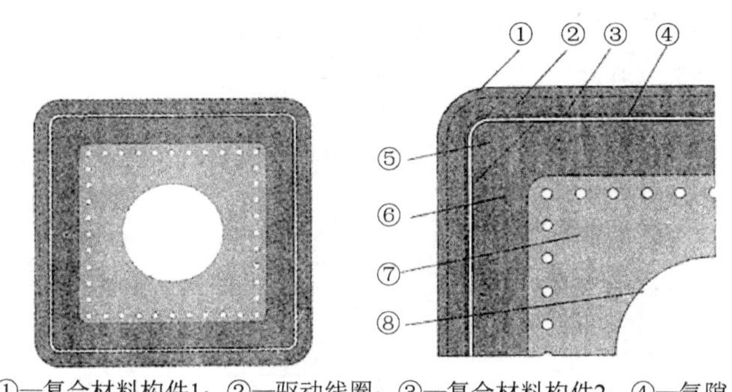

①—复合材料构件1；②—驱动线圈；③—复合材料构件2；④—气隙；
⑤—装运箱；⑥—电枢；⑦—带螺栓孔的金属构件；⑧—气隙。

图 6.26　火箭导弹电磁发射系统的结构

（2）弹体稳定性好。弹体在电磁线圈中受到的推力是电磁力，这种力量是非常均匀的。而且电磁力容易控制，所以弹体稳定性好，有利于提高命中精度。

（3）隐蔽性好。电磁线圈发射导弹时不产生火焰和烟雾，也不产生冲击波，所以它在作战中比较隐蔽，不易被敌人发现。而且，它采用低级燃料作为能源，非常规火药，有利于发射平台的安全。

（4）经济性好。与常规武器比较，火药产生每焦耳能量需要 10 美元，而电磁发射只需要 0.1 美元。如果与其他太空武器相比，电磁发射就更经济了。

（5）导弹发射能量可调。可根据目标性质和射程大小快速调节电磁力的大小，从而控制弹丸的发射能量。

虽然火箭导弹电磁发射系统还存在着脉冲功率电源体积大、发射结构有待改进等一系列有待解决的关键技术问题，但是，超高的弹射速度、出色的隐身性能、良好的经济性和通用性使得火箭导弹电磁发射技术在军事领域中有广阔的应用前景。随着相关技术的进一步发展，火箭导弹电磁发射系统将走向实用化，推动火箭导弹发射系统的新革命。

6.4.2　线圈式火箭导弹电磁发射系统方案

下面以线圈式火箭电磁弹射器为例，介绍线圈式火箭导弹电磁发射系统方案。线圈式火箭电磁弹射器是利用电磁能加速火箭或类火箭的装置，基本原理类似于直线感应电机，如图 6.27 所示。驱动线圈绕在定向器上，采用三相交流电激励以产生直线行波磁场，弹体上装有用于感应电流的线圈或金属套筒。由异步感应电机原理可知，驱动线圈产生的直线行波磁场速度要大于弹体速度，所形成的转差率会引起驱动线圈与弹体的相对运动，从而产生感应电流，弹体则在磁场与感应电流共同作用形成的推力下运动。

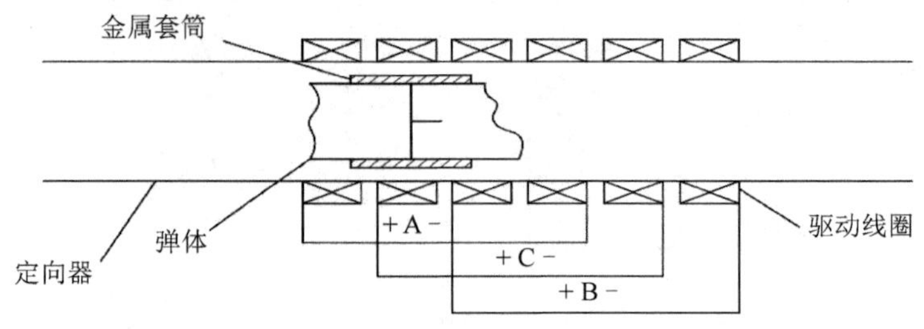

图 6.27 线圈式火箭电磁弹射器

传统的无控火箭按稳定方式可分为两类：一类是尾翼式火箭，另一类是涡轮式火箭。尾翼式火箭通过尾翼所产生的升力来保持飞行稳定，使火箭的压心移到质心后面，空气动力对火箭产生稳定力矩，迫使火箭攻角不断减小。由于稳定力矩的存在，一旦火箭出现攻角，稳定力矩将阻止攻角进一步增大，在该力矩作用下迫使火箭绕弹道切线来回摆动，并迅速衰减。涡轮式火箭中，绕弹轴的倾斜小喷管组成力偶装置，在火箭发动机工作时为火箭提供旋转力，使得火箭绕自身弹轴高速旋转。受到外界扰动时，力偶装置能像陀螺一样平衡外界扰动力矩，使得涡轮式火箭飞行保持平稳。

采用电磁发射技术作为火箭发射的一级动力，从火箭启动至离轨再到火箭发动机开始工作的这一过程中，传统无控火箭保持飞行稳定的原理将不再适用，这将导致无控火箭稳定性变差，直接影响无控火箭武器的作战性能。因此，在无控火箭中应用电磁发射技术时，应当让无控火箭在离轨时具有一定的旋转速度，以保持其飞行稳定性。在电磁发射过程中，火箭处于磁悬浮状态，与定向器并不接触，传统无控火箭旋转采用的接触式定向钮方案无法应用，需要重新设计。

为在电磁发射中实现无控火箭的旋转，有一种方案是采用异步电机原理，在定向器上按照一定的顺序排列驱动线圈，利用电磁感应原理产生的电磁转矩驱动弹体，达到一定转速。当异步电机通电后，电机内形成圆周方向的旋转磁场，转子导条通过电流与旋转磁场作用产生电磁转矩，使转子转动。定向器上的驱动线圈相当于异步电机的定子绕组，弹体上的感应线圈或金属套筒相当于异步电机的转子，弹体的旋转速度可以通过设计参数调整。

影响线圈式火箭电磁弹射器性能的因素有很多，主要有驱动线圈和感应线圈之间的磁耦合程度、两相线圈间的极距和相间距、多段驱动和激励方式。

1. 驱动线圈和感应线圈之间的磁耦合程度

驱动线圈和感应线圈（或金属套筒）之间的磁耦合程度对线圈式火箭电磁弹射器的性能有很大影响，磁耦合程度由两个方面决定：一是驱动线圈和感应线圈的径向宽度及其结构；二是驱动线圈和感应线圈在轴向的耦合长度。

实际弹射时，由驱动线圈产生的磁通与感应线圈并不能全数耦合，总会漏掉一部分，耦合部分的磁通称为互感磁通，没有耦合的部分的磁通称为漏磁通。一般情况下，线圈式火箭电磁弹射器互感磁通量和漏磁通量几乎一样。减少磁通损失的办法有两种：一是尽可能减小驱动线圈的径向宽度，缩小驱动线圈和感应线圈之间的间隙；二是采用局部激励驱动线圈，以缩小轴向的耦合长度，由于采用局部激励，大幅降低了线圈的欧姆损失，所以可以有效提高线圈式火箭电磁弹射器的工作效率。

由上述可知，提高线圈式火箭电磁弹射器的性能，可以采用缩小定向器和弹体之间的间隙、减小驱动线圈的径向宽度等方式，也可以采用多级驱动线圈分段激励的方式，降低磁通损失。

2. 两相线圈间的极距和相间距

两相线圈间的极距越大，感应线圈得到的加速度波动也越大。也就是说，极距越小，定向器内的径向磁场波形越平稳，并且径向磁场强度峰值越大，感应线圈得到的加速度越大，也越平稳。但当极距减小时，磁行波速度也会减小，这会影响弹体的加速效果。因此需要综合考虑两者的影响，权衡利弊得失，达到综合性能的最优化。为使感应线圈的加速力稳定，减小弹体加速度的波动，可将感应线圈的长度设计为极距的整数倍。

相邻线圈之间的间隙就是相间距 Z，相间距的变化会导致径向磁场的变化，从而影响感应线圈的加速。例如，一个长为 0.5 m 采用六相交流电激励的单极弹射器，某时刻各相电流产生的径向磁场波形图如图 6.28 所示。如果将相间距减少一半，径向磁场波形将会更加光滑，如图 6.29 所示。但在实际情况下，还要考虑相邻线圈之间的能量传递效率和加工上的难度，相间距也不宜取得过小。

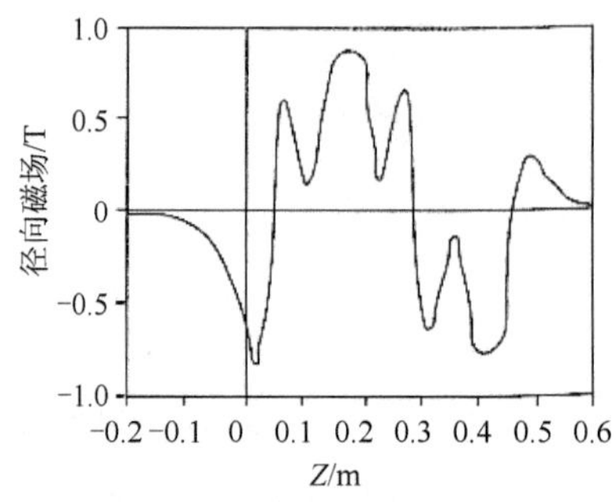

图 6.28 某时刻各相电流产生的径向磁场波形图

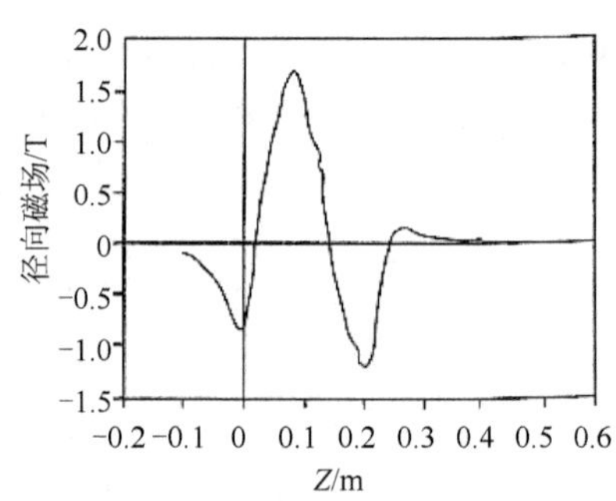

图 6.29 相间距减半后的径向磁场波形图

3. *多段驱动和激励方式*

为使弹体在弹射过程中获取更大的速度，需要减小线圈的欧姆损失，限制弹射器的转差率，使之处于较小的状态。可以将驱动线圈分成多段，并且每段采用不同频率的电源来激励。线圈式火箭电磁弹射器可以采用电容器激励，也可以采用多相交流电驱动的方式。电容器激励方式是先将存储在电容器中的电能以电流的形式转变为驱动线圈电感的磁能，再将磁能转变为感应线圈的动能。电容器激励方式具有储能密度高、放电电流大的优点，但电容器的放电时序控制很困难，而采用多相交流电作为驱动方式就不存在这个问题，而且多相交流电也更容易获取。一般情况下，相数越多，相邻线圈的相位差就越小，磁场波形也就越平滑。

驱动线圈的电流频率对弹射器的影响较复杂，由于感应线圈是通过转差率来感应电流进而获得加速力的，而磁场的同步速度是和电流频率、极距等因素相关的，因此，要使火箭获得最大加速力，就必须保持最佳的转差率。随着火箭速度的提高，同步速度也要提高，否则转差率减小，火箭的加速效果将会受影响。提高同步速度可以采用提高激励电流频率或增加驱动线圈极距的方法。另外，电流频率对径向磁场也有影响，改变电流频率可以改变磁场同步速度，却不能改变磁行波的平滑程度，也不能改变径向磁场的峰值。

6.5 电磁发射应用前景

与常规火炮的化学发射方式相比，电磁发射方式具有明显的优势，在炮弹发射、导弹发射、鱼雷发射、火箭弹发射、飞机弹射及航天发射等技术领域得到了广泛应用，使武器装备的性能和技术指标大幅度提高，从而在新军事技术的变革中扮演重要角色。美国从 1978 年开始对电磁发射技术进行评估研究；1985

年，美国国防科学委员会得出结论：未来的高性能武器，必然以电能为基础。

6.5.1 武器平台

1. 用于天基反导、反卫星系统

以卫星或其他航天器作为运载平台，将电磁炮部署在空间，遂行拦截洲际弹道导弹和摧毁卫星的任务，可以充分发挥电磁炮的优点。当电磁炮弹丸的速度达到 4 km/s 时可拦截一般的反辐射导弹、巡航导弹及战术导弹。当天基电磁炮弹丸的速度达到 5 ～ 10 km/s 时，可对战略导弹实施中段拦截；速度达到 10 ～ 15 km/s 时，可对战略导弹实施助推后段拦截；速度达到 20 km/s 时，可对战略导弹有效地实施助推段拦截。当地基电磁炮弹丸的速度达到 5 ～ 7 km/s 时，可在中段和末段对战略导弹实施有效拦截；速度达到 6 ～ 10 km/s 时，可直接命中杀伤轨道高度在 300 ～ 1000 km 的低轨道卫星。

2. 用于防空系统

由于电磁炮具有初速高、加速快、飞行时间短、火力猛、抗电子干扰能力强、毁伤效果好的优点，因此它在防空系统中获得广泛应用。电磁炮可代替高射武器和防空导弹遂行防空任务。防空电磁炮一般以舰只和装甲车辆作为平台。美国研制的一种 7.5 m 长的电磁炮，射程达几十千米，射速为 500 发 / 分。美海军拟以这种电磁炮代替舰用“火神 / 方阵防空系统”，将它与舰载防空、反导探测系统相配合，打击临空的各种飞机和远距离拦截空舰导弹。美陆、空军也准备将其用于战术防空和空中格斗。装甲车载防空电磁炮也在研制之中。

3. 用于反装甲、反舰系统

电磁炮可安装在美国未来战斗系统等车辆上，用于反装甲作战。打靶试验证明，电磁炮发射的超高速弹丸所具有的强大动能，足以摧毁任何装甲目标，电磁炮是对付坦克等装甲目标的有效手段。例如，若电磁炮弹丸的质量为 50 g、速度达到 3 km/s，则能穿透 25.4 mm 厚的装甲。美军计划进行坦克用电磁炮的全尺寸工程试验，并准备在某型战车上安装电磁炮，采用激光半主动寻的制导，用于攻击远距离的装甲目标。将电磁炮安装在坦克上还有另外一个突出的优点，即电磁炮坦克被敌方击中时，由于车上没有火药或炸药，因此被引爆的可能性极小，从而可大大提高坦克的生存能力。此外，电磁炮还应用于反舰系统中。电磁助推导弹如图 6.30 所示。

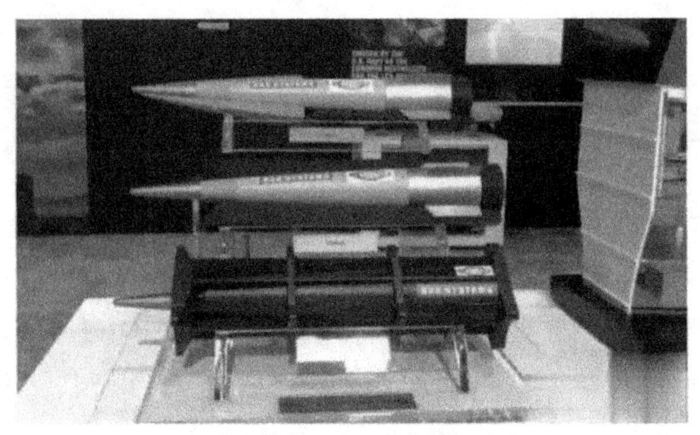

图 6.30　电磁助推导弹

4. 用于电磁式潜艇鱼雷发射装置

电磁式潜艇鱼雷发射装置的基本构成如图 6.31 所示。发射前，将海水注入发射管中，鱼雷前后均受到相同的海水静压力 P_h（液压平衡），发射鱼雷时，逆变器将蓄电池输出的电能转变成需要的电压、电流，输入直线电机定子绕组，由于电磁感应原理，在动子（水缸活塞）上会产生电磁力，推压水缸中的海水，水缸中的海水压力 P_w 增大，海水由水缸流入脉冲水柜，脉冲水柜中的海水压力 P_{wc} 增大，海水由脉冲水柜流入发射管后部，鱼雷后部的海水压力 P_t 大于鱼雷前部的海水压力 P_h，从而推动鱼雷加速。

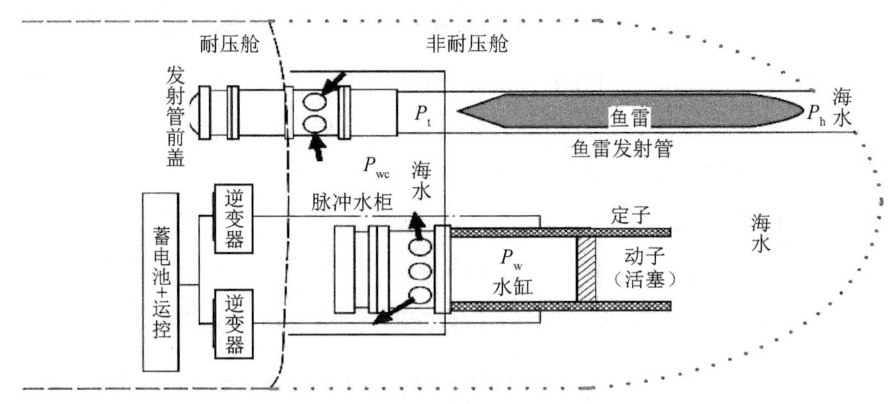

图 6.31　电磁式潜艇鱼雷发射装置的基本构成

5. 用于改进常规火炮

在常规火炮的炮口部分加装电磁加速器，可大大提高火炮的射程。美军拟用这项技术把火炮射程提高到 50 km，以增大战场压制火力的覆盖范围。除此之外，电磁发射技术还可用于飞机、导弹、卫星等方面。

6.5.2　空间运输

采用电磁发射器用于空间运输的概念很早就被科学家提出来，早期仅限于理论研究。美国航空航天局（NASA）及部分专家对电磁发射技术用于空间发射的可行性和能力进行过研究和评估，他们认为，目前的电磁发射技术已经达到发射高速物体的水平，可以满足空间发射的基本要求。电磁辅助推进设想由美国桑迪亚国家实验室提出并进行试验研究，使用电磁推进（直线电机或电磁炮）取代第一级火箭，发射体的初速度为 4.2 km/s，再需一级火箭即可入轨，发射质量可减少 70%，发射费用仅为传统发射方式的 1%。20 世纪 80 年代，NASA 实验室开始启动一项用电磁发射器从地面向太空发射有效载荷的庞大计划，若把质量为 1 t 的放射性核废料以第三宇宙速度脱离太阳系所需的成本仅为化学推进剂火箭的 1% 左右。一旦电磁发射技术应用于航天领域，将为卫星发射等方面带来难以估量的价值。电磁助推发射运载器技术对航天运载器采用高速弹射起飞方式，可通过地面提供高起飞速度，降低运载器飞行速域，减少起飞段燃油携带，从而降低宽速域多点气动布局设计难度、推阻匹配难度，进一步减小运载器规模，提高运载器有效载荷携带能力。构建“地面水平电磁助推 + 航天运载器”方案可以降低运载器技术难度，是未来航天技术发展的重要方向。

6.5.3　科学研究

随着科学技术的发展，人类进入了太空探索。但是受目前科学水平所限，人类的活动范围大多在太阳系，因而行星是主要的探索对象。除行星外，太空中还存在大量小型飞行物，如小行星石、人类发射物体的碎片等，称为太空残骸。众多物体在太空中高速飞行，因而存在很多高速地相互撞击和撞击行星表面的情况。为了研究这种高速撞击和太空残骸间的相互作用，可以在地面先进行模拟，以摸索其规律，用电磁发射方式可以获得高速和超高速，日本和德国在这种模拟实验中已经分别用导轨式电磁发射和电热加速达到了 6 km/s 和 5.2 km/s 的速度。

在材料学领域内要用到超高速运动物体来研究材料的状态方程。在核物理学领域，当使用加速到 50 km/s 的小发射体冲击核聚变燃料时，能引发热核聚变，这使热核聚变成为可控制的。例如，美国洛斯阿拉莫斯国家实验室正研究利用电磁发射获得高速的动能来达到 Tokamak 装置中受控核聚变的点火条件。实际上人类目前尚没有能力把小发射体加速到 50 km/s，而电磁发射装置是一种很有希望完成这项试验的有效工具。

6.6 电磁发射技术瓶颈及设想

6.6.1 技术瓶颈

目前，电磁发射技术在理论研究、机理分析、结构设计等方面都已经取得了一些研究成果，但是在工程化和实用化之间还有一定的距离，主要有以下几个技术瓶颈。

1. 储能密度及规模

尽管电磁武器的研究方兴未艾，但该武器要达到真正的实用水平还需要较长时间的努力。现在已研制成的样品大都存在尺寸过大、质量太大、效率不高等问题，尚不宜部署使用。从当前来看，要使电磁武器真正成为可投入战场使用的武器，电磁发射技术要着重解决的关键问题主要有两个：一是研究和开发出体积小、质量小、可重复使用的大功率电源，以满足发射超高速弹丸需要强大电能的要求；二是要研究和开发出磁能损耗和焦耳热损耗小、强重比高的结构材料，以满足电磁发射装置需要承受大电流、强载荷的要求，并大幅度提高系统效率。随着超导技术的发展，上述的问题将有望得到逐步解决。目前，体积小、质量小的超导发电机及大容量的超导储能装置正在研制之中，使实用电磁武器所需要的大容量、小型化的电源有望研制成功。例如，用超导材料产生强磁场，可以减小通过导轨的电流，从而减少导轨磁损失和热损耗，提高系统效率的问题也可能得到解决。1997 年 1 月，美国与英国制定合作倡议，决定两国合作从事电磁炮技术成熟化研究。目前，美国和英国正在研究电源技术和弹丸技术，同时，两国均在研究终点弹道和超高速弹丸技术。其中，美国研究的难点是电源和系统轨道。美国陆军提出的电磁炮发展目标是，具有与相同口径常规火炮一样的质量（或比其稍小）；脉冲功率电源的目标是其体积和质量在 2020 年后陆军“车辆承受范围之内”；轨道的目标是火炮能发射 100 ～ 200 发弹丸。总之，提高电磁发射电源的储能密度、提高重复频率，使装置轻量化、小型化和实用化一直是电磁发射领域研究的难点和热点。

2. 高过载的环境适应性

电磁发射武器作为一种超高速武器装备，其发射初速度高、射程远，因此在未来的工程化应用中必须解决弹丸的制导问题，以确保其打击精度。但同时，制导部件的增加将给弹丸带来一系列难题，如制导部件或电子部件在高过载和强磁场环境下的适应性问题。

在电磁发射武器发射过程中，弹丸或电枢将承受很高的加速度，一般为重力加速度的上万倍甚至几十万倍。同时，弹丸或电枢在脉冲工况下产生的脉冲磁场的峰值可达十几个甚至几十个特斯拉，而一般的电子部件能够耐受的磁场强度值很小。在如此高的过载和强磁场情况下，如何确保制导部件或电子部件正常工作，是需要解决的难点问题之一。随着电磁感应线圈炮研究进程的加快，一体化电枢或电磁炮弹药组件在高过载和强磁场环境下的适应性问题将进一步凸显，成为制约电磁发射武器工程化的技术瓶颈之一。

3. 可靠性指标

电磁发射装置一般采用集成化、模块化、机电一体化和组网等方式，元器件开通关断无接触和机械磨损，发射槽无密封要求，发射过程实施闭环控制，实现装置故障实时监控和状态健康管理，采取硬件冗余、降额使用、软件容错等措施，从设计原理上可实现较高的可靠性指标。在全面分析国内外电磁发射装置的可靠性设计与试验情况基础上，完成装置至元器件的可靠性指标分解、设计及实现，后续应通过开展可靠性专项试验来验证技术指标。

6.6.2　几点设想

我国电磁发射技术长期处于理论研究和跟踪研究阶段，从“十五”末期以来，电磁发射研究进入了高潮。一些国内知名高校、科研院所和军工单位都参与到了电磁发射的相关研究中，并取得了突破性进展。为进一步加快电磁发射的研究进度，推动其技术成熟，加快工程化研制步伐，针对国内当前电磁发射的研究现状，现提出以下几点设想。

1. 近期目标和长远规划协调发展

武器装备从机械能发展到化学能，经历了大约 800 年的时间，而以电磁炮为代表的电能武器从提出到现在，不过百余年的时间。由此可见，电磁武器的研制不可能一蹴而就，是一个漫长的过程。因此，电磁武器的研究要着眼长远，逐步推动技术进步。但是也必须意识到，电磁武器的研究需要投入大量的人力和物力，是一个非常耗时、耗力、耗钱的研究领域。就当前国内科研体制来说，如果要想得到足够的经费和政策支持，仅有远景规划还不够，要结合当前技术现状，提出近期的目标，实现两者协调发展。比如电磁迫击炮，其对射程要求低、弹丸初速度小，因而其储能规模相对较小、最佳位置触发实现相对容易，目前的研究进展也具备了初步的技术储备。为此，在超远程电磁线圈炮还只是一个远景目标的情况下，可以先尝试研制车载式电磁线圈迫击炮，实现初步的工程化。另外，应加快电磁武器技术的转化应用，比如利用电磁感应线圈炮来模拟引信发射过程中的内弹道环境，实现对引信过载、接触保险和可靠性等性能的检测。通过以上方式，一方面可以鼓舞广大科研工作者的士气，激发工作热情，推动技术进步；另一方面可以让相关决策机构或科研主管部门认识到电磁发射技术不再仅仅停留在理论层面或实验室研究阶段，在工程上也有显著的进步，从而为电磁发射技术的研究提供更有力的政策支持和更大的经费投入。

2. 集中优势力量加快科研攻关

目前从事电磁发射技术研究的单位很多，形成了很多研究团队。很多研究内容都是简单机械的重复劳动，各个研究团队之间没有开展很好的沟通交流和技术合作，大多各自为政，存在技术壁垒，严重制约了我国电磁发射技术的研制进程。为此，相关主管部门应该整合研究力量，按照集中财力、物力办大事的思路，集中优势力量开展科研攻关。首先根据当前电磁发射技术现状，梳理重点研究方向和阶段性研究内容，然后按照各参研单位的技术优势分配研究任务。军工企业部门主要负责加工制造、试验测试，研究所主要负责总体规划、技术论证、结构设计等，高等院校主要负责技术研发、理论研究和仿真计算等。各单位各司其职，既有分工又有合作，最终形成合力，加快推动科研攻关和技术进步，避免因各个研究团队之间的内耗而牵涉太多不必要的精力，最终影响研制进程。

3. 基础研究和实验验证并行不悖

电磁发射技术复杂，涉及电磁学、材料学、电子学、电气工程学等多学科知识的交叉融合。对电磁发射的研究首先要掌握其基本原理、作用机理、特点规律，同时要通过实验对理论研究成果进行验证。所以，在电磁发射的研究中，基础理论研究和实验验证要相向而行，并行不悖，既不能总停留在理论层面不做实验予以验证，也不能不经过理论分析、数值仿真就盲目开展实验。特别是当前有限元仿真技术的发展为电磁发射的参数设计、性能评估提供了有力的方法手段，在此基础上开展发射实验，可起到事半功倍的效果。

电磁发射技术的复杂性、对武器装备产生的根本性变革，以及对未来作战模式的颠覆性影响都表明其研制过程不可能一帆风顺，需要一代又一代人为之努力和奋斗，相信电磁发射武器终有一天会走出实验室，走向战场，助力我军武器装备的跨越式发展。

参考文献

[1] 马伟明，肖飞，聂世雄 . 电磁发射系统中电力电子技术的应用与发展 [J]. 电工技术学报，2016，31（19）：1-10.

[2] 马伟明，鲁军勇．电磁发射技术的研究现状与挑战 [J]．电工技术学报，2023，38（15）：3943-3959.

[3] 王莹，肖峰 . 电炮原理 [M]. 北京：国防工业出版社，1995.

[4] 马伟明，鲁军勇．电磁发射技术 [J]．国防科技大学学报，2016，38（06）：1-5.

[5] 马伟明 . 电力电子在舰船电力系统中的典型应用 [J]. 电工技术学报，2011，26（5）：1-7.

[6] 马伟明，鲁军勇．电磁轨道发射理论与技术 [M]．北京：科学出版社，2020.

[7] 王群，耿云玲 . 电磁炮及其特点和军事应用前景 [J]. 国防科技，2011，32（2）：1-7.

[8] 苏子舟，国伟，张博，等. 美国电磁轨道发射技术概述 [J]. 飞航导弹，2018,（02）: 7-10.

[9] 鲁军勇，柳应全．电磁发射用直线电机及其控制技术综述 [J]．电工技术学报，2024，39（19）：5899-5913.

[10] 伍赛特．航空母舰综合电力系统技术的研究综述 [J]．机械管理开发，2020，35（03）：213-215+218.

[11] 陈练，杜易洋，周晗．美国海军“福特”级航母研制思考及启示 [J]．舰船科学技术，2022，44（09）：186-189.

[12] PATTERSON D, MONII A, BRICE C, et al. Design and simulation of an electromagnetic aircraft launch system [C] //Proc. Industry Applications Conference. PA, 2002 :1950-1957.

[13] 靳展，杨富锋，江镇宇，等．电磁轨道炮发射动力学建模与仿真研究 [J]．海军工程大学学报，2023，35（03）：43-49.

[14] MAO Y H, SUN Z L, HUANG C B, et al. Electromagnetic Characteristics Analysis of a Novel Ironless Double-Sided Halbach Permanent Magnet Synchronous Linear Motor for Electromagnetic Launch Considering Longitudinal End Effect[J], IEEE Transactions on Transportation Electrification, 2024, 10(3): 7467-7477.

[15] DING A M, SUN Z L, HUANG C B, et al. Position Sensorless Control of a Dual Three-Phase PMLSM for Electromagnetic Launch Based on the Linear Quadratic Regulator and Kalman Filter [J].IEEE Transactions on Industrial Electronics, 2024, 71(8): 8383-8394.

[16] LU M K, ZHAO J H, YI X L, et al. Research on electromagnetic dynamics algorithm of reluctance launcher during acceleration process[J]. IEEJ Transactions on Electrical and Electronic Engineering, 2023, 18（9）:1487-1493.

[17] ZHOU W C, SUN Z L, CUI F R, et al. Electromagnetic design of high-speed and high-thrust cross-shaped linear induction motor[J]. IEEE Access, 2021, 9: 87501-87509.

[18] 聂世雄，孙兆龙，马伟明，等 . 双边直线感应电机法向力与水平推力的气隙耦合分析 [J]. 海军工程大学学报，2016，28（02）：20-25.

[19] 鲁军勇，马伟明，李朗如 . 高速长初级直线感应电动机纵向边端效应研究 [J]. 中国电机工程学报，2008，28（30）：73-78.

[20] 孙兆龙，马伟明，吴旭升，等．双初级耦合直线感应电动机电磁参数计算 [J]．中国电机工程学报，2019，39（07）：1878-1886.

[21] 韩正清，许金，芮万智，等．高速短初级直线感应电动机等效电路模型及时变参数辨识 [J]．电机与控制学报，2021，25（11）：8-15.
[22] 马名中，马伟明，张育兴，等．双初级耦合直线感应电动机集总参数模型 [J]. 电机与控制学报，2012，16（1）：1-6.
[23] 聂世雄，马伟明，李卫超，等．对称电流激励长初级直线感应电机推力波动研究 [J]. 中国电机工程学报，2015，35（21）：5585-5591.
[24] SU W, GUO Y J, WANG D, et al. Semi-analytical calculation of no-load radial and tangential electromagnetic force waves of a non-salient pole synchronous generator[J]. IEEE Transactions on Energy Conversion, 2021, 36(4):2956-2966.
[25] RAMETTI S, PIERREJEAN L, HODDER A, et al. Pseudo-three-dimensional analytical model of linear induction motors for high-speed applications[J]. IEEE Transactions on Transportation Electrification, 2024, 10(4):9109-9120.
[26] SUN Z L, MA W M, LIU D Z, LU J Y, et al. Modeling and Parameter Measurement Scheme for Double Primaries Coupling Linear Induction Motors[C], International Conference on Electrical Machines, 2010: 1-5E-ISBN:978-1-4244-4175-4.
[27] HUANG C B, MAO Y H, SUN Z L, LI W, YI X L, et al. Electromagnetic Field Calculation and Analysis of Short Primary Linear Induction Motor for Electromagnetic Launch[J], IET ELECTRIC POWER APPLICATIONS, 2023, 17(5): 563-578.
[28] PENG Z R, ZHAI X F, ZHANG X, et al. Analysis of transient characteristics of electromagnetic launchers using analytical method[J]. IEEE Transactions on Plasma Science, 2022, 50(9):3251-3261.
[29] HAN Z Q, XU J, RUI W Z, et al. Improved vector control strategy of linear induction motors for electromagnetic launch[J]. IET Power Electronics, 2020, 13(19):4659-4664.
[30] 许金，聂世雄，马伟明，等．无槽双边长定子直线感应电动机磁路计算方法 [J]．中国电机工程学报，2016，36（10）：2793-2799.
[31] 韩一，聂子玲，许金，等．双三相非周期瞬态直线感应电机能量链切换控制策略 [J]．电工技术学报，2021，36（02）：258-267.
[32] 聂世雄，付立军，许金，等．分段供电直线感应电机动子不对称模型及参数计算 [J]. 电机与控制学报，2017，21（02）：10-17.
[33] 邹宇帆，吴振兴，许金，等．圆筒型永磁直线电机电磁振动特性研究 [J]．海军工程大学学报，2024，36（05）：92-97.
[34] 刘琪，孙兆龙，武晓康，等．强磁场环境模拟系统线圈支架设计及力学仿真 [J]. 国防科技大学学报，2022，44（06）：192-199.
[35] 聂世雄，孙兆龙，马伟明，等．双边直线感应电机法向力与水平推力的气隙耦合分析 [J]. 海军工程大学学报，2016，28（02）：20-25.
[36] 周炜昶，孙兆龙，卯寅浩，等．一种十字形结构长初级双边直线感应电机 [P]. 湖北省：CN202210592473.X，2025-02-07.
[37] SUN X F, XU J, ZHU J J, et al. Thrust ripple suppression based on negative current control for short-primary low-speed large LIM under transient operation[J]. IEEE Transactions on Energy Conversion, 2023, 38(3):1566-1575.
[38] 孙兆龙，鲍中飞，刘宝龙，等．考虑中点电位平衡的三电平矢量分解 SVPWM 算法 [J]. 海军工程大学学报，2021，33（06）：31-36+43.

[39] 黄垂兵，马伟明，许金，等．六相圆筒式直线感应电机磁路计算及饱和特性分析 [J]．电工技术学报，2018，33（05）：1032-1039.

[40] 李昊岩，许海平，陈曦．定子无铁心永磁无刷直流电机驱动拓扑设计方案及对比 [J]．电工技术学报，2023，38（24）：6619-6631.

[41] SUN Z L, GAO J X, MA W M, et al. Impedance matrix and parameters measurement research for long primary double-sided linear induction motor[J]. IEEE Transactions on Plasma Science, 2019, 47(05):2703-2709.

[42] 韩正清，许金，芮万智，等．双边十二相直线感应电机端部漏感计算 [J]．中国电机工程学报，2021，41（07）：2519-2526.

[43] 许金，马伟明，鲁军勇，等 . 分段供电直线感应电机气隙磁场分布和互感不对称分析 [J]. 中国电机工程学报，2011，31（15）：61-68.

[44] MU S J, CHAI J Y, SUN X D, et al. A variable pole pitch linear induction motor for electromagnetic aircraft launch system[J]. IEEE Transactions on Plasma Science, 2015, 43(5):1346-1351.

[45] JIANG L F, XIAO F, HU L D, et al. SVPWM algorithm for five-level active-neutral-point-clamped H-bridge inverters[J]. Journal of Power Electronics, 2021, 21(8):1123-1134.

[46] JI Z K, CHENG S W, REN Q, et al. The effects and mechanisms of periodic-carrier-frequency PWM on vibrations of multiphase permanent magnet synchronous motors[J]. IEEE Transactions on Power Electronics, 2023, 38(7):8696-8706.

[47] HUANG Y L, TANG X, LUO Y F, et al. A high accuracy and low-cost fatigue life evaluation method for IGBTs based on variable parameter power cycling[J]. IEEE Transactions on Power Electronics, 2024, 39(12):15635-15643.

[48] 郭灯华，马伟明，马名中，等 . 一种间歇脉冲式兆瓦级并联逆变器同步控制技术 [J]. 中国电机工程学报，2012（S1）：230-235.

[49] 刘计龙，陈鹏，肖飞，等．面向舰船综合电力系统的 10 kV/2 MW 模块化多电平双向直流变换器控制策略 [J]．电工技术学报，2023，38（04）：983-997.

[50] 李卫超，胡安，聂子玲 . 感应电机并联运行矢量控制系统仿真研究 [J]. 电机与控制学报，2006，10（1）：102-106.

[51] 林城美，汪光森，李卫超，等 . 基于脉冲跳变的空间矢量脉冲宽度调制策略 [J]. 电机与控制学报，2016，20（1）：43-51.

[52] 朱俊杰，曾雄，许金，等．一种提高中点电位平衡的改进不连续 SVPWM 调制策略 [J]．海军工程大学学报，2021，33（06）：25-30.

[53] 孙驰，马伟明，鲁军勇 . 三相逆变器输出电压不平衡的产生机理分析及其矫正 [J]. 中国电机工程学报，2006（21）：57-64.

[54] XIN Z Y, XIAO F, HU L D, et al. A novel dead-time elimination method for voltage source multilevel converters[J]. IEEE Transactions on Power Electronics, 2022, 38(2):1708-1719.

[55] 马名中，马伟明，范慧丽，等．长初级直线感应电机分段供电切换暂态过程 [J]．电机与控制学报，2015，19（09）：1-7.

[56] ZHOU W C, SUN Z L, QIAN H N, et al. Equivalent Circuit and Performance Investigation of Cross-Shaped Linear Induction Motor[J]. IEEE Canadian Journal of Electrical and Computer Engineering, 2022，45(2):124-131.

[57] DI J, FLETCHER J E, FAN Y, et al. Design and performance investigation of the double-

sided linear induction motor with a ladder-slot secondary[J]. IEEE Transactions on Energy Conversion, 2019, 34(03):1603-1612.

[58] WANG G Y, FU L J, HU Q, et al. Transient synchronization stability of grid-forming converter during grid fault considering transient switched operation mode[J]. IEEE Transactions on Sustainable Energy, 2023, 14(3):1504-1515.

[59] 原景鑫，朱俊杰，聂子玲，等. 基于脉冲跳变 SVPWM 的单相中点钳位型 H 桥级联逆变器开关损耗解析计算 [J]. 电工技术学报，2020，35（23）：4877-4887.

[60] ZHU J J, YUAN J X, NIE Z L, et al. Research on dual 12-phase 12-slot winding permanent-magnet propulsion system based on all-SiC power module[J]. IEEE Transactions on Industry Applications, 2022, 58(6):7692-7700.

[61] 黄河，马凡，付立军，等. 十二相整流发电机并联供电系统直流中点环流特性及其抑制方法 [J]. 电工技术学报，2022，37（07）：1760-1767.

[62] 龙遐令 . 直线感应电动机的理论和电磁设计方法 [M]. 北京：科学出版社，2006.

[63] 颜威利，杨庆新，汪友华 . 电气工程电磁场数值分析 [M]. 北京：机械工业出版社，2005.

[64] 聂世雄，付立军，许金，等 . 长初级直线感应电机推力波动产生机理及验证 [J]. 海军工程大学学报，2016，28（S1）：50-55.

[65] YUE F H, SUN Z L, XU W, YANG X B, et al. Structure Optimization Design and Analysis of Transverse Flux Linear Oscillation Motor with Moving Stator[C], 2021 13th International Symposium on Linear Drives for Industry Applications (LDIA), 2021.

[66] STUMBERGER G, ZARKO D, AYDEMIR M T, et al. Design and comparison of linear synchronous motor and linear induction motor for electromagnetic aircraft launch system[C]//IEEE International Electric Machines and Drives Conference. IEMDC'03. IEEE, 2003, 1: 494-500.

[67] 张靖周 . 高等传热学 [M]. 北京：科学出版社，2009.

[68] 胡崇岳 . 现代交流调速技术 [M]. 北京：机械工业出版社，2003.

[69] 马伟明，肖飞，马凡. 舰船综合电力系统研究进展与应用建议 [J]. 中国电机工程学报，2024，44（17）：6761-6775.

[70] 谭赛，鲁军勇，张晓，等 . 电磁轨道发射器动态发射过程的数值模拟 [J]. 国防科技大学学报，2016，38（6）：43-48.

[71] 马伟明 . 电力集成技术 [J]. 电工技术学报，2005，20（1）：16-20.

[72] ZHANG Y X, MA W M, LU J Y, SUN Z L, et al. The Transient Thermal Characteristics of Periodic Pulse-Type Linear Induction Motor[C], International Conference on Electrical Machines, 2010: 1-5E-ISBN:978-1-4244-4175-4.

[73] 马伟明 . 交直流电力集成技术 [J]. 中国工程科学，2002，4（12）：53-59.

[74] BASLER M J. Excitation systems: the current state of the art[C]//2006 IEEE Power Engineering Society general Meeting. IEEE, 2006: 7.

[75] 马伟明，张晓锋 . 船舶电气工程，中国电气工程大典 [M]. 北京：机械工业出版社，2009.